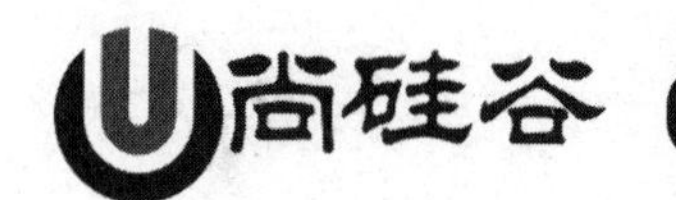

程序员硬核技术丛书

剑指大数据

企业级数据仓库项目实战

在线教育版

尚硅谷教育◎编著

電子工業出版社
Publishing House of Electronics Industry
北京·BEIJING

内 容 简 介

本书从需求规划、需求实现到可视化展示等，遵循项目开发的主要流程，全景介绍了在线教育行业离线数据仓库的搭建过程。在整个数据仓库的搭建过程中，介绍了主要组件的安装部署、需求实现的具体思路、问题的解决方案等，并在其中穿插了许多大数据和数据仓库相关的理论知识，包括数据仓库的概念介绍、在线教育业务概述、数据仓库理论介绍和数据仓库建模等。

本书的第 1 章至第 3 章是项目前期准备阶段，主要为读者介绍了数据仓库的概念、应用场景和搭建需求等，并初步搭建了数据仓库项目所需的基本环境；第 4 章至第 6 章是数据仓库搭建的核心部分，详细讲解了数据仓库建模理论和数据从采集到分层搭建的全过程；第 7 章和第 8 章介绍了全流程调度和指标可视化。

本书适合具有一定编程基础的读者学习。通过阅读本书，读者可以快速地了解数据仓库，全面掌握数据仓库的相关技术。

图书在版编目（CIP）数据

剑指大数据：企业级数据仓库项目实战：在线教育版 / 尚硅谷教育编著. —北京：电子工业出版社，2023.8
（程序员硬核技术丛书）
ISBN 978-7-121-45937-5

Ⅰ. ①剑…　Ⅱ. ①尚…　Ⅲ. ①数据库系统　Ⅳ. ①TP311.13

中国国家版本馆 CIP 数据核字（2023）第 125819 号

责任编辑：李　冰
印　　刷：三河市鑫金马印装有限公司
装　　订：三河市鑫金马印装有限公司
出版发行：电子工业出版社
　　　　　北京市海淀区万寿路 173 信箱　　邮编 100036
开　　本：850×1 168　1/16　印张：22.5　字数：728 千字
版　　次：2023 年 8 月第 1 版
印　　次：2023 年 8 月第 1 次印刷
定　　价：105.00 元

凡所购买电子工业出版社图书有缺损问题，请向购买书店调换。若书店售缺，请与本社发行部联系，联系及邮购电话：（010）88254888，88258888。

质量投诉请发邮件至 zlts@phei.com.cn，盗版侵权举报请发邮件至 dbqq@phei.com.cn。

本书咨询联系方式：libing@phei.com.cn。

前言

在线教育，即互联网远程线上学习，指的是用户通过互联网传播知识和学习知识的一种方法。在线教育市场拥有多个细分领域，包括学前教育、K12 教育（基础教育）、高等教育、留学教育、职业培训、语言教育等，其中 K12 教育、职业培训和语言教育占据了主要地位，市场占比也最高。近年来，居民教育消费意愿有显著提升，体现为中国家长对于子女教育越来越重视、居民对于自我提升的需求也越来越大。

随着互联网技术的迅猛发展，人们的生活习惯发生了重大变化。跨越空间的生活、工作和学习方式得以实现，知识获取的方式已经发生了根本性的变化，知识的传播不再受时间和空间的限制。越来越多的在线教育企业不断涌现，在线教育行业已经进入到快速发展期。

大数据技术发展至今，已经在各行各业都得到了充分应用，并且已经大大改变了各行各业的业务方式，众多大型企业利用大数据提升了它们的行业地位。随着时间的推移，在线教育行业中的数据量也在逐渐积累增加，已经有越来越多的在线教育企业利用大数据为自己的业务决策提供支持。在线教育行业中应用大数据分析，有助于评估用户体验、指导项目开发人员进一步改进；通过课程表现的有效反馈，帮助创作者进一步调整课程内容，提升课程质量；可以追踪学生的实时表现、评估学习效果，有助于教育管理者了解学生、帮助学生。构建数据仓库是企业开始使用大数据分析的第一步，是大数据领域的重点项目。在了解了数据仓库的全开发流程后，用户就可以更透彻地了解大数据的各项特点。在知晓了大数据的各项特点后，对于大数据的传输、存储和分析计算等各种操作也就更有的放矢，知道如何针对不同的数据特点设计合理的数据仓库架构。

继《剑指大数据——企业级数据仓库项目实战（电商版）》出版后，本书是尚硅谷教育推出的第二本项目实战图书。在现在的图书市场中，理论书籍相当丰富，但缺乏项目开发指导书籍，本书便应运而生。

技术开发人员在开展项目前，都需要查阅大量的资料，获取足够多的项目开发经验和架构设计思路。本书以在线教育行业为核心，从项目需求分析入手，以项目需求驱动架构设计、框架选型和数据模型设计。

本书着重讲解了在线教育的数据种类与结构、数据建模过程、数据仓库搭建详细流程，以及全流程自动化调度和可视化图表的构建。对于数据仓库建设中必不可少的数据治理部分，如元数据管理、权限管理、数据质量管理、集群监控和安全认证等功能，读者可以参考《剑指大数据——企业级数据仓库项目实战（电商版）》一书，书中对数据治理进行了详尽阐述。

阅读本书要求读者具备一定的编程基础，至少掌握一门编程语言（如 Java）和 SQL 查询语言。如果读者对大数据的一些基本框架（如 Hadoop、Hive 等）有一定了解，那么学习本书将事半功倍。如果读者不具备以上基础，那么可以关注“尚硅谷教育”公众号，在聊天窗口发送关键字“大数据”，即可免费获取相关学习资料。

本书涉及的所有安装包、源码及视频教程等，均可通过在“尚硅谷教育”公众号发送关键字“在线教育数据仓库”免费获取。书中难免有疏漏之处，如在阅读本书的过程中发现任何问题，也欢迎在“尚硅谷教育”官网留言反馈。

目 录

第1章

大数据与数据仓库概论

在正式开始数据仓库的学习之前，本章需要先为读者解释一个重要的概念——什么是数据仓库。关于数据仓库的概念，本章将从数据仓库的主要特点和数据仓库的演进过程入手进行介绍，包含以下几点：

- 数据仓库的具体概念和特点
- 数据仓库的演进历史
- 数据仓库的主要技术
- 四种数据仓库的主要架构模型

对基础概念知识的理解和梳理，对后续数据仓库项目的开发大有裨益。学习本书需要读者具备一定的基础，本章会给出说明，并对学习本书后读者可以收获的成果进行简单的介绍。

1.1 什么是数据仓库

数据仓库，英文名称为 Data Warehouse，可简写为 DWH 或 DW。数据仓库，是为企业所有级别的决策制定过程提供所有类型数据支持的战略集合，是出于分析性报告和决策支持的目的而创建的。

数据仓库是一个面向主题的、集成的、相对稳定的、反映历史变化的数据集合，用于支持管理决策。数据仓库的概念由数据仓库之父 Bill Inmon 在 1991 年出版的 *Buiding the Data Warehouse* 一书中提出。

1. 面向主题的

传统的操作型数据库的数据是面向事务处理任务组织的，而数据仓库中的数据是按照一定的主题组织的。主题是一个抽象的概念，可以理解为与业务相关的数据的类别，每个主题基本对应一个宏观的分析领域。例如，一个公司要分析销售相关的数据，需要通过数据回答“每季度的整体销售额是多少”这样的问题。此时，就是一个销售主题的需求，可以通过建立一个销售主题的数据集合来得到分析结果。

2. 集成的

“集成的”是指数据仓库中的信息不是从各个业务系统中简单抽取出来的，而是需要经过一系列加工、整理和汇总的过程。因此，数据仓库中的信息是全局集成的数据。数据仓库中的数据通常包含大量的历史记录，这些历史数据记录了企业从过去某个时间点到当前时间点的全部信息，通过这些信息，可以对企业的未来发展做出可靠分析。

3. 相对稳定的

数据一旦进入数据仓库，就不应该再发生改变。操作系统中的数据一般会频繁更新，而在数据仓库环境中的数据一般不进行更新。当有改变的操作型数据进入数据仓库时，会产生新的记录，而不是覆盖原有记录，这样就保证了数据仓库中保存了数据变化的全部轨迹。这一点很好理解，数据仓库中的数据必须客观地记录企业的数据，一旦数据可以修改，那对历史数据的分析将没有意义。

4. 随时间变化的

在进行商务决策分析的时候，为了能够发现业务的发展趋势、存在的问题、潜在的发展机会等，需要对大量历史数据进行分析。数据仓库中的数据反映了某个时间点的数据快照，随着时间推移，这个快照自然是要发生变化的。数据仓库虽然需要保存大量的历史数据，但是也不可能永远驻留在数据仓库中，数据仓库中的数据都有自己的声明周期，到了一定的时间，数据就需要被移除。移除的方式包括但不限于将细节数据汇总后删除、将旧的数据转存到大容量介质后删除或者直接物理删除等。

1.2 数据仓库的演进历史

在了解了数据仓库的概念之后，我们还应该思考，数据仓库的数据从哪里来？数据仓库的数据通常来自各个业务数据存储系统，也就是各行业在处理事务过程中产生的数据，比如用户在网站中登录、支付等过程中产生的数据，一般存储在 MySQL、Oracle 等数据库中，也有可能来自用户在使用产品过程中与客户端交互过程产生的用户行为数据，如页面的浏览、点击、停留等数据，用户行为数据通常存储在日志文件中。这些数据经过一系列的抽取、转换、清洗，最终以一种统一的格式装载进数据仓库。数据仓库的数据则作为分析用的数据源，提供给后面的即席查询、报表系统、数据挖掘等系统。

数据仓库的演进历史就是存储设备的演进历史，也是体系结构的演进历史。事实上，数据仓库和决策支持系统（Decision Support System，DSS）处理的起源可以追溯到计算机和信息系统发展的初期，二者是信息技术长期复杂演化的产物，并且今天这种演化仍然在继续。最初的数据存储介质是穿孔卡和纸带，毫无疑问，这种存储方式的局限性是非常大的。后期随着直接存储设备的出现和个人计算机（PC）以及第四代编程语言的涌现，用户得以直接控制数据和系统。此时，诞生了被称为 MIS 的管理信息系统（Management Information System），除利用数据进行高性能在线事务处理之外，还能进行管理决策的处理过程。这种理念的提出是很有前瞻性的。

20 世纪 80 年代，出现了数据抽取程序，这种程序能不损害已有系统，使用某些标准选择合乎要求的数据传送到其他文件系统或数据库中。起初只是抽取，随后是抽取之上的抽取，接着是在此基础之上的抽取。在那时，此种失控的抽取处理模式被称为自然演化式体系结构。自然演化式体系结构，在解决了数据使用时产生的性能冲突之余，也带来了很多挑战，比如数据可信性问题、生产率问题等。

自然演化式体系结构确实不足以满足将来的需要，数据仓库需要从体系结构上寻求转变，于是我们迎来了体系结构化的数据仓库环境。体系化的数据仓库环境主要将数据分为原始数据和导出数据。原始数据是维持企业日常运行所需的细节性数据，导出数据是要经过汇总或计算来满足公司管理者决策制定过程所需的数据。最初，信息处理界竟然认为将原始数据和导出数据可以配合在一起，并且能很好地共存于同一个数据库中。事实上，原始数据和导出数据差异很大，根本不能共存于同一个数据库中，甚至不能共存于同一种环境中。例如，某些原始数据由于安全或其他因素不能被直接访问、很难建立和维护那些数据源于多个业务系统版本的报表、业务系统的表结构为事务处理性能而优化，有时并不适合查询与分析、没有适当的方式将有价值的数据合并进特定应用的数据库、有误用原始数据的风险，且极有可能影响业务系统的性能。

在体系结构化环境中有 4 个层次的数据——操作层、原子/数据仓库层、部门层或数据集市层、个体层。操作层数据只包含面向应用的原始数据，并且主要服务于高性能事务处理领域。数据仓库层存储不可更新的、集成的、原始的历史数据。数据集市层则根据用户的最终需求为满足部分的特殊需求而创建。在数据个体层中则完成大多数的启发式分析。

这样的体系结构在当时看来产生了大量的冗余数据，事实上，相较于自然演化体系结构的层层抽取，这种结构的数据冗余程度反倒没有那么高。

体系结构化环境的一个重要方面就是数据的集成。当把数据从操作型环境载入数据仓库环境时，如果不进行集成就没有意义。如图 1-1 所示，即为一个数据集成的例子。一个用户在操作层产生了 4 条数据，分别存储在了用户信息表、订单表、优惠券表、收藏表中，显示了用户的不同操作。4 条不同的数据在被抽取到数据仓库层时会进行聚合，得到右侧的原子数据，显示了同一个用户的所有行为，我们就可以根据用户的这条集成数据得到此用户是一个游戏爱好者，给他推送游戏相关产品则有更大可能增加销量。

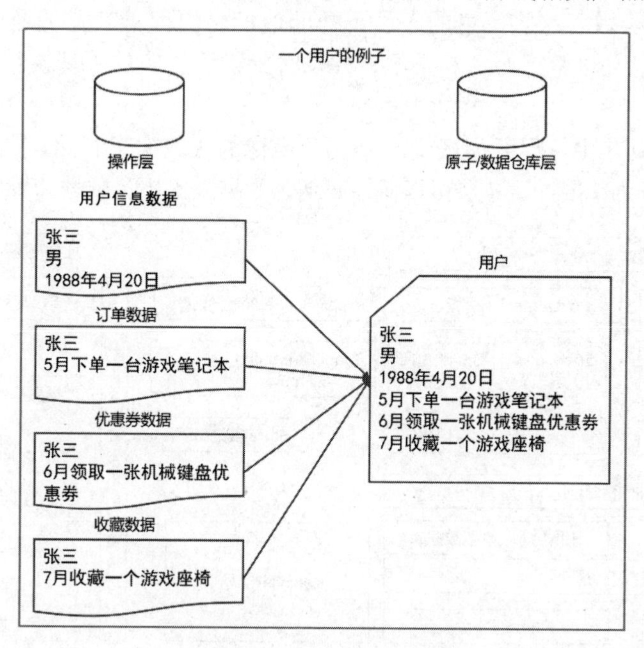

图 1-1　一个数据集成的例子

数据仓库的演进和发展在架构层面大致经历了 3 个过程，如下所示。

1. 简单报表阶段

简单报表阶段的主要目标是为业务人员分析提供日常工作中用到的简单报表，以及为领导提供决策所需的汇总数据。这个阶段的主要表现形式为传统数据库和前端报表工具。

2. 数据集市阶段

数据集市阶段的主要目标是根据某个业务部门（如财务部门、市场部门等）的需要，对数据进行采集和整理，并按照该部门的需要，进行适当的多维报表展现，提供对该业务部门有所指导的报表数据和对特定领导决策进行支撑的汇总数据等。

3. 数据仓库阶段

发展到数据仓库阶段，主要是按照一定的数据模型（如关系模型、维度模型）对整个企业的数据进行采集和整理，并且能够按照各个部门的需要，提供跨部门的、具有一致性的业务报表数据，生成对企业总体业务具有指导性的数据，同时为领导决策提供全方位的数据支持。

通过研究数据仓库的演进历史，我们可以发现从数据集市阶段到数据仓库阶段，其中一个重要的变化在于对数据模型的支持。数据模型概念的完善和构建，使得数据仓库发挥出了更大的作用。因此，数据模型的建设对数据仓库而言有着重大意义，在本书数据仓库项目的搭建过程中，我们也将对数据模型展开详细探讨。

1.3 数据仓库技术

数据仓库系统是一个信息提供平台，它从业务处理系统获得数据，主要以星形模型和雪花模型组织数据，并为用户从数据中获取信息和知识提供各种手段。

企业数据仓库的建设，是以现有企业业务系统和大量业务数据的积累为基础的。数据仓库不是静态的概念，只有把信息及时交给需要这些信息的人员，帮助他们做出改善其业务经营的决策，信息才能发挥作用，才有意义。而把信息加以整理归纳和重组，并及时提供给相应的管理决策人员，是数据仓库的根本任务。

在大数据飞速发展的几年中，已经形成了一个完备多样的大数据生态圈，如图 1-2 所示。从图 1-2 中可以看出，大数据生态圈分为 7 层，这 7 层可以概括归纳为数据采集层、数据计算层和数据应用层 3 层结构。

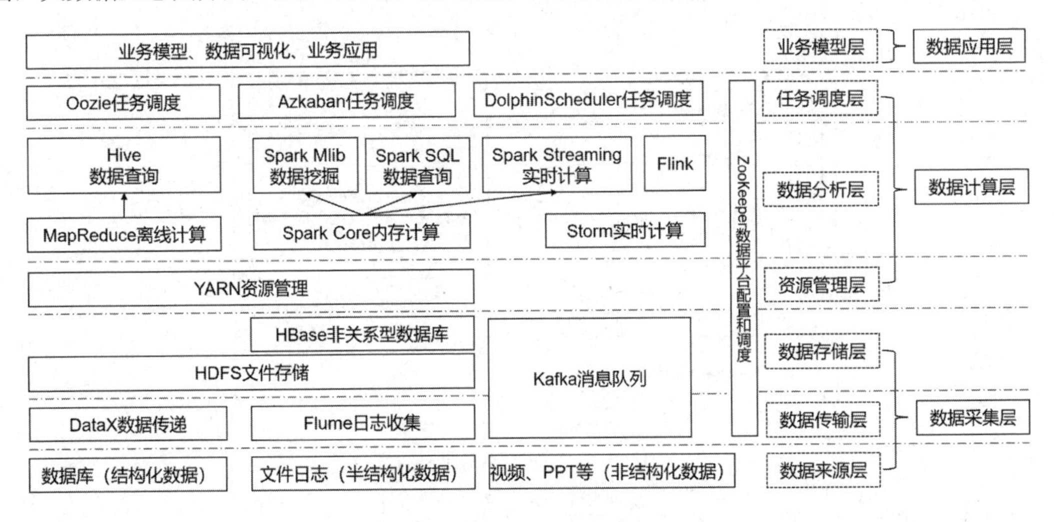

图 1-2 大数据生态圈

1. 数据采集层

数据采集层是整个大数据平台的源头，也是整个大数据系统的基石。当前许多公司的业务平台每天都会产生海量的日志数据，收集日志数据供离线和在线的分析系统使用是日志收集系统需要做的事情。除日志数据外，大数据系统的数据来源还包括来自业务数据库的结构化数据，以及视频、图片等非结构化数据。随着大数据的重要性逐渐凸显，大数据采集系统的合理搭建就显得尤为重要。

大数据采集过程中的挑战越来越多，主要来自以下几个方面。

（1）数据源多种多样。

（2）数据量大且变化快。

（3）如何保证所采集数据的可靠性。

（4）如何避免采集重复的数据。

（5）如何保证所采集数据的质量。

针对这些挑战，日志收集系统需要具有高可用性、高可靠性、可扩展性等特征。现在主流的数据传输层的工具有 Sqoop、Flume、DataX 等，多种工具的配合使用，可以满足多种数据源的采集传输工作。同时数据传输层在通常情况下还需要对数据进行初步的清洗、过滤、汇总、格式化等一系列转换操作，使数据转为适合查询的格式。在数据采集完成后，需要选用合适的数据存储系统，考虑到数据存储的可靠性，以及后续计算的便利性，通常选用分布式文件系统，比如 HDFS 和 HBase 等。

2. 数据计算层

大数据仅仅被采集到数据存储系统是远远不够的，只有通过整合计算，数据中的潜在价值才可以被挖掘出来。

数据计算层可以划分为离线数据计算和实时数据计算。离线数据计算主要指传统的数据仓库概念，数据计算主要以天为单位，还可以细分为小时或者汇总为以周和月为单位，主要以 T+1 的模式进行，即每天凌晨处理前一天的数据。目前比较常用的离线数据计算框架是 MapReduce，并通过 Hive 实现了对 SQL 的兼容性。Spark 基于内存的计算设计使得离线数据的计算速度得到大幅提升，并且在此基础上提供了 Spark SQL 结构化数据的计算引擎，对 SQL 有很好的兼容性。

随着业务的发展，部分业务需求对实时性的要求逐渐提高，实时计算开始占有较大的比重，实时计算的应用场景也越来越广泛，比如电商实时交易数据更新、设备实时运行状态报告、活跃用户区域分布实时变化等。生活中比较常见的有地图与位置服务应用实时分析路况、天气应用实时分析天气变化趋势等。当前比较流行的实时计算框架有 Storm、Spark Streaming 和 Flink。

大数据计算需要用的资源也是巨大的，大量的数据计算任务需要通过资源管理系统共享一个集群的资源，YARN 便是资源管理系统的一个典型代表。通过资源管理系统可以使集群的利用率更高、运维成本更低。大数据的计算通常不是独立的，一个计算任务的运行很有可能依赖于另一个计算任务的结果，使用任务调度系统可以很好地处理任务之间的依赖关系，实现任务的自动化运行。常用的任务调度系统有 Oozie 和 Azkaban 等。整个数据仓库生命周期的全自动化，从源系统分析到 ETL，再到数据仓库的建立、测试和文档化，可以加快产品化进程，降低开发和管理成本，提高数据质量。

无论何种数据计算，进行数据计算的前提是合理地规划数据，搭建规范统一的数据仓库体系。通过搭建合理的、全面的数据仓库体系，尽量规避数据冗余和重复计算的问题，数据的价值发挥到了最大限度。为此，数据仓库分层理念被逐渐丰富完善，目前应用比较广泛的数据仓库分层理念将数据仓库分为 4 层：原始数据层、明细数据层、汇总数据层和应用数据层。通过数据仓库不同层次之间的分工和分类，数据更加规范化，可以帮助用户需求得到更快实现，并且可以更加明确地管理数据。

3. 数据应用层

当数据被整合计算完成之后，最终需要提供给用户使用，这就是数据应用层。不同的数据平台，针对其不同的数据需求有相应的数据应用层的规划设计，数据的最终需求计算结果可以构建在不同的数据库上，比如 MySQL、HBase、Redis、Elasticsearch 等。通过这些数据库，用户可以很方便地访问最终的结果数据。

最终的结果数据由于面向的用户不同，所以可能有不同层级的数据调用量，面临着不同的挑战。如何能更稳定地为用户提供服务、满足用户复杂的数据业务需求、保证数据服务接口的高可用性等，都是数据应用层需要考虑的问题。数据仓库的用户除希望数据仓库能稳定地给出数据报表外，还希望数据仓库可以满足随时给出一些临时提出的查询条件的结果，所以在数据仓库中我们还需要设计即席查询系统，满足用户即席查询的需求。此外，还有诸如对数据进行可视化、对数据仓库性能进行全面监控等，都是数据应用层应该考量的。数据应用层采用的主要技术有 Superset、ECharts、Presto、Kylin 和 Grafana 等。

1.4 数据仓库基本架构

目前数据仓库比较主流的架构有 Kimball 数据仓库架构、独立数据集市架构、辐射状企业信息工厂 Inmon 架构、混合辐射状架构与 Kimball 架构。通过了解比较不同的数据仓库架构，可以对数据仓库有更加深入的认识。

Kimball 数据仓库架构如图 1-3 所示。

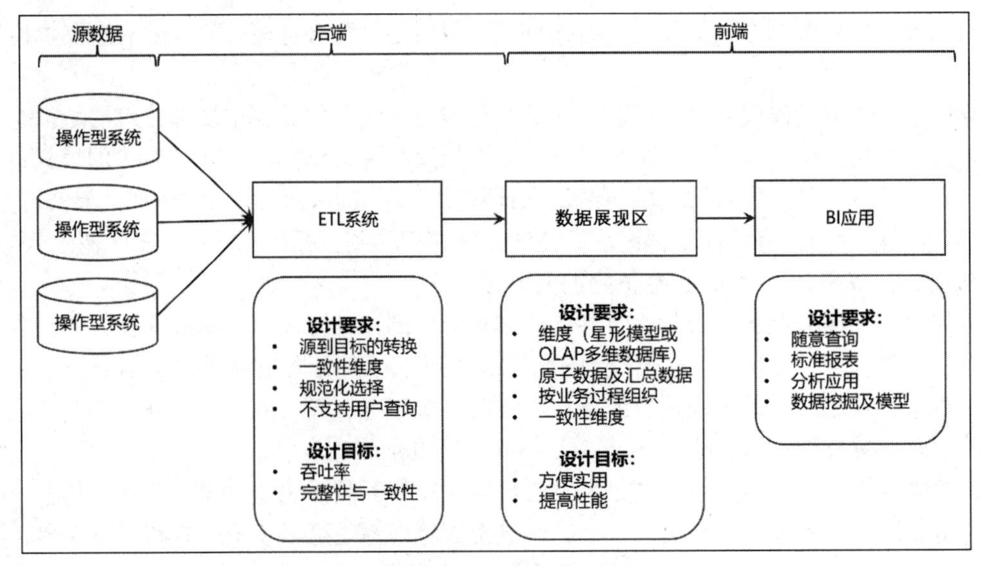

图 1-3　Kimball 数据仓库架构

Kimball 架构将数据仓库环境划分为 4 个不同的组成部分，分别是操作型系统源数据、ETL 系统、数据展现和商业智能（Business Intelligence，BI）应用。Kimball 架构分工明确，资源占用合理，调用链路少，整个系统更加稳定、高效、有保障。其中 ETL 系统高度关注数据的完整性和一致性，在数据输入的时候就要对其质量进行把控，将不同的操作型系统源数据维度进行统一，对数据进行规范化选择，保证用户使用的吞吐率。处于该系统中可查询展现区中的数据必须是维度化的、原子（辅以增强性能的聚集）的、以业务为中心的。坚持使用总线结构的企业数据仓库，数据不应按照个别部门需要的数据来构建。系统的最后一个主要部件是商业智能应用部件。该部分的设计可以简单，也可以复杂，依据客户的需求而定。

采用独立数据集市架构，分析型数据以部门来部署，不需要考虑企业级别的信息共享和集成，如图 1-4 所示。

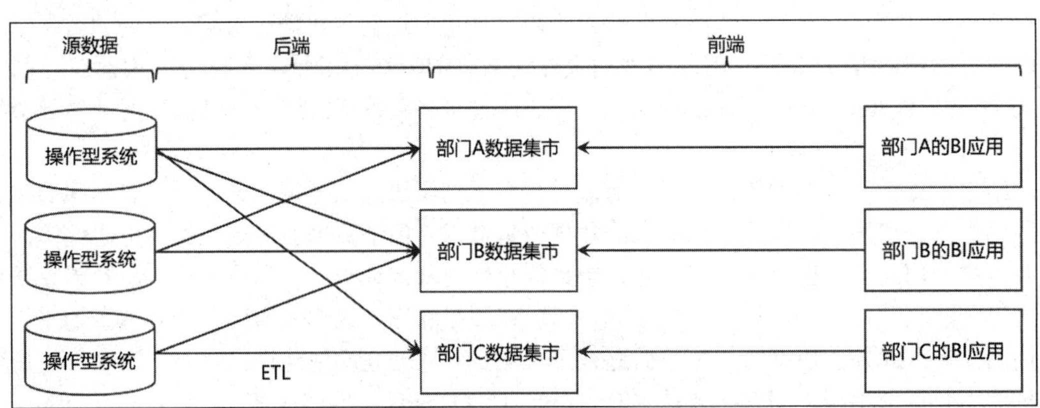

图 1-4　独立数据集市架构

数据集市是按照主题域组织的数据集合，用于支持部门级的决策。每个部门针对操作型系统源数据的数据需求，由本部门的技术人员从操作型系统中抽取需要的数据，并按照部门的业务规则和标识，独立展开工作，解决部门的数据信息需求。这种架构是比较常见的，从短期效果来看，不用考虑跨部门的数据协调问题，可以快速并较低成本地开发，并且通常采用维度建模的方法，适合部门级的快速响应查询。但是从长远来看，这样的数据组织方式存在很大的弊端，分部门对操作型系统数据进行抽取存储，造成了数据的冗余，不遵循统一的数据标准，部门间的数据协调非常困难。

辐射状企业信息工厂（Corporate Information Factory，CIF）Inmon 架构由 Bill Inmon 倡导提出，如图 1-5 所示。在 CIF 环境下，从操作型系统中抽取的源数据首先在 ETL 过程中处理，这一过程称为数据获取。从这一过程中获得的原子数据保存在满足第三范式的数据库中，这种规范化的、原子数据的仓库被称为 CIF 架构下的企业数据仓库（Enterprise Data Warehouse，EDW）。EDW 与 Kimball 架构中数据展现区的最大区别是数据的组织规范不同，CIF 环境下的 EDW 按照第三范式组织数据，而 Kimball 架构中的数据展现区则符合星形模型或多维模型。与 Kimball 方法类似，CIF 提倡企业数据协调和集成。但 CIF 认为要利用规范化的 EDW 承担这一角色，而 Kimball 架构强调具有一致性维度的企业总线的重要性。

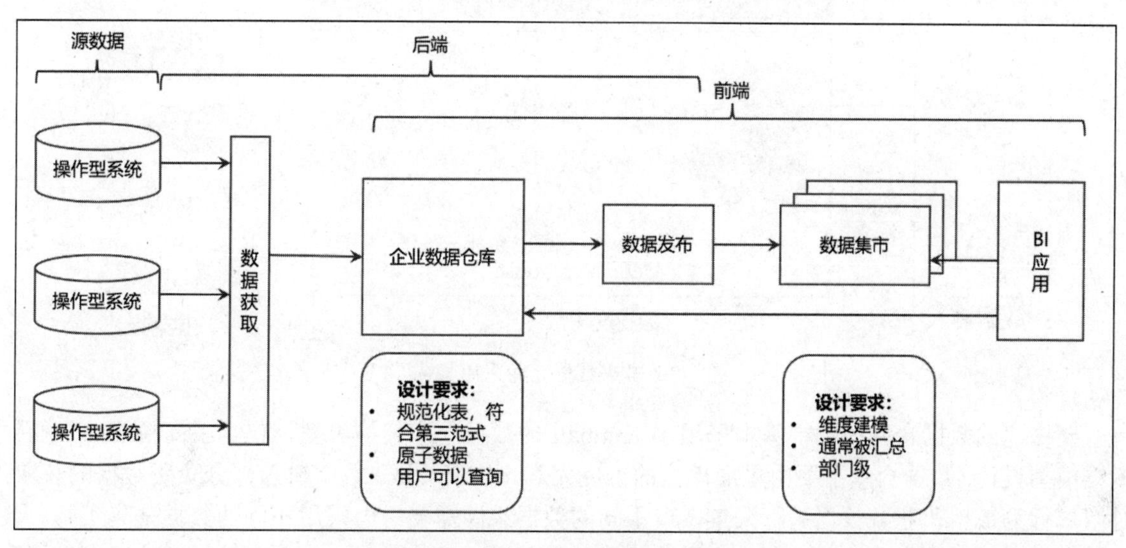

图 1-5　辐射状企业信息工厂架构

采用 CIF 方法的企业，通常允许业务用户根据数据细节程度和数据可用性要求访问 EDW 仓库。各部门自己的数据集市通常也采用维度结构。

最后一种架构是将 Kimball 架构和 CIF 架构嫁接的架构，如图 1-6 所示。

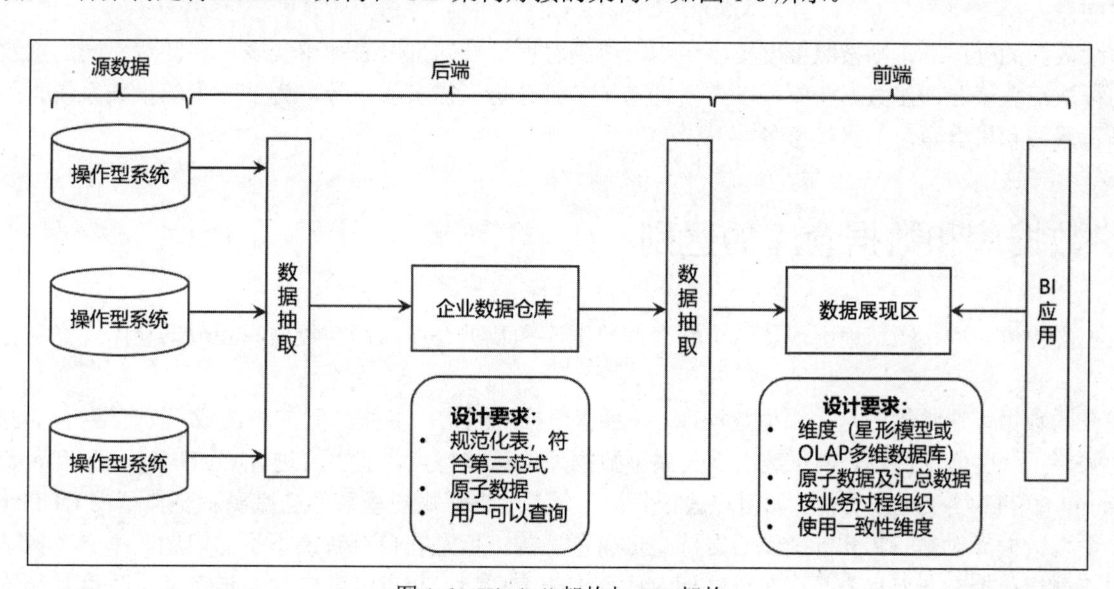

图 1-6　Kimball 架构与 CIF 架构

这种架构利用了 CIF 中处于中心地位的 EDW，但是此处的 EDW 完全与分析和报表用户隔离，仅作为 Kimball 风格的展现区的数据来源。Kimball 风格的数据展现区中的数据是符合星形模型或 OLAP 多维模型的、原子的、以业务过程为中心的，与企业数据仓库总线结构保持一致。这种方式综合了两种架构的优点，解决了 EDW 的第三范式的性能和可用性问题，离线加载查询到维度展现区，更适合为用户和 BI 应用产品提供服务。

在对几种主流数据仓库的讨论后可以发现，每种架构都有自己适合使用的场景，但也都存在一定的局限性，包括开发难度、数据展现难度或者数据组织的复杂程度等，各企业在组织自己的数据仓库时，应该充分考虑自己的生产现状，选用合适的一种或多种数据仓库架构。

本数据仓库项目按照功能结构，可划分为数据输入、数据分析和数据输出 3 个关键部分，如图 1-7 所示。

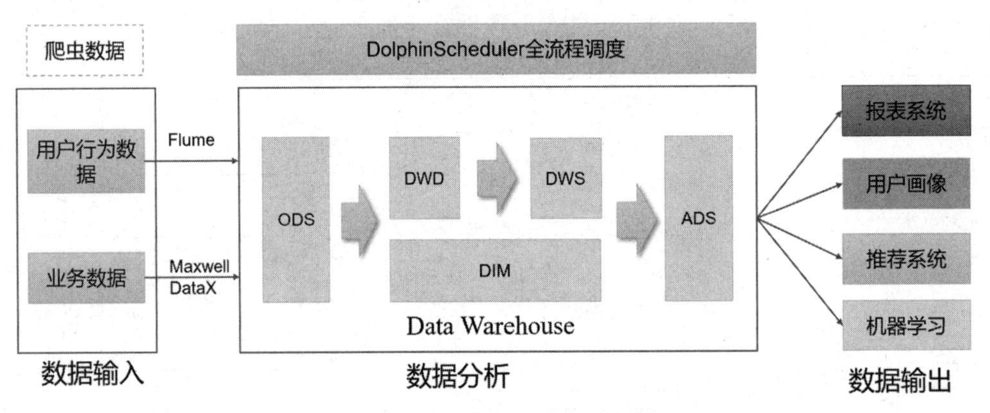

图 1-7　本书数据仓库采用架构

本书要搭建的数据仓库的架构基本采用了 Kimball 的数据仓库架构类型，包含了高粒度的企业数据，使用多维模型设计，数据仓库主要由星形模型的维度表和事实表构成。数据输入部分负责数据的获取工作，分别对用户行为数据和业务数据进行采集，对不同的数据来源需要考虑采用不同的数据采集工具。数据分析部分则担任了 Kimball 架构中的 ETL 系统和展现区的功能。ETL 部分工作主要是对源数据进行一致性处理，还有必要的清洗、去重和重构工作。由于数据仓库的来源比较复杂，所以直接对源数据进行抽取转换装载往往比较复杂。这部分工作主要在图 1-7 中的 ODS 层完成。在 ODS 层对数据进行统一的转换后，数据结构、数据粒度等都完全一致。因此，后续的数据抽取过程的复杂性得以大大降低，同时最小化了对业务系统的侵入。

后续数据的分层搭建则按照维度模型组织，得到轻度聚合的维度表和事实表，并针对不同的主题进行数据的再次汇总聚合，使数据仓库可以方便地支持多维分析、需求解析等，为下一步的报表系统、用户画像、推荐系统和机器学习等提供服务。

1.5　数据库和数据仓库的区别

在上文的讲解中，频繁地出现了两个概念：数据库和数据仓库。那么数据库和数据仓库究竟存在什么区别呢？

现在的数据库通常指的是关系型数据库。关系型数据库通常由多张二元的表组成，具有结构化程度高、独立性强、冗余度低等特点。也正是由于关系型数据库的这些特点，其主要进行 OLTP（Online Transaction Processing，联机事务处理）分析，如用户去银行取一笔钱，银行账户里余额的减少就是典型的 OLTP 操作。

关系型数据库对 OLTP 分析操作的支持是毋庸置疑的，但是它也有解决不了的问题。举一个例子，一个大型连锁超市拥有上万种商品，在全球拥有成百上千家门店，超市经营者想知道在某个季度某种饮料的总销售额是多少，或者对某种商品的销售额影响最大的因素是什么，此时使用关系型数据就无法提供所需的数据了，数据仓库的概念就应运而生了。以上例子体现的是另外一种数据分析类型——OLAP（Online Analytical Processing，联机分析处理）。所以说数据库与数据仓库的区别实际上讲的是 OLAP 与 OLTP 的区别。

OLTP 系统主要面向的是数据的随机读写操作，采用满足范式理论的关系模型存储数据，从而在事务处理中解决数据的冗余和一致性问题。而 OLAP 系统主要面向的是数据的批量读写操作，并不关注事务处理中的一致性问题，主要关注海量数据的整合，以及在复杂的大数据处理和查询中的性能问题，支持管理决策。

1.6 学前导读

1.6.1 学习的基础要求

本书针对的主要读者是具有一定的编程基础、对大数据行业感兴趣的互联网从业人员和想要进一步了解数据仓库的理论知识和搭建实现的大数据行业从业人员，无论读者是想初步了解大数据行业，还是想全面研究数据仓库的搭建，都可以从本书中找到自己想要的内容。

在跟随本书进行数据仓库的学习之前，如果读者希望能自己实现对数据仓库的搭建，那么希望读者能提前了解一些基础知识，方便更快地了解本书所讲的内容，在学习后续的众多章节内容时不会遇到太多困难。

首先，学习大数据技术，读者一定要掌握一个操作大数据技术的利器，这个利器就是一门编程语言，如 Java、Scala、Python 等。本书以 Java 为基础进行编写，所以学习本书需要读者具备一定的 Java 基础知识和 Java 编程经验。

其次，读者还需要掌握一些数据库知识，如 MySQL、Oracle 等，并熟练使用 SQL，本书将出现大量的 SQL 操作。

最后，读者还需要掌握一门操作系统技术，即在服务器领域占主导地位的 Linux，只要能够熟练地使用 Linux 的常用系统命令、文件操作命令和一些基本的 Linux Shell 编程即可。大数据系统需要处理业务系统服务器产生的海量日志数据信息，这些数据通常存储在服务器端，各大互联网公司常用的操作系统是在实际工作中安全性和稳定性很高的 Linux 或者 UNIX。大数据生态圈的各框架组件也普遍运行在 Linux 上。

如果读者不具备上述基础知识，则可以关注“尚硅谷教育”公众号获取学习资料，读者可根据自身需要选择相应的课程进行学习。本书所讲解的项目同时提供了视频课程资料，包括尚硅谷大数据的各种学习视频，读者可以在“尚硅谷教育”公众号回复“数据仓库项目”免费获取。

1.6.2 你将学到什么

本书将带领读者完成一个完整的数据仓库搭建及需求实现项目，大致可以划分为：数据仓库概论、项目需求和框架讲解，项目框架搭建，以及项目需求实现。

在项目需求和框架讲解部分，本书对数据仓库的架构知识进行了重点讲解，并着重分析了数据仓库应该满足的重要功能需求，读者可以全面地了解一个数据仓库项目的具体需求，以及根据需求如何完成框架选型的过程。

在项目框架搭建部分，读者将跟随本书从操作系统开始，一步步搭建自己的虚拟机系统，了解各框架的基本知识，完成各框架的基本配置，最终形成一个可以正常运行的大数据虚拟机系统。完成本部分学习，需要读者掌握必要的 Linux 系统操作常识，经过这部分学习之后，相信读者也能增进对 Linux 系统的理解。

在项目需求实现部分，本书将从用户行为数据采集模块、业务数据采集模块、数据仓库搭建模块、全流程自动调度模块、可视化展示模块 5 个方面对需求进行实现。读者通过本部分的学习，将会了解在线教育行业的数据仓库系统是如何一步步从源数据到结果数据的，同时还能有针对性地了解数据仓库的关键理论知识，掌握 DataX、Flume、Maxwell 等大数据工具的实战应用技巧，全景式了解数据仓库。本部分还对在线教育数据仓库的常见实战指标，以及难点实战指标进行了透彻讲解，如每日活跃用户、回流用户、流式用户、完课人数、完课率、考试统计等。

通过对数据仓库系统的学习，读者能够对数据仓库项目建立起清晰、明确的概念，系统、全面地掌握各项数据仓库项目技术，轻松应对各种数据仓库的难题。

1.7 本章总结

本章首先对数据仓库的概念进行了重点说明，详细讲解了数据仓库概念中的 4 项重要特点，介绍了数据仓库如何伴随技术的变更而演进。接下来以大数据生态圈的结构图为基础，从数据采集、数据计算、数据应用 3 个层面分别介绍了目前使用比较广泛的大数据技术。然后向读者介绍了 4 种主流的数据仓库架构，包括 Kimball 架构、独立数据集市架构、Inmon 企业信息工厂架构、混合辐射状架构与 Kimball 架构。最后为读者接下来的学习做好准备，向读者介绍了学习本书之前应该具备的技术基础，以及可以从本书中学到什么。

第2章

项目需求描述

数据仓库，顾名思义就是存储数据的“仓库”，在建设一个“仓库”之前，我们首先要明确以下几点：仓库主要存储的是什么、仓库主要为谁提供服务、仓库中的数据主要分成哪几个部分、仓库的建设最终需要达到什么样的标准、建设中需要用到哪些工具。这些内容在建设数据仓库之前同样也是需要明确的，这个过程就是数据仓库的项目需求分析。本章将从前期调研、项目架构分析、项目业务概述，以及系统运行环境 4 个方面，为大家展开介绍。

2.1 前期调研

在建设数据仓库之前，要充分地调研企业的业务和需求。这是搭建数据仓库的基石，业务调研与需求分析是否充分，直接决定了数据仓库的搭建能否成功，对后期数据仓库总体架构的设计、数据主题的划分都有重大影响。前期调研主要从以下几个方面展开。

1. 业务调研

企业的实际业务是涵盖很多业务领域的，不同的业务领域又包含多条业务线。数据仓库的构建要涵盖企业所有的业务领域，还是每个业务领域单独建设，是需要重点考虑的问题，在业务线方面也面临着同样的问题，所以在构建数据仓库之前，要对企业的业务进行深入调研，研究了解企业的各个业务领域、不同的业务领域都各自包含哪些业务线、业务线之间存在哪些相同点和不同点、业务线是否可以划分为不同的业务模块等问题。在构建数据仓库时要对以上问题进行充分考量，本项目中不涉及业务领域的划分，但是有多条业务线，如课程管理、考试管理、用户管理等，所有业务线统一建设数据仓库，可为企业决策提供全方面支持。

2. 需求调研

对业务系统有充分的了解并不意味着可以实施数据仓库建设了，还需要充分收集数据分析人员、业务运营人员的数据诉求和报表需求。需求调研通常从两方面展开，一方面是根据与数据分析人员、业务运营人员和产品人员的沟通获取需求，另一方面是对现有的报表和数据进行研究分析获取数据建设需求。

例如，业务运营人员想了解最近 7 天所有课程的下单金额，针对该需求我们来分析需要用到哪些维度数据和度量数据，明细宽表又应该如何设计。

3. 数据调研

数据调研是指在构建数据仓库之前做好数据探查工作，充分了解数据库类型、数据来源、每天产生的数据体量、数据库全量数据大小、数据库中表的详细分类，还需要对所有数据类型的数据格式有充分的了解，如是否需要清洗、是否需要做字段一致性规划、如何从原始数据中提炼出有效信息等。

例如，本项目中的数据类型主要是用户行为数据和业务数据，那么就需要充分地了解用户行为数据的数据格式，对业务数据的表类型进行细致划分。

2.2 项目架构分析

在搭建数据仓库之前，必须首先确定数据仓库的整体架构。从数据仓库的主要需求入手，分析数据仓库整体都需要哪些功能模块，再根据模块具体解决过程中的技术痛点，决定选用哪种大数据框架，最终形成明确具体的系统流程图。

2.2.1 在线教育数据仓库产品描述

随着我国互联网普及率的极速增长，在线教育行业也走上了发展的快速轨道，用户量和交易额年年增长。得益于技术的快速发展，庞大的用户群体产生了海量的用户数据，这些数据无序地堆积在企业的服务器中，看起来毫无价值。但是，数据即价值，通过合理地搭建数据仓库，可以帮助企业深度挖掘这些数据的深层价值。数据仓库搭建的目的，就是让用户更方便地访问海量数据，从数据中提取隐藏价值，要做到这一点，数据仓库需要具有时效性、准确性、可访问性和安全性。

1. 时效性

基于在线教育企业对数据仓库系统的基本诉求，我们认为数据仓库首先需要做到可以高效地采集不同系统产生的数据。在线教育系统每天产生大量的数据，数据基本分为两类：一类是日志数据，包括用户行为生成的日志数据和系统产生的日志数据；另一类是业务数据。对这两类数据都需要做到快速及时的采集，并且能对采集的数据进行合理分类。另外需要做到的是能为决策者提供数据分析的快速通道，做到这一点需要依靠的是对数据仓库的合理分层及数据建模，以合理的形式对数据仓库进行分割和分析计算，可以使用户和数据仓库的开发人员在较短的时间内得到需要的查询结果。

2. 准确性

想要数据仓库实施成功，用户必须信任数据仓库中的数据。数据仓库的搭建过程必须是可靠的，而用户对于数据从哪里来，如何抽取、转换、加载也必须清楚。作为数据仓库的开发人员，需要对数据仓库中的数据质量进行必要把控。

3. 可访问性

数据仓库还需要做到的一点是对数据进行合理且及时的展现。数据仓库的最终目的还是为用户提供数据服务，数据仓库最终面向的用户是业务人员、管理人员或者数据分析人员，他们对组织内的相关业务非常熟悉，对数据的理解也很充分，但是他们对数据仓库的使用和搭建往往不是很熟悉。这就要求我们在提供数据接口时，尽量设计得友好和简单，可以让他们轻易获取需要的数据。

4. 安全性

数据仓库中的数据有时候包含机密和敏感信息，为了能够使用这些数据，必须建立适当的权限管理机制，只有授权用户才能访问这些数据。增加权限管理机制、提升数据仓库的安全性会影响数据仓库的整体性能。因此，在设计之初就应该提前考虑数据仓库的安全需求，主要进行的安全性考虑有：数据仓库中的数据对于最终用户是只读的、提前划分数据的安全等级、制定权限控制方案、设计权限的授予、回收和变更方法。

本数据仓库项目主要设计源数据采集、数据分层搭建、任务定时调度和数据可视化等重点功能模块。

通过以上模块，本数据仓库项目可以满足以上基本业务需求，做到对数据的及时高效采集，对数据仓库合理分层，快速实现需求，同时实现对数据仓库任务的全流程定时调度和自动报警，对外提供数据可视化服务。以上模块实现的是数据仓库项目的基本需求，若用户想进一步完善项目，提升数据的安全性、可用性，可以设置权限管理模块、数据质量监控模块、元数据管理模块等，此部分内容可以阅读《剑指大数据——企业级数据仓库项目实战（电商版）》。

2.2.2 系统功能结构

如图 2-1 所示，该数据仓库系统主要分为 3 个功能结构：数据采集、数据仓库平台和数据可视化。

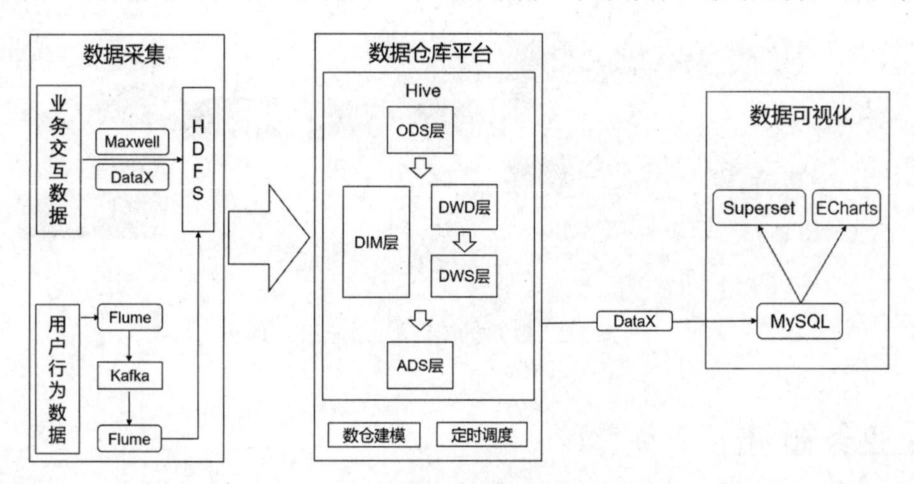

图 2-1　数据仓库系统功能结构

数据采集平台主要负责将在线教育系统前端的用户行为数据，以及业务交互数据采集到大数据存储系统中，所以数据采集平台共分为两大体系：用户行为数据采集体系和业务交互数据采集体系。用户行为数据主要以日志文件的形式落盘在服务器中，采用 Flume 作为数据采集框架对数据进行实时监控采集；业务交互数据主要存储在 MySQL 中，采用 DataX 对其进行采集。业务数据中的众多表格存储的数据性质不同，根据业务产生的增改情况不同，需要制定不同的同步策略。

数据仓库平台负责将原始数据采集到数据仓库中，合理建表，并针对数据进行清洗、转义、分类、重组、合并、拆分、统计等，将数据合理分层，极大地减少了数据重复计算的情况。数据仓库的建设离不开数据仓库建模理论的支持，在数据仓库建设之初就应对数据仓库建模理论有充分的认识，合理合规地建设数据仓库对后期数据仓库规模发展和功能拓展都是大有裨益的。数据仓库每天需要执行的任务非常多，而且因为涉及分层建设，层与层之间有密切的依赖关系，所以数据仓库平台一定要有一个成熟的定时调度系统，以管理任务流依赖关系并提供报警。

数据可视化主要负责将最终需求结果数据导入 MySQL 中，供数据用户使用或者对数据进行 Web 页面展示。

2.2.3 系统流程图

数据仓库系统主要流程如图 2-2 所示。

前端埋点用户行为数据被日志服务器落盘到本地文件夹，在每一台日志服务器启动一个 Flume 进程监控用户行为日志文件夹的变动，并将日志数据进行初步分类，发送给 Kafka 集群，再配置消费层 Flume 对 Kafka 中的数据进行消费，落盘到 HDFS 文件系统中。

业务交互数据则需要根据表格的性质，制定出适合的数据同步方案，选用适当的数据同步工具，将数据采集至 HDFS 文件系统中。

数据到达 HDFS 之后，需要进行多种转换操作，最重要的是需要对数据进行初步清洗、统一格式、提取必要信息、脱敏等操作。为了数据的计算更加高效、数据的复用性更高，我们还需要对数据进行分层。最终将得到的结果数据导出到 MySQL 中，方便进行可视化展示。

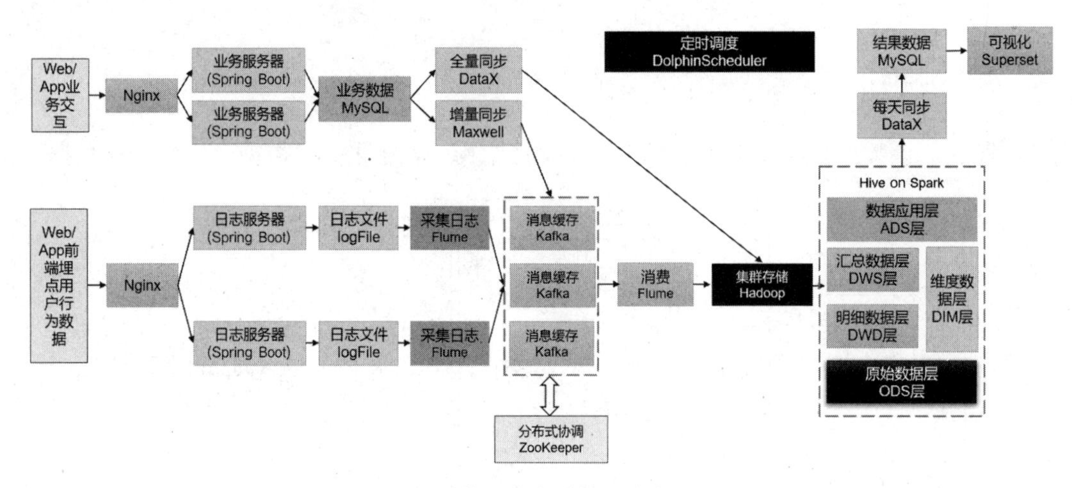

图 2-2　数据仓库系统主要流程

2.3　项目业务概述

2.3.1　采集模块业务描述

采集模块主要分为两部分：用户行为日志的采集和业务数据的采集，如图 2-3 所示为采集模块数据流程图。

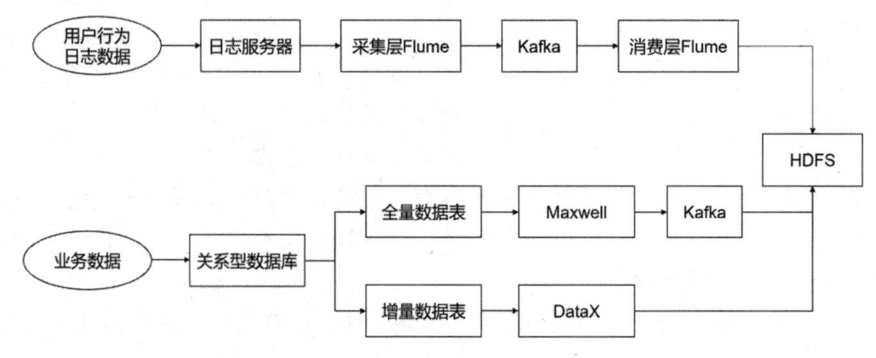

图 2-3　采集模块数据流程图

用户行为日志数据是指用户在使用产品的过程中，与客户端交互产生的数据，比如页面浏览、点击、停留、评论、点赞、收藏等。这类数据通常存储在服务器的日志文件中，而且是随着用户对产品的使用不停生成的，所以对此类数据的采集需要考虑对多个服务器的落盘文件的监控，以及避免采集系统宕机，造成数据丢失。采集到的日志行为数据可能有很多类型，在采集过程中需要对数据进行初步分类，可能还需要对数据进行初步清洗，将不能用于分析的非法数据剔除。针对这些问题，就要求监控多个日志产生文件夹并能够做到断点续传，实现数据消费 at least once 语义，以及能够根据采集到的日志内容对日志进行分类采集落盘，发往不同的 Kafka topic。Kafka 作为一个消息中间件起到日志缓冲的作用，避免同时发生的大量读/写请求造成 HDFS 性能下降，能对 Kafka 的日志生产采集过程进行实时监控，避免消费层 Flume 在落盘 HDFS 过程中产生大量的小数据文件，从而降低 HDFS 运行性能，并对落盘数据采取适当压缩措施，尽量节省存储空间，降低网络 I/O。

业务数据就是各企业在处理业务过程中产生的数据，如用户在网站中注册、下单、支付等过程中产生的数据。业务数据通常存储在 MySQL、Oracle、SQL Server 等关系型数据库中，并且此类数据毫无疑问是结构化的。那么，为什么不能直接对业务数据库中的数据进行操作，而要采集到数据仓库呢？实际上，在数据仓库技术出现之前，对业务数据的分析采用的就是简单的“直接访问”方式，但是这种方式的访问产生了很多问题，如某些业务数据出于安全性考虑不能被直接访问、误用业务数据对系统造成影响、分析工作对业务系统的性能产生影响。

业务数据的采集，需要考虑的问题与日志行为数据的采集截然不同。首先，需要根据现有需求和未来的业务需求，明确需要抽取哪些数据表，以及需要抽取哪些必须字段。其次，确立抽取方式，是从源系统联机抽取或者间接从一个脱机结构抽取数据。最后，需要根据数据表格性质的不同制订不同的数据抽取策略，是全量抽取还是增量抽取。在本数据仓库项目中，全量抽取的业务数据表使用 DataX 进行采集，直接落盘至 HDFS。增量抽取的数据表采用 Maxwell 监控数据变化并及时采集发送至 Kafka 中，再通过 Flume 将 Kafka 中的数据落盘至 HDFS。

2.3.2　数据仓库需求业务描述

1. 数据分层建模

数据仓库被分为 5 层，详细描述如下。

- ODS 层：原始数据层，存放原始数据，直接加载原始日志、数据，数据保持原貌不做处理。
- DIM 层：维度数据层，基于维度建模理论进行构建，存放维度模型中的维度表，保存一致性维度信息。
- DWD 层：明细数据层，基于维度建模理论进行构建，存放维度模型中的事实表，保存各业务过程最小粒度的操作记录。
- DWS 层：汇总数据层，基于上层的指标需求，以分析的主题对象作为建模驱动，构建公共统计粒度的汇总表。
- ADS 层：数据应用层，也有人把这层称为 App 层、DAL 层、DM 层等。面向实际的数据需求，以 DWD 层、DWS 层的数据为基础，组成各种统计报表，统计结果最终同步到关系型数据库，如 MySQL，以供 BI 或应用系统查询使用。

2. 需求实现

在线教育业务发展日益成熟，但是如果缺少精细化运营的意识和数据驱动的经验，那么发展将会陷入瓶颈。作为数据分析的重要工具——数据仓库的作用就是为运营人员和决策团队提供关键指标的分析数据。本数据仓库项目的数据分析工作主要关注 7 大主题的关键数据指标：流量主题、用户主题、课程主题、交易主题、考试主题、播放主题和完课主题。本项目中要求实现的主要需求如下。

（1）流量主题。

- 最近 1/7/30 日各来源访客数、会话平均停留时长、会话平均浏览页面数、总会话数。
- 最近 1/7/30 日各来源跳出率。
- 最近 1/7/30 日页面浏览路径分析。
- 最近 1/7/30 日各来源下单统计。

（2）用户主题。

- 流失用户数。
- 回流用户数。

- 用户留存率。
- 新增用户数。
- 活跃用户数。
- 用户行为漏斗分析。
- 新增交易人数。
- 各年龄段的下单用户数。

（3）课程主题

- 最近 1/7/30 日各分类的下单数、下单人数、下单金额。
- 最近 1/7/30 日各学科的下单数、下单人数、下单金额。
- 最近 1/7/30 日各课程的下单数、下单人数、下单金额。
- 最近 1/7/30 日各课程的用户平均评分、评价用户数、用户好评率。
- 最近 1 至 7 日各分类的试听人数、试听留存率。
- 最近 1 至 7 日各学科的试听人数、试听留存率。
- 最近 1 至 7 日各课程的试听人数、试听留存率。

（4）交易主题

- 最近 1/7/30 日下单总额、下单数、下单人数。
- 最近 1/7/30 日各来源的下单数、下单人数、下单金额。

（5）考试主题

- 最近 1/7/30 日各试卷的平均分、平均答题时长、答题用户数。
- 最近 1/7/30 日各课程的平均分、平均答题时长、答题用户数。
- 最近 1/7/30 日各试卷在各个分数区间的用户数。
- 最近 1/7/30 日各题目的正确率。

（6）播放主题

- 最近 1/7/30 日各章节视频播放次数、人均观看时长、观看人数。
- 最近 1/7/30 日各课程视频播放次数、观看人数。

（7）完课主题

- 最近 1/7/30 日各课程的完课人数统计。
- 最近 1/7/30 日总完课人数统计。
- 最近 1/7/30 日总完课人次统计。

要求将全部需求实现的结果数据存储在 ADS 层，并且完成可用于工作调度的脚本，实现任务的自动调度。

2.3.3 数据可视化业务描述

数据可视化是指将数据或信息转换为图形里的可见对象，如点、线、图形等，目的是将信息更加清晰有效地传达给用户，是对数据进行分析的关键技术之一。通过数据可视化，可以让企业更加快速地找到数据中隐藏的有价值信息，最大限度地提高信息变现效率，让数据的价值最大化。

数据仓库项目中的数据可视化业务通常指的是需求实现后得到的结果数据的最终展示，目前最常用的数据可视化工具有 Superset、DataV、ECharts 等，都需要对接关系型数据库，所以我们需要将需求计算的结果数据导出到关系型数据库中。

在 MySQL 中，根据 ADS 层的结果数据创建对应的表，使用 DataX 工具定时将结果数据导出到 MySQL 中，并使用数据可视化工具对数据进行展示，如图 2-4 所示。

图 2-4　数据可视化

2.4　系统运行环境

2.4.1　硬件环境

在实际生产环境中，我们需要进行服务器的选型，是选择物理机还是云主机呢？

1. 机器成本考虑

物理机以 128GB 内存、20 核物理 CPU、40 线程、8TB HDD 和 2TB SSD 的戴尔品牌机为例，单台报价约 4 万元，并且还需要考虑托管服务器的费用，一般物理机寿命为 5 年左右。

云主机，以阿里云为例，与上述物理机的配置相似，每年的费用约为 5 万元。

2. 运维成本考虑

物理机需要由专业运维人员进行维护，云主机的运维工作由服务提供方完成，运维工作相对轻松。

3. 集群规模考虑

集群规模一般通过企业数据量的大小来确认。计算过程如下：

假设网站每天的活跃用户有 100 万人，每个用户平均一天产生 100 条日志，则网站一天共产生 1 亿条日志。

假设每条日志大小为 1KB 左右，则将占用约 100GB 的存储空间。

假设日志数据保存 6 个月不删除，则服务器中约存有 18TB 的数据。在一般情况下，数据存储在大数据的服务器集群上，会保存至少 3 个存储副本，则共需 54TB。

服务器集群中需要留有约 30%的空间以备不时之需，不能把所有空间都占满，所以整个服务器集群需要大约 77TB 的存储空间。

无论是物理机还是云主机，服务器的存储空间一般都为 8TB，所以经过粗略计算，拥有 100 万日活跃用户的应用，需要 10 台服务器。

以上的计算比较粗略，在实际生产环境中，还应考虑数据仓库的分层情况、数据是否压缩等，有些企业为了提高数据可靠性，还会采取增加数据副本的措施。

在企业中，通常会搭建一套生产集群和一套测试集群，生产集群用于运行生产任务，测试集群用于代码上线前的测试。在本项目中，读者可以在个人计算机上搭建测试集群，建议将计算机配置为16GB内存、8核物理CPU、i7处理器、1TB SSD。

测试服务器规划如表2-1所示。

表2-1　测试服务器规划

服务名称	子服务	节点服务器 hadoop102	节点服务器 hadoop103	节点服务器 hadoop104
HDFS	NameNode	√		
	DataNode	√	√	√
	SecondaryNameNode			√
YARN	NodeManager	√	√	√
	ResourceManager		√	
ZooKeeper	ZooKeeper Server	√	√	√
Flume（采集日志）	Flume	√		
Maxwell	Maxwell	√		
Kafka	Kafka	√	√	√
Flume（消费Kafka日志数据）	Flume			√
Flume（消费Kafka业务数据）	Flume			√
DataX		√	√	√
Hive	Hive	√	√	√
Spark	Spark	√	√	√
MySQL	MySQL	√		
Superset	Superset	√		
DolphinScheduler	MasterServer	√		
	WorkerServer	√	√	√
	LoggerServer	√	√	√
	APIApplicationServer	√		
	AlertServer	√		
服务数总计		17	10	12

2.4.2 软件环境

1. 技术选型

在数据采集运输方面，本项目主要完成3个方面的需求：将服务器中的日志数据实时采集到大数据存储系统中，以防数据丢失及数据堵塞；将业务数据库中的数据采集到数据仓库中；同时将需求计算结果导出到关系型数据库方便进行展示。为此我们选用了Flume、Kafka、DataX、Maxwell。

Flume是一个高可用、高可靠、分布式的海量数据收集系统，从多种源数据系统采集、聚集和移动大量的数据并集中存储。Flume提供了丰富多样的组件供用户使用，不同的组件可以自由组合，组合方式基于用户设置的配置文件，非常灵活，可以满足各种需求。

Kafka是一个提供容错存储、高实时性的分布式消息队列平台。我们可以将它用在应用和处理系统间高实时性和高可靠性的流式数据存储中，也可以实时地为流式应用传送和反馈流式数据。

DataX 是一个基于 select 查询的离线、批量同步工作，通过配置可以实现多种数据源与多种目的存储介质之间的数据传输。离线、批量的数据同步工具可以获取业务数据库的所有数据，但是无法获取所有的变动数据。

变动数据的同步和抓取工具我们选用的是 Maxwell。Maxwell 通过监控 MySQL 数据库的 binlog 日志文件，可以实时地抓取所有的数据变更操作。Maxwell 在采集变动数据后可以直接发送至对应的 Kafka 的主题中，再通过 Flume 将数据落盘至 HDFS 文件系统中。

在数据存储方面，本项目中主要完成对海量原始数据及转化后各层数据仓库中的数据存储和对最终结果数据的存储。对海量原始数据的存储，我们选用了 HDFS，HDFS 是 Hadoop 的分布式文件存储系统，适合应用于大规模的数据集上，将大规模的数据集以分布式的方式存储于集群中的各台节点服务器上，提高文件存储的可靠性。由于数据体量比较小，且为了方便访问，对最终结果数据的存储我们选用 MySQL。

在数据计算方面，我们选用了 Hive on Spark 作为计算组件。Hive on Spark 是由 Cloudera 发起，由 Intel、MapR 等公司共同参与的开源项目，其目的是把 Spark 作为 Hive 的一个计算引擎，将 Hive 的查询作为 Spark 的任务提交到 Spark 的集群上进行计算。通过该项目，可以提高 Hive 查询的性能，同时为已经部署了 Hive 或者 Spark 的用户提供了更加灵活的选择，从而进一步提高 Hive 和 Spark 的使用效率。

在数据的可视化方面，我们提供了两种解决方案：一种是使用起来方便快捷的可视化工具 Superset；另一种是 ECharts 可视化，配置更加灵活但是需要用户掌握一定的 Spring Boot 知识。

我们选用了 DolphinScheduler 作为任务流的定时调度系统。Apache DolphinScheduler 是一个分布式、易扩展的可视化 DAG 工作流任务调度平台，致力于解决数据处理流程中错综复杂的依赖关系，使调度系统在数据处理流程中开箱即用。

将本项目的技术选型总结如下。

- 数据采集传输：Flume、Kafka、DataX、Maxwell。
- 数据存储：MySQL、HDFS。
- 数据计算：Hive、Spark。
- 可视化：Superset、ECharts。
- 任务调度：DolphinScheduler。

2. 框架选型

框架版本的选型要求满足数据仓库平台的几大核心需求：子功能不设局限、国内外资料及社区尽量丰富、组件服务的成熟度和流行度较高，待选择版本如下。

- Apache：运维过程烦琐，组件间的兼容性需要自己调研（本次选用）。
- CDH：国内使用较多，不开源，不用担心组件的兼容问题。
- HDP：开源，但没有 CDH 稳定，使用较少。
- 云服务：各大云服务提供商为企业提供了一整套大数据解决方案，如阿里云 EMR、腾讯云 EMR、华为云 EMR 等。

笔者经过考量决定选择 Apache 原生版本大数据框架，一方面可以自由定制所需要的功能组件；另一方面 CDH 和 HDP 版本框架体量较大，对服务器配置要求相对较高。本项目中用到的组件较少，Apache 原生版本即可满足需要。

笔者经过对版本兼容性的调研，确定的版本选型如表 2-2 所示。本数据仓库项目采用了目前大数据生态体系中流行的稳定版本，并对框架版本的兼容性进行了充分调研，将安装部署过程中可能产生的问题都进行了尽可能明确的说明，读者可以放心使用。

表 2-2　版本选型

产　品	版　本
JDK	1.8
Hadoop	3.1.3
Flume	1.9.0
Maxwell	1.29.2
ZooKeeper	3.5.7
Kafka	3.0.0
MySQL	5.7.16
DataX	3.0
Hive	3.1.2
Spark	3.0.0
DolphinScheduler	2.0.3
Superset	1.3.2

2.5　本章总结

本章主要对本书的项目需求进行了介绍。首先，介绍了本项目即将搭建的数据仓库产品需要实现的系统目标、系统功能结构和系统流程图。其次，对各主要功能模块进行了重点描述，并对每个模块的重点需求进行了介绍。最后，根据项目的整体需求对系统运行的硬件环境和软件环境进行了配置选型。

第3章 项目部署的环境准备

通过第 2 章的分析，我们已经明确了将要使用的框架类型和框架版本。本章根据第 2 章的需求分析，搭建一个完整的项目开发环境，即便读者的计算机中已经具备了这些环境，也建议浏览一遍本章内容，因为其对后续开发过程中代码和命令行的理解很有帮助。

3.1 Linux 环境准备

3.1.1 安装 VMware

本章介绍的虚拟机软件是 VMware，VMware 可以使用户在一台计算机上同时运行多个操作系统，还可以像 Windows 应用程序一样来回切换。用户可以如同操作真实安装的系统一样操作虚拟机系统，甚至可以在一台计算机上将几个虚拟机系统连接为一个局域网或者连接到互联网。

在虚拟机系统中，每一台虚拟产生的计算机都被称为“虚拟机”，而用来存储所有虚拟机的计算机则被称为“宿主机”。使用 VMware 虚拟机软件安装虚拟机，可以减少因安装新系统导致的数据丢失问题，还可以让用户方便地体验各种系统，进行学习和测试。

VMware 支持多种平台，可以安装在 Windows、Linux 等操作系统上，初学者大多使用 Windows，可以下载 VMware Workstation for Windows 版本。VMware 的安装非常简单，与其他 Windows 软件类似，本书不进行详细讲解。在安装过程中，安装的类型包括典型安装或自定义安装，笔者建议初学者选择典型安装。

在 VMware 安装完成启动后，即可进行 Linux 的安装部署。

推荐使用版本：VMware Workstation Pro 或 VMware Workstation Player。其中，Player 版本供个人用户使用，非商业用途，是免费的，其他的 VMware 版本此处不再赘述。

3.1.2 安装 CentOS

在安装 CentOS 之前，用户需要检查本机 BIOS 是否支持虚拟化，开机后先进入 BIOS 界面，不同的计算机进入 BIOS 界面的操作有所不同，然后进入 Security 下的 Virtualization，选择 Enable 即可。

启动 VMware，进入主界面，依次进行新虚拟机的设置，然后选择配置类型为“自定义（高级）”，如图 3-1 所示。

点击“下一步”按钮，进入“选择虚拟机硬件兼容性”界面，选择本机使用的 VMware Workstation 版本，如图 3-2 所示。

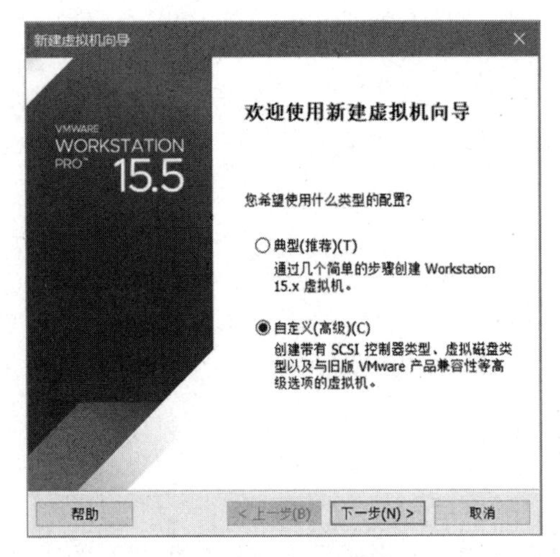

图 3-1　选择配置类型

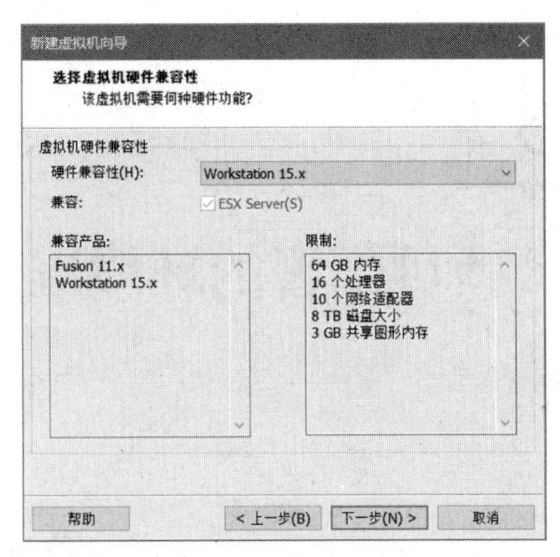

图 3-2　选择虚拟机硬件兼容性

点击“下一步”按钮，进入“安装客户端操作系统”界面，选择“稍后安装操作系统”选项，如图 3-3 所示。

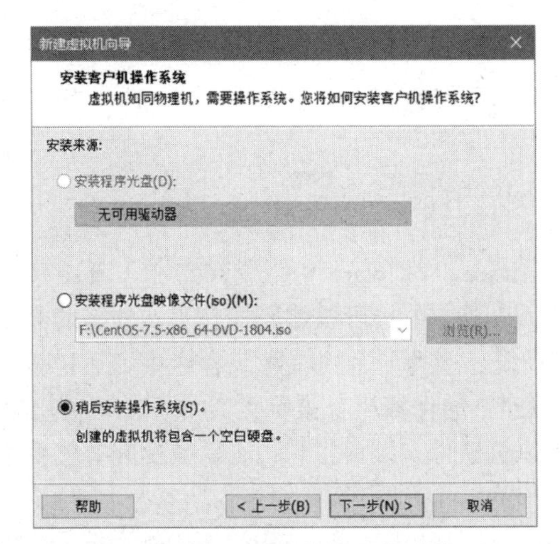

图 3-3　选择“稍后安装操作系统”

点击“下一步”按钮，然后在“版本”下拉列表中选择要安装的对应的 Linux 版本，此处选择“CentOS 7 64 位”选项，如图 3-4 所示。

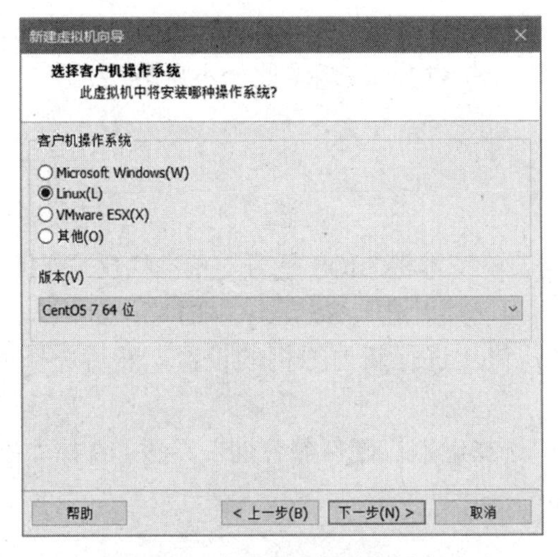

图 3-4　选择客户机操作系统

点击“下一步”按钮，进入“命名虚拟机”界面，给虚拟机起一个名字，创建虚拟机后还可以进行更改，然后点击“浏览”按钮，选择虚拟机系统安装文件的保存位置，如图 3-5 所示。

点击“下一步”按钮，进入“处理器配置”界面。为此虚拟机指定处理器配置，处理器的内核总数不应多于本机处理器的内核总数，如图 3-6 所示。

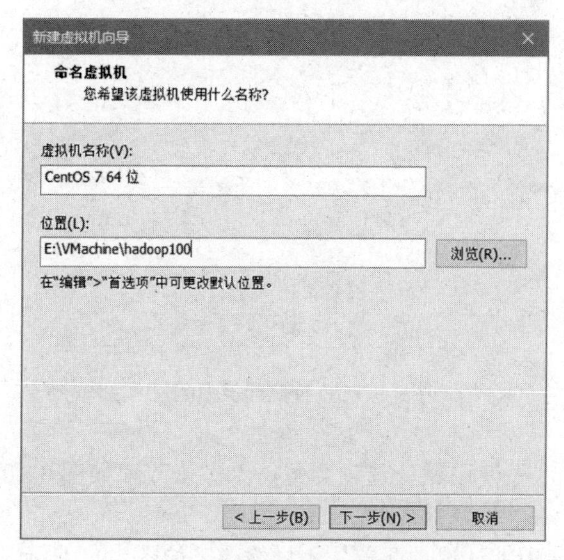

图 3-5 命名虚拟机

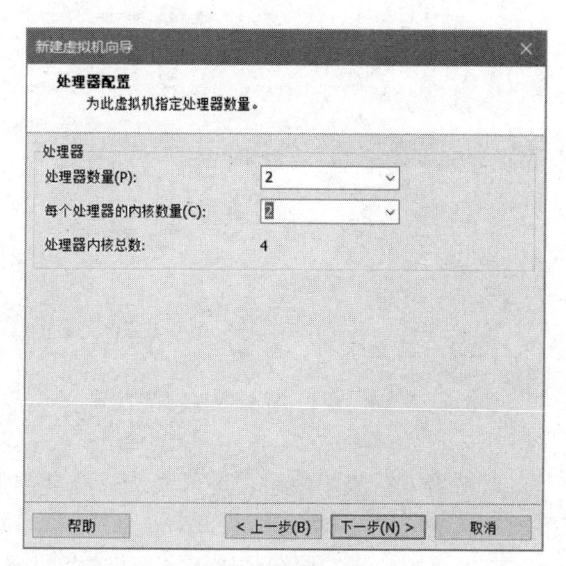

图 3-6 处理器配置

点击“下一步”按钮，进入“此虚拟机的内存”界面，配置为虚拟机分配的内存大小，推荐内存 1GB，后续也可以根据需要进行修改，如图 3-7 所示。

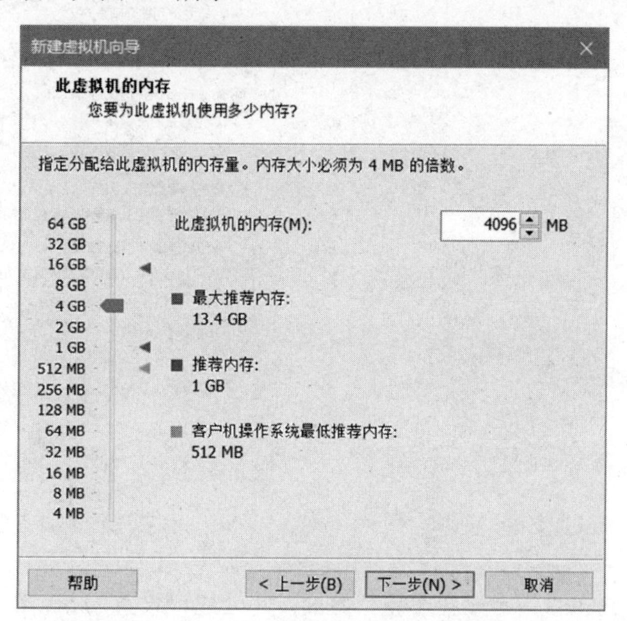

图 3-7 虚拟机内存配置

点击“下一步”按钮，进入“网络类型”界面，选择虚拟机网络连接类型，选择“使用网络地址转换（NAT）”，如图 3-8 所示。

点击“下一步”按钮，进入“选择 I/O 控制器类型”界面，这里使用默认选项“LSI Logic（L）（推荐）”，如图 3-9 所示。

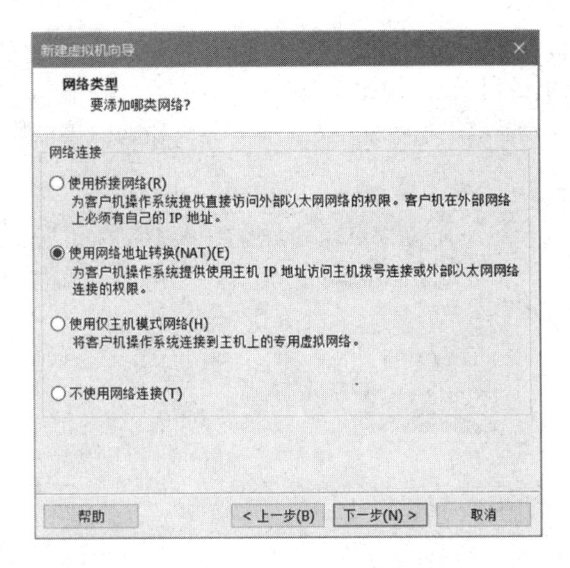

图 3-8　虚拟机网络连接类型配置

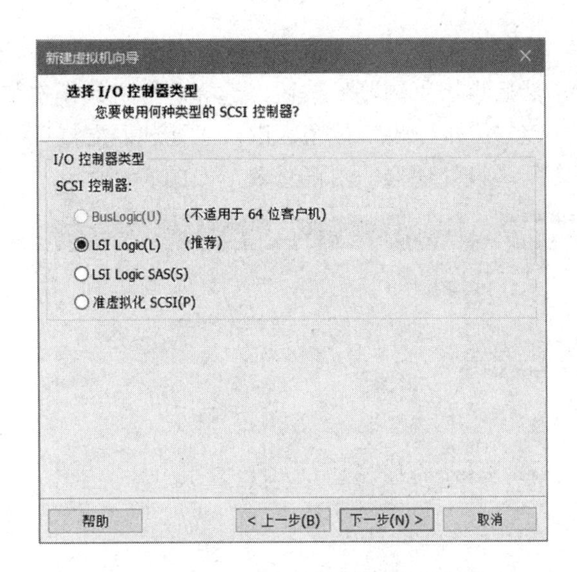

图 3-9　I/O 控制器类型配置

点击“下一步”按钮，进入“选择磁盘类型”界面，这里使用默认选项配置，不做修改，如图 3-10 所示。

点击“下一步”按钮，进入“选择磁盘”界面，这里使用默认选项配置，不做修改，如图 3-11 所示。

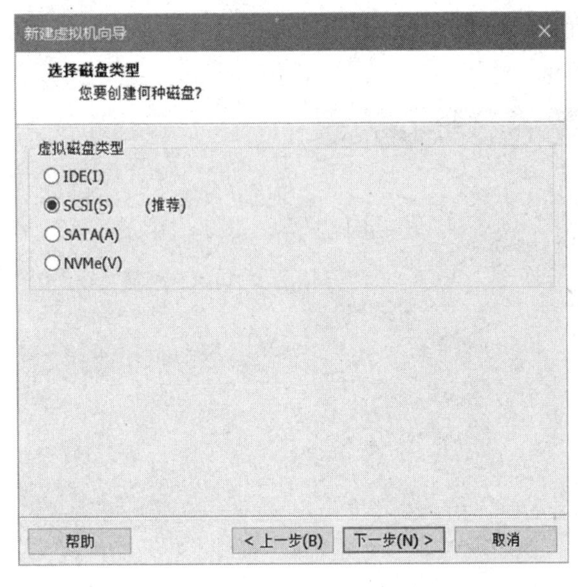

图 3-10　选择磁盘类型

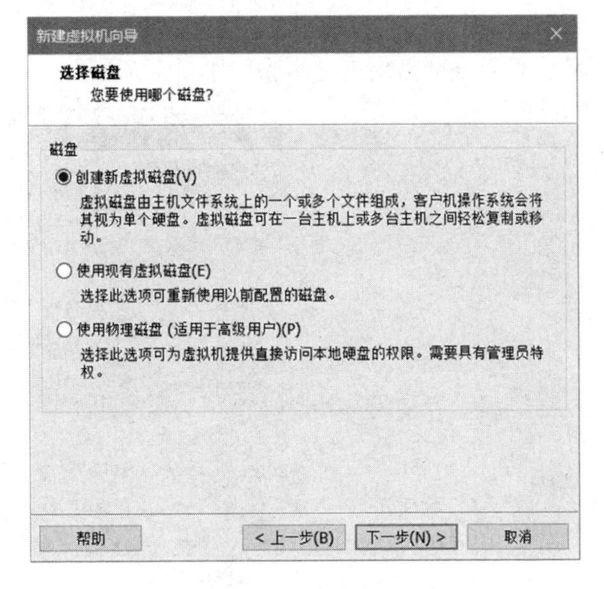

图 3-11　选择磁盘

点击“下一步”按钮，进入“指定磁盘容量”界面，此处建议设置为 50GB，以满足数据仓库项目对服务器的存储要求，如图 3-12 所示。

点击“下一步”按钮，进入“指定磁盘文件”界面，此处将指定磁盘文件的存储路径，默认将磁盘文件存储在“命名虚拟机”一步中指定的存储路径中，不必进行修改，如图 3-13 所示。

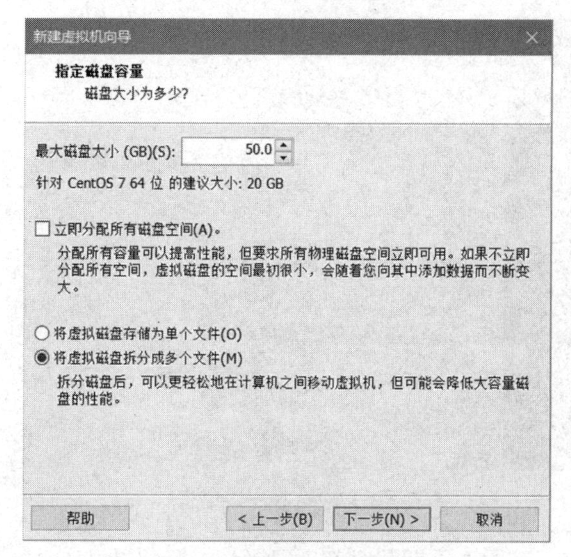

图 3-12　指定磁盘容量

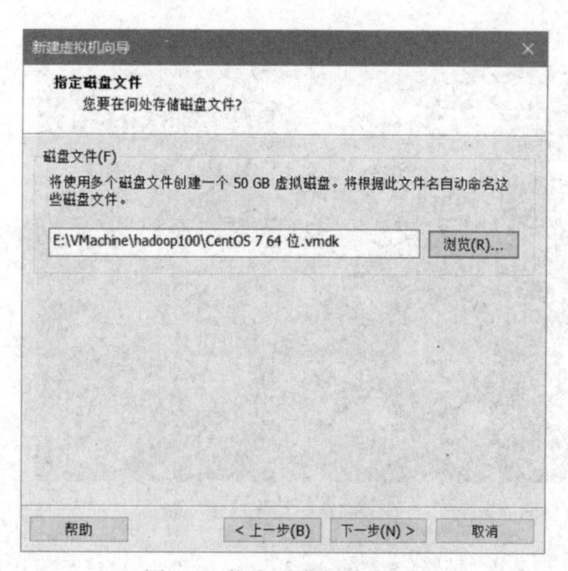

图 3-13 指定磁盘文件路径

点击“下一步”按钮，进入“已准备好创建虚拟机”界面，点击“自定义硬件”选项，如图 3-14 所示，进入硬件配置界面。选择“CD/DVD(IDE)”选项，在右侧选择“使用 ISO 映像文件”，点击“浏览”按钮，找到 ISO 映像文件所在的路径即可，如图 3-15 所示。

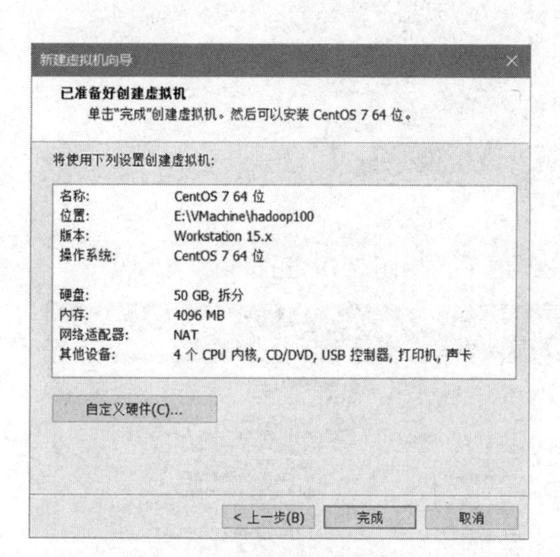

图 3-14　已准备好创建虚拟机

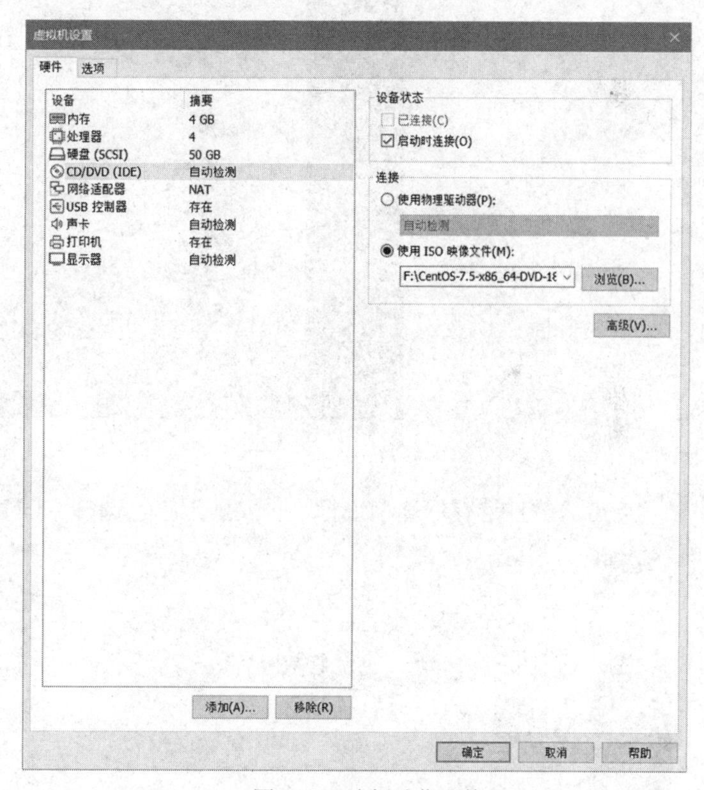

图 3-15　选择映像文件

在配置完映像文件后，点击“确定”按钮，回到“已准备好创建虚拟机”界面，点击“完成”按钮，开始安装，如图 3-16 所示。

使用键盘的上下方向键可以移动光标，使用回车键进行确定，这里选择“Install CentOS 7”，选择后进入“安装语言选择”页面，选择中文作为安装语言，如图 3-17 所示。

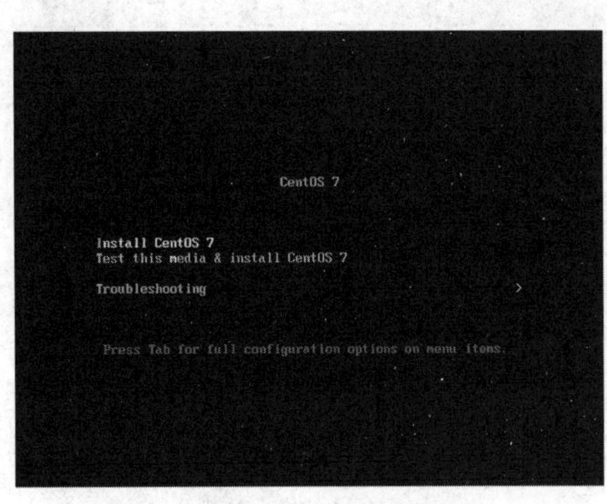

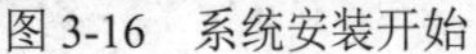
图 3-16　系统安装开始

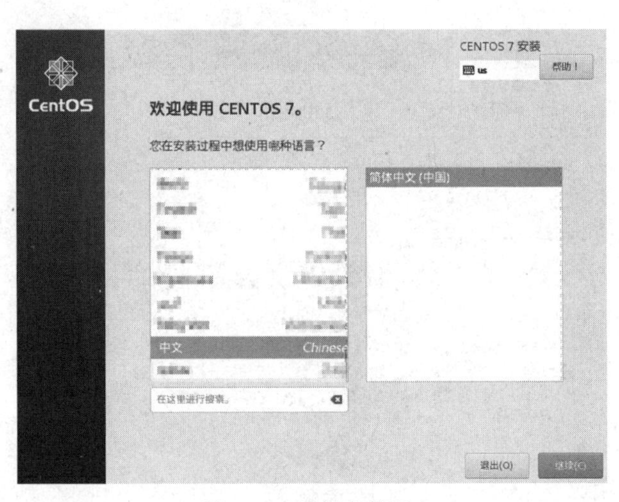

图 3-17　选择安装语言

点击“继续”按钮进入安装界面，在该界面进行配置，其中“日期和时间”配置为“亚洲/上海 时区”，“键盘”配置为“汉语”，“语言支持”配置为“简体中文（中国）”，如图 3-18 所示。

图 3-18　安装页面

点击“软件选择”选项进行软件安装配置，选择“GNOME”选项，如图 3-19 和图 3-20 所示。

图 3-19　软件安装配置

图 3-20　选择 GNOM 桌面

点击“安装位置”选项进行手动分区配置，如图 3-21 和图 3-22 所示。

图 3-21　手动分区配置开始

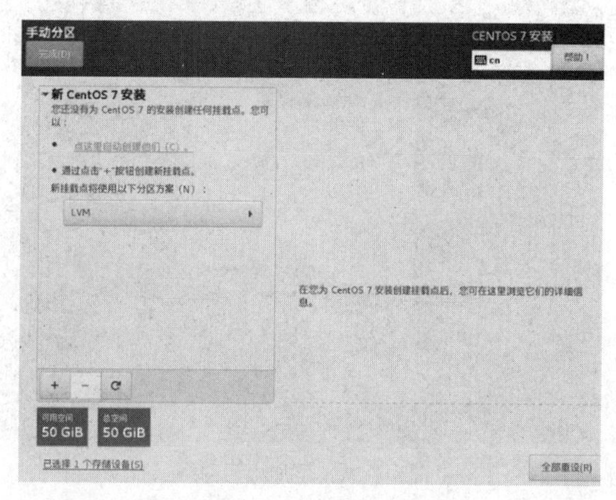

图 3-22　“手动分区”界面

在“手动分区”界面进行分区配置，首先点击“+”按钮添加分区，添加“/boot”分区，将期望容量设置为 1GB，配置完成后，点击“添加新挂载点”，回到手动分区界面，在右侧将设备类型设置为“标准分区”，文件系统设置为“ext4”，如图 3-23 和图 3-24 所示。

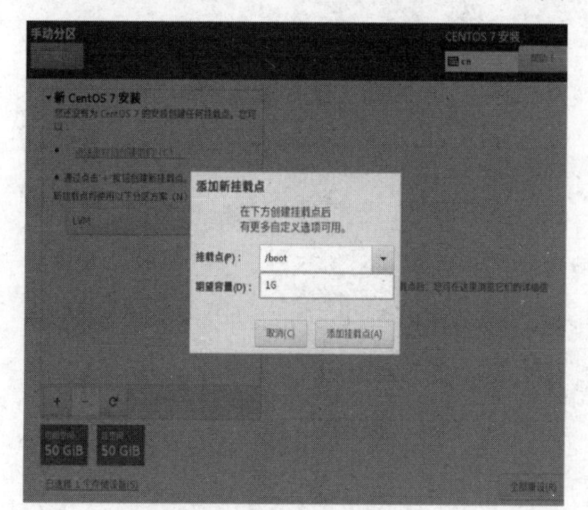

图 3-23　添加“/boot”分区

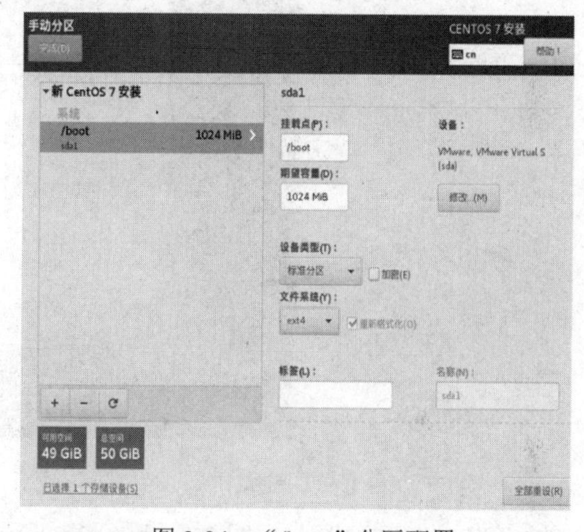

图 3-24　“/boot”分区配置

按照上述流程分别配置“swap”分区和根目录，如图 3-25 至图 3-28 所示。

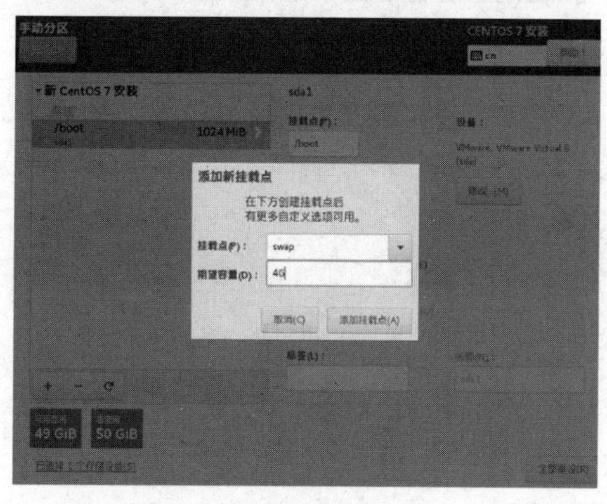

图 3-25　添加“swap”分区

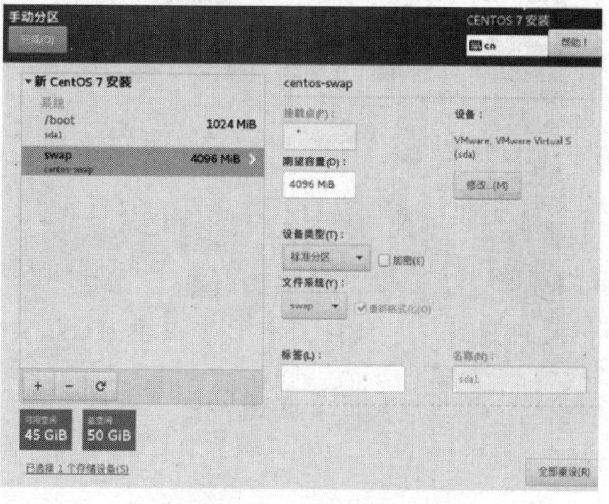

图 3-26　“swap”分区配置

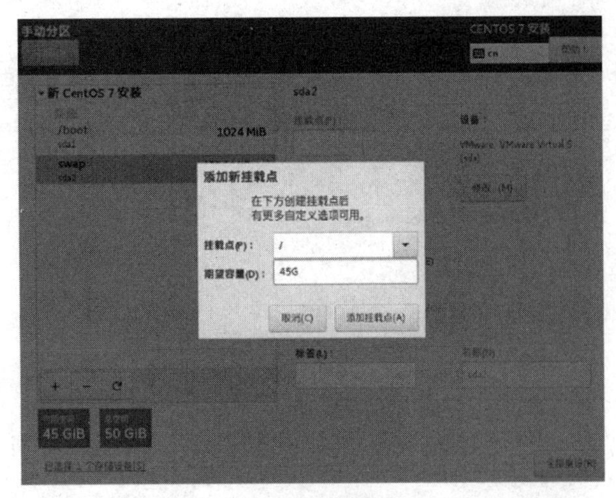

图 3-27　添加根目录

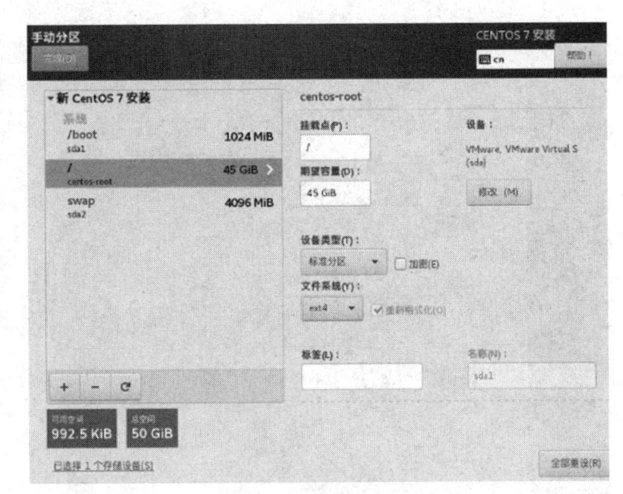

图 3-28　根目录配置

在手动配置完分区之后，点击“完成”按钮，出现如图 3-29 所示的提示，选择“接受更改”。

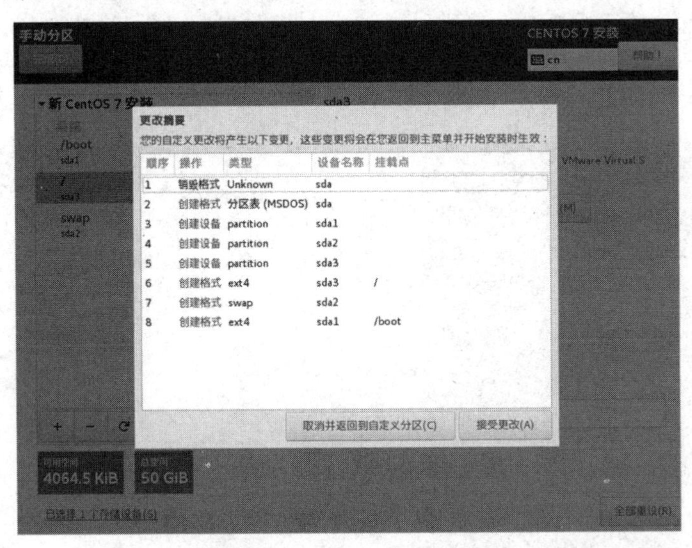

图 3-29　接受分区更改

进行 KDUMP 配置，如图 3-30 和图 3-31 所示，选择“不启用 KDUMP”。

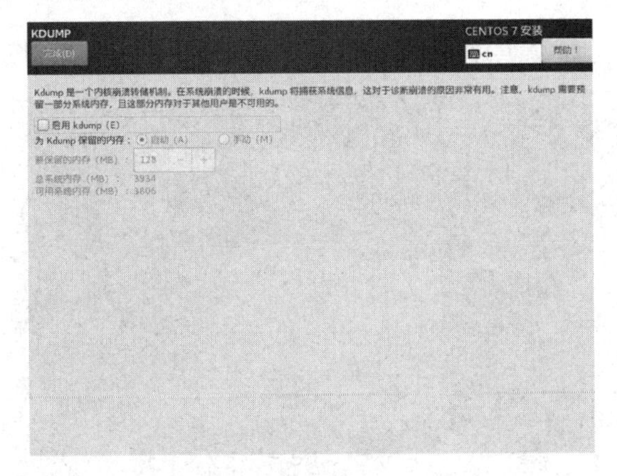

图 3-30　KDUMP 配置　　　　图 3-31　KDUMP 配置页面

进行网络和主机名配置，如图 3-32 和图 3-33 所示。

图 3-32　选择网络和主机名配置

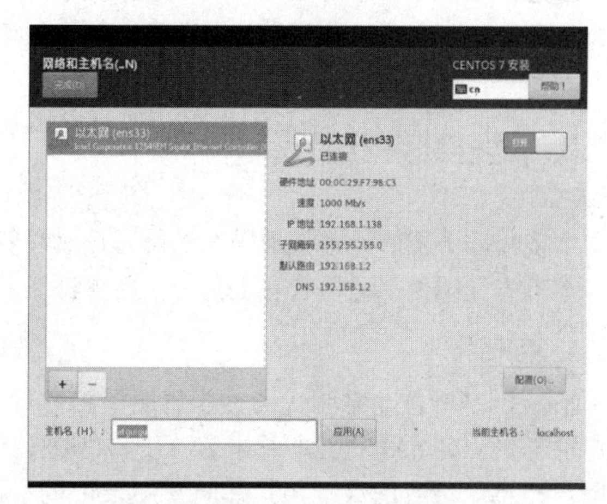

图 3-33　网络和主机名配置界面

在网络和主机名配置完成后，点击“开始安装”按钮，正式开始安装，如图 3-34 所示。

在开始安装界面，配置 root 用户的密码，如图 3-35 所示。

图 3-34　开始安装

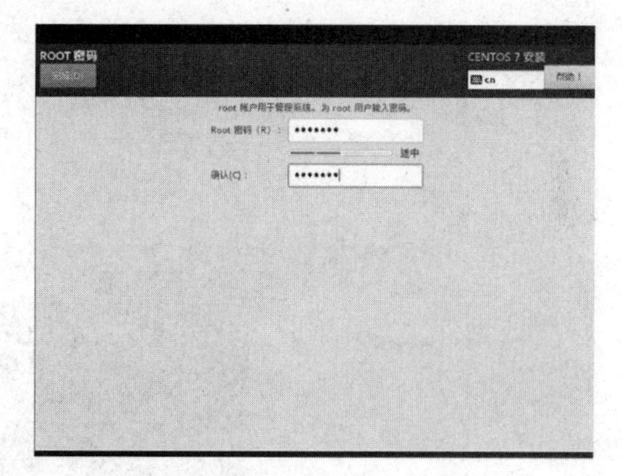

图 3-35　配置 root 用户的密码

在 root 用户密码配置完成之后等待安装结束，整个安装过程大约需要 20 分钟，安装完成后，点击“重启”按钮，如图 3-36 所示。

在重启后的页面，根据页面提示依次进行“接收许可证”、选择系统语言、关闭位置服务、选择时区、跳过关联账号和创建普通用户并设置普通用户密码后，即可开始使用。这些步骤由读者自行配置，故不进行图片引导，配置完成后，界面如图 3-37 所示。

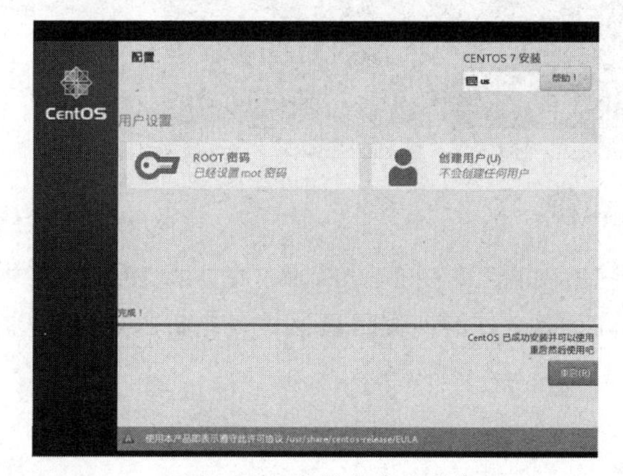

图 3-36　安装完成后重启

图 3-37　安装完成

注意：在虚拟机和宿主机之间，鼠标是不能同时起作用的，如果从宿主机进入虚拟机，则需要把鼠标指针移入虚拟机；如果从虚拟机返回宿主机，则需要按 Ctrl+Alt 组合键退出。

3.1.3 远程终端安装

大多数服务器的日常管理操作都是通过远程管理工具进行的。在 Linux 中，远程管理使用的是 SSH 协议，本节先介绍两个远程管理工具的使用方法。

1. Xshell

Xshell 是一款非常强大的安全终端模拟软件，也是目前市场上比较主流、应用比较广泛的远程管理客户端工具。Xshell 功能非常丰富，支持 SSH1、SSH2 以及 Microsoft Windows 平台的 TELNET 协议，给用户提供了很好的终端用户体验。Xshell 的安装非常简单，也为普通用户提供了免费版本，可以放心使用。

用户可以在 Xshell 官网下载安装包，在本书提供的学习资料中，也附有 Xshell 的安装包，直接双击即可进行安装。在开始使用后需要用户选择使用类型，勾选“免费为家庭/学校”即可免费使用。

打开 Xshell，点击页面左上角的“新建对话”按钮，如图 3-38 所示。

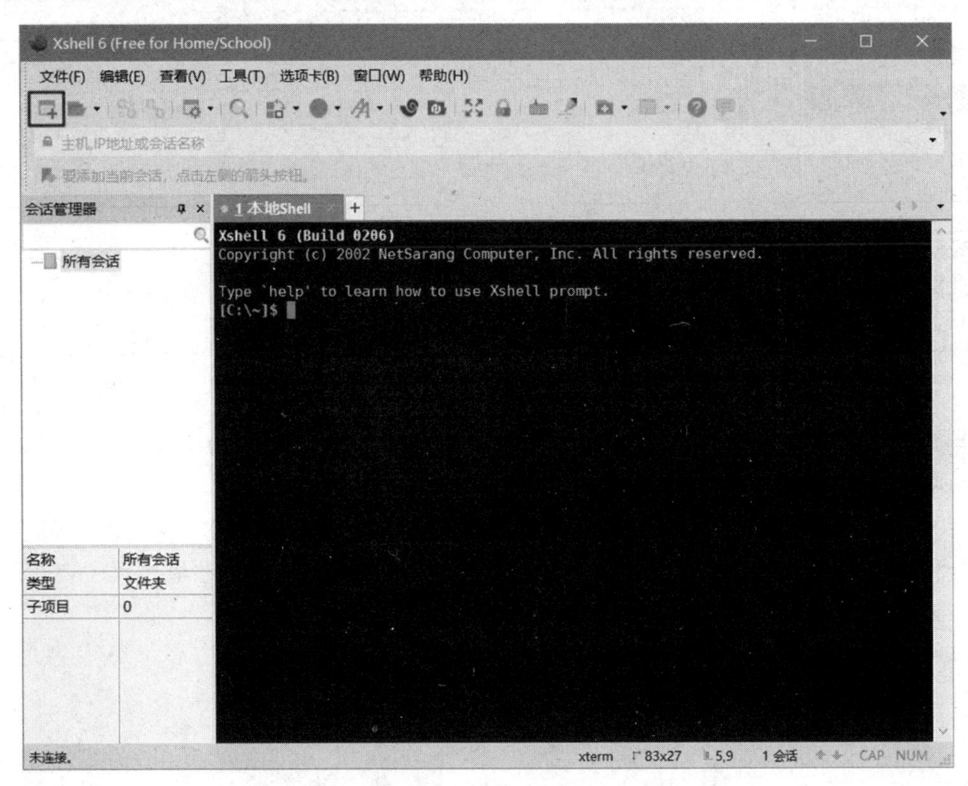

图 3-38 打开 Xshell

在“新建对话属性”界面，编辑对话名称，填写主机 IP 地址，如图 3-39 所示。在主机 IP 地址栏中可以直接写服务器的 IP 地址，也可以在系统已经修改过主机映射文件的前提下直接填写主机映射名。

图 3-39　新建连接主机

点击左侧“用户身份验证”，填写连接用的用户名和密码，如图 3-40 所示。填写完成后，点击“确定”按钮，即可创建新的连接信息。

图 3-40　设置用户名和密码

连接创建完成后，在连接列表直接双击，在第一次进行连接时，会弹出如图 3-41 所示的对话框，选择“接受并保存”，接受主机密钥。

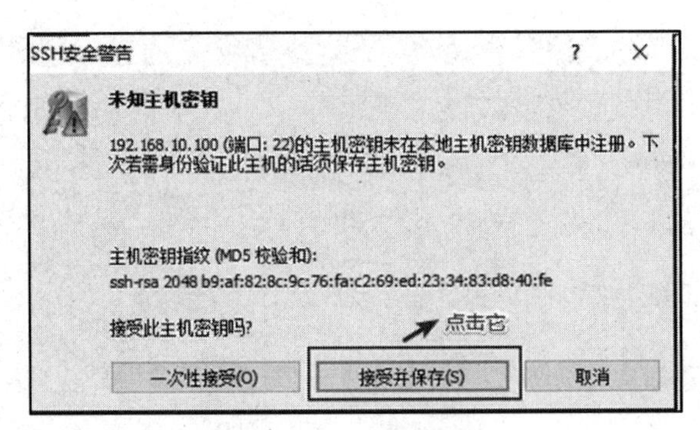

图 3-41　SSH 连接警告

通过以上方式，就可以创建其他主机的连接了，读者也可以自行探索 Xshell 提供的其他功能。

2. SecureCRT

SecureCRT 将 SSH（Secure Shell）的安全登录、数据传送性能和 Windows 终端仿真提供的可靠性、可用性、易配置性结合在一起。如果需要管理多台服务器，使用 SecureCRT 可以很方便地记住多个地址，并且还可以通过配置设置自动登录，方便远程管理，效率很高。SecureCRT 的缺点是需要安装，并且是一款共享软件，不付费注册则不能使用。

在安装 SecureCRT 并启动后，点击“快速连接”按钮，弹出“快速连接”对话框，如图 3-42 所示，输入想要连接的“主机名”和“用户名”，点击“连接”按钮，然后按照提示输入密码即可登录。

SecureCRT 默认不支持中文，中文会显示为乱码，解决方法如下。

在建立连接后，选择“选项”→“会话选项”命令，在弹出的对话框左侧列表中选择“终端”→“仿真”选项，在右侧“终端”下拉列表中选择“Xterm”选项，勾选“ANSI 颜色”复选框，以支持颜色显示，点击“确定”按钮，如图 3-43 所示。

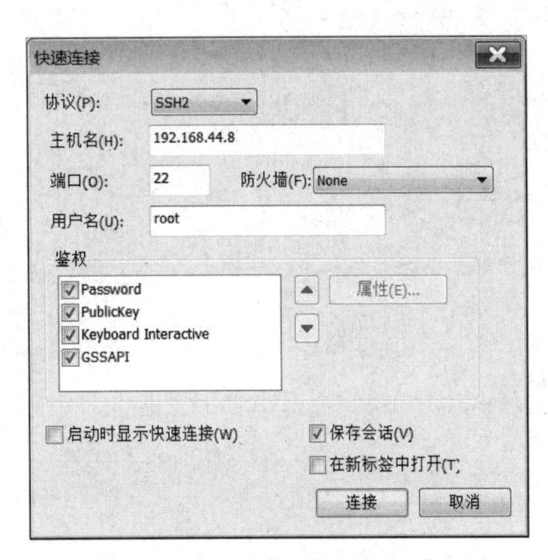

图 3-42　“快速连接”对话框

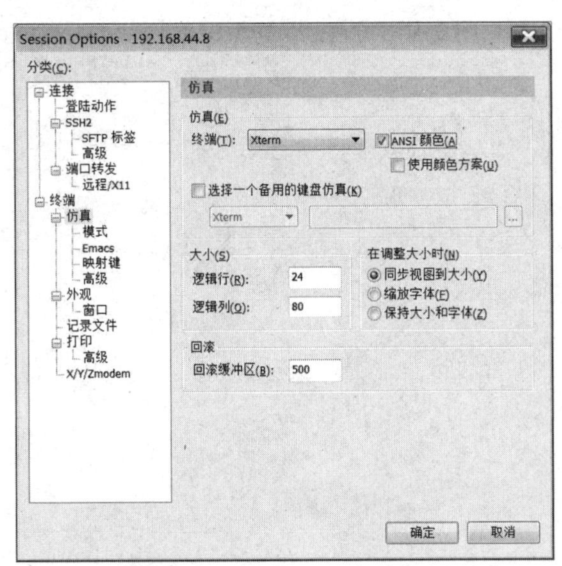

图 3-43　SecureCRT 仿真设置

在左侧列表中选择“终端”→“外观”选项，在右侧“当前颜色方案”下拉列表中选择“Traditional”选项，在“标准字体”和“精确字体”中均选择“新宋体 11pt”，并确保“字符编码”选择为“UTF-8”（CentOS 默认使用中文字符集 UTF-8），取消勾选“使用 Unicode 线条绘制字符”复选框，点击“确定”按钮即可，如图 3-44 所示。

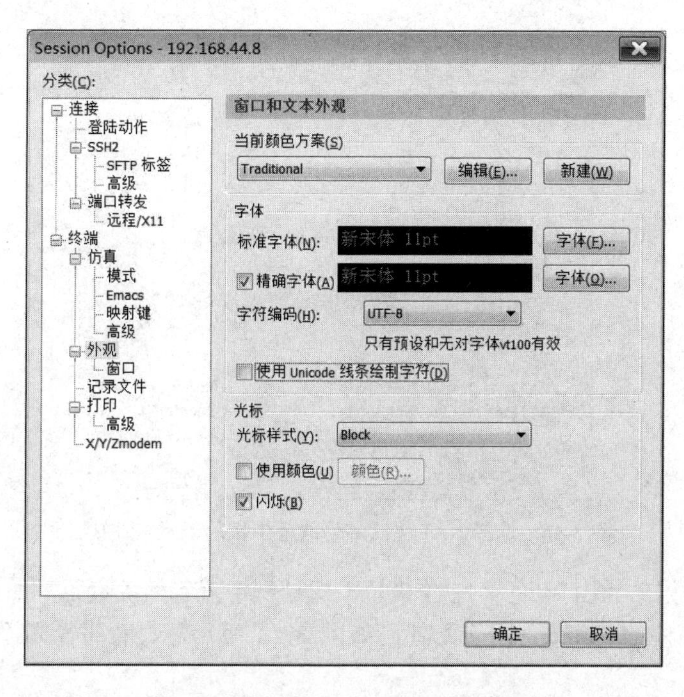

图 3-44　SecureCRT 窗口和文本外观设置

至此，我们就搭建好了初步的学习实验环境。

3.2　Linux 环境配置

3.2.1　网络配置

下面对安装好的 VMware 进行网络配置，方便虚拟机连接网络。本次设置建议选择 NAT 模式，需要宿主机的 Windows 和虚拟机的 Linux 能够进行网络连接，同时虚拟机的 Linux 可以通过宿主机的 Windows 进入互联网。

选择“编辑”→“虚拟网络编辑器”命令，如图 3-45 所示，对虚拟机进行网络配置。

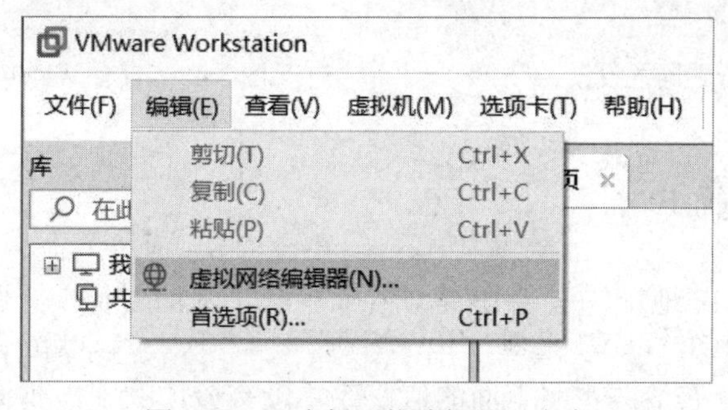

图 3-45　“虚拟网络编辑器”命令

在打开的“虚拟网络编辑器”对话框中，选择 NAT 模式，并修改虚拟机的子网 IP 地址，如图 3-46 所示。

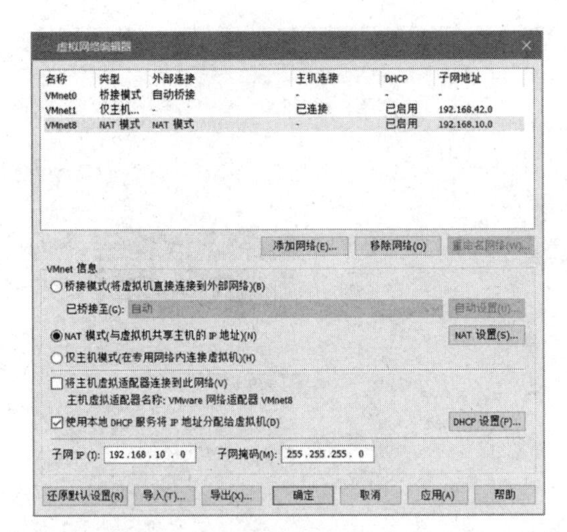

图 3-46　选择 NAT 模式并修改虚拟机的子网 IP 地址

点击“NAT 设置”按钮，在打开的“NAT 设置”对话框中查看网关设置，如图 3-47 所示。

查看 Windows 环境中的 vmnet8 网络配置，如图 3-48 所示，查看路径为“控制面板”→“网络和 Internet”→“网络连接”。

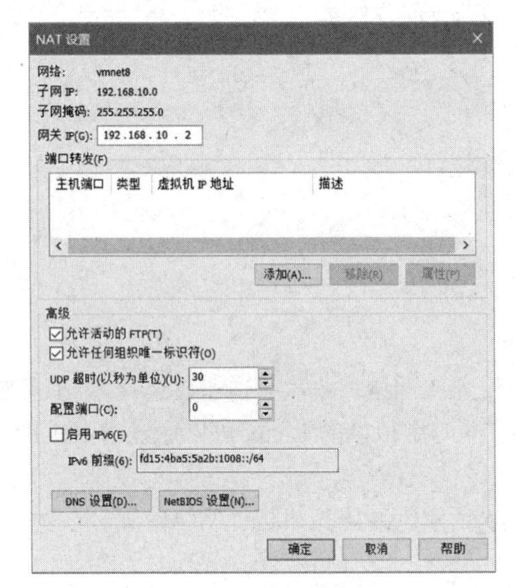

图 3-47　查看网关设置

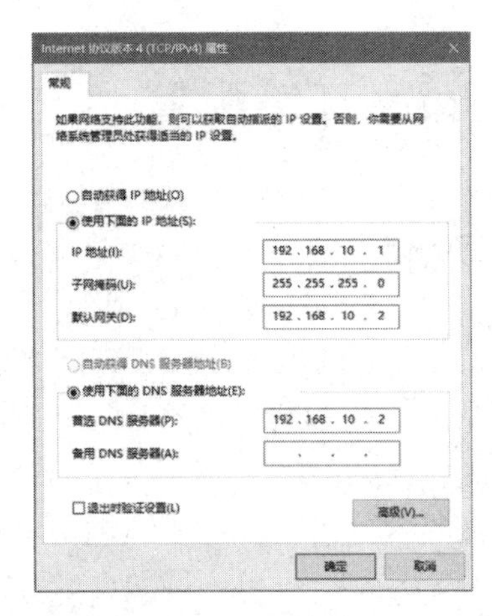

图 3-48　查看 Windows 环境中的 vmnet8 网络配置

3.2.2　网络 IP 地址配置

修改网络 IP 地址为静态 IP 地址，避免 IP 地址经常变化，从而方便节点服务器间的互相通信。

```
[root@hadoop100 ~]#vim /etc/sysconfig/network-scripts/ifcfg-ens33
```

以下加粗的项必须修改，有值的按照下面的值修改，没有该项的则需要增加。

```
TYPE="Ethernet"    #网络类型（通常是 Ethemet）
PROXY_METHOD="none"
BROWSER_ONLY="no"
BOOTPROTO="static"    #IP 的配置方法[none|static|bootp|dhcp]（引导时不使用协议|静态分配 IP|BOOTP 协议|DHCP 协议）
DEFROUTE="yes"
IPV4_FAILURE_FATAL="no"
IPV6INIT="yes"
```

```
IPV6_AUTOCONF="yes"
IPV6_DEFROUTE="yes"
IPV6_FAILURE_FATAL="no"
IPV6_ADDR_GEN_MODE="stable-privacy"
NAME="ens33"
UUID="e83804c1-3257-4584-81bb-660665ac22f6"   #随机 id
DEVICE="ens33"   #接口名（设备,网卡）
ONBOOT="yes"   #系统启动的时候网络接口是否有效（yes/no）
#IP 地址
IPADDR=192.168.10.100
#网关
GATEWAY=192.168.10.2
#域名解析器
DNS1=192.168.10.2
```

修改 IP 地址后的结果如图 3-49 所示，执行“:wq”命令，保存退出。

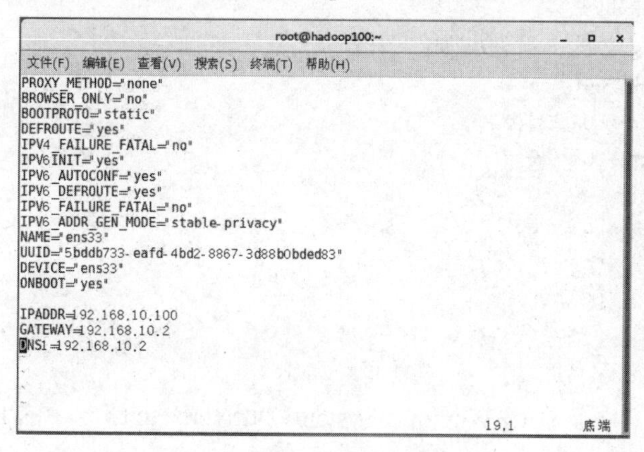

图 3-49　修改 IP 地址后的结果

执行 systemctl restart network 命令，重启网络服务。如果报错，则执行“reboot”命令，重启虚拟机。

3.2.3　主机名配置

修改主机名为一系列有规律的主机名，并修改 hosts 文件，添加我们需要的主机名和 IP 地址映射，这样方便管理以及节点服务器间通过主机名进行通信。

1. 修改 Linux 的主机映射文件（hosts 文件）

（1）进入 Linux 查看本机的主机名。执行 hostname 命令进行查看。

```
[root@hadoop100 ~]# hostname
hadoop100
```

（2）如果感觉此主机名不合适，则可以进行修改。通过编辑/etc/hostname 文件进行修改。

```
[root@hadoop100 ~]# vim /etc/hostname
hadoop100
```

注意：主机名不要有“_”（下画线）。

（3）打开/etc/hostname 文件后，可以看到主机名，在此处可以完成对主机名的修改，这里不做修改，仍为 hadoop100。

（4）保存并退出。

（5）打开/etc/hosts 文件。

```
[root@hadoop100 ~]# vim /etc/hosts
```

添加如下内容。

```
192.168.10.100 hadoop100
192.168.10.101 hadoop101
192.168.10.102 hadoop102
192.168.10.103 hadoop103
192.168.10.104 hadoop104
192.168.10.105 hadoop105
192.168.10.106 hadoop106
192.168.10.107 hadoop107
192.168.10.108 hadoop108
```

（6）重启设备，查看主机名，可以看到已经修改成功。

2. 修改 Windows 的主机映射文件（hosts 文件）

（1）进入 C:\Windows\System32\drivers\etc 路径。

（2）复制 hosts 文件到桌面上。

（3）打开桌面上的 hosts 文件，并添加如下内容。

```
192.168.10.100 hadoop100
192.168.10.101 hadoop101
192.168.10.102 hadoop102
192.168.10.103 hadoop103
192.168.10.104 hadoop104
192.168.10.105 hadoop105
192.168.10.106 hadoop106
192.168.10.107 hadoop107
192.168.10.108 hadoop108
```

（4）用桌面上的 hosts 文件覆盖 C:\Windows\System32\drivers\etc 路径中的 hosts 文件。

3.2.4 防火墙配置

为了使 Windows 或其他系统可以访问 Linux 虚拟机的服务，我们有时候需要关闭虚拟机的防火墙服务，以下是常见的防火墙开/关命令。

1. 临时关闭

（1）查看防火墙状态。

```
[root@hadoop100 ~]# systemctl status firewalld
```

（2）临时关闭防火墙。

```
[root@hadoop100 ~]# systemctl stop firewalld
```

2. 关闭开机自启

（1）查看开机启动时防火墙状态。

```
[root@hadoop100 ~]# systemctl list-unit-files|grep firewalld
```

（2）设置开机时不自动启动防火墙。

```
[root@hadoop100 ~]# systemctl disable firewalld.service
```

3.2.5 一般用户设置

root 用户具有很大的操作权限，而在实际操作中又需要对用户有所限制，所以我们需要创建一般用户。

（1）添加 atguigu 用户，并对其设置密码。

```
[root@hadoop100 ~]#useradd atguigu
[root@hadoop100 ~]#passwd atguigu
```

（2）配置 atguigu 用户具有 root 权限，接下来的所有操作都将在一般用户身份下完成。

修改配置文件。

```
[root@hadoop100 ~]#vi /etc/sudoers
```

修改/etc/sudoers 文件，找到第 91 行，在 root 下面添加一行。

```
## Allow root to run any commands anywhere
root    ALL=(ALL)     ALL
atguigu   ALL=(ALL)     ALL
```

或者配置成当执行 sudo 命令时，不需要输入密码。

```
## Allow root to run any commands anywhere
root      ALL=(ALL)     ALL
atguigu   ALL=(ALL)     NOPASSWD:ALL
```

修改完毕后，用户使用 atguigu 账号或执行 sudo 命令进行登录，即可获得 root 操作权限。

3.3 Hadoop 环境搭建

在搭建完 Linux 环境之后，我们正式开始搭建 Hadoop 分布式集群环境。

3.3.1 虚拟机环境准备

1. 克隆虚拟机

关闭要被克隆的虚拟机，右键点击虚拟机名称，在弹出的快捷菜单中选择“管理”→“克隆”命令，如图 3-50 所示。

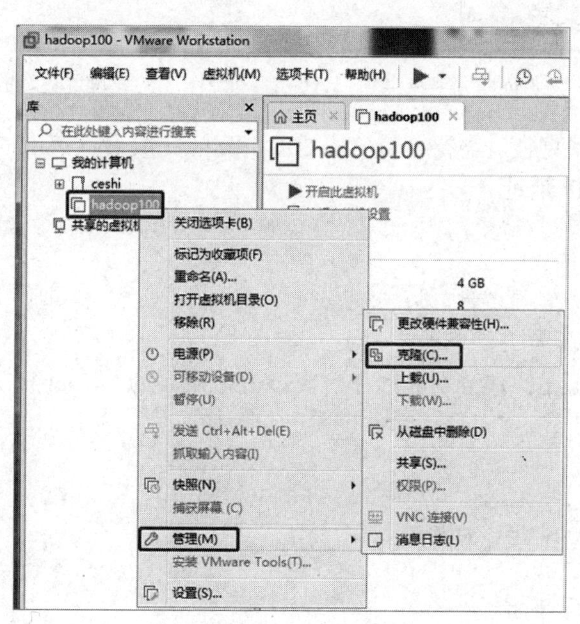

图 3-50　开始克隆

在欢迎界面点击“下一步”按钮，打开“克隆虚拟机向导”对话框，选择“虚拟机中的当前状态”选项，克隆虚拟机如图 3-51 所示。

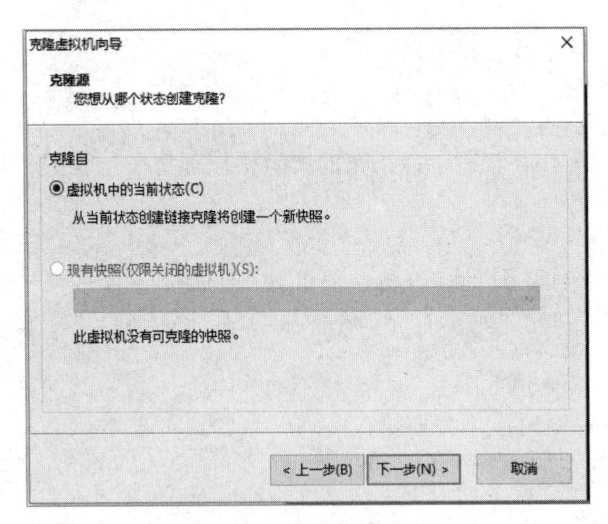

图 3-51　克隆虚拟机

设置“克隆方法”为“创建完整克隆”，如图 3-52 所示。

设置克隆的“虚拟机名称”和“位置”，如图 3-53 所示。

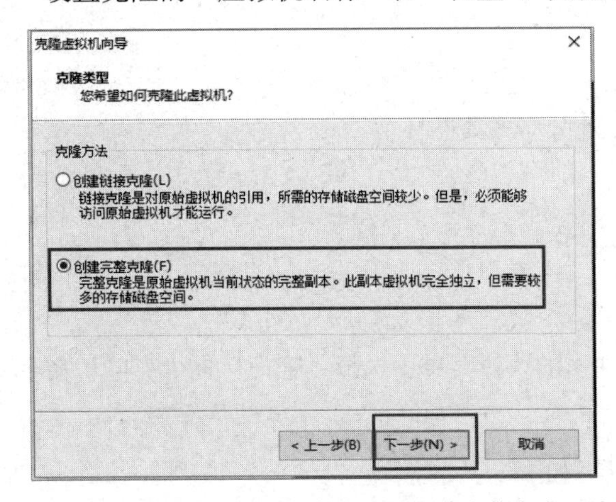

图 3-52　设置“克隆方法”为“创建完整克隆”

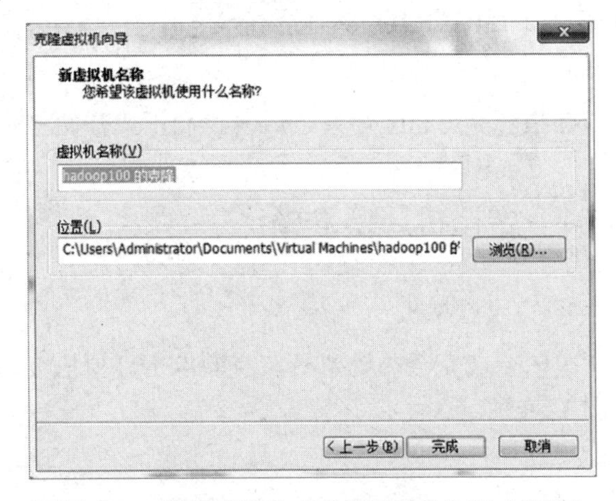

图 3-53　设置克隆的“虚拟机名称”和“位置”

点击“完成”按钮，开始克隆，需要等待一段时间，克隆完成后，点击“关闭”按钮。

修改克隆后的虚拟机的 IP 地址。

```
[root@hadoop100 /]#vim /etc/sysconfig/network-scripts/ifcfg-ens33
```

修改为想要设置的 IP 地址。

```
IPADDR=192.168.10.102        #IP 地址
```

按照 3.2.3 节中主机名的配置方法修改主机名。

重新启动服务器，按照上述操作分别克隆 3 台虚拟机，命名为 hadoop102、hadoop103 和 hadoop104，主机名和 IP 地址分别与 3.2.3 节中的 hosts 文件设置一一对应。

2. 创建安装目录

（1）在/opt 目录下创建 module、software 文件夹。

```
[atguigu@hadoop102 opt]$ sudo mkdir module
[atguigu@hadoop102 opt]$ sudo mkdir software
```

（2）修改 module、software 文件夹的所有者。

```
[atguigu@hadoop102 opt]$ sudo chown atguigu:atguigu module/ software/
[atguigu@hadoop102 opt]$ ll
总用量 8
```

```
drwxr-xr-x. 2 atguigu atguigu 4096 1月  17 14:37 module
drwxr-xr-x. 2 atguigu atguigu 4096 1月  17 14:38 software
```

之后所有的软件安装操作将在 module 和 software 文件夹中进行。

3. 配置三台虚拟机免密登录

为什么需要配置免密登录呢？这与 Hadoop 分布式集群的架构有关。我们搭建的 Hadoop 分布式集群是主从架构，在配置了节点服务器间免密登录之后，就可以方便地通过主节点服务器启动从节点服务器，不用再手动输入用户名和密码。

第一步：配置 SSH。

（1）基本语法：假设要以用户名 user 登录远程主机 host，只需要输入 ssh user@host，如 ssh atguigu@192.168.10.100，若本地用户名与远程用户名一致，登录时则可以省略用户名，如 ssh host。

（2）SSH 连接时出现“Host key verification failed”的错误提示，直接输入 yes 即可。

```
[atguigu@hadoop102 opt] $ ssh 192.168.10.103
The authenticity of host '192.168.10.103 (192.168.10.103)' can't be established.
RSA key fingerprint is cf:1e:de:d7:d0:4c:2d:98:60:b4:fd:ae:b1:2d:ad:06.
Are you sure you want to continue connecting (yes/no)?
Host key verification failed.
```

第二步：无密钥配置。

（1）免密登录原理如图 3-54 所示。

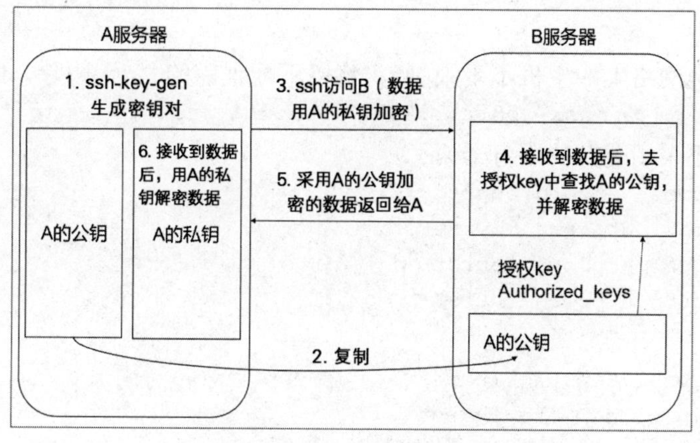

图 3-54　免密登录原理

（2）生成公钥和私钥。

```
[atguigu@hadoop102 .ssh]$ ssh-keygen -t rsa
```

然后，连续按 3 次回车键，就会生成两个文件：id_rsa（私钥）和 id_rsa.pub（公钥）。

（3）将公钥复制到要免密登录的目标机器上。

```
[atguigu@hadoop102 .ssh]$ ssh-copy-id hadoop102
[atguigu@hadoop102 .ssh]$ ssh-copy-id hadoop103
[atguigu@hadoop102 .ssh]$ ssh-copy-id hadoop104
```

注意：需要在 hadoop102 上采用 root 账号，配置无密登录到 hadoop102、hadoop103、hadoop104 节点服务器上；还需要在 hadoop103 上采用 atguigu 账号配置无密登录到 hadoop102、hadoop103、hadoop104 节点服务器上。

.ssh 文件夹下的文件功能解释如下。

- known_hosts：记录 SSH 访问过计算机的公钥。
- id_rsa：生成的私钥。
- id_rsa.pub：生成的公钥。

- authorized_keys ：存放授权过的免密登录服务器公钥。

4. 配置时间同步

为什么要配置节点服务器间的时间同步呢？

即将搭建的 Hadoop 分布式集群需要解决两个问题：数据的存储和数据的计算。

Hadoop 对大型文件的存储采用分块的方法，将文件切分成多块，以块为单位，分发到各台节点服务器上进行存储。当这个大型文件再次被访问时，需要从 3 台节点服务器上分别拿出数据，然后进行计算。由于计算机之间的通信和数据的传输一般是以时间为约定条件的，如果 3 台节点服务器的时间不一致，就会导致在读取块数据时出现时间延迟，从而导致访问文件时间过长，甚至失败，所以配置节点服务器间的时间同步非常重要。

第一步：配置时间服务器（必须是 root 用户）。

（1）检查所有节点服务器 ntp 服务状态和开机自启状态。

```
[root@hadoop102 ~]# systemctl status ntpd
[root@hadoop102 ~]# systemctl is-enabled ntpd
```

（2）在所有节点服务器关闭 ntp 服务和开机自启动。

```
[root@hadoop102 ~]# systemctl stop ntpd
[root@hadoop102 ~]# systemctl disable ntpd
```

（3）修改 ntp 配置文件。

```
[root@hadoop102 ~]# vim /etc/ntp.conf
```

修改内容如下。

① 修改 1（设置本地网络上的主机不受限制），将以下配置前的“#”删除，解开此行注释。

```
#restrict 192.168.10.0 mask 255.255.255.0 nomodify notrap
```

② 修改 2（设置为不采用公共的服务器）。

```
server 0.centos.pool.ntp.org iburst
server 1.centos.pool.ntp.org iburst
server 2.centos.pool.ntp.org iburst
server 3.centos.pool.ntp.org iburst
```

将上述内容修改为：

```
#server 0.centos.pool.ntp.org iburst
#server 1.centos.pool.ntp.org iburst
#server 2.centos.pool.ntp.org iburst
#server 3.centos.pool.ntp.org iburst
```

③ 修改 3（添加一个默认的内部时钟数据，使用它为局域网用户提供服务）。

```
server 127.127.1.0
fudge 127.127.1.0 stratum 10
```

（4）修改/etc/sysconfig/ntpd 文件。

```
[root@hadoop102 ~]# vim /etc/sysconfig/ntpd
```

增加如下内容（让硬件时间与系统时间一起同步）。

```
SYNC_HWCLOCK=yes
```

重新启动 ntpd 文件。

```
[root@hadoop102 ~]# systemctl status ntpd
ntpd 已停
[root@hadoop102 ~]# systemctl start ntpd
正在启动 ntpd:                                          [确定]
```

执行：

```
[root@hadoop102 ~]# systemctl enable ntpd
```

第二步：配置其他服务器（必须是 root 用户）。

配置其他服务器每 10 分钟与时间服务器同步一次。

```
[root@hadoop103 ~]# crontab -e
```

编写脚本。

```
*/10 * * * * /usr/sbin/ntpdate hadoop102
```

修改 hadoop103 节点服务器的时间，使其与另外两台节点服务器时间不同步。

```
[root@hadoop103 hadoop]# date -s "2017-9-11 11:11:11"
```

10 分钟后查看该服务器是否与时间服务器同步。

```
[root@hadoop103 hadoop]# date
```

5. 编写集群分发脚本

集群间数据的复制通用的两个命令是 scp 和 rsync。其中，rsync 命令可以只对差异文件进行更新，非常方便，但是使用时需要操作者频繁地输入各种命令参数，为了能更方便地使用该命令，我们编写一个集群分发脚本，主要实现目前集群间的数据分发。

第一步：脚本需求分析。循环复制文件到所有节点服务器的相同目录下。

（1）原始复制。

```
rsync -rv  /opt/module root@hadoop103:/opt/
```

（2）期望脚本效果。

```
xsync path/filename #要同步的文件路径或文件名
```

（3）在/home/atguigu/bin 目录下存放的脚本，atguigu 用户可以在系统任何地方直接执行。

第二步：脚本实现。

（1）在/home/atguigu 目录下创建 bin 目录，并在 bin 目录下使用 vim 命令创建文件 xsync，文件内容如下。

```
[atguigu@hadoop102 ~]$ mkdir bin
[atguigu@hadoop102 ~]$ cd bin/
[atguigu@hadoop102 bin]$ touch xsync
[atguigu@hadoop102 bin]$ vim xsync
#!/bin/bash
#获取输入参数个数，如果没有参数，则直接退出
pcount=$#
if((pcount==0)); then
echo no args;
exit;
fi

#获取文件名称
p1=$1
fname=`basename $p1`
echo fname=$fname

#获取上级目录到绝对路径
pdir=`cd -P $(dirname $p1); pwd`
echo pdir=$pdir

#获取当前用户名称
user=`whoami`

#循环
for((host=103; host<105; host++)); do
        echo --------------------- hadoop$host ----------------
        rsync -rvl $pdir/$fname $user@hadoop$host:$pdir
```

```
done
```

（2）修改脚本 xsync，使其具有执行权限。

```
[atguigu@hadoop102 bin]$ chmod 777 xsync
```

（3）调用脚本的形式：xsync 文件名称。

```
[atguigu@hadoop102 bin]$ xsync /home/atguigu/bin
```

3.3.2 安装 JDK

JDK 是 Java 的开发工具箱，是整个 Java 的核心，包括 Java 运行环境、Java 工具和 Java 基础类库，JDK是学习大数据技术的基础。即将搭建的Hadoop分布式集群的安装程序就是用Java开发的，所有Hadoop分布式集群想要正常运行，必须安装 JDK。

（1）在 3 台虚拟机上分别卸载现有的 JDK。

① 检查计算机中是否已安装 Java 软件。

```
[atguigu@hadoop102 opt]$ rpm -qa | grep java
```

② 如果安装的版本低于 1.7，则卸载该 JDK。

```
[atguigu@hadoop102 opt]$ sudo rpm -e 软件包
```

（2）将 JDK 导入 opt 目录下的 software 文件夹中。

① 在 Linux 下的 opt 目录中查看软件包是否导入成功。

```
[atguigu@hadoop102 opt]$ cd software/
[atguigu@hadoop102 software]$ ls
jdk-8u144-linux-x64.tar.gz
```

② 解压 JDK 到/opt/module 目录下，用 tar 命令来解压.tar 或者.tar.gz 格式的压缩包，通过-z 选项指定解压.tar.gz 格式的压缩包。用-f 选项来指定解压文件，用-x 选项来指定解包操作，用-v 选项来显示解压过程，用-C 选项来指定解压路径。

```
[atguigu@hadoop102 software]$ tar -zxvf jdk-8u144-linux-x64.tar.gz -C /opt/module/
```

（3）配置 JDK 环境变量，方便使用 JDK 的程序调用 JDK。

① 先获取 JDK 路径。

```
[atgui@hadoop102 jdk1.8.0_144]$ pwd
/opt/module/jdk1.8.0_144
```

② 新建/etc/profile.d/my_env.sh 文件，需要注意的是，/etc/profile.d 路径属于 root 用户，需要使用 sudo vim 命令才可以对它进行编辑。

```
[atguigu@hadoop102 software]$ sudo vim /etc/profile.d/my_env.sh
```

在 profile 文件末尾添加 JDK 路径，添加的内容如下。

```
#JAVA_HOME
export JAVA_HOME=/opt/module/jdk1.8.0_144
export PATH=$PATH:$JAVA_HOME/bin
```

保存后退出。

```
:wq
```

③ 修改环境变量后，需要执行 source 命令，使修改后的文件生效。

```
[atguigu@hadoop102 jdk1.8.0_144]$ source /etc/profile.d/my_env.sh
```

（4）通过执行 java -version 命令，测试 JDK 是否安装成功。

```
[atguigu@hadoop102 jdk1.8.0_144]# java -version
java version "1.8.0_144"
```

如果执行 java -version 命令后无法显示 Java 版本，则执行以下命令重启服务器。

```
[atguigu@hadoop102 jdk1.8.0_144]$ sync
[atguigu@hadoop102 jdk1.8.0_144]$ sudo reboot
```

（5）分发JDK给所有节点服务器。

```
[atguigu@hadoop102 jdk1.8.0_144]$ xsync /opt/module/jdk1.8.0_144
```

（6）分发环境变量。

```
[atguigu@hadoop102 jdk1.8.0_144]$ xsync /etc/profile.d/my_env.sh
```

（7）执行source命令，使环境变量在每台虚拟机上生效。

```
[atguigu@hadoop103 jdk1.8.0_144]$ source /etc/profile.d/my_env.sh
[atguigu@hadoop104 jdk1.8.0_144]$ source /etc/profile.d/my_env.sh
```

3.3.3 安装Hadoop

在搭建Hadoop分布式集群时，每台节点服务器上的Hadoop配置基本相同，所以只需要在hadoop102节点服务器上进行操作，配置完成之后同步到另外两台节点服务器上即可。

（1）将Hadoop的安装包hadoop-3.1.3.tar.gz导入opt目录下的software文件夹中，该文件夹被指定用来存储各软件的安装包。

① 进入Hadoop安装包路径。

```
[atguigu@hadoop102 ~]$ cd /opt/software/
```

② 解压安装包到/opt/module文件中。

```
[atguigu@hadoop102 software]$ tar -zxvf hadoop-3.1.3.tar.gz -C /opt/module/
```

③ 查看是否解压成功。

```
[atguigu@hadoop102 software]$ ls /opt/module/
hadoop-3.1.3
```

（2）将Hadoop添加到环境变量，可以直接使用Hadoop的相关指令进行操作，而不用指定Hadoop的目录。

① 获取Hadoop安装路径。

```
[atguigu@ hadoop102 hadoop-3.1.3]$ pwd
/opt/module/hadoop-3.1.3
```

② 打开/etc/profile文件。

```
[atguigu@ hadoop102 hadoop-3.1.3]$ sudo vim /etc/profile.d/my_env.sh
```

在profile文件末尾添加Hadoop路径，添加的内容如下。

```
##HADOOP_HOME
export HADOOP_HOME=/opt/module/hadoop-3.1.3
export PATH=$PATH:$HADOOP_HOME/bin
export PATH=$PATH:$HADOOP_HOME/sbin
```

③ 保存后退出。

```
:wq
```

④ 执行source命令，使修改后的文件生效。

```
[atguigu@ hadoop102 hadoop-3.1.3]$ source /etc/profile.d/my_env.sh
```

（3）测试是否安装成功。

```
[atguigu@hadoop102 ~]$ hadoop version
Hadoop 3.1.3
```

（4）如果执行hadoop version命令后无法显示Java版本，则执行以下命令重启服务器。

```
[atguigu@ hadoop101 hadoop-3.1.3]$ sync
[atguigu@ hadoop101 hadoop-3.1.3]$ sudo reboot
```

（5）分发Hadoop给所有节点。

```
[atguigu@hadoop100 hadoop-3.1.3]$ xsync /opt/module/hadoop-3.1.3
```

（6）分发环境变量。

```
[atguigu@hadoop100 hadoop-3.1.3]$ xsync /etc/profile.d/my_env.sh
```

（7）执行 source 命令，使环境变量在每台虚拟机上生效。

```
[atguigu@hadoop103 hadoop-3.1.3]$ source /etc/profile.d/my_env.sh
[atguigu@hadoop104 hadoop-3.1.3]$ source /etc/profile.d/my_env.sh
```

3.3.4 Hadoop 分布式集群部署

Hadoop 的运行模式包括本地模式、伪分布式模式和完全分布式模式。本节主要搭建实际生产环境中比较常用的完全分布式模式，在搭建完全分布式模式之前，需要对集群部署进行提前规划，不要将过多的服务集中到一台节点服务器上。我们将负责管理工作的 NameNode 和 ResourceManager 分别部署在两台节点服务器上，另一台节点服务器上部署 SecondaryNameNode，所有的节点服务器均承担 DataNode 和 NodeManager 角色，DataNode 和 NodeManager 通常存储在同一台节点服务器上，所有角色尽量做到均衡分配。

（1）集群部署规划如表 3-1 所示。

表 3-1　集群部署规划

节点服务器	hadoop102	hadoop103	hadoop104
HDFS	NameNode DataNode	DataNode	SecondaryNameNode DataNode
YARN	NodeManager	ResourceManager NodeManager	NodeManager

（2）对集群角色的分配主要依靠配置文件，配置集群文件的细节如下。

① 核心配置文件为 core-site.xml，该配置文件属于 Hadoop 的全局配置文件，我们主要对分布式文件系统 NameNode 的入口地址和分布式文件系统中数据落地到服务器本地磁盘的位置进行配置，代码如下。

```
[atguigu@hadoop102 hadoop]$ vim core-site.xml
<?xml version="1.0" encoding="UTF-8"?>
<?xml-stylesheet type="text/xsl" href="configuration.xsl"?>

<configuration>
    <!-- 指定 NameNode 的地址 -->
    <property>
        <name>fs.defaultFS</name>
        <value>hdfs://hadoop102:8020</value>
</property>
<!-- 指定 Hadoop 数据的存储目录 -->
    <property>
        <name>hadoop.tmp.dir</name>
        <value>/opt/module/hadoop-3.1.3/data</value>
</property>

<!-- 配置 HDFS 网页登录使用的静态用户为 atguigu -->
    <property>
        <name>hadoop.http.staticuser.user</name>
        <value>atguigu</value>
</property>

<!-- 配置该 atguigu(superUser)允许通过代理访问的主机节点 -->
    <property>
```

```
        <name>hadoop.proxyuser.atguigu.hosts</name>
        <value>*</value>
  </property>
  <!-- 配置该 atguigu(superUser)允许通过代理用户所属组 -->
     <property>
        <name>hadoop.proxyuser.atguigu.groups</name>
        <value>*</value>
  </property>
  <!-- 配置该 atguigu(superUser)允许通过代理的用户-->
     <property>
        <name>hadoop.proxyuser.atguigu.users</name>
        <value>*</value>
  </property>
  </configuration>
```

② Hadoop 的环境配置文件为 hadoop-env.sh，在这个配置文件中，我们需要指定 JDK 的路径 JAVA_HOME，避免程序运行中出现找不到 JAVA_HOME 的异常。

```
[atguigu@hadoop102 hadoop]$ vim hadoop-env.sh
export JAVA_HOME=/opt/module/jdk1.8.0_144
```

③ HDFS 的配置文件为 hdfs-site.xml，在这个配置文件中我们主要对 HDFS 文件系统的属性进行配置。

```
[atguigu@hadoop102 hadoop]$ vim hdfs-site.xml
<?xml version="1.0" encoding="UTF-8"?>
<?xml-stylesheet type="text/xsl" href="configuration.xsl"?>

<configuration>
   <!-- NameNode Web 端访问地址-->
   <property>
      <name>dfs.namenode.http-address</name>
      <value>hadoop102:9870</value>
   </property>

   <!-- SecondaryNameNode Web 端访问地址-->
   <property>
      <name>dfs.namenode.secondary.http-address</name>
      <value>hadoop104:9868</value>
   </property>

   <!-- 测试环境指定 HDFS 副本的数量为 1 -->
   <property>
      <name>dfs.replication</name>
      <value>1</value>
   </property>
</configuration >
```

④ YARN 的环境配置文件为 yarn-env.sh，同样指定 JDK 的路径为 JAVA_HOME。

```
[atguigu@hadoop102 hadoop]$ vim yarn-env.sh
export JAVA_HOME=/opt/module/jdk1.8.0_144
```

⑤ 针对 YARN 的配置文件 yarn-site.xml，主要配置如下两个参数。

```
[atguigu@hadoop102 hadoop]$ vim yarn-site.xml
<?xml version="1.0" encoding="UTF-8"?>
<?xml-stylesheet type="text/xsl" href="configuration.xsl"?>
```

```
    <configuration>
        <!-- 为 NodeManager 配置额外的 shuffle 服务 -->
        <property>
            <name>yarn.nodemanager.aux-services</name>
            <value>mapreduce_shuffle</value>
        </property>

        <!-- 指定 ResourceManager 的地址-->
        <property>
            <name>yarn.resourcemanager.hostname</name>
            <value>hadoop103</value>
        </property>

        <!-- task 继承 NodeManager 环境变量-->
        <property>
            <name>yarn.nodemanager.env-whitelist</name>
            <value>JAVA_HOME,HADOOP_COMMON_HOME,HADOOP_HDFS_HOME,HADOOP_CONF_DIR,CLASSPATH_
PREPEND_DISTCACHE,HADOOP_YARN_HOME,HADOOP_MAPRED_HOME</value>
        </property>

        <!-- YARN 容器允许分配的最大和最小内存 -->
        <property>
            <name>yarn.scheduler.minimum-allocation-mb</name>
            <value>512</value>
        </property>
        <property>
            <name>yarn.scheduler.maximum-allocation-mb</name>
            <value>4096</value>
        </property>

        <!-- YARN 容器允许管理的物理内存大小 -->
        <property>
            <name>yarn.nodemanager.resource.memory-mb</name>
            <value>4096</value>
        </property>

        <!-- 关闭 YARN 对物理内存和虚拟内存的限制检查 -->
        <property>
            <name>yarn.nodemanager.pmem-check-enabled</name>
            <value>false</value>
        </property>
        <property>
            <name>yarn.nodemanager.vmem-check-enabled</name>
            <value>false</value>
        </property>
    <!-- 开启日志聚集功能 -->
    <property>
            <name>yarn.log-aggregation-enable</name>
            <value>true</value>
    </property>
```

```
<!-- 设置日志聚集服务器地址 -->
<property>
        <name>yarn.log.server.url</name>
        <value>http://hadoop102:19888/jobhistory/logs</value>
</property>

<!-- 设置日志保留时间为 7 天 -->
<property>
         <name>yarn.log-aggregation.retain-seconds</name>
         <value>604800</value>
</property>
</configuration >
```

⑥ MapReduce 的环境配置文件为 mapred-env.sh，同样指定 JDK 的路径为 JAVA_HOME。

```
[atguigu@hadoop102 hadoop]$ vim mapred-env.sh
export JAVA_HOME=/opt/module/jdk1.8.0_144
```

⑦ 针对 MapReduce 的配置文件 mapred-site.xml，主要配置一个参数，指明 MapReduce 的运行框架为 YARN。

```
 [atguigu@hadoop102 hadoop]$ vim mapred-site.xml
<?xml version="1.0" encoding="UTF-8"?>
<?xml-stylesheet type="text/xsl" href="configuration.xsl"?>

<configuration>
<!-- 指定 MapReduce 程序运行在 YARN 上 -->
<property>
    <name>mapreduce.framework.name</name>
    <value>yarn</value>
</property>
<!-- 历史服务器端地址 -->
<property>
    <name>mapreduce.jobhistory.address</name>
    <value>hadoop102:10020</value>
</property>

<!-- 历史服务器 Web 端地址 -->
<property>
    <name>mapreduce.jobhistory.webapp.address</name>
    <value>hadoop102:19888</value>
</property>

</configuration >
```

⑧ 主节点服务器 NameNode 和 ResourceManager 的角色在配置文件中已经进行了配置，而从节点服务器的角色还需要指定，配置文件 workers 就是用来配置 Hadoop 分布式集群中各从节点服务器的角色的。如下面的代码所示，对 workers 文件进行修改，将 3 台节点服务器全部指定为从节点服务器，启动 DataNode 和 NodeManager 进程。

```
/opt/module/hadoop-3.1.3/etc/hadoop/workers
[atguigu@hadoop102 hadoop]$ vim workers
hadoop102
hadoop103
hadoop104
```

⑨ 在集群上分发配置好的Hadoop配置文件，这样3台节点服务器都可以享有相同的Hadoop配置。

```
[atguigu@hadoop102 hadoop]$ xsync /opt/module/hadoop-3.1.3/
```

⑩ 查看文件分发情况。

```
[atguigu@hadoop103 hadoop]$ cat /opt/module/hadoop-3.1.3/etc/hadoop/core-site.xml
```

（3）创建数据目录。

根据 core-site.xml 文件中配置的分布式文件系统最终落地到各个数据节点上的本地磁盘位置信息/opt/module/hadoop-3.1.3/data，自行创建该目录。

```
[atguigu@hadoop102 hadoop-3.1.3]$ mkdir /opt/module/hadoop-3.1.3/data
[atguigu@hadoop103 hadoop-3.1.3]$ mkdir /opt/module/hadoop-3.1.3/data
[atguigu@hadoop104 hadoop-3.1.3]$ mkdir /opt/module/hadoop-3.1.3/data
```

（4）启动Hadoop分布式集群。

① 如果是第一次启动集群，则需要格式化NameNode。

```
[atguigu@hadoop102 hadoop-3.1.3]$ hadoop namenode -format
```

② 在配置了NameNode的节点服务器后，通过执行start-dfs.sh命令启动HDFS，即可同时启动所有的DataNode和SecondaryNameNode。

```
[atguigu@hadoop102 hadoop-3.1.3]$ sbin/start-dfs.sh
[atguigu@hadoop102 hadoop-3.1.3]$ jps
4166 NameNode
4482 Jps
4263 DataNode
[atguigu@hadoop103 hadoop-3.1.3]$ jps
3218 DataNode
3288 Jps
[atguigu@hadoop104 hadoop-3.1.3]$ jps
3221 DataNode
3283 SecondaryNameNode
3364 Jps
```

③ 通过执行start-yarn.sh命令启动YARN，即可同时启动ResourceManager和所有的NodeManager。需要注意的是，NameNode和ResourceManger如果不在同一台服务器上，则不能在NameNode上启动YARN，应该在ResouceManager所在的服务器上启动YARN。

```
[atguigu@hadoop103 hadoop-3.1.3]$ sbin/start-yarn.sh
```

通过执行jps命令，可以在各台节点服务器上查看进程的启动情况，若显示如下内容，则表示启动成功。

```
[atguigu@hadoop103 hadoop-3.1.3]$ sbin/start-yarn.sh
[atguigu@hadoop102 hadoop-3.1.3]$ jps
4166 NameNode
4482 Jps
4263 DataNode
4485 NodeManager
[atguigu@hadoop103 hadoop-3.1.3]$ jps
3218 DataNode
3288 Jps
3290 ResourceManager
3299 NodeManager
[atguigu@hadoop104 hadoop-3.1.3]$ jps
3221 DataNode
3283 SecondaryNameNode
3364 Jps
3389 NodeManager
```

（5）通过 Web UI 查看集群是否启动成功。

① 在 Web 端输入之前配置的 NameNode 的节点服务器地址和端口 9870，即可查看 HDFS 文件系统。例如，在浏览器中输入 http://hadoop102:9870，可以检查 NameNode 和 DataNode 是否正常。NameNode 的 Web 端如图 3-55 所示。

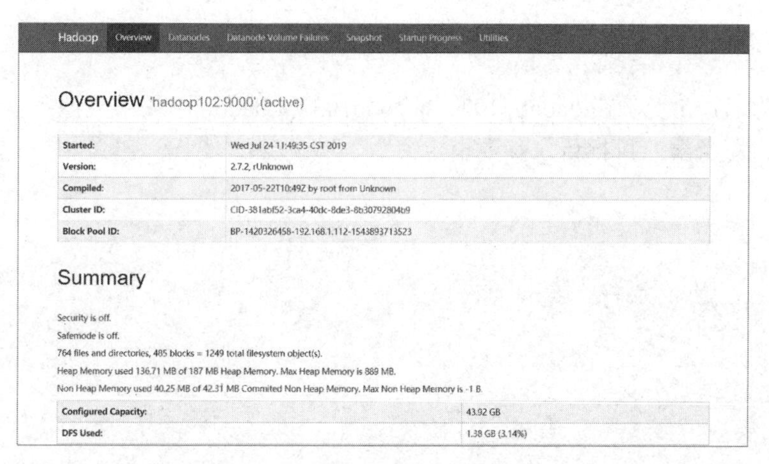

图 3-55　NameNode 的 Web 端

② 通过在 Web 端输入 ResourceManager 地址和端口 8088，可以查看 YARN 上任务的运行情况。例如，在浏览器输入 http://hadoop103:8088 ，即可查看本集群 YARN 的运行情况。YARN 的 Web 端如图 3-56 所示。

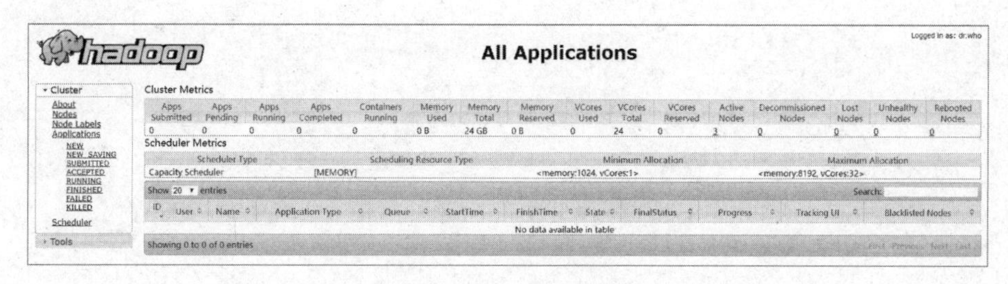

图 3-56　YARN 的 Web 端

（6）运行 PI 实例，检查集群是否启动成功。

在集群任意节点服务器上执行下面的命令，如果看到如图 3-57 所示的运行结果，则说明集群启动成功。

```
[atguigu@hadoop102 hadoop]$ cd /opt/module/hadoop-3.1.3/share/hadoop/mapreduce/
[atguigu@hadoop102 mapreduce]$ hadoop jar hadoop-mapreduce-examples-3.1.3.jar pi 10 10
```

```
文件(F)  编辑(E)  查看(V)  搜索(S)  终端(T)  帮助(H)
                Reduce input records=20
                Reduce output records=0
                Spilled Records=40
                Shuffled Maps =10
                Failed Shuffles=0
                Merged Map outputs=10
                GC time elapsed (ms)=12714
                CPU time spent (ms)=34750
                Physical memory (bytes) snapshot=3152039936
                Virtual memory (bytes) snapshot=28619735040
                Total committed heap usage (bytes)=2688024576
                Peak Map Physical memory (bytes)=302624768
                Peak Map Virtual memory (bytes)=2606067712
                Peak Reduce Physical memory (bytes)=192966656
                Peak Reduce Virtual memory (bytes)=2606747648
        Shuffle Errors
                BAD_ID=0
                CONNECTION=0
                IO_ERROR=0
                WRONG_LENGTH=0
                WRONG_MAP=0
                WRONG_REDUCE=0
        File Input Format Counters
                Bytes Read=1180
        File Output Format Counters
                Bytes Written=97
Job Finished in 52.439 seconds
2020-09-16 15:32:28,485 INFO sasl.SaslDataTransferClient: SASL encryption trust check: localH
ostTrusted = false, remoteHostTrusted = false
Estimated value of Pi is 3.20000000000000000000
```

图 3-57　PI 实例运行结果

最后输出为 Estimated value of Pi is 3.20000000000000000000。

（7）编写集群所有进程查看脚本。

启动集群后，用户需要通过 jps 命令查看各节点服务器进程的启动情况，操作起来比较麻烦，所以我们通过编写一个脚本，来达到同时查看所有节点的所有进程的目的。

① 在/home/atguigu/bin 目录下创建脚本 xcall.sh。

```
[atguigu@hadoop102 bin]$ vim xcall.sh
```

② 脚本思路：先通过 i 变量在 hadoop102、hadoop103 和 hadoop104 节点服务器间遍历，再分别通过 ssh 命令进入 3 台节点服务器，执行传入参数指定命令。

在脚本中编写如下内容。

```
#! /bin/bash

for i in hadoop102 hadoop103 hadoop104
do
        echo --------- $i ----------
        ssh $i "$*"
done
```

③ 增加脚本执行权限。

```
[atguigu@hadoop102 bin]$ chmod 777 xcall.sh
```

④ 执行脚本。

```
[atguigu@hadoop102 bin]$ xcall.sh jps
--------- hadoop102 ----------
1506 NameNode
2231 Jps
2088 NodeManager
1645 DataNode
--------- hadoop103 ----------
2433 Jps
1924 ResourceManager
1354 DataNode
2058 NodeManager
--------- hadoop104 ----------
1384 DataNode
1467 SecondaryNameNode
1691 NodeManager
1836 Jps
```

3.4 本章总结

本章主要对项目运行所需的环境进行了安装和部署，从安装虚拟机和 CentOS 开始，到最终 JDK 和 Hadoop 的安装，对每一步的安装部署进行了详细介绍。本章是整个项目的基础，重点是 Hadoop 集群的搭建和配置，请读者务必掌握。

第4章 用户行为数据采集模块

根据第 2 章中对数据采集模块的整体分析，用户行为数据的主要表现就是用户行为日志，所以本章主要采集的数据就是用户行为日志。在介绍如何采集用户行为日志之前，首先将讲解用户行为日志是如何生成的，生成的日志数据又是什么格式的，本项目在不对接真实在线教育项目的前提下又是如何获取海量日志数据的。对于采集部分，将围绕两个重要框架展开——Kafka 和 Flume。如何发挥好 Kafka 的消息中间件的作用，以及如何根据需求选定合适的 Flume 组件，将是我们要重点解决的问题。

4.1 日志生成

本节主要讲解的是数据的模拟生成。在讲解如何生成数据之前，首先带领读者了解何为数据埋点、需要采集的用户埋点日志具体格式是怎样的。最终，将通过数据模拟 jar 包的运行生成用户埋点日志。在生成用户埋点日志的同时，还会生成业务数据，读者需要仔细阅读，在第 5 章业务数据采集的讲解中，不再单独讲解。

4.1.1 数据埋点

用户行为日志的内容，主要包括用户的各项行为信息，以及行为所处的环境信息。收集这些信息的主要目的是优化产品和为各项分析统计指标提供数据支撑。收集这些信息的手段通常为埋点。

目前主流的埋点方式有代码埋点（前端或后端）、可视化埋点、全埋点 3 种。

代码埋点是通过调用埋点 SDK 函数，在需要埋点的业务逻辑功能位置调用接口，上报埋点数据。例如，我们对页面中的某个按钮埋点后，当这个按钮被点击时，可以在这个按钮对应的 OnClick 函数里面，调用 SDK 提供的数据发送接口来发送数据。

可视化埋点只需要研发人员集成采集 SDK，不需要写埋点代码，业务人员就可以通过访问分析平台的“圈选”功能，来“圈”出需要对用户行为进行捕捉的控件，并对该事件进行命名。圈选完毕后，这些配置会同步到各个用户的终端上，由采集 SDK 按照圈选的配置自动进行用户行为数据的采集和发送。

全埋点是通过在产品中嵌入 SDK，前端自动采集页面上的全部用户行为事件，上报埋点数据，相当于做了一个统一的埋点，然后再通过界面配置哪些数据需要在系统里进行分析。

埋点数据上报时机包括两种方式：方式一，在离开该页面时，上传在这个页面发生的所有事情（页面、事件、曝光、错误等）。优点是批处理，减少了服务器接收数据压力。缺点是不是特别及时。方式二，每个事件、动作、错误等，产生后立即发送。优点是响应及时。缺点是对服务器接收数据压力比较大。

本次项目按照埋点数据上报时机“方式一”进行埋点，所以在一条用户行为日志中，会包含多个页面、事件、曝光等信息。

4.1.2 用户行为日志格式

我们的日志结构大致可分为 3 类：页面埋点日志、启动日志和播放日志。

（1）页面埋点日志以页面浏览行为为单位，即一次页面浏览行为会生成一条页面埋点日志。一条完整的页面埋点日志包含一个页面浏览记录（包含在 page 字段中）、用户在该页面所做的若干个动作记录（包含在 actions 字段中）、若干个该页面的曝光记录（包含在 displays 字段中），以及一个在该页面发生的报错记录（包含在 err 字段中）。除了上述行为信息，页面日志还包含了这些行为所处的各种环境信息，包括用户信息、时间信息、地理位置信息、设备信息、应用信息、渠道信息等，这些信息都包含在 common 字段中。

```
{
"actions": [                              --动作（事件）
   {
     "action_id": "favor_add",            --动作 id
     "item": "57",                        --目标 id
     "item_type": "course_id",            --目标类型
     "ts": 1645529967261                  --动作时间戳
   },
   {
     "action_id": "cart_add",
     "item": "57",
     "item_type": "course_id",
     "ts": 1645529967261
   }
 ],
 "common": {                              --公共信息
   "ar": "16",                            --地区编码
   "ba": "iPhone",                        --手机品牌
   "ch": "Appstore",                      --渠道
   "is_new": "1",                         --是否首日使用，首次使用的当日，该字段值为 1，过了 24:00，
该字段置为 0。
   "md": "iPhone 8",                      --手机型号
   "mid": "mid_161",                      --设备 id
   "os": "iOS 13.3.1",                    --操作系统
   "sc": "2",                             --引流来源 id
   "sid": "9acef85b-067d-49f9-9520-a0dda943304e", --会话 id
   "uid": "272",                          --会员 id
   "vc": "v2.1.134"                       --App 版本号
 },
 "displays": [                            --曝光（页面显示）
   {
     "display_type": "query",             --曝光类型
     "item": "6",                         --曝光对象 id
     "item_type": "course_id",            --曝光对象类型
     "order": 1,                          --出现顺序
     "pos_id": 4                          --曝光位置
   },
   {
     "display_type": "query",
     "item": "8",
     "item_type": "course_id",
     "order": 2,
```

```
      "pos_id": 5
    },
    {
      "display_type": "query",
      "item": "1",
      "item_type": "course_id",
      "order": 3,
      "pos_id": 4
    },
    {
      "display_type": "query",
      "item": "10",
      "item_type": "course_id",
      "order": 4,
      "pos_id": 1
    },
    {
      "display_type": "promotion",
      "item": "4",
      "item_type": "course_id",
      "order": 5,
      "pos_id": 4
    },
    {
      "display_type": "promotion",
      "item": "4",
      "item_type": "course_id",
      "order": 6,
      "pos_id": 4
    },
    {
      "display_type": "query",
      "item": "9",
      "item_type": "course_id",
      "order": 7,
      "pos_id": 1
    }
  ],
  "page": {                                --页面信息
    "during_time": 11622,                  --持续时间（毫秒）
    "item": "57",                          --目标 id
    "item_type": "course_id",              --目标类型
    "last_page_id": "course_list",         --上页类型
    "page_id": "course_detail"             --页面 id
  },
  "err":{                                  --错误信息
    "error_code":1359,                     --错误码
    "msg":"java.net.SocketTimeoutException" --错误内容
  },
  "ts": 1645529967261                      -- 跳入时间戳
}
```

（2）启动日志以启动为单位，即一次启动行为，生成一条启动日志。一条完整的启动日志包括一条启动记录（包含在 start 字段中）、一条本次启动时的报错记录（包含在 err 字段中），以及启动时所处的环境信息，包括用户信息、时间信息、地理位置信息、设备信息、应用信息、渠道信息等（包含在 common 字段中）。

```
{
  "common": {
    "ar": "1",
    "ba": "Redmi",
    "ch": "wandoujia",
    "is_new": "1",
    "md": "Redmi k30",
    "mid": "mid_356",
    "os": "Android 11.0",
    "sc": "2",
    "sid": "76909678-abaf-41c4-916d-a0a72f546bc1",
    "uid": "161",
    "vc": "v2.1.134"
  },
  "start": {
    "entry": "notice",                --启动入口
    "first_open": 0,                  --是否首次启动
    "loading_time": 17970,            --启动加载时间
    "open_ad_id": 20,                 --广告 id
    "open_ad_ms": 2876,               --广告总播放时间
    "open_ad_skip_ms": 0              --用户跳过广告时间点
  },
  "err":{                             --错误信息
    "error_code":2959,                --错误码
    "msg":"java.net.SocketTimeoutException" --错误内容
  },
  "ts": 1585744304000
}
```

（3）播放日志以视频播放行为为单位，即一次视频播放行为生成一条播放日志。一条完整的播放日志包括一条视频信息（包含在 appVideo 字段中）、一条播放时报错记录（包含在 err 字段中），以及播放时所处的环境信息（包含在 common 字段中）。

```
{
  "appVideo": {                       --视频信息
    "play_sec": 19,                   --播放时长
"position_sec":390,                   --播放进度
    "video_id": "3904"                --视频 id
  },
  "common": {
    "ar": "4",
    "ba": "Sumsung",
    "ch": "oppo",
    "is_new": "0",
    "md": "Sumsung Galaxy S20",
    "mid": "mid_253",
    "os": "Android 11.0",
    "sc": "1",
```

```
    "sid": "47157c4a-4790-4b9a-a859-f0d36cd62a10",
    "uid": "329",
    "vc": "v2.1.134"
  },
  "err":{
    "error_code":3485,
    "msg":"java.net.SocketTimeoutException"
  },
  "ts": 1645526307119
}
```

通过以上日志数据示例，我们可以看到，除了 common 公共信息，一条页面埋点日志通常会包含 action 事件信息、display 曝光信息、page 页面信息和 err 错误信息，一条启动日志包含 start 启动信息和 err 错误信息，一条播放日志包含 appVideo 视频信息和 err 错误信息。

页面信息中的字段如表 4-1 所示。

表 4-1 页面信息中的字段

字段名称	字段描述	字段值
page_id	页面类型 id	home("首页") course_list("列表页") course_detail("课程详情") chapter_video("章节视频") cart("购物车") order("下单结算") payment("支付页面") exam("考试") mine("我的")
last_page_id	上页页面类型 id	同 page_id
item_type	页面对象类型	course_id("课程 id") keyword("搜索关键词") video_id("视频 id") chapter_id("章节 id") coupon_id("购物券 id") order_id("订单 id") paper_id("考卷 id") exam_id("考试 id")
item	页面对象 id	页面对象 id 值
during_time	停留时间	停留时间毫秒值

事件信息中的字段如表 4-2 所示。

表 4-2 事件信息中的字段

字段名称	字段描述	字段值
action_id	动作类型 id	favor_add（"新增收藏"） review_add（"新增课程评价"） comment_add（"新增章节评价"） cart_add（"加购物车"）

续表

字段名称	字段描述	字段值
item_type	动作目标类型	course_id("课程 id") keyword("搜索关键词") video_id("视频 id") chapter_id("章节 id") coupon_id("购物券 id") order_id("订单 id") paper_id("考卷 id") exam_id("考试 id")
item	动作目标 id	动作目标 id 值
ts	动作时间	时间戳

曝光信息中的字段如表 4-3 所示。

表 4-3 曝光信息中的字段

字段名称	字段描述	字段值
display-type	曝光类型	promotion("商品推广") recommend("算法推荐商品") query("查询结果商品") activity("促销活动")
item_type	曝光对象类型	course_id("课程 id") keyword("搜索关键词") video_id("视频 id") chapter_id("章节 id") coupon_id("购物券 id") order_id("订单 id") paper_id("考卷 id") exam_id("考试 id")
item	曝光对象 id	曝光对象 id 值
order	曝光顺序	曝光顺序编号
pos_id	曝光位置	曝光位置编号

启动信息中的字段如表 4-4 所示。

表 4-4 启动信息中的字段

字段名称	字段描述	字段值
entry	启动入口	icon("图标") notification("通知") install("安装后启动")
first_open	是否首次启动	0("否") 1("是")
loading_time	启动加载时间	启动加载时间毫秒值
open_ad_id	开屏广告 id	开屏广告 id 值
open_ad_ms	广告播放时间	广告播放时间毫秒值
open_ad_skip_ms	用户跳过广告时间	用户跳过广告时间毫秒值
ts	启动时间	启动时间戳

视频信息中的字段如表 4-5 所示。

表 4-5 视频信息中的字段

字 段 名 称	字 段 描 述	字 段 值
play_sec	播放时间	数字值
position_sec	播放进度	数字值
video_id	视频 id	视频 id 值

错误信息中的字段如表 4-6 所示。

表 4-6 错误信息中的字段

字 段 名 称	字 段 描 述	字 段 值
error_code	错误码	数字值
msg	错误信息	具体报错信息

4.1.3 安装 MySQL

在 4.1.4 节的数据模拟讲解中，在模拟生成用户行为日志的同时，还会生成业务数据至 MySQL 数据库中，所以需要在服务器中提前安装 MySQL。

1. 安装包准备

（1）使用 rpm 命令配合管道符查看 MySQL 是否已经安装。其中，-q 选项为 query，-a 选项为 all，意思为查询全部安装，如果已经安装了 MySQL，则将其卸载。

① 查看 MySQL 是否已经安装。

```
[atguigu@hadoop102 ~]$ rpm -qa | grep -i -E mysql\|mariadb
mariadb-libs-5.5.56-2.el7.x86_64
```

② 卸载，-e 选项表示卸载，--nodeps 选项表示无视所有依赖强制卸载。

```
[atguigu@hadoop102 ~]$ sudo rpm -e --nodeps mariadb-libs-5.5.56-2.el7.x86_64
```

（2）将 MySQL 安装包和后续需要执行的 sql 文件 edu0222.sql 上传至/opt/software 目录下。

```
[atguigu@hadoop102 software]# ls
01_mysql-community-common-5.7.16-1.el7.x86_64.rpm
02_mysql-community-libs-5.7.16-1.el7.x86_64.rpm
03_mysql-community-libs-compat-5.7.16-1.el7.x86_64.rpm
04_mysql-community-client-5.7.16-1.el7.x86_64.rpm
05_mysql-community-server-5.7.16-1.el7.x86_64.rpm
mysql-connector-java-5.1.27-bin.jar
edu0222.sql
```

2. 安装 MySQL 服务器

（1）安装 MySQL 依赖，使用 rpm 命令安装 MySQL，-i 选项为 install，-v 选项为 vision，-h 选项为展示安装过程。

```
[atguigu@hadoop102 software]$ sudo rpm -ivh 01_mysql-community-common-5.7.16-1.el7.x86_64.rpm
[atguigu@hadoop102 software]$ sudo rpm -ivh 02_mysql-community-libs-5.7.16-1.el7.x86_64.rpm
[atguigu@hadoop102 software]$ sudo rpm -ivh 03_mysql-community-libs-compat-5.7.16-1.el7.x86_64.rpm
```

（2）安装 mysql-client。

```
[atguigu@hadoop102 software]$ sudo rpm -ivh 04_mysql-community-client-5.7.16-1.el7.x86_64.rpm
```

（3）安装 mysql-server。

```
[atguigu@hadoop102 software]$ sudo rpm -ivh 05_mysql-community-server-5.7.16-1.el7.x86_64.rpm
```

注意：如果报如下错误，是因为系统缺少 libaio 依赖。

```
warning: 05_mysql-community-server-5.7.16-1.el7.x86_64.rpm: Header V3 DSA/SHA1 Signature, key ID 5072e1f5: NOKEY
error: Failed dependencies:
libaio.so.1()(64bit) is needed by mysql-community-server-5.7.16-1.el7.x86_64
```

解决办法：使用以下命令安装缺少的依赖。

```
[atguigu@hadoop102 software]$ sudo yum -y install libaio
```

（4）启动 MySQL。

```
[atguigu@hadoop102 software]$ sudo systemctl start mysqld
```

（5）查看 MySQL 密码。

```
[atguigu@hadoop102 software]$ sudo cat /var/log/mysqld.log | grep password
A temporary password is generated for root@localhost: veObwRCAX7%B
```

（6）登录 MySQL，以 root 用户身份登录，密码为安装服务器端时自动生成的随机密码，在上面命令行执行结果的末尾。

```
[atguigu@hadoop102 software]# mysql -uroot -p'veObwRCAX7%B'
```

（7）设置复杂密码（由于 MySQL 密码策略，故此密码必须足够复杂）。

```
mysql> set password=password("Qs23=zs32");
```

（8）更改 MySQL 密码策略。

```
mysql> set global validate_password_length=4;
mysql> set global validate_password_policy=0;
```

（9）设置简单好记的密码。

```
mysql> set password=password("000000");
```

（10）进入 mysql 库。

```
mysql> use mysql;
```

（11）查询 user 表。

```
mysql> select user, host from user;
```

（12）修改 user 表，把 Host 表内容修改为%。

```
mysql> update user set host="%" where user="root";
```

（13）刷新。

```
mysql> flush privileges;
```

（14）执行以下命令，创建业务数据库 edu，以及所有相关的表格。

```
mysql> create database edu charset utf8 default collate utf8_general_ci;
mysql> use edu;
mysql> source /opt/software/edu0222.sql;
```

（15）退出 MySQL。

```
mysql> exit
```

3. MySQL 可视化工具

通过命令行操作 MySQL 简便易行，在实际工作中，我们通常会使用 MySQL 可视化工具，直观地查看数据库和表格数据。常用的工具有 SQLyog、Navicat 等，其安装和使用均十分简单方便，读者可以选用自己喜欢的工具。本项目使用 Navicat，查看执行 edu0222.sql 后，生成的数据如图 4-1 所示，共模拟生成了 1000 条用户数据。

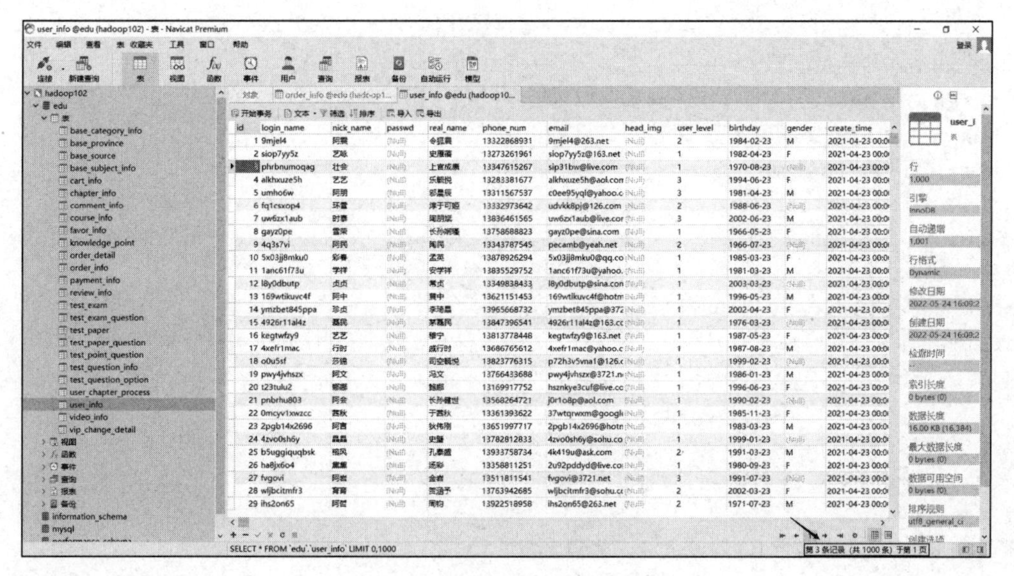

图 4-1　执行 edu0222.sql 后

4.1.4　数据模拟

本项目需要读者模仿前端日志数据落盘过程自行生成模拟日志数据，这部分代码读者可通过“尚硅谷教育”公众号的项目资料获取。通过后续内容中日志生成的操作，可以在虚拟机的/opt/module/data_mocker/log 目录下生成每天的日志数据。

1. 文件准备

（1）将 application.yml、edu2021-mock-2022-04-22.jar、path.json、logback.xml 上传到 hadoop102 的/opt/module/data_mocker 目录下。

```
[atguigu@hadoop102 module]$ mkdir data_mocker
[atguigu@hadoop102 data_mocker]$ ls
application.yml  edu2021-mock-2022-04-22.jar  logback.xml  path.json
```

（2）修改 application.yml 配置文件，通过修改配置文件中的 mock.date 参数，可以得到不同日期的日志数据，其余参数也可以根据注释，按照个人需求进行修改。

```
[atguigu@hadoop102 data_mocker]$ vim application.yml

# 打开外部配置
logging.config: "/opt/module/data_mocker/logback.xml"
# 业务日期  注意：并不是 Linux 系统生成日志的日期，而是生成数据中的时间
mock.date: "2022-02-21"

# 模拟数据发送模式
mock.type: "log"

# 配置 JDBC 连接池的相关参数
spring:
  datasource:
    type: com.alibaba.druid.pool.DruidDataSource
    druid:
      url: jdbc:mysql://hadoop102:3306/edu?useUnicode=true&characterEncoding=utf-8&useSSL=
false&serverTimezone=GMT%2B8
```

```
      username: root
      password: "000000"
      driver-class-name:  com.mysql.jdbc.Driver
      max-active: 200
      test-on-borrow: true

mybatis-plus.global-config.db-config.field-strategy: not_null
mybatis-plus:
  mapper-locations: classpath:mapper/*.xml
mybatis:
   mapper-locations: classpath:mapper/*.xml

# 是否清空业务（business）数据，1 表示清空，0 表示不清空
mock.clear.busi: 1

# 是否清空用户数据，1 表示清空，0 表示不清空
mock.clear.user: 1

# 是否初始化试卷
mock.if-init-paper: 0

# 生成新用户个数
mock.new.user: 50

# 启动次数
mock.user-session.count: 1000

# 设备 id 最大值
mock.max.mid: 1000

# 是否生成实时类数据，0 表示否
mock.if-realtime: 0

# 访问时间分布权重
mock.start-time-weight: "10:5:0:0:0:0:5:5:5:10:10:15:20:10:10:10:10:10:20:25:30:35:30:20"

# 支付类型占比 支付宝:微信:银联
mock.payment_type_weight: "40:50:10"
# 课程 id 最大值
mock.max.course-id: 10
# 页面平均访问时间
mock.page.during-time-ms: 20000
# 错误概率 百分比
mock.error.rate: 3
# 每条日志发送延迟 ms
mock.log.sleep: 100
# 课程详情来源：用户查询，商品推广，智能推荐，促销活动
mock.detail.source-type-rate: "40:25:15:20"

# 领取购物券概率
mock.if_get_coupon_rate: 75
```

```
# 优惠券最大 id
mock.max.coupon-id: 3

# 搜索关键词
mock.search.keyword: "java,python,多线程,前端,数据库,大数据,hadoop,flink"

# 男性比例
mock.user.male-rate: 20
# 用户数据变化概率
mock.user.update-rate: 20

# 男女浏览商品比例（35 个课程）
mock.course-weight.male: "10:10:10:10:10:10:10:5:5:5:5:5:10:10:10:10:12:12:12:12:12:5:5:5:5:3:3:3:3:3:3:3:3:10:10"
mock.course-weight.female: "1:1:1:1:1:1:1:5:5:5:5:5:1:1:1:1:2:2:2:2:2:8:8:8:8:15:15:15:15:15:15:15:15:1:1"
```

（3）修改 path.json 配置文件，通过修改该配置文件，可以灵活配置用户点击路径。

```
[atguigu@hadoop102 data_mocker]$ vim path.json

{"visit_path": [
  {"path":["start_app","home","course_list","course_detail","order","payment","end"],"rate":20},
  {"path":["start_app","home","course_list","course_detail","order","end"],"rate":20},
  {"path":["start_app","home","course_list","course_detail","course_list","course_detail","order","end"],"rate":20},
  {"path":["start_app","home","course_list","course_detail","cart","order","payment","end"],"rate":20}
],

"study_path": [
   {"path":["start_app","mine","course_detail","chapter_video","end"],"rate":10},
{"path":["start_app","mine","course_detail","exam","end"],"rate":10}
]
}
```

（4）修改 logback.xml 文件，可以配置日志生成路径，修改内容如下。

```
<?xml version="1.0" encoding="UTF-8"?>
<configuration>
    <property name="LOG_HOME" value="/opt/module/data_mocker/log" />
    <appender name="console" class="ch.qos.logback.core.ConsoleAppender">
        <encoder>
            <pattern>%msg%n</pattern>
        </encoder>
    </appender>

    <appender name="rollingFile" class="ch.qos.logback.core.rolling.RollingFileAppender">
        <rollingPolicy class="ch.qos.logback.core.rolling.TimeBasedRollingPolicy">
            <fileNamePattern>${LOG_HOME}/app.%d{yyyy-MM-dd}.log</fileNamePattern>
        </rollingPolicy>
        <encoder>
            <pattern>%msg%n</pattern>
        </encoder>
```

```
    </appender>


    <!-- 将某个包下日志单独打印日志 -->
    <logger name="com.atguigu.mock.util.LogUtil"
            level="INFO" additivity="false">
        <appender-ref ref="rollingFile" />
        <appender-ref ref="console" />
    </logger>


    <root level="error" >
        <appender-ref ref="console" />
    </root>
</configuration>
```

2. 数据生成命令测试

（1）修改配置文件 application.yml 中的参数，生成第一天（此项目中将 2022 年 2 月 21 日视为第一天）的用户行为日志和业务数据，参数修改如下。每次生成第一天的数据，都需要将 mock.clear.busi 和 mock.clear.user 参数修改为 1，表示将业务数据库中的事实数据和用户数据全部重置。

```
mock.date=2022-02-21
mock.clear.busi=1
mock.clear.user=1
```

（2）在/opt/module/data_mocker 路径下执行日志生成命令，模拟生成 2022 年 2 月 21 日的数据。

```
[atguigu@hadoop102 data_mocker]$ java -jar edu2021-mock-2022-04-22.jar
```

（3）在/opt/module/data_mocker/log 路径下查看生成的用户行为日志。

```
[atguigu@hadoop102 log]$ ll
总用量 5164
-rw-rw-r--. 1 atguigu atguigu 5284098 3月  16 09:25 app.log
```

注意：文件的后缀日期是执行命令的日期，生成的用户行为日志和业务数据中的日期由配置文件中的 mock.date 参数控制。

使用 Navicat 查看生成的业务数据，如图 4-2 所示，与图 4-1 对比可以看出，用户数据已经被重置，新生成了 50 条创建日期为 2022-02-21 的用户数据。

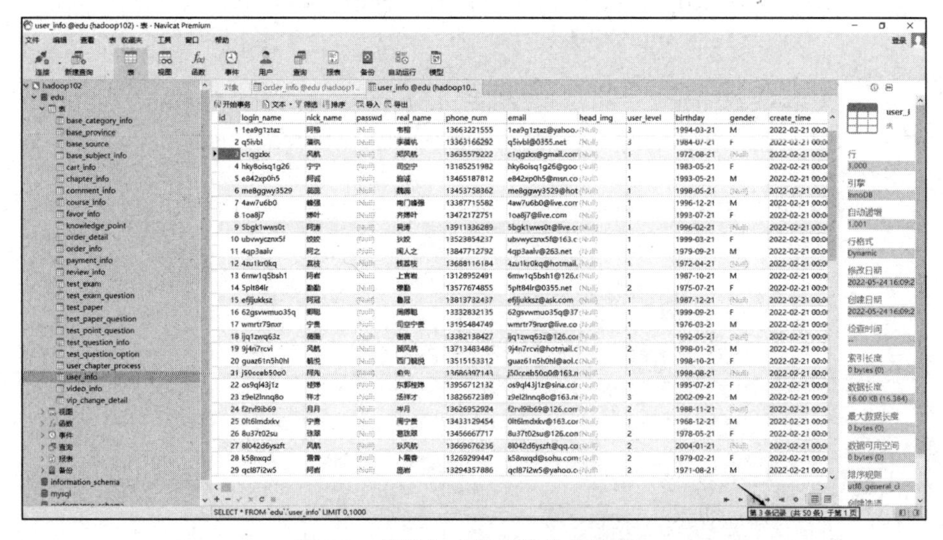

图 4-2　模拟生成首日的业务数据

（4）在配置文件 application.yml 中修改如下配置。其中，mock.clear.busi 和 mock.clear.user 参数用于决定此次数据模拟是否清空原有业务数据库中的数据。在第二次模拟数据时，这两个参数修改为 0，表示不清空。

```
mock.date=2022-02-22
mock.clear.busi=0
mock.clear.user=0
```

（5）再次执行命令，生成 2022-02-22 的数据。

```
[atguigu@hadoop102 db_log]$ java -jar edu2021-mock-2022-04-22.jar
```

（6）在/opt/module/data_mocker/log 路径下查看生成的用户行为日志。

```
[atguigu@hadoop102 log]$ ll
总用量 13312
-rw-rw-r--. 1 atguigu atguigu 10487541 3月  16 09:29 app.log
```

可以看到，用户行为数据文件的大小由 5284098 字节变成了 10487541 字节，说明有新数据生成。

使用 Navicat 工具查看生成的业务数据，如图 4-3 所示，可以看到用户数据从原来的 50 条增加到了现在的 100 条，说明成功生成了新数据。

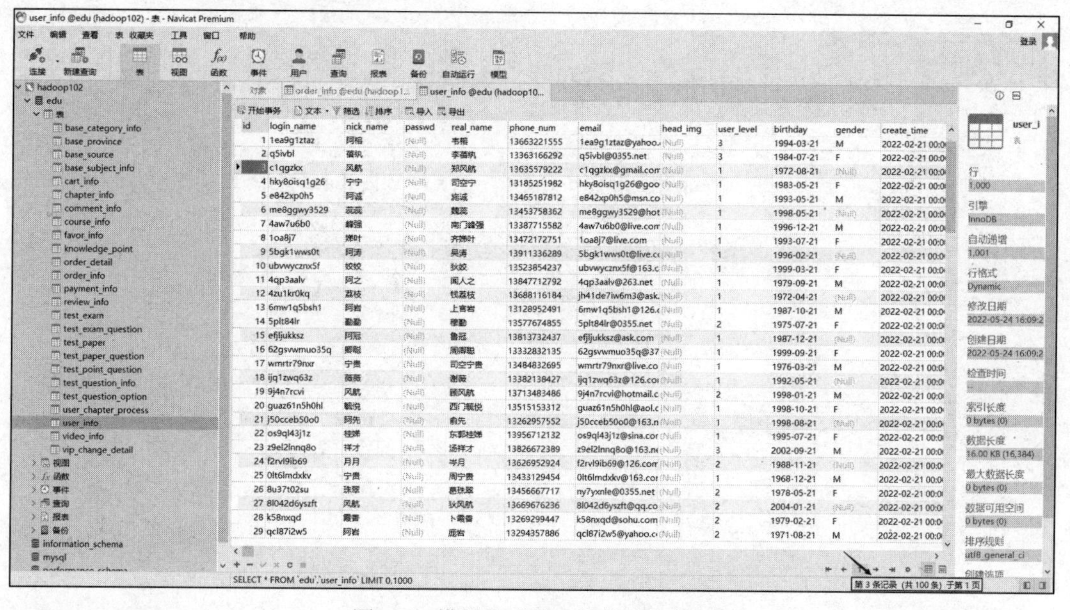

图 4-3　模拟生成第二日的业务数据

3. 数据生成脚本

将以上的数据生成过程封装成脚本，方便用户调用执行。

脚本思路如下：

- 当生成第一天（2022 年 2 月 21 日）的数据时，通过 sed 命令，修改 application.yml 文件中的 mock.clear.busi 和 mock.clear.user 参数为 1。
- 当生成其他日期的数据时，通过 sed 命令，修改 application.yml 文件中的 mock.clear.busi 和 mock.clear.user 参数为 0。

（1）在/home/atguigu/bin 目录下创建脚本 mock.sh。

```
[atguigu@hadoop102 bin]$ vim mock.sh
```

（2）在脚本中编写如下内容。

```
#!/bin/bash
DATA_HOME=/opt/module/data_mocker
```

```
function mock_data() {
  if [ $1 ]
  then
    # sed 命令是一种新型的、非交互式的编辑器
    # -i 表示直接修改文档读取的内容，并且不会在控制台打印输出
    # s 表示用一个字符串替换另一个，s 前面是匹配的内容，后面是正则表达式
    # 正则表达式 .*；其中 . 表示匹配除换行外的单个字符；* 表示前导字符重复出现 0~n 次
    # 双引号在 shell 脚本中有特殊含义，双引号嵌套则内层双引号要做转义
    # $1 表示传给函数 mock_data() 的第一个参数

    # 以下命令的含义为：匹配 /opt/module/data_mocker/application.yml 文件中
    # mock.date 直至行末的字符串，将其替换为 mock.date: "mock_data() 接收到的第一个参数"
    sed -i "/mock.date/s/.*/mock.date: \"$1\"/" $DATA_HOME/application.yml
    echo "正在生成 $1 当日的数据"
  fi
  cd $DATA_HOME
      # nohup 表示关掉当前窗口，进程不会被终止
      # >/dev/null 是 1>/dev/null 的省略，表示将标准输出 stdout 重定向到 Linux 黑洞，此处的 1 可
以省略
      # 2>&1 表示将错误输出 stderr 重定向到和 1 一样的目录，即 Linux 黑洞
      # 注意：通常我们会在命令末尾添加 & 表示将程序放到后台运行而不会阻塞，但此处不能添加 &
      # 因为初始化模拟数据时我们会连续生成多日的数据，而业务数据之间需要有严格的时间顺序
      # 即前一日的数据生成完毕才可以生成后一日的数据，因此，此处不再将程序放到后台执行，而是通过程序阻
塞来保证数据有序
      nohup java -jar "edu2021-mock-2022-04-22.jar" >/dev/null 2>&1
}

case $1 in
"init")
  # && 表示左边的命令返回真($? == 0),则执行右边的命令，实现逻辑“与”的功能
  # 可以有多级&&组合使用，组合时只要有一个命令为假,则右边的命令不会执行
  # || 表示左边的命令返回假($? == 1),则执行右边的命令，实现逻辑“或”的功能
  # 可以有多级||组合使用，组合时只要有一个命令为真则右边的命令不会执行
  # && 和 || 之间可以组合使用

  # 如下命令表示如果传入脚本的第二个参数不为 null，则将其赋值给 do_date，
  # 否则将 '2022-02-21' 赋值给 do_date
  [ $2 ] && do_date=$2 || do_date='2022-02-21'
  # 将 /opt/module/data_mocker/application.yml 文件中 mock.clear.busi 和 mock.clear.user
  # 参数的值修改为 1，表示第一次生成数据前清空业务数据库中的事实数据和用户数据
  # 1 表示 true，0 表示 false
  sed -i "/mock.clear.busi/s/.*/mock.clear.busi: 1/" $DATA_HOME/application.yml
  sed -i "/mock.clear.user/s/.*/mock.clear.user: 1/" $DATA_HOME/application.yml

  # date 命令可以按照指定格式展示日期
  # -d 表示用字符串展示日期
  # $do_date -5 days 表示 do_date 变量对应日期减去 5 天的日期
  # +%F 表示按照 yyyy-MM-dd 的格式对日期进行格式化
  # 以下命令表示将 do_date 当日 5 天前的日期传递给 mock_data 函数，最终会生成 5 天前的数据
  mock_data $(date -d "$do_date -5 days" +%F)

  # do_date 之前 5 天已经生成了数据，后续再生成数据不会再对业务数据和用户数据进行重置
```

```
    sed -i "/mock.clear.busi/s/.*/mock.clear.busi: 0/" $DATA_HOME/application.yml
    sed -i "/mock.clear.user/s/.*/mock.clear.user: 0/" $DATA_HOME/application.yml

    # 循环，依次生成数据仓库上线首日之前 4 天到当日一共 5 天的数据
    for ((i=4;i>=0;i--));
    do
     mock_data $(date -d "$do_date -$i days" +%F)
    done
    ;;

    # 正则表达式匹配格式满足 yyyy-MM-dd 且年月日取值在合理范围内的数据，和 "init" 并列
    # 此处匹配的是传入脚本的第一个参数 $1
    # [0-2] 表示匹配大于等于 0 且小于等于 2 的单个数字，[0-9] [0-3] [0-1] 同理
    # [0-2][0-9][0-9][0-9] 对应 yyyy，即“年”的四位数字
    # [0-1][0-9] 对应 MM，即“月”的两位数字
    # [0-3][0-9] 对应 dd，即“日”的两位数字
[0-2][0-9][0-9][0-9]-[0-1][0-9]-[0-3][0-9])
     # 若传入脚本的第一个参数满足格式要求，则生成对应日期的数据
     mock_data $1
     ;;
esac
```

注意：

- DATA_HOME 变量为 jar 包及配置文件所在路径。
- /dev/null 代表 Linux 的空设备文件，所有往这个文件里写入的内容都会丢失，俗称“黑洞”。

标准输入 0：从键盘获得输入 /proc/self/fd/0。

标准输出 1：输出到屏幕（即控制台）/proc/self/fd/1。

错误输出 2：输出到屏幕（即控制台）/proc/self/fd/2。

（3）增加脚本执行权限。

```
[atguigu@hadoop102 bin]$ chmod +x mock.sh
```

（4）脚本使用说明：传入参数 init，则生成 2022-02-21 以及前 5 天的数据；传入具体日期，如 2022-02-22，则只生成该日期当天的数据。

测试脚本，传入参数 init。

```
[atguigu@hadoop102 module]$ mock.sh init
正在生成 2022-02-16 当日的数据
正在生成 2022-02-17 当日的数据
正在生成 2022-02-18 当日的数据
正在生成 2022-02-19 当日的数据
正在生成 2022-02-20 当日的数据
正在生成 2022-02-21 当日的数据
```

测试脚本，传入参数 2022-02-22，生成 2022 年 2 月 22 日的数据。

```
[atguigu@hadoop102 module]$ mock.sh 2022-02-22
正在生成 2022-02-22 当日的数据
```

（5）在/opt/module/data_mocker/log 目录下查看生成的数据，判断脚本是否生效。

```
[atguigu@hadoop102 log]$ ll
总用量 30308
-rw-rw-r--. 1 atguigu atguigu 31034351 3月  16 11:44 app.log
```

4.2 消息队列 Kafka

Apache Kafka 最早是由 LinkedIn 开源出来的分布式消息系统，现在是 Apache 旗下的一个顶级子项目，并且已经成为开源领域应用最广泛的消息系统之一。Kafka 在这里起到数据缓冲和负载均衡的作用，大大减轻了数据存储系统的压力。在向 Kafka 发送日志之前，需要先安装 Kafka，而在安装 Kafka 之前需要先安装 ZooKeeper，为之提供分布式服务。本节主要带领读者完成 ZooKeeper 和 Kafka 的安装部署。

4.2.1 安装 ZooKeeper

ZooKeeper 是能够高效开发和维护分布式应用的协调服务，主要用于为分布式应用提供一致性服务，提供的功能包括维护配置信息、名字服务、分布式同步、组服务等。

ZooKeeper 的安装步骤如下。

1. 集群规划

在 hadoop102、hadoop103 和 hadoop104 节点服务器上部署 ZooKeeper。

2. 解压安装

（1）解压 ZooKeeper 安装包到/opt/module/目录下。

```
[atguigu@hadoop102 software]$ tar -zxvf apache-zookeeper-3.5.7-bin.tar.gz -C /opt/module/
```

（2）修改/opt/module/apache-zookeeper-3.5.7-bin 名称为 zookeeper-3.5.7。

```
[atguigu@hadoop102 module]$ mv apache-zookeeper-3.5.7-bin/ zookeeper-3.5.7
```

（3）同步/opt/module/zookeeper-3.5.7 目录内容到 hadoop103、hadoop104。

```
[atguigu@hadoop102 module]$ xsync zookeeper-3.5.7/
```

3. 配置服务器编号

（1）在/opt/module/zookeeper-3.5.7/目录下创建 zkData。

```
[atguigu@hadoop102 zookeeper-3.5.7]$ mkdir zkData
```

（2）在/opt/module/zookeeper-3.5.7/zkData 目录下创建一个 myid 的文件。

```
[atguigu@hadoop102 zkData]$ vi myid
```

在文件中添加与 Server 对应的编号，根据在 zoo.cfg 文件中配置的 Server ID 与节点服务器的 IP 地址的对应关系进行添加，如在 hadoop102 节点服务器中添加 2。

```
2
```

注意：当添加 myid 文件时，一定要在 Linux 中创建，如果在文本编辑工具中创建，则有可能出现乱码。

（3）拷贝配置好的 myid 文件到其他机器上，并分别在 hadoop103 上修改 myid 文件中的内容为 3；在 hadoop104 上修改 myid 文件中的内容为 4。

```
[atguigu@hadoop102 zookeeper-3.5.7]$ xsync zkData
```

4. 配置 zoo.cfg 文件

（1）重命名/opt/module/zookeeper-3.5.7/conf 这个目录下的 zoo_sample.cfg 为 zoo.cfg。

```
[atguigu@hadoop102 conf]$ mv zoo_sample.cfg zoo.cfg
```

（2）打开 zoo.cfg 文件。

```
[atguigu@hadoop102 conf]$ vim zoo.cfg
```

在配置文件中找到如下内容，将数据存储目录 dataDir 设置为上文中自行创建的 zkData 文件夹。

```
dataDir=/opt/module/zookeeper-3.5.7/zkData
```

增加如下配置，如下配置指出了 ZooKeeper 集群的 3 台节点服务器信息。

```
#######################cluster##########################
server.2=hadoop102:2888:3888
server.3=hadoop103:2888:3888
server.4=hadoop104:2888:3888
```

（3）配置参数解读。

```
Server.A=B:C:D。
```

- A 是一个数字，表示第几台服务器。
- B 是这台服务器的 IP 地址。
- C 是这台服务器与集群中的 Leader 服务器交换信息的端口。
- D 表示当集群中的 Leader 服务器无法正常运行时，需要一个端口来重新进行选举，选出一个新的 Leader 服务器，而这个端口就是用来执行选举时服务器相互通信的端口。

在集群模式下配置一个文件 myid，这个文件在 dataDir 目录下，其中有一个数据就是 A 的值，当 ZooKeeper 启动时读取此文件，并将里面的数据与 zoo.cfg 文件中的配置信息进行比较，从而判断到底是哪台服务器。

（4）分发配置文件 zoo.cfg。

```
[atguigu@hadoop102 conf]$ xsync zoo.cfg
```

5. 集群操作

（1）在 3 台节点服务器中分别启动 ZooKeeper。

```
[atguigu@hadoop102 zookeeper-3.5.7]# bin/zkServer.sh start
[atguigu@hadoop103 zookeeper-3.5.7]# bin/zkServer.sh start
[atguigu@hadoop104 zookeeper-3.5.7]# bin/zkServer.sh start
```

（2）执行如下命令，在 3 台节点服务器中查看 ZooKeeper 的服务状态。

```
[atguigu@hadoop102 zookeeper-3.5.7]# bin/zkServer.sh status
JMX enabled by default
Using config: /opt/module/zookeeper-3.5.7/bin/../conf/zoo.cfg
Mode: follower
[atguigu@hadoop103 zookeeper-3.5.7]# bin/zkServer.sh status
JMX enabled by default
Using config: /opt/module/zookeeper-3.5.7/bin/../conf/zoo.cfg
Mode: leader
[atguigu@hadoop104 zookeeper-3.5.7]# bin/zkServer.sh status
JMX enabled by default
Using config: /opt/module/zookeeper-3.5.7/bin/../conf/zoo.cfg
Mode: follower
```

4.2.2 ZooKeeper 集群启动、停止脚本

由于 ZooKeeper 没有提供多台服务器同时启动、停止的脚本，使用单台节点服务器执行服务器启动、停止命令操作烦琐，所以可将 ZooKeeper 启动、停止命令封装成脚本。具体操作步骤如下。

（1）在 hadoop102 节点服务器的/home/atguigu/bin 目录下创建脚本 zk.sh。

```
[atguigu@hadoop102 bin]$ vim zk.sh
```

脚本思路：通过执行 ssh 命令，分别登录集群节点服务器，然后执行启动、停止或者查看服务状态的命令。在脚本中编写如下内容。

```
#! /bin/bash

case $1 in
```

```
"start"){
 for i in hadoop102 hadoop103 hadoop104
 do
  ssh $i "/opt/module/zookeeper-3.5.7/bin/zkServer.sh start"
 done
};;
"stop"){
 for i in hadoop102 hadoop103 hadoop104
 do
  ssh $i "/opt/module/zookeeper-3.5.7/bin/zkServer.sh stop"
 done
};;
"status"){
 for i in hadoop102 hadoop103 hadoop104
 do
  ssh $i "/opt/module/zookeeper-3.5.7/bin/zkServer.sh status"
 done
};;
esac
```

（2）增加脚本执行权限。

```
[atguigu@hadoop102 bin]$ chmod 777 zk.sh
```

（3）ZooKeeper 集群启动脚本。

```
[atguigu@hadoop102 module]$ zk.sh start
```

（4）ZooKeeper 集群停止脚本。

```
[atguigu@hadoop102 module]$ zk.sh stop
```

4.2.3 安装 Kafka

Kafka 是一个优秀的分布式消息队列系统，通过将日志消息先发送至 Kafka，可以规避数据丢失的风险，增加数据处理的可扩展性，提高数据处理的灵活性和峰值处理能力，提高系统可用性，为消息消费提供顺序保证，并且可以控制优化数据流经系统的速度，解决消息生产和消息消费速度不一致的问题。

Kafka 集群需要依赖 ZooKeeper 提供服务来保存一些元数据信息，以保证系统的可用性。在完成 ZooKeeper 的安装之后，就可以安装 Kafka 了，具体安装步骤如下。

（1）Kafka 集群规划如表 4-7 所示。

表 4-7 Kafka 集群规划

hadoop102	hadoop103	hadoop104
ZooKeeper	ZooKeeper	ZooKeeper
Kafka	Kafka	Kafka

（2）下载安装包。

下载 Kafka 的安装包。

（3）解压安装包。

```
[atguigu@hadoop102 software]$ tar -zxvf kafka_2.12-3.0.0.tgz -C /opt/module/
```

（4）修改解压后的文件名称。

```
[atguigu@hadoop102 module]$ mv kafka_2.12-3.0.0/ kafka
```

（5）进入 Kafka 的配置目录，打开 server.properties，修改配置文件，Kafka 的配置文件都是以键值对的形式存在的，需要修改的内容如下。

```
[atguigu@hadoop102 kafka]$ cd config/
[atguigu@hadoop102 config]$ vim server.properties
```

修改或者增加以下内容：

```
#broker的全局唯一编号，不能重复，只能是数字
broker.id=0
#处理网络请求的线程数量
num.network.threads=3
#用来处理磁盘IO的线程数量
num.io.threads=8
#发送套接字的缓冲区大小
socket.send.buffer.bytes=102400
#接收套接字的缓冲区大小
socket.receive.buffer.bytes=102400
#请求套接字的缓冲区大小
socket.request.max.bytes=104857600
#kafka运行日志(数据)存放的路径，路径不需要提前创建，Kafka自动帮你创建，可以配置多个磁盘路径，路径与路径之间可以用“,”分隔
log.dirs=/opt/module/kafka/datas
#topic在当前broker上的分区个数
num.partitions=1
#用来恢复和清理data下数据的线程数量
num.recovery.threads.per.data.dir=1
# 每个topic创建时的副本数，默认为1个副本
offsets.topic.replication.factor=1
#segment文件保留的最长时间，超时将被删除
log.retention.hours=168
#每个segment文件的大小，默认最大1GB
log.segment.bytes=1073741824
# 检查过期数据的时间，默认每5分钟检查一次是否数据过期
log.retention.check.interval.ms=300000
#配置连接ZooKeeper集群地址（在zk根目录下创建/kafka，方便管理）
zookeeper.connect=hadoop102:2181,hadoop103:2181,hadoop104:2181/kafka
```

（6）配置环境变量，将Kafka的安装目录配置到系统环境变量中，可以方便用户执行Kafka的相关命令。在配置完环境变量后，需要执行source命令，使环境变量生效。

```
[atguigu@hadoop102 module]# sudo vim /etc/profile.d/my_env.sh
#KAFKA_HOME
export KAFKA_HOME=/opt/module/kafka
export PATH=$PATH:$KAFKA_HOME/bin

[atguigu@hadoop102 module]# source /etc/profile.d/my_env.sh
```

（7）在安装配置全部修改完成后，分发安装包和环境变量到集群中的其他节点服务器上，并使环境变量生效。

```
[atguigu@hadoop102 ~]# sudo /home/atguigu/bin/xsync /etc/profile.d/my_env.sh
[atguigu@hadoop102 module]$ xsync kafka/
```

（8）修改broker.id。

分别在hadoop103和hadoop104节点服务器上修改配置文件/opt/module/kafka/config/server. properties中的broker.id=1、broker.id=2。

注意： broker.id为识别Kafka集群不同节点服务器的标识，不可以重复。

（9）启动集群。

依次在hadoop102、hadoop103和hadoop104节点服务器上启动Kafka，启动前确保ZooKeeper已经启动。

```
[atguigu@hadoop102 kafka]$ bin/kafka-server-start.sh -daemon config/server.properties
[atguigu@hadoop103 kafka]$ bin/kafka-server-start.sh -daemon config/server.properties
[atguigu@hadoop104 kafka]$ bin/kafka-server-start.sh -daemon config/server.properties
```

（10）关闭集群。

```
[atguigu@hadoop102 kafka]$ bin/kafka-server-stop.sh
[atguigu@hadoop103 kafka]$ bin/kafka-server-stop.sh
[atguigu@hadoop104 kafka]$ bin/kafka-server-stop.sh
```

4.2.4 Kafka 集群启动、停止脚本

同 ZooKeeper 一样，将 Kafka 集群的启动、停止命令写成脚本，方便以后调用执行。

（1）在/home/atguigu/bin 目录下创建脚本 kf.sh。

```
[atguigu@hadoop102 bin]$ vim kf.sh
```

在脚本中编写如下内容。

```
#! /bin/bash

case $1 in
"start"){
        for i in hadoop102 hadoop103 hadoop104
        do
                echo " --------启动 $i Kafka-------"

                ssh $i "source /etc/profile ; /opt/module/kafka/bin/kafka-server-start.sh
-daemon /opt/module/kafka/config/server.properties "
        done
};;
"stop"){
        for i in hadoop102 hadoop103 hadoop104
        do
                echo " --------停止 $i Kafka-------"
                ssh $i " source /etc/profile ; /opt/module/kafka/bin/kafka-server-stop.sh"
        done
};;
esac
```

（2）增加脚本执行权限。

```
[atguigu@hadoop102 bin]$ chmod 777 kf.sh
```

（3）Kafka 集群启动脚本。

```
[atguigu@hadoop102 module]$ kf.sh start
```

（4）Kafka 集群停止脚本。

```
[atguigu@hadoop102 module]$ kf.sh stop
```

4.2.5 Kafka topic 相关操作

本节主要带领读者熟悉 Kafka 的常用命令行操作，在本项目中学会使用命令行操作 Kafka。若想更加深入地了解 Kafka，体验 Kafka 其余的优秀特性，读者可以通过“尚硅谷教育”公众号获取 Kafka 的相关视频资料自行学习。

（1）查看 Kafka topic 列表。

```
[atguigu@hadoop102 kafka]$ kafka-topics.sh --bootstrap-server hadoop102:9092 --list
```

（2）创建 Kafka topic。

进入/opt/module/kafka/目录，创建日志主题。

```
[atguigu@hadoop102 kafka]$ kafka-topics.sh --bootstrap-server hadoop102:9092 --create
--replication-factor 1 --partitions 1 --topic topic_log
```

（3）删除 Kafka topic 命令。

若在创建主题时出现错误，则可以使用删除主题命令对主题进行删除。

```
[atguigu@hadoop102 kafka]$ kafka-topics.sh --bootstrap-server hadoop102:9092 --delete
--topic topic_log
```

（4）Kafka 控制台生产消息测试。

```
[atguigu@hadoop102 kafka]$ kafka-console-producer.sh --bootstrap-server hadoop102:9092
--topic topic_log
>hello world
>atguigu  atguigu
```

（5）Kafka 控制台消费消息测试。

```
[atguigu@hadoop102 kafka]$ kafka-console-consumer.sh --bootstrap-server hadoop102:9092 -
-from-beginning --topic topic_log
```

其中，--from-beginning 表示将主题中以往所有的数据都读取出来。用户可根据业务场景选择是否增加该配置。

（6）查看 Kafka topic 详情。

```
[atguigu@hadoop102 kafka]$ kafka-topics.sh --bootstrap-server hadoop102:9092 --describe
--topic topic_log
```

4.3　采集日志的 Flume

如图 4-4 所示，日志采集层 Flume 需要完成的任务是将日志从落盘文件中采集出来，传输给消息中间件 Kafka 集群，这期间要保证数据不丢失，程序出现故障死机后可以快速重启，并对日志进行初步分类，分别发往不同的 Kafka topic，方便后续对日志数据分别进行处理。

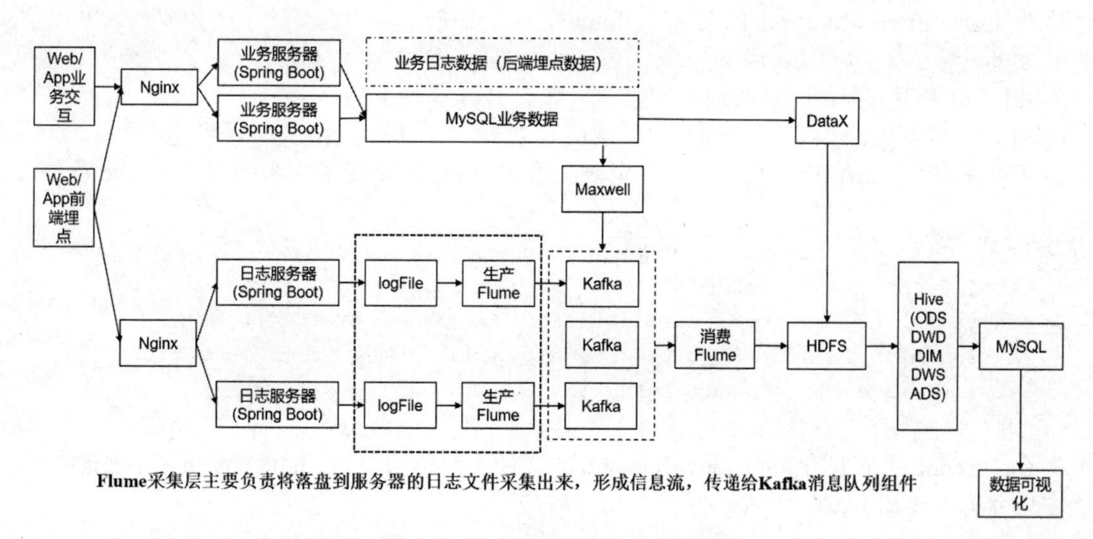

图 4-4　日志采集层 Flume 的流向

4.3.1 Flume 组件

Flume 整体上是 Source-Channel-Sink 的三层架构，其中，Source 层完成对日志的收集，将日志封装成 event 传入 Channel 层中；Channel 层主要提供队列的功能，对 Source 层中传入的数据提供简单的缓存功能；Sink 层取出 Channel 层中的数据，将数据送入存储文件系统中，或者对接其他的 Source 层。

Flume 以 Agent 为最小独立运行单位，一个 Agent 就是一个 JVM，一个 Agent 由 Source、Sink 和 Channel 三大组件构成。

Flume 将数据表示为 event（事件），event 由一字节数组的主体 body 和一个 key-value 结构的报头 header 构成。其中，主体 body 中封装了 Flume 传送的数据，报头 header 中容纳的 key-value 信息则是为了给数据增加标识，用于跟踪发送事件的优先级和重要性，用户可以通过拦截器（Interceptor）进行修改。

Flume 的数据流由 event 贯穿始终，这些 event 由 Agent 外部的 Source 生成，当 Source 捕获事件后会进行特定的格式化，然后 Source 会把事件推入 Channel 中，Channel 中的 event 会由 Sink 来拉取，Sink 拉取 event 后可以将 event 持久化或者推向另一个 Source。

此外，Flume 还有一些使其应用更加灵活的组件：拦截器、Channel 选择器（Selector）、Sink 组和 Sink 处理器。其功能如下。

- 拦截器可以部署在 Source 和 Channel 之间，用于对事件进行预处理或者过滤，Flume 内置了很多类型的拦截器，用户也可以自定义拦截器。
- Channel 选择器可以决定 Source 接收的一个特定事件写入哪些 Channel 组件中。
- Sink 组和 Sink 处理器可以帮助用户实现负载均衡和故障转移。

4.3.2 安装 Flume

在进行日志采集层的 Flume Agent 配置之前，我们首先需要安装 Flume，Flume 需要安装部署到每台节点服务器上，具体安装步骤如下。

（1）将 apache-flume-1.9.0-bin.tar.gz 上传到 Linux 的/opt/software 目录下。

（2）解压 apache-flume-1.9.0-bin.tar.gz 到/opt/module/目录下。

```
[atguigu@hadoop102 software]$ tar -zxvf apache-flume-1.9.0-bin.tar.gz -C /opt/module/
```

（3）修改 apache-flume-1.9.0-bin 的名称为 flume。

```
[atguigu@hadoop102 module]$ mv apache-flume-1.9.0-bin flume
```

（4）将 lib 文件夹下的 guava-11.0.2.jar 删除，以兼容 Hadoop 3.1.3。

```
[atguigu@hadoop102 module]$ rm /opt/module/flume/lib/guava-11.0.2.jar
```

服务器节点在删除 guava-11.0.2.jar 前，一定要配置 Hadoop 环境变量。否则运行 Flume 程序时会报如下异常。

```
Caused by: java.lang.ClassNotFoundException:com.google.common.collect.Lists
        at java.net.URLClassLoader.findClass(URLClassLoader.java:382)
        at java.lang.ClassLoader.loadClass(ClassLoader.java:424)
        at sun.misc.Launcher$AppClassLoader.loadClass(Launcher.java:349)
        at java.lang.ClassLoader.loadClass(ClassLoader.java:357)
        ... 1 more
```

（5）将 flume/conf 目录下的 flume-env.sh.template 文件的名称修改为 flume-env.sh，并配置 flume-env.sh 文件，在配置文件中增加 JAVA_HOME 路径，如下所示。

```
[atguigu@hadoop102 conf]$ cp flume-env.sh.template flume-env.sh
[atguigu@hadoop102 conf]$ vim flume-env.sh
export JAVA_HOME=/opt/module/jdk1.8.0_144
```

（6）将配置好的 Flume 分发到集群中的其他节点服务器上。

```
[atguigu@hadoop102 module]$ xsync flume/
```

4.3.3　采集日志 Flume 配置

1. Flume 配置分析

针对本项目，在编写 Flume Agent 配置文件之前，首先需要进行组件选型。

（1）Source。

本项目主要从一个实时写入数据的文件夹中读取数据，Source 可以选择 Spooling Directory Source、Exec Source 和 Taildir Source。Taildir Source 相较 Exec Source、Spooling Directory Source 具有很多优势。Taildir Source 可以实现断点续传、多目录监控配置。而在 Flume 1.6 以前需要用户自定义 Source，记录每次读取文件的位置，从而实现断点续传。Exec Source 可以实时搜集数据，但是在 Flume 不运行或者 Shell 命令出错的情况下，数据将会丢失，从而不能记录数据读取位置、实现断点续传。Spooling Directory Source 可以实现目录监控配置，但是不能实时采集数据。

（2）Channel。

由于日志采集层 Flume 在读取数据后主要将数据送往 Kafka 消息队列中，所以使用 Kafka Channel 是很好的选择，同时选择 Kafka Channel 可以不配置 Sink，提高了效率。

在 Flume1.7 以前，很少有人使用 Kafka Channel，因为发现 parseAsFlumeEvent 这个配置参数起不了作用。也就是无论 parseAsFlumeEvent 配置为 true 还是 false，数据都会转为 Flume Event 保存至 Kafka 中。这样造成的结果是，会始终把 Flume 的 headers 中的信息混合着内容一起写入 Kafka 的消息中，这显然不是我们需要的，我们只需要把内容写入即可。在 Flume1.7 以后的版本，对这个属性进行了优化，通过配置 parseAsFlumeEvent 属性为 false，可以避免将 Flume 的 headers 中的信息与内容混合一起写入 Kafka 的消息中。

（3）拦截器。

本项目中使用拦截器对日志数据进行初步清洗，通过自定义 Flume 拦截器，判断日志数据是否具有完整的 JSON 结构，从而可以清洗掉一部分脏数据。

完整采集日志的 Flume 配置思路如图 4-5 所示，Flume 直接通过 TailDir Source 监控 hadoop102 节点上实时生成的日志文件夹，使用拦截器对日志进行初步的清洗，对 JSON 格式的日志进行合法校验，最后将校验通过的日志经过 Kafka Channel 将日志发向 Kafka 的 topic_log 主题。

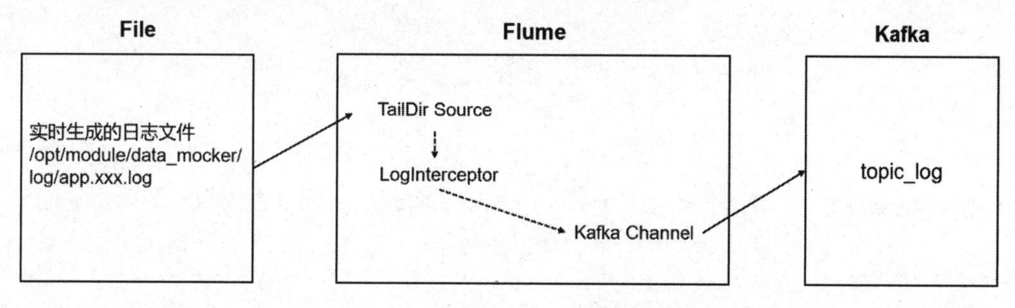

图 4-5　采集日志 Flume 配置思路

2. Flume 的具体配置

在/opt/module/flume 目录下创建 job 目录。

```
[atguigu@hadoop102 flume]$ mkdir job
```

在/opt/module/flume/job 目录下创建 file-flume-kafka.conf 文件。

```
[atguigu@hadoop102 job]$ vim file-flume-kafka.conf
```

在文件中配置如下内容，文件中加粗的内容是需要特别注意的，其中拦截器的代码在 4.3.4 节中讲解。

```
#为各组件命名
a1.sources = r1
a1.channels = c1

#描述 source
a1.sources.r1.type = TAILDIR
a1.sources.r1.filegroups = f1
a1.sources.r1.filegroups.f1 = /opt/module/data_mocker/log/app.*
a1.sources.r1.positionFile = /opt/module/data_mocker/log_position.json
a1.sources.r1.interceptors =  i1
a1.sources.r1.interceptors.i1.type = com.atguigu.flume.interceptors.ETLInterceptor$Builder

#描述 channel
a1.channels.c1.type = org.apache.flume.channel.kafka.KafkaChannel
a1.channels.c1.kafka.bootstrap.servers = hadoop102:9092,hadoop103:9092
a1.channels.c1.kafka.topic = topic_log
a1.channels.c1.parseAsFlumeEvent = false

#绑定 source 和 channel 以及 sink 和 channel 的关系
a1.sources.r1.channels = c1
```

注意：com.atguigu.flume.interceptor.ETLInterceptor 是笔者自定义的拦截器的全类名。读者需要根据自己自定义的拦截器进行相应修改。

4.3.4 Flume 的拦截器

本层 Flume 需要自定义拦截器，通过自定义拦截器过滤掉 JSON 结构不完整的日志，做到对日志数据的初步清洗。

拦截器的定义步骤如下。

（1）创建 Maven 工程 edu-flume-interceptor。

（2）创建包名：com.atguigu.flume.interceptors。

（3）在 pom.xml 文件中添加如下依赖。

```
<dependencies>
    <dependency>
        <groupId>org.apache.flume</groupId>
        <artifactId>flume-ng-core</artifactId>
        <version>1.9.0</version>
        <scope>provided</scope>
    </dependency>

    <dependency>
        <groupId>com.alibaba</groupId>
        <artifactId>fastjson</artifactId>
        <version>1.2.62</version>
    </dependency>
</dependencies>

<build>
    <plugins>
        <plugin>
```

```
                <artifactId>maven-compiler-plugin</artifactId>
                <version>2.3.2</version>
                <configuration>
                    <source>1.8</source>
                    <target>1.8</target>
                </configuration>
            </plugin>
            <plugin>
                <artifactId>maven-assembly-plugin</artifactId>
                <configuration>
                    <descriptorRefs>
                        <descriptorRef>jar-with-dependencies</descriptorRef>
                    </descriptorRefs>
                </configuration>
                <executions>
                    <execution>
                        <id>make-assembly</id>
                        <phase>package</phase>
                        <goals>
                            <goal>single</goal>
                        </goals>
                    </execution>
                </executions>
            </plugin>
        </plugins>
    </build>
```

需要注意的是，scope 中 provided 的含义是在编译时使用该 jar 包，打包时不用。因为集群上已经存在 flume 的 jar 包。只是本地编译时用一下。

（4）在 com.atguigu.flume.interceptors 包中创建 JSONUtils 类名。

```
package com.atguigu.flume.interceptors;

import com.alibaba.fastjson.JSON;
import com.alibaba.fastjson.JSONException;

public class JSONUtils {
    public static boolean isJSONValidate(String log){
        try {
            JSON.parse(log);
            return true;
        }catch (JSONException e){
            return false;
        }
    }
}
```

（5）在 com.atguigu.flume.interceptors 包下创建 ETLInterceptor 类。

```
package com.atguigu.flume.interceptors;

import org.apache.flume.Context;
import org.apache.flume.Event;
import org.apache.flume.interceptor.Interceptor;
```

```
import java.nio.charset.StandardCharsets;
import java.util.Iterator;
import java.util.List;

public class ETLInterceptor implements Interceptor {

    @Override
    public void initialize() {

    }

    @Override
    public Event intercept(Event event) {

        byte[] body = event.getBody();
        String log = new String(body, StandardCharsets.UTF_8);

        if (JSONUtils.isJSONValidate(log)) {
            return event;
        } else {
            return null;
        }
    }

    @Override
    public List<Event> intercept(List<Event> list) {

        Iterator<Event> iterator = list.iterator();

        while (iterator.hasNext()){
            Event next = iterator.next();
            if(intercept(next)==null){
                iterator.remove();
            }
        }

        return list;
    }

    public static class Builder implements Interceptor.Builder{

        @Override
        public Interceptor build() {
            return new ETLInterceptor();
        }
        @Override
        public void configure(Context context) {

        }

    }
```

```
    @Override
    public void close() {

    }
}
```

（6）打包。

打包拦截器之后，将依赖包上传。打包之后要放入 Flume 的 lib 目录下，如图 4-6 所示。

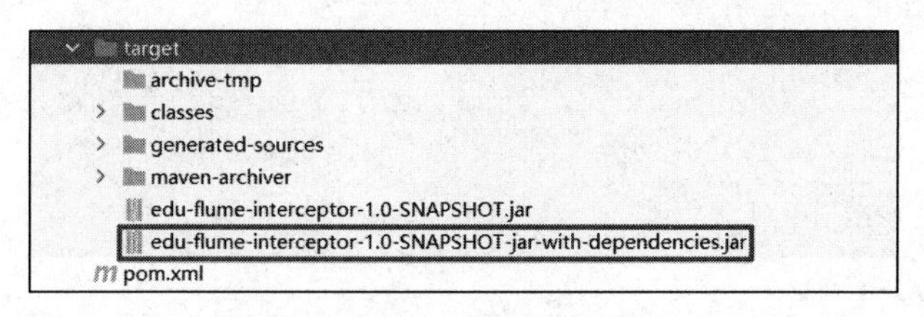

图 4-6 拦截器压缩包

（7）需要先将打好的包放入 hadoop102 的/opt/module/flume/lib 目录下。

```
[atguigu@hadoop102 lib]$ ls | grep interceptor
edu-flume-interceptor-1.0-SNAPSHOT-jar-with-dependencies.jar
```

（8）在 hadoop102 中执行 flume-ng agent 命令，启动 4.2.3 节中编写的配置文件，对生成的数据进行采集。

以下命令中，--name 选项用于指定本次命令执行的 Agent 名字，本配置文件中为 a1；--conf-file 选项用于指定 job 配置文件的存储路径；--conf 选项用于指定 Flume 配置文件所在路径。执行 Flume 采集程序的启动命令之后，由于数据发送的下游目的地 Kafka 还未开启，所以会报错，所以暂不执行。

```
[atguigu@hadoop102 flume]$ bin/flume-ng agent --name a1 --conf-file job/file-flume-kafka.conf --conf conf/ -Dflume.root.logger=INFO,console
```

（9）正式测试数据采集是否成功。

执行 Kafka 启动脚本，启动 Kafka 集群。

```
[atguigu@hadoop102 module]$ kf.sh start
```

执行以下命令，在 Kafka 中创建对应的 topic（如果已经创建过了，可以忽略）。

```
[atguigu@hadoop102 kafka]$ kafka-topics.sh --bootstrap-server  hadoop102:9092  --create --replication-factor 1 --partitions 1 --topic topic_log
```

启动 Flume 的日志采集程序，采集目标文件夹中生成的日志文件。

```
[atguigu@hadoop102 flume]$ bin/flume-ng agent --name a1 --conf-file job/file-flume-kafka.conf --conf conf/ -Dflume.root.logger=INFO,console
```

启动 Kafka 的控制台消费者，等待 Flume 将数据发送至 Kafka。

```
[atguigu@hadoop102 kafka]$ kafka-console-consumer.sh \
--bootstrap-server hadoop102:9092 --topic topic_log
```

启动日志生成程序，模拟日志生成。

```
[atguigu@hadoop102 module]$ mock.sh 2022-02-22
正在生成 2022-02-22 当日的数据
```

若能看到 Kafka 控制台消费者不停地消费日志数据，则表示采集日志的 Flume 配置成功。

4.3.5 采集日志 Flume 启动、停止脚本

同生成日志一样，我们也将日志采集层 Flume 的启动、停止命令封装成脚本，以方便后续调用执行。

（1）在/home/atguigu/bin 目录下创建脚本 f1.sh。

```
[atguigu@hadoop102 bin]$ vim f1.sh
```

脚本思路：通过匹配输入参数的值，选择是否启动采集程序，启动采集程序后，设置日志不打印，且程序在后台运行。

若停止程序，则通过管道符切割等操作获取程序的编号，并通过 kill 命令停止程序。在脚本中编写如下内容。

```
#! /bin/bash

case $1 in
"start")
    echo " --------启动 hadoop102 采集 flume-------"
    ssh hadoop102 "nohup /opt/module/flume/bin/flume-ng agent --conf-file /opt/module/flume/job/file-flume-kafka.conf --name a1 -Dflume.root.logger=INFO,LOGFILE >/opt/module/flume/log1.txt 2>&1  &"
;;
"stop")
    echo " --------停止 hadoop102 采集 flume-------"
    ssh hadoop102 "ps -ef | grep file-flume-kafka | grep -v grep |awk  '{print \$2}' | xargs -n1 kill -9 "
;;
esac
```

脚本说明如下。

说明 1：nohup 命令可以在用户退出账户或关闭终端之后继续运行相应的进程。nohup 命令就是不挂起的意思，不间断地运行命令。

说明 2：/dev/null 代表 Linux 的空设备文件，所有往这个文件里面写入的内容都会丢失，俗称“黑洞”。企业在进行开发时，如果不想在控制台显示大量的启动过程日志，就可以把日志写入“黑洞”，以减少磁盘的存储空间。

标准输入 0：从键盘获得输入 /proc/self/fd/0。

标准输出 1：输出到控制台 /proc/self/fd/1。

错误输出 2：输出到控制台 /proc/self/fd/2。

说明 3：

① “ps -ef | grep file-flume-kafka”用于获取 Flume 进程，查看结果可以发现存在两个进程 ID，但是我们只想获取第一个进程 ID21319。

```
atguigu  21319     1 57 15:14 ?        00:00:03
......
atguigu  21428 11422  0 15:14 pts/1    00:00:00 grep file-flume-kafka
```

② “ps -ef | grep file-flume-kafka | grep -v grep”用于过滤包含 grep 信息的进程。

```
atguigu  21319     1 57 15:14 ?        00:00:03
......
```

③ “ps -ef | grep file-flume-kafka | grep -v grep |awk '{print \$2}'”，采用 awk，默认用空格分隔后，取第二个字段，获取 21319 进程 ID。

④ “ps -ef | grep file-flume-kafka | grep -v grep |awk '{print \$2}' | xargs kill”，xargs 表示获取前一阶段的运行结果，即 21319，作为下一个命令 kill 的输入参数。实际执行的是 kill 21319。

（2）增加脚本执行权限。

```
[atguigu@hadoop102 bin]$ chmod 777 f1.sh
```

（3）f1 集群启动脚本。

```
[atguigu@hadoop102 module]$ f1.sh start
```

（4）f1 集群停止脚本。

```
[atguigu@hadoop102 module]$ f1.sh stop
```

4.4　消费 Kafka 日志的 Flume

将日志从采集日志层 Flume 发送至 Kafka 集群后，接下来的工作需要将日志数据进行落盘存储，我们依然将这部分工作交给 Flume 完成，如图 4-7 所示。

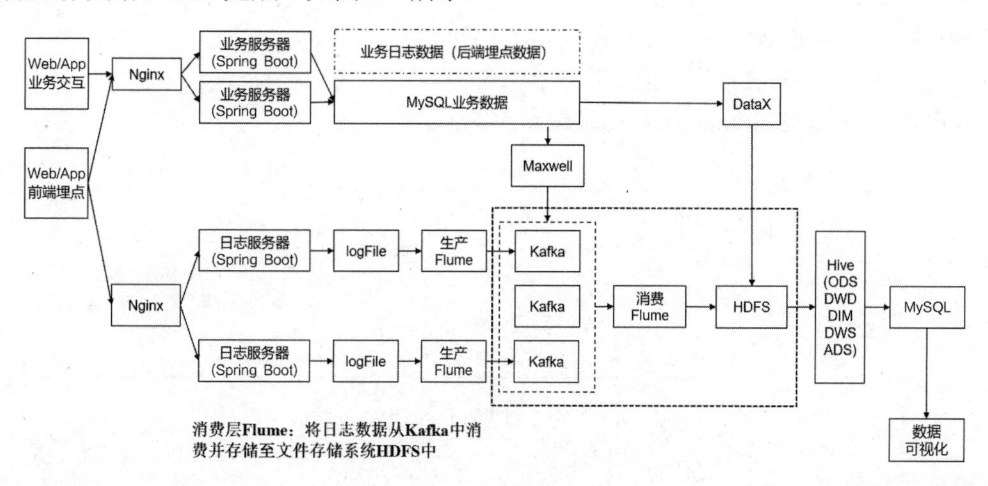

图 4-7　消费层 Flume

将消费日志层 Flume Agent 程序部署在 hadoop104 节点服务器上，负责日志的消费存储。在实际生产环境中，应尽量做到将不同的任务部署在不同的服务器节点上。消费日志层 Flume 集群规划如表 4-8 所示。

表 4-8　消费日志层 Flume 集群规划

节点服务器	hadoop102 节点服务器	hadoop103 节点服务器	hadoop104 节点服务器
Flume（消费 Kafka）	无	无	Flume

4.4.1　日志消费层 Flume 配置

1. Flume 配置分析

日志消费层 Flume 主要从 Kafka 中读取消息，所以选用 Kafka Source。

Channel 可以选用 File Channel 和 Memory Channel。Memory Channel 传输数据速度更快，但是因为数据保存在 JVM 的堆内存中，若 Agent 进程宕机会导致数据丢失，使用与对数据质量要求不高的需求。File Channel 传输速度相对于 Memory 较慢，但是数据安全保障高，Agent 进程宕机也可以从失败中恢复数据。两种 Channel 各有利弊，像金融类企业对数据要求精度比较高，通常会选择 File Channel。若对数据传输的速度有更高的要求，则应选用 Memory Channel。在本项目中，选用 File Channel。

File Channel 相对于 Memory Channel，传输速度较慢，可以通过配置 dataDirs 属性指向多个路径，每个路径对应不同的硬盘，以增大 Flume 的吞吐量。checkpointDir 和 backupCheckpointDir 也尽量配置在不同硬盘对应的目录中，保证 checkpoint 坏掉后，可以快速地使用 backupCheckpointDir 恢复数据。

Sink 选用 HDFS Sink，可以将日志直接落盘到 HDFS 中。将日志保存至 HDFS，可以方便后续使用 Hive 等分析计算引擎直接对日志数据进行分析，但是使用 HDFS Sink 同时也应注意合理配置相关属性，避免 HDFS 存入大量小文件。

由于 HDFS 的文件保存机制，每个文件都有一份元数据，其中包括文件路径、文件名、所有者、所属组、权限、创建时间等，这些信息都保存在 NameNode 的内存中，若小文件过多，会占用 NameNode 服务器大量内存，影响 NameNode 性能和使用寿命。在计算层面，默认情况下 MapReduce 程序会对每个小文件开启一个 Map 任务进行计算，非常影响计算性能，同时也影响磁盘寻址时间。

基于以上考虑，在对 HDFS Sink 进行配置时，可以通过调整 Flume 官方提供的三个参数避免写入 HDFS 大量小文件，这三个参数分别是 hdfs.rollInterval、hdfs.rollSize 和 hdfs.rollCount。将三个参数分别配置为 hdfs.rollInterval=3600、hdfs.rollSize=134217728 和 hdfs.rollCount=0。几个参数综合作用，效果如下：

（1）文件在达到 128MB 时会滚动生成新文件。

（2）文件创建超过 3600 秒时会滚动生成新文件。

（3）不通过 Event 个数来决定何时滚动生成新文件。

综上，消费 Kafka 日志的 Flume 配置思路如图 4-8 所示。

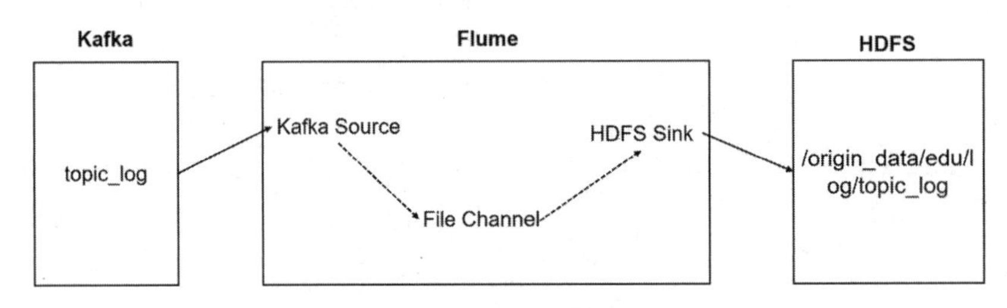

图 4-8　日志消费层 Flume 配置分析

2. Flume 具体配置

（1）在 hadoop104 节点服务器的/opt/module/flume/job 目录下创建 kafka-flume-hdfs.conf 文件。

```
[atguigu@hadoop104 flume]$ mkdir job
[atguigu@hadoop104 job]$ vim kafka-flume-hdfs.conf
```

（2）在文件中配置如下内容。

```
## 组件
a1.sources=r1
a1.channels=c1
a1.sinks=k1

## source1
a1.sources.r1.type = org.apache.flume.source.kafka.KafkaSource
a1.sources.r1.batchSize = 5000
a1.sources.r1.batchDurationMillis = 2000
a1.sources.r1.kafka.bootstrap.servers = hadoop102:9092,hadoop103:9092,hadoop104:9092
a1.sources.r1.kafka.topics=topic_log
a1.sources.r1.interceptors = i1
#拦截器全类名应该根据所编写的拦截器进行配置
a1.sources.r1.interceptors.i1.type = com.atguigu.flume.interceptors.TimestampInterceptor$Builder

## channel1
a1.channels.c1.type = file
a1.channels.c1.checkpointDir = /opt/data/flume/checkpoint/behavior1
a1.channels.c1.dataDirs = /opt/data/flume/data/behavior1/
a1.channels.c1.maxFileSize = 2146435071
a1.channels.c1.capacity = 1000000
a1.channels.c1.keep-alive = 6

## sink1
a1.sinks.k1.type = hdfs
a1.sinks.k1.hdfs.path = /origin_data/edu/log/edu_log/%Y-%m-%d
a1.sinks.k1.hdfs.filePrefix = log
```

```
a1.sinks.k1.hdfs.round = false

## 暂时使用 10s 的文件滚动,实际生产中需要修改为 3600s
a1.sinks.k1.hdfs.rollInterval = 10
a1.sinks.k1.hdfs.rollSize = 134217728
a1.sinks.k1.hdfs.rollCount = 0

## 控制输出文件是压缩文件
a1.sinks.k1.hdfs.fileType = CompressedStream
a1.sinks.k1.hdfs.codeC = gzip

## 拼装
a1.sources.r1.channels = c1
a1.sinks.k1.channel= c1
```

（3）在 hadoop104 节点服务器的/opt 路径下创建 data 目录，用于存放 FileChannel 相关文件。

```
[atguigu@hadoop104 ~]$ cd /opt/
[atguigu@hadoop104 opt]$ sudo mkdir data
[atguigu@hadoop104 opt]$ sudo chown atguigu:atguigu data
[atguigu@hadoop104 opt]$ ls
data module software
```

4.4.2　时间戳拦截器

由于 Flume 默认会用 Linux 系统时间，作为输出到 HDFS 路径的时间。如果数据是 23:59 分产生的。Flume 消费 Kafka 里面的数据时，有可能已经是第二天了，那么这部分数据会被发往第二天的 HDFS 路径。我们希望的是根据日志里面的实际时间，发往 HDFS 的路径，所以下面拦截器作用是获取日志中的实际时间。

解决的思路：拦截 JSON 日志，通过 fastjson 框架解析 JSON，获取实际时间 ts。将获取的 ts 时间写入拦截器 header 中，header 的 key 必须是 timestamp，因为 Flume 框架会根据这个 key 值识别时间，并将数据写入 HDFS 对应时间的路径下。

（1）在 com.atguigu.flume.interceptor 包下创建 TimeStampInterceptor 类。

```
package com.atguigu.flume.interceptors;

import com.alibaba.fastjson.JSONObject;
import org.apache.flume.Context;
import org.apache.flume.Event;
import org.apache.flume.interceptor.Interceptor;

import java.nio.charset.StandardCharsets;
import java.util.ArrayList;
import java.util.List;
import java.util.Map;

public class TimestampInterceptor implements Interceptor {

    private ArrayList<Event> events = new ArrayList<>();

    @Override
    public void initialize() {
```

```
    }

    @Override
    public Event intercept(Event event) {

        Map<String, String> headers = event.getHeaders();
        String log = new String(event.getBody(), StandardCharsets.UTF_8);

        JSONObject jsonObject = JSONObject.parseObject(log);

        String ts = jsonObject.getString("ts");
        headers.put("timestamp", ts);

        return event;
    }

    @Override
    public List<Event> intercept(List<Event> list) {
        events.clear();
        for (Event event : list) {
            events.add(intercept(event));
        }

        return events;
    }

    @Override
    public void close() {

    }

    public static class Builder implements Interceptor.Builder {
        @Override
        public Interceptor build() {
            return new TimestampInterceptor();
        }

        @Override
        public void configure(Context context) {
        }
    }
}
```

（2）重新打包，Flume 拦截器 jar 包如图 4-9 所示。

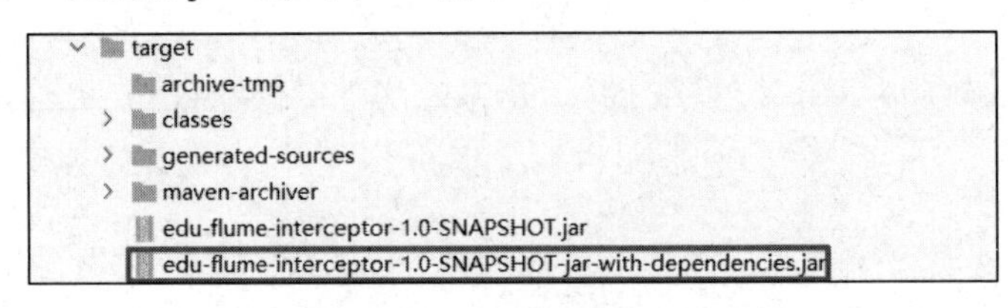

图 4-9　Flume 拦截器 jar 包

（3）将打好的包放入 hadoop104 的/opt/module/flume/lib 文件夹下面。

```
[atguigu@hadoop104 lib]$ ls | grep interceptor
edu-flume-interceptor-1.0-SNAPSHOT-jar-with-dependencies.jar
```

4.4.3　日志消费层 Flume 启动、停止脚本

将日志消费层 Flume 程序的启动、停止命令编写成脚本，方便后续调用执行，脚本包括启动消费层 Flume 程序和根据 Flume 的任务编号停止其运行，与日志采集层 Flume 启动、停止脚本类似，编写步骤如下。

（1）在/home/atguigu/bin 目录下创建脚本 f2.sh。

```
[atguigu@hadoop102 bin]$ vim f2.sh
```

在脚本中编写如下内容。

```
#! /bin/bash

case $1 in
"start"){
        for i in hadoop104
        do
                echo " --------启动 $i 消费 flume-------"
                ssh  $i  "nohup  /opt/module/flume/bin/flume-ng  agent  --conf-file
/opt/module/flume/job/kafka-flume-hdfs.conf --name a1 -Dflume.root.logger=INFO,LOGFILE >
/opt/module/flume/log2.txt   2>&1 &"
        done
};;
"stop"){
        for i in hadoop104
        do
                echo " --------停止 $i 消费 flume-------"
                ssh $i "ps -ef | grep kafka-flume-hdfs | grep -v grep |awk '{print \$2}'
| xargs -n1 kill"
        done

};;

esac
```

（2）增加脚本执行权限。

```
[atguigu@hadoop102 bin]$ chmod 777 f2.sh
```

（3）执行脚本，启动日志消费层 Flume。

```
[atguigu@hadoop102 module]$ f2.sh start
```

（4）执行脚本，停止日志消费层 Flume。

```
[atguigu@hadoop102 module]$ f2.sh stop
```

4.4.4　数据通道测试

分别生成 2022-02-22 和 2022-02-23 日期的数据，对用户行为日志数据的采集过程进行测试。

（1）执行 Kafka 启动脚本，启动 Kafka 集群。

```
[atguigu@hadoop102 module]$ kf.sh start
```

（2）执行 Flume 启动脚本，启动 Flume 的日志采集程序。

```
[atguigu@hadoop102 module]$ f2.sh start
[atguigu@hadoop102 module]$ f1.sh start
```

（3）执行脚本，生成 2022-02-22 的日志数据。

```
[atguigu@hadoop102 ~]$ mock.sh 2022-02-22
```

（4）执行脚本，生成 2022-02-23 的日志数据。

```
[atguigu@hadoop102 ~]$ mock.sh 2022-02-23
```

（5）不断观察 Hadoop 的 HDFS 路径上是否有数据，如图 4-10 所示。

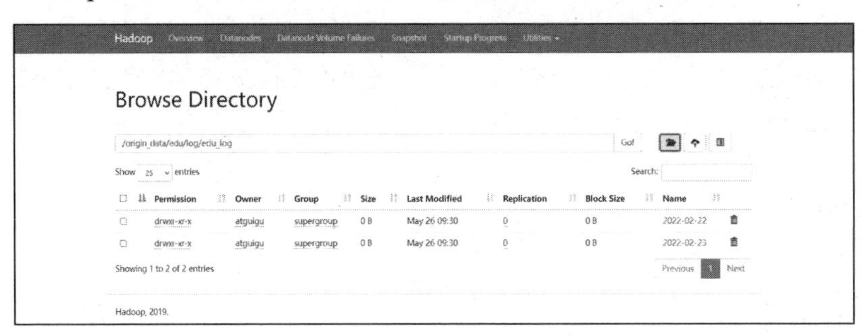

图 4-10　HDFS 落盘成功日志文件

4.5　采集通道启动、停止脚本

在完成所有的采集日志落盘工作后，我们需要将本章涉及的所有命令和脚本统一封装成采集通道启动、停止脚本，否则逐一开启采集通道的进程也是非常耗时的，编写步骤如下。

（1）在/home/atguigu/bin 目录下创建脚本 cluster.sh。

```
[atguigu@hadoop102 bin]$ vim cluster.sh
```

在脚本中编写如下内容。

```
#! /bin/bash

case $1 in
"start"){
        echo ================== 启动 集群 ==================

        #启动 ZooKeeper 集群
        zk.sh start

        #启动 HDFS
        start-dfs.sh

        #启动 YARN
        ssh hadoop103 start-yarn.sh

        #启动 Kafka 采集集群
        kf.sh start

        #启动 Flume 采集集群
        f1.sh start

        #启动 Flume 消费集群
        f2.sh start

        };;
```

```
"stop"){
        echo ================== 停止 集群 ==================

        #停止 Flume 消费集群
        f2.sh stop

        #停止 Flume 采集集群
        f1.sh stop

        #停止 Kafka 采集集群
        kf.sh stop

        #停止 HDFS
        stop-dfs.sh

        #停止 YARN
        ssh hadoop103 stop-yarn.sh

        #循环直至 Kafka 集群进程全部停止
        kafka_count=$(jpsall | grep Kafka | wc -l)
        while [ $kafka_count -gt 0 ]
        do
            sleep 1
            kafka_count=$(jpsall | grep Kafka | wc -l)
          echo "当前未停止的 Kafka 进程数为 $kafka_count"
        done

        #停止 ZooKeeper 集群
        zk.sh stop

};;
esac
```

（2）增加脚本执行权限。

```
[atguigu@hadoop102 bin]$ chmod 777 cluster.sh
```

（3）cluster 集群启动脚本。

```
[atguigu@hadoop102 module]$ cluster.sh start
================== 启动 集群 ==================
==================> hadoop102 start zk <==================
ZooKeeper JMX enabled by default
Using config: /opt/module/zookeeper-3.5.7/bin/../conf/zoo.cfg
Starting zookeeper ... STARTED
==================> hadoop103 start zk <==================
ZooKeeper JMX enabled by default
Using config: /opt/module/zookeeper-3.5.7/bin/../conf/zoo.cfg
Starting zookeeper ... STARTED
==================> hadoop104 start zk <==================
ZooKeeper JMX enabled by default
Using config: /opt/module/zookeeper-3.5.7/bin/../conf/zoo.cfg
Starting zookeeper ... STARTED
Starting namenodes on [hadoop102]
Starting datanodes
```

```
Starting secondary namenodes [hadoop104]
Starting resourcemanager
Starting nodemanagers
 --------启动 hadoop102 Kafka-------
 --------启动 hadoop103 Kafka-------
 --------启动 hadoop104 Kafka-------
 --------启动 hadoop102 采集 flume-------
 --------启动 hadoop104 消费 flume-------
```

（4）cluster 集群停止脚本。

```
[atguigu@hadoop102 module]$ cluster.sh stop
================== 停止 集群 ==================
 --------停止 hadoop104 消费 flume-------
 --------停止 hadoop102 采集 flume-------
 --------停止 hadoop102 Kafka-------
 --------停止 hadoop103 Kafka-------
 --------停止 hadoop104 Kafka-------
Stopping namenodes on [hadoop102]
Stopping datanodes
Stopping secondary namenodes [hadoop104]
Stopping nodemanagers
Stopping resourcemanager
==================> hadoop102 stop zk <==================
ZooKeeper JMX enabled by default
Using config: /opt/module/zookeeper-3.5.7/bin/../conf/zoo.cfg
Stopping zookeeper ... STOPPED
==================> hadoop103 stop zk <==================
ZooKeeper JMX enabled by default
Using config: /opt/module/zookeeper-3.5.7/bin/../conf/zoo.cfg
Stopping zookeeper ... STOPPED
==================> hadoop104 stop zk <==================
ZooKeeper JMX enabled by default
Using config: /opt/module/zookeeper-3.5.7/bin/../conf/zoo.cfg
Stopping zookeeper ... STOPPED
```

4.6 本章总结

本章主要对搭建用户行为数据采集模块进行了讲解，包括采集框架 Flume 的安装配置、Kafka 的安装部署和 ZooKeeper 的安装部署，并对整个采集系统的整体框架进行了详细讲解。在本章中，读者除了需要学会搭建完整的大数据采集系统，还需要掌握数据采集框架 Flume 的基本用法。例如，如何编辑 Flume 的 Agent 配置文件，以及如何设置 Flume 的各项属性，此外，读者还应具备一定的 Shell 脚本编写能力，学会编写基本的程序启动、停止脚本。

第5章 业务数据采集模块

第 4 章介绍了如何抽取和采集用户行为日志，这部分数据只是数据仓库数据源的一部分，另一部分重要的数据源是业务数据。业务数据通常是指各企业在处理业务过程中产生的数据，如用户在网站中注册、下单、支付等过程中产生的数据。业务数据通常是存储在如 Oracle、MySQL 等关系型数据库中的结构化数据，将业务数据抽取和采集到数据仓库系统是非常有必要的。本章将主要讲解如何搭建业务数据的采集模块，以及一些在线教育业务的基础知识。

5.1 在线教育业务概述

在进行需求的实现之前，需要对业务数据仓库的基础理论进行讲解，包含本项目主要涉及的在线教育的业务流程，以及业务数据表的结构等。

5.1.1 在线教育业务流程

如图 5-1 所示，在线教育业务流程可以以一个普通用户的浏览足迹为例进行说明，用户点开在线教育网站首页开始浏览，可能会通过分类查询，也可能通过全文检索寻找自己中意的课程，这些课程都是存储在后台管理系统中的。

当用户寻找到自己中意的课程后，可能会想要购买，将商品添加到购物车后发现需要登录，登录后对课程进行结算，这时候购物车的管理和课程订单信息的生成都会对业务数据库产生影响，会生成相应的订单数据和支付数据。

当用户购买完课程后，可以直接通过用户的个人页面获得自己购买的所有课程，然后选择课程进入学习，可以观看视频，也可以进入考试页面。观看视频时会记录用户观看每一章节视频的时间进度，考试的情况则会被记录进测验表和测验问题表。

在线教育的主要业务流程包括用户前台浏览课程时的课程详情的管理；用户课程加入购物车进行支付时，用户个人中心和支付服务的管理；用户支付完成后，订单后台服务的管理；用户个人课程管理；个人课程学习进度管理；个人测验记录管理等。这些流程涉及十几个甚至几十个业务数据表，或者更多。

数据仓库是用于辅助管理者决策的，与业务流程息息相关。建设数据模型的首要前提是了解业务流程，只有了解了业务流程，才能为数据仓库的建立提供指导方向，从而反过来为业务提供更好的决策数据支撑，让数据仓库的价值最大化。

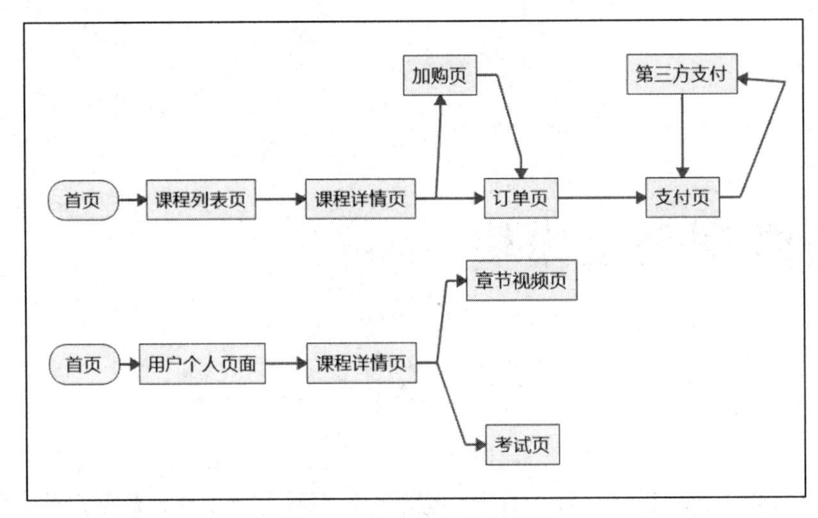

图 5-1　在线教育业务流程

5.1.2　在线教育表结构

如表 5-1 至表 5-25 所示为在线教育业务系统中所有的相关表格。在线教育业务表的表结构对于数据仓库的搭建来说非常重要，在进行数据导入之前，首先要做的就是熟悉业务表的结构。熟悉业务表结构可以分为三步。

第一步先观察所有表格的类型，了解表格大体分为哪几类，以及每张表里包含哪些数据，通过观察可以发现所有表大致可以分为课程相关、订单相关、测验相关、用户相关和各类码表等。

第二步要认真分析了解每张表的每行数据代表的是什么含义，例如订单表中一行数据代表的是一条订单信息，用户表中一行数据代表的是一个用户的信息，评价表中一行数据代表的是一条用户对某个商品的评价等。

第三步要详细查看每张表的每个字段的含义以及业务逻辑，通过了解每个字段的含义，也可以知道每张表都与哪些表产生了关联，例如订单表中出现了 user_id 字段，那就可以肯定订单表与用户表有关联。表的业务逻辑是指什么操作会造成这张表数据的修改、删除或新增，还以订单表为例，很显然，当用户产生下单行为时，会新增一条订单数据，当订单状态发生变化时，订单状态字段就会被修改。

通过以上三步，开发人员可以对所有表了然于胸，对后续数据仓库需求的分析也是大有裨益的。

表 5-1　分类表（base_category_info）

字 段 名	字 段 说 明
id	编号（主键）
category_name	分类名称
create_time	创建时间
update_time	更新时间
deleted	是否删除

注释：该表用于记录所有的课程分类信息。

表 5-2　省份表（base_province）

字 段 名	字 段 说 明
id	编号（主键）
name	省份名称

续表

字 段 名	字 段 说 明
region_id	地区 id
area_code	行政区位码
iso_code	国际编码
iso_3166_2	ISO3166 编码

注释：该表用于记录所有的省份信息。

表 5-3　来源表（base_source）

字 段 名	字 段 说 明
id	引流来源 id（主键）
source_site	引流来源名称
source_url	引流来源链接

注释：该表用于记录所有的引流来源信息，如各视频平台引流、各社交平台引流等。

表 5-4　科目表（base_subject_info）

字 段 名	字 段 说 明
id	编号（主键）
subject_name	科目名称
category_id	分类 id
create_time	创建时间
update_time	更新时间
deleted	是否删除

注释：该表用于记录所有的科目信息，表中分类 id 字段标记该科目的对应分类。

表 5-5　加购表（cart_info）

字 段 名	字 段 说 明
id	编号（主键）
user_id	用户 id
course_id	课程 id
course_name	课程名称（冗余）
cart_price	放入购物车时价格
img_url	图片文件
session_id	会话 id
create_time	创建时间
update_time	修改时间
deleted	是否删除
sold	是否已售

注释：该表记录每次用户将课程添加至购物车的操作，当用户从购物车中删除该课程或者购买该课程时，会修改 deleted 和 sold 字段。

表 5-6　章节表（chapter_info）

字 段 名	字 段 说 明
id	编号（主键）
chapter_name	章节名称
course_id	课程 id

续表

字 段 名	字 段 说 明
video_id	视频 id
publisher_id	发布者 id
is_free	是否免费
create_time	创建时间
update_time	更新时间
deleted	是否删除

注释：该表记录所有课程的章节信息，包括章节所属课程，以及该章节的视频 id。一个章节仅对应一个视频。

表 5-7　章节评价表（comment_info）

字 段 名	字 段 说 明
id	编号（主键）
user_id	用户 id
chapter_id	章节 id
course_id	课程 id
comment_txt	评价内容
create_time	创建时间
deleted	是否删除

注释：该表记录每次用户点评课程章节的操作。

表 5-8　课程信息表（course_info）

字 段 名	字 段 说 明
id	编号（主键）
course_name	课程名称
course_slogan	课程宣传语
course_cover_url	课程封面
subject_id	学科 id
teacher	讲师名称
publisher_id	发布者 id
chapter_num	章节数
origin_price	价格
reduce_amount	优惠金额
actual_price	实际价格
course_introduce	课程介绍
create_time	创建时间
update_time	更新时间
deleted	是否删除

注释：该表记录所有的课程信息。

表 5-9　收藏表（favor_info）

字 段 名	字 段 说 明
id	编号（主键）
course_id	课程 id
user_id	用户 id

续表

字 段 名	字 段 说 明
create_time	创建时间
update_time	更新时间
deleted	是否删除

注释：该表记录每次用户对课程的收藏操作，当用户对该课程取消收藏时，会修改 deleted 字段。

表 5-10　知识点表（knowledge_point）

字 段 名	字 段 说 明
id	编号（主键）
point_txt	知识点内容
point_level	知识点级别
course_id	课程 id
chapter_id	章节 id
publisher_id	发布者 id
create_time	创建时间
update_time	修改时间
deleted	是否删除

注释：该表记录所有课程章节对应的知识点，一个课程章节可能对应多个知识点。

表 5-11　订单明细表（order_detail）

字 段 名	字 段 说 明
id	编号（主键）
course_id	课程 id
course_name	课程名称
order_id	订单编号
user_id	用户 id
origin_amount	原始金额
coupon_reduce	优惠券减免金额
final_amount	最终金额
session_id	会话 id
create_time	创建时间
update_time	更新时间

注释：该表记录一个用户对一门课程下单操作的细节信息。

表 5-12　订单表（order_info）

字 段 名	字 段 说 明
id	编号（主键）
user_id	用户 id
origin_amount	原始金额
coupon_reduce	优惠券减免金额
final_amount	最终金额
order_status	订单状态
out_trade_no	订单交易编号（第三方支付用）
trade_body	订单描述（第三方支付用）

续表

字 段 名	字 段 说 明
session_id	会话 id
province_id	省份 id
create_time	创建时间
expire_time	失效时间
update_time	更新时间

注释：该表记录一个用户的一次下单操作，订单表的一行可能对应订单明细表的一行或者多行。

表 5-13　支付表（payment_info）

字 段 名	字 段 说 明
id	编号（主键）
out_trade_no	订单交易编号（第三方支付用）
order_id	订单编号
alipay_trade_no	支付宝交易编号
total_amount	支付金额
trade_body	订单描述（第三方支付用）
payment_type	支付类型
payment_status	支付状态
create_time	创建时间
update_time	更新时间
callback_content	回调信息
callback_time	回调时间

注释：该表记录一个用户的一次订单支付操作。

表 5-14　课程评价表（review_info）

字 段 名	字 段 说 明
id	编号（主键）
user_id	用户 id
course_id	课程 id
review_txt	评价内容
review_stars	评价星级
create_time	创建时间
deleted	是否删除

注释：该表记录一个用户对一门课程的评价操作，包含评价内容和评价星级。

表 5-15　测验表（test_exam）

字 段 名	字 段 说 明
id	编号（主键）
papcr_id	考卷 id
user_id	用户 id
score	分数
duration_sec	所用时长
create_time	创建时间

续表

字 段 名	字 段 说 明
submit_time	提交时间
update_time	更新时间
deleted	是否删除

注释：该表记录一个用户的一次测验结果，包括用户 id、试卷 id、所得分数和答题时长等。

表 5-16　测验题目表（test_exam_question）

字 段 名	字 段 说 明
id	编号（主键）
exam_id	考试 id
paper_id	试卷 id
question_id	题目 id
user_id	用户 id
answer	答案
is_correct	是否正确
score	本题得分
create_time	创建时间
update_time	更新时间
deleted	是否删除

注释：该表记录一个用户的一个答题记录，包括用户 id、试卷 id、题目 id、得分情况等。

表 5-17　试卷表（test_paper）

字 段 名	字 段 说 明
id	编号（主键）
paper_title	试卷名称
course_id	课程 id
create_time	创建时间
update_time	更新时间
publisher_id	发布者 id
deleted	是否删除

注释：该表记录所有的试卷信息。

表 5-18　试卷题目表（test_paper_question）

字 段 名	字 段 说 明
id	编号（主键）
paper_id	试卷 id
question_id	题目 id
score	得分
create_time	创建时间
deleted	是否删除
publisher_id	发布者 id

注释：该表记录所有的题目信息。

表 5-19　知识点题目表（test_point_question）

字 段 名	字 段 说 明
id	编号（主键）
point_id	知识点 id
question_id	题目 id
create_time	创建时间
publisher_id	发布者 id
deleted	是否删除

注释：该表记录所有的题目与知识点的对应关系。

表 5-20　题目信息表（test_question_info）

字 段 名	字 段 说 明
id	编号（主键）
question_txt	题目内容
chapter_id	章节 id
course_id	课程 id
question_type	题目类型
create_time	创建时间
update_time	更新时间
publisher_id	发布者 id
deleted	是否删除

注释：该表记录所有的课程章节与题目的对应关系。

表 5-21　题目选项表（test_question_option）

字 段 名	字 段 说 明
id	编号（主键）
option_txt	选项内容
question_id	题目 id
is_correct	是否正确
create_time	创建时间
update_time	更新时间
deleted	是否删除

注释：该表记录所有的题目包含选项情况。

表 5-22　用户章节进度表（user_chapter_process）

字 段 名	字 段 说 明
id	编号（主键）
course_id	课程 id
chapter_id	章节 id
user_id	用户 id
position_sec	时长位置
create_time	创建时间
update_time	更新时间
deleted	是否删除

注释：该表记录所有用户的课程章节进度情况。

表 5-23 用户表（user_info）

字 段 名	字 段 说 明
id	编号（主键）
login_name	用户名称
nick_name	用户昵称
passwd	用户密码
real_name	用户姓名
phone_num	手机号
email	邮箱
head_img	头像
user_level	用户级别
birthday	用户生日
gender	性别：M 男，F 女
create_time	创建时间
operate_time	修改时间
status	状态

注释：该表记录所有用户的详细信息。

表 5-24 视频表（video_info）

字 段 名	字 段 说 明
id	编号（主键）
video_name	视频名称
during_sec	时长
video_status	状态：未上传，上传中，上传完
video_size	大小
video_url	视频存储路径
video_source_id	云端资源编号
version_id	版本号
chapter_id	章节 id
course_id	课程 id
publisher_id	发布者 id
create_time	创建时间
update_time	更新时间
deleted	是否删除

注释：该表记录所有视频的详细信息。

表 5-25 VIP 变化表（vip_change_detail）

字 段 名	字 段 说 明
id	编号（主键）
user_id	用户 id
from_vip	原 VIP 等级
to_vip	变化后的 VIP 等级
create_time	创建时间

注释：该表记录用户的 VIP 等级变化详情。

图 5-2 和图 5-3 所示是在线教育数据仓库系统涉及的业务数据表关系图。图 5-2 主要体现了用户的 5 种操作行为——收藏、加购、下单、支付和评价。图 5-3 主要体现了用户在购买课程后的学习和测验操作。图中深色的表格是用于记录用户操作的事实表，浅色的表格是用于描述维度的维度表，事实表和维度表的概念将在第 6 章中讲解。

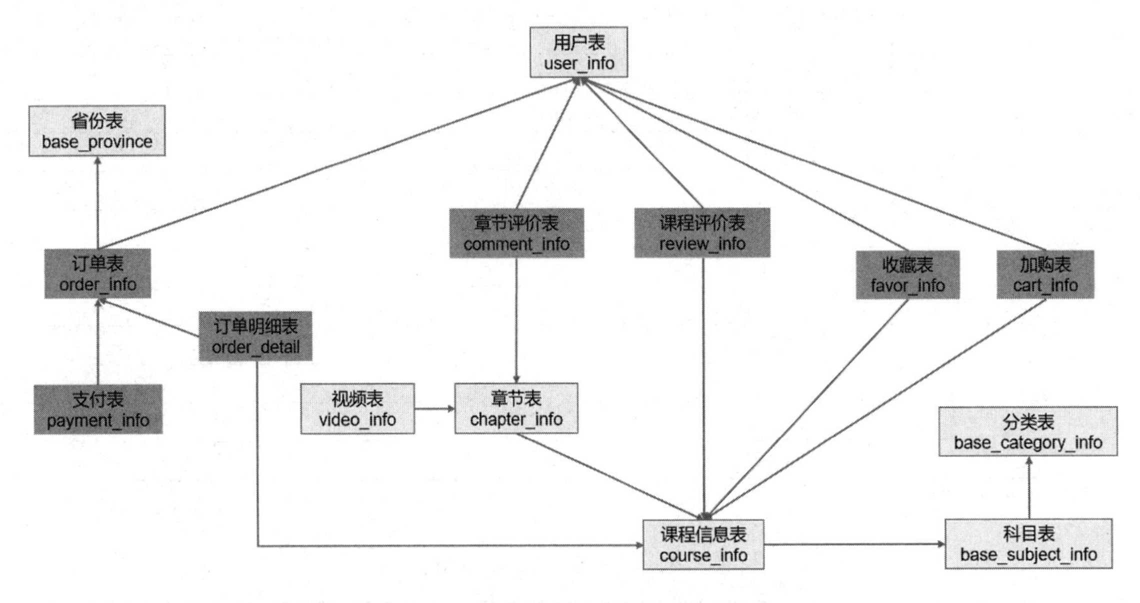

图 5-2　在线教育业务相关表格结构图

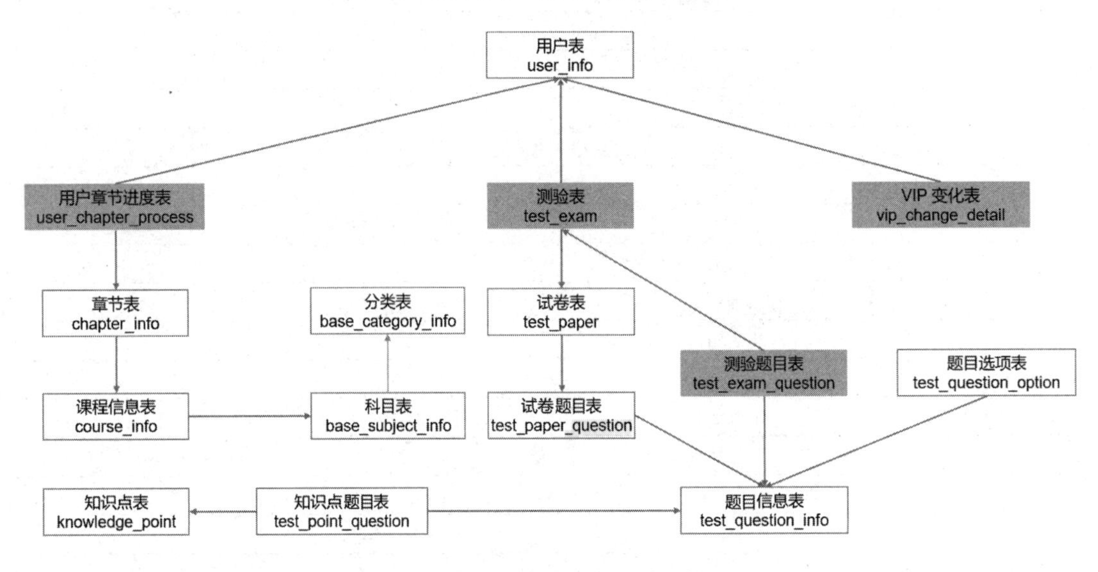

图 5-3　后台管理系统相关表格结构图

5.1.3　数据同步策略

数据同步是指将数据从关系型数据库同步到大数据的存储系统中。业务数据是数据仓库的重要数据来源，我们需要每日定时从业务数据库中抽取数据，传输到数据仓库中，之后再对数据进行分析统计。

为了保证统计结果的正确性，需要保证数据仓库中的数据与业务数据库是同步的。离线数据仓库的计算周期通常为天，所以数据同步周期也通常为天，即每天同步一次即可。

针对不同类型的表，应该有不同的同步策略，本数据仓库项目主要用到的同步策略有全量同步和增量同步。

1. 每日全量同步策略

每日全量同步策略，就是每天存储一份完整数据，作为一个分区，如图 5-4 所示，适用于表数据量不大，且每天既会有新数据插入，又会有旧数据修改的场景。

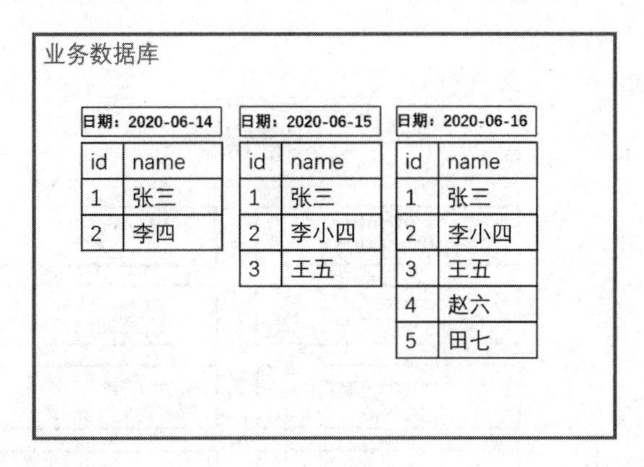

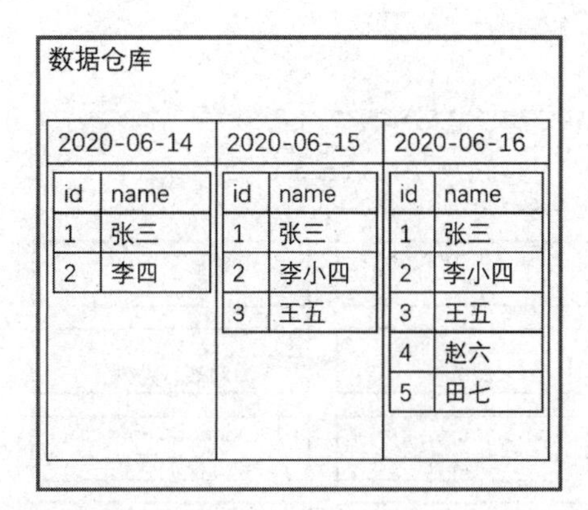

图 5-4 每日全量同步策略示意图

维度表数据量通常比较小，例如品牌表、活动表、优惠券表等，可以进行每日全量同步，即每天存储一份完整数据。

2. 每日增量同步策略

每日增量同步策略，就是每天存储一份增量数据，作为一个分区，如图 5-5 所示。每天只将业务数据中的新增及变化数据同步到数据仓库。采用每日增量同步的表，通常需要在首日先进行一次全量同步，适用于表数据量大，且每天只会有新数据插入的场景。

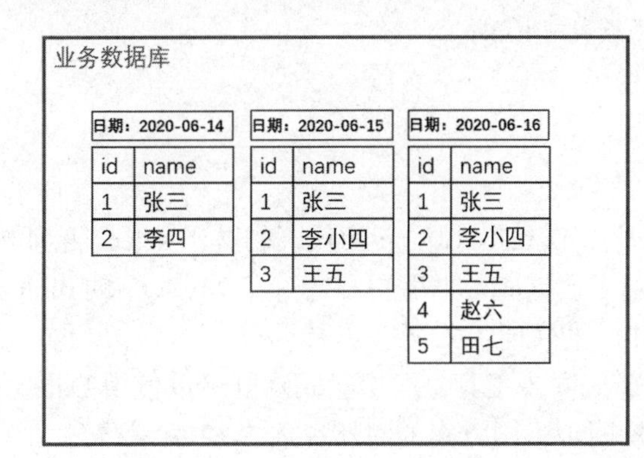

图 5-5 每日增量同步策略示意图

例如，支付流水表每天只可能发生数据的新增，不会发生历史数据的修改，适合采用每日增量同步策略。

以上两种数据同步策略都能保证数据仓库和业务数据库的数据同步，那么应该如何选择呢？下面对两种策略进行简要对比，如表 5-26 所示。

表 5-26 同步策略对比

同步策略	优点	缺点
全量同步	逻辑简单	在某些情况下效率较低。例如，某表数据量较大，但是每天数据的变化比例很低，若对其采用每日全量同步，则会重复同步和存储大量相同的数据
增量同步	效率高，无须同步和存储重复数据	逻辑复杂，需要将每日的新增及变化数据同原来的数据进行整合才能使用

根据上述对比，可以得出以下结论：若业务表数据量比较大，且每天数据变化的比例比较低，这时应采用增量同步，否则可采用全量同步。针对现有 25 张业务数据库表格的特点，制定业务数据表的同步策略，如图 5-6 所示。其中 cart_info 表在全量策略与增量策略中均有出现，此处暂不做解释，后续章节中将做详细讲解。

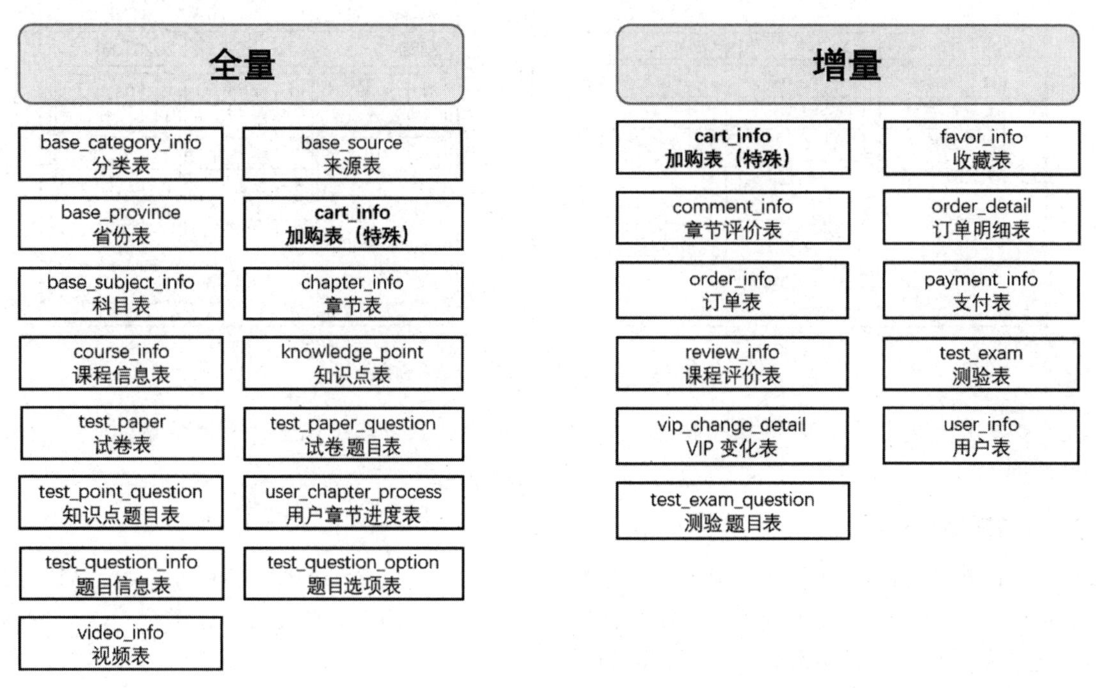

图 5-6 业务数据表同步策略

5.1.4 数据同步工具选择

数据同步工具种类繁多，大致可分为两类：一类是以 DataX、Sqoop 为代表的基于 select 查询的离线批量同步工具；另一类是以 Maxwell、Canal 为代表的基于数据库数据变更日志（如 MySQL 的 binlog，其会实时记录数据库所有的 insert、update 以及 delete 操作）的实时流式同步工具。

全量同步通常使用 DataX、Sqoop 等基于查询的离线同步工具。而增量同步既可以使用 DataX、Sqoop 等工具，也可以使用 Maxwell、Canal 等工具。对增量同步不同方案的对比如表 5-27 所示。

表 5-27 增量同步不同方案对比

增量同步工具	对数据库的要求	数据的中间状态
DataX/Sqoop	原理是基于查询，故若想通过 select 查询获取新增及变化数据，就要求数据表中存在 create_time、update_time 等字段，然后根据这些字段获取变更数据	由于是离线批量同步，故若一条数据在一天中变化多次，该方案只能获取最后一个状态，中间状态无法获取
Maxwell/Canal	要求数据库记录变更操作，例如 MySQL 需开启 binlog	由于是实时获取所有的数据变更操作，所以可以获取变更数据的所有中间状态

基于表 5-27 所示的对比，本数据仓库项目选用 Maxwell 作为增量同步工具，以保证采集到所有的数据变更操作，获取到变更数据的所有中间状态。全量同步工具选用 DataX。

5.2 业务数据采集

业务数据的模拟生成我们在第 4 章中已经完成，通过运行 mock.sh 命令可以在 MySQL 中生成指定日期的业务数据。所以本节将主要讲解针对不同类型的数据，采用对应的采集工具进行采集。

5.2.1 业务数据模型梳理

我们需要处理的业务数据，有的时候并没有表与表之间的关系图，所以需要自己梳理业务数据表格之间的关系。本项目中借助 EZDML 这款数据库设计工具，来辅助我们梳理复杂的业务表关系。具体过程如下。

读者可以从本书附赠的资料中获取 EZDML 安装包，安装过程比较简单，此处不再赘述，下面对使用过程进行详细介绍。

（1）点击菜单“模型”→“新建模型”命令，新建一个数据库模型，如图 5-7 所示。

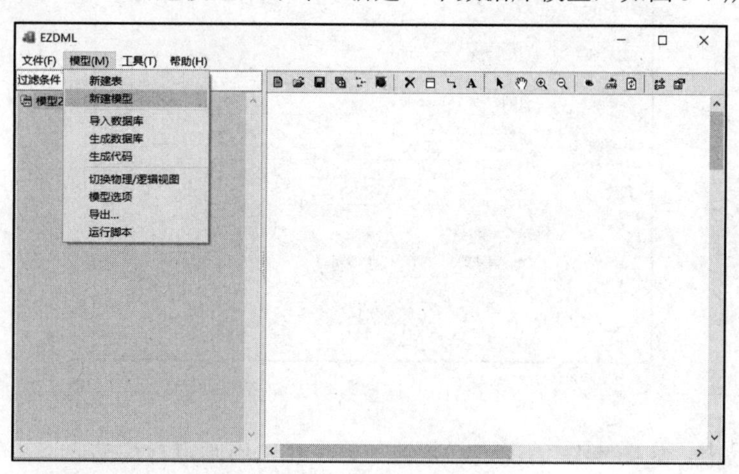

图 5-7 新建模型

（2）对新建的数据模型重命名为 edu，如图 5-8 所示。

图 5-8 修改模型名称

（3）选中模型，点击菜单“模型”→“导入数据库”命令，如图 5-9 所示。

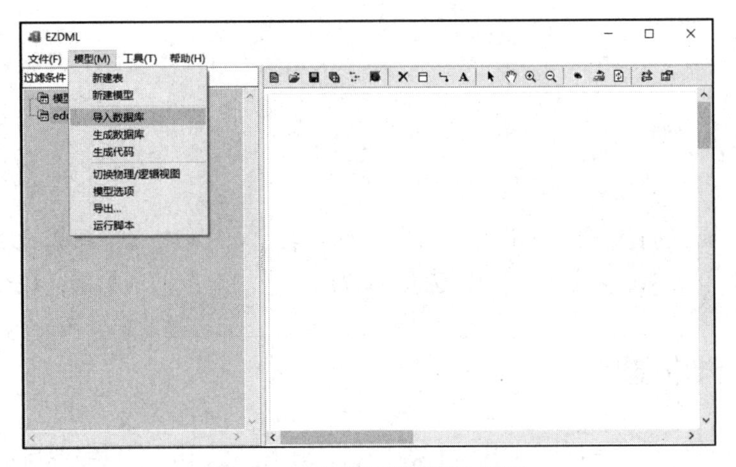

图 5-9　导入数据库到新建模型

（4）连接数据库配置，正确填写项目的业务数据所在 MySQL 的连接地址，以及用户名、密码，点击“确定”按钮，如图 5-10 所示。

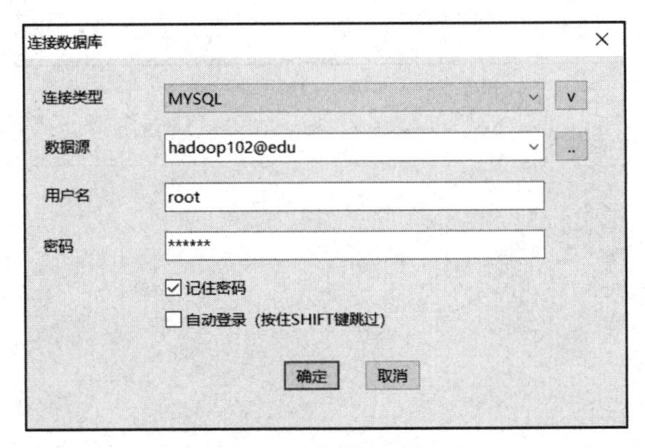

图 5-10　连接数据库配置

（5）选择要导入的表，如图 5-11 所示进行勾选。请注意，用圆点标注的表格不勾选。

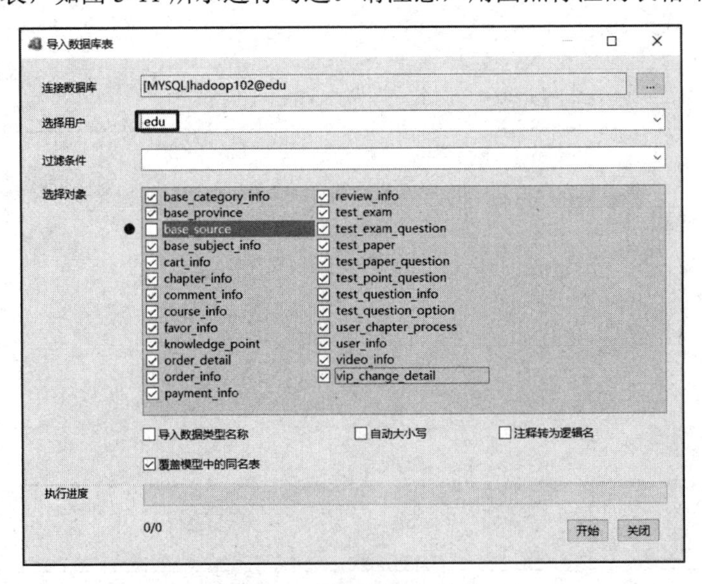

图 5-11　选择要导入的表

（6）建立表关系。

第一步：点击选中主表，即主键所在的表，如图 5-12 所示。

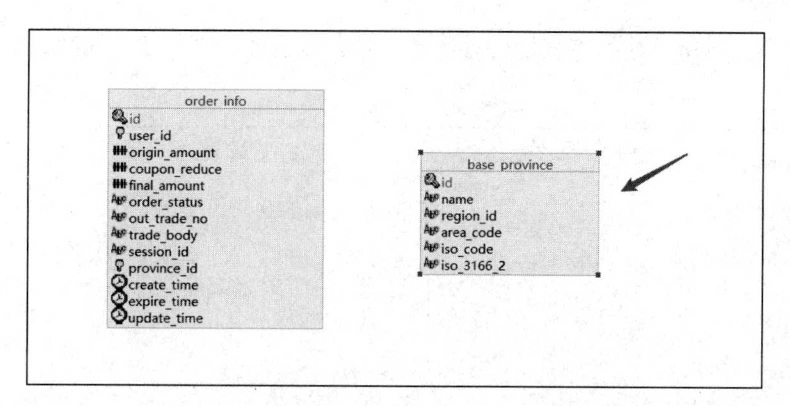

图 5-12　选中主表

第二步：点击“连接”按钮，如图 5-13 所示。

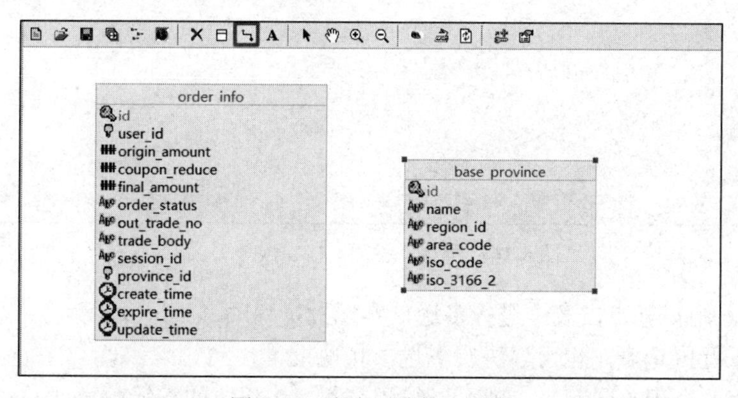

图 5-13　点击“连接”按钮

第三步：选择从表，并配置连接条件，如图 5-14 所示。配置完成后，结果如图 5-15 所示。

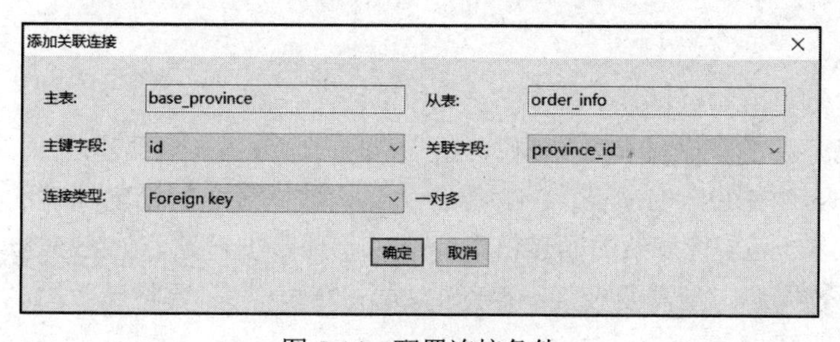

图 5-14　配置连接条件

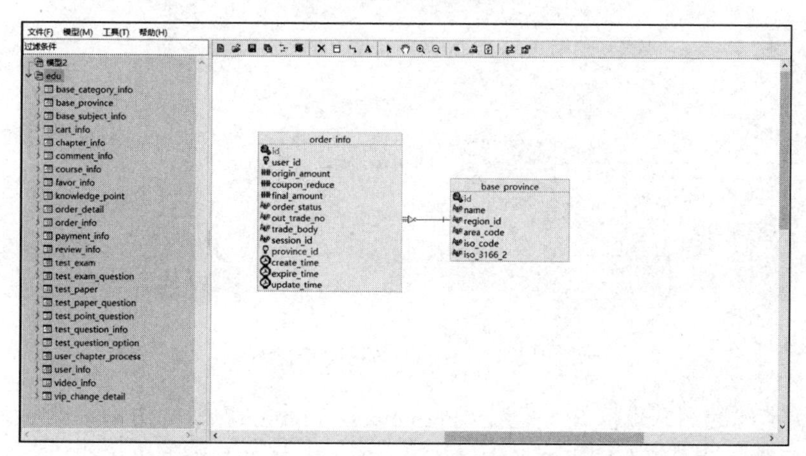

图 5-15　表与表关联完成

（7）按照上述步骤，将所有数据库表格进行配置连接，点击如图 5-16 所示的缩略图按钮，可以看到最后的建模结果。

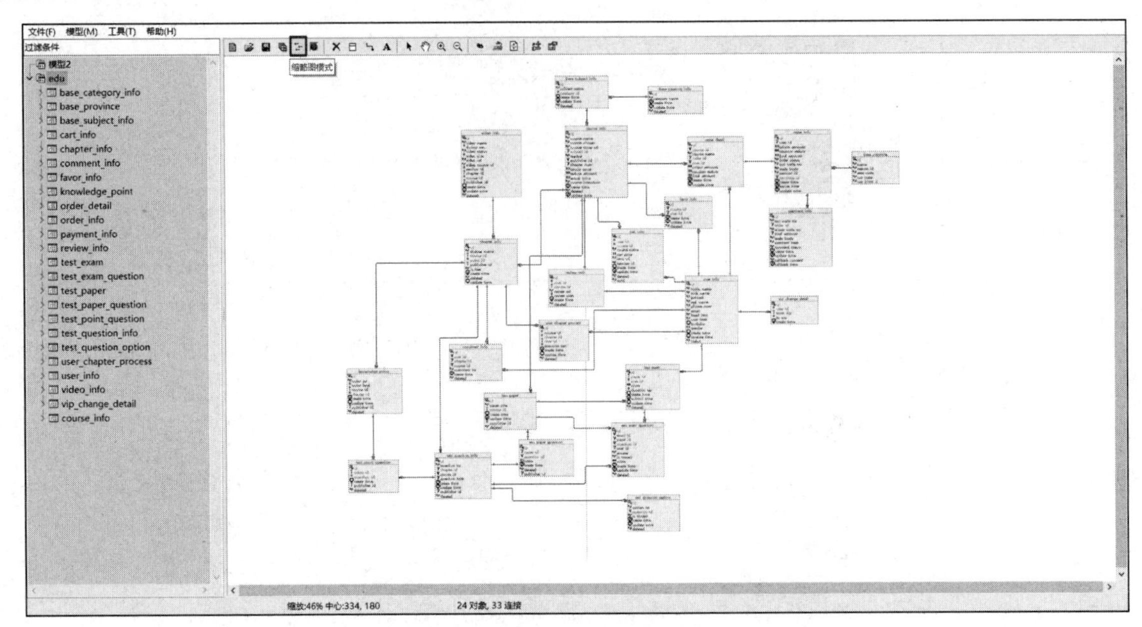

图 5-16　所有表关联连接完成效果图

（8）按住 Shift 键，用鼠标点击表，进行多选，实现批量移动。

按住 Ctrl 键，用鼠标圈选表，也可以进行多选，实现批量移动。

采用以上方法，将所有表关联起来，就可以得到与图 5-2 相似的在线教育业务系统表结构，方便用户清晰明了地看出所需处理的业务数据表之间的建模关系。

5.2.2 安装 DataX

DataX 是阿里巴巴开源的一个异构数据源离线同步工具，致力于实现包括关系型数据库（MySQL、Oracle 等）、HDFS、Hive、ODPS、HBase、FTP 等各种异构数据源之间稳定高效的数据同步功能。为了解决异构数据源同步问题，DataX 将复杂的同步链路变成了星形数据链路，如图 5-17 所示，DataX 作为中间传输载体负责连接各种数据源。当需要接入一个新的数据源时，只需要将此数据源对接到 DataX，便能与已有数据源做到无缝数据同步。

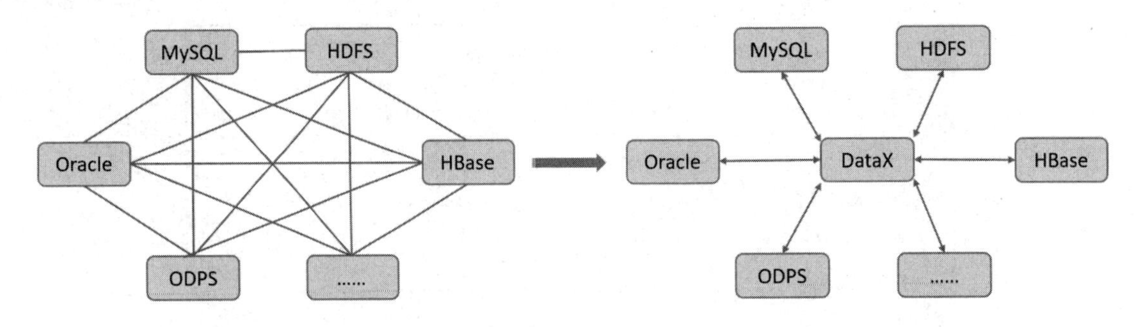

图 5-17　DataX 数据同步链路

DataX 本身作为离线数据同步框架，采用“Framework + plugin”架构构建。将数据源读取和写入抽象成为 Reader/Writer 插件，纳入整个同步框架中。其中，Reader 插件是数据采集模块，负责采集数据并将数据发送给 Framework；Writer 是数据写入模块，负责从 Framework 取数据写入目的端。

DataX 目前已经有了比较全面的插件体系，主流的 RDBMS 数据库、NoSQL、大数据计算系统都已经接入，目前支持的数据库插件如表 5-28 所示。

表 5-28　DataX 支持的数据库插件

类　型	数 据 源	Reader（读）	Writer（写）
RDBMS 关系型数据库	MySQL	√	√
	Oracle	√	√
	OceanBase	√	√
	SQL Server	√	√
	PostgreSQL	√	√
	DRDS	√	√
	通用 RDBMS	√	√
阿里云数据仓库数据存储	ODPS	√	√
	ADS		√
	OSS	√	√
	OCS	√	√
NoSQL 数据存储	OTS	√	√
	HBase 0.94	√	√
	HBase 1.1	√	√
	Phoenix 4.x	√	√
	Phoenix 5.x	√	√
	MongoDB	√	√
	Hive	√	√
	Cassandra	√	√
无结构化数据存储	TxtFile	√	√
	FTP	√	√
	HDFS	√	√
	Elasticsearch		√
时间序列数据库	OpenTSDB	√	
	TSDB	√	√

DataX 的使用十分简单，用户只需要根据自己同步数据的数据源和目的地选择相应的 Reader 和 Writer，并将 Reader 和 Writer 的信息配置在一个 JSON 文件中，然后执行对应命令行，提交数据同步任务即可。

DataX 采集的数据可以在 HDFS Reader 中配置格式，采集的数据将保存为“\t”分隔的文本格式文件。

DataX 的安装步骤如下。

（1）将安装包 datax.tar.gz 上传至 hadoop102 节点服务器的/opt/software 路径下。

（2）将安装包解压至/opt/module 路径下。

```
[atguigu@hadoop102 software]$ tar -zxvf datax.tar.gz -C /opt/module/
```

（3）执行如下自检命令。

```
[atguigu@hadoop102 ~]$ python /opt/module/datax/bin/datax.py /opt/module/datax/job/
job.json
```

若出现以下内容，则说明安装成功。

```
......
2021-10-12 21:51:12.335 [job-0] INFO  JobContainer -
任务启动时刻                    : 2021-10-12 21:51:02
任务结束时刻                    : 2021-10-12 21:51:12
```

```
任务总计耗时          :            10s
任务平均流量          :       253.91KB/s
记录写入速度          :       10000rec/s
读出记录总数          :           100000
读写失败总数          :                0
```

5.2.3 安装 Maxwell

Maxwell 是由美国 Zendesk 公司开源，用 Java 编写的 MySQL 变更数据抓取软件。它会实时监控 MySQL 数据库的数据变更操作（包括 insert、update、delete），并将变更数据以 JSON 格式发送给 Kafka、Kinesis 等流数据处理平台。

Maxwell 的工作原理是实时读取 MySQL 数据库的二进制日志（binlog），从中获取变更数据，再将变更数据以 JSON 格式发送至 Kafka 等流数据处理平台。二进制日志（binlog）是 MySQL 服务端非常重要的一种日志，它会保存 MySQL 数据库的所有数据变更记录。

Maxwell 监控到 MySQL 的变动数据，然后输出至 Kafka 中，格式如图 5-18 所示。

插入

```
mysql>
insert into gmall.student
values(1,'zhangsan');
```

maxwell 输出：

```
{
  "database": "gmall",
  "table": "student",
  "type": "insert",
  "ts": 1634004537,
  "xid": 1530970,
  "commit": true,
  "data": {
    "id": 1,
    "name": "zhangsan"
  }
}
```

更新

```
mysql>
update gmall.student set
name='lisi' where id=1;
```

maxwell 输出：

```
{
  "database": "gmall",
  "table": "student",
  "type": "update",
  "ts": 1634004653,
  "xid": 1531916,
  "commit": true,
  "data": {
    "id": 1,
    "name": "lisi"
  },
  "old": {
    "name": "zhangsan"
  }
}
```

删除

```
mysql>
delete from gmall.student
where id=1;
```

maxwell 输出：

```
{
  "database": "gmall",
  "table": "student",
  "type": "delete",
  "ts": 1634004751,
  "xid": 1532725,
  "commit": true,
  "data": {
    "id": 1,
    "name": "lisi"
  }
}
```

图 5-18　Maxwell 采集数据格式示例

对图 5-18 中的 JSON 数据的字段说明如表 5-29 所示。

表 5-29　Maxwell 输出的 JSON 字段说明

字　段	解　释
database	变更数据所属的数据库
table	变更数据所属的表
type	数据变更类型
ts	数据变更发生的时间
xid	事务 id
commit	事务提交标志，可用于重新组装事务
data	对于 insert 类型，表示插入的数据；对于 update 类型，表示修改之后的数据；对于 delete 类型，表示删除的数据
old	对于 update 类型，表示修改之前的数据，只包含变更字段

Maxwell 除了监控 MySQL 数据变动的功能，还提供了历史数据的全量同步功能 Bootstrap，命令如下。

```
[atguigu@hadoop102 maxwell]$ /opt/module/maxwell/bin/maxwell-bootstrap --database gmall --table user_info --config /opt/module/maxwell/config.properties
```

采用 bootstrap 功能输出的数据与图 5-18 中所示的变动数据格式有所不同，如下所示。第一条 type 为 bootstrap-start 和最后一条 type 为 bootstrap-complete 的数据，是 bootstrap 开始和结束的标志，不包含数据，中间 type 为 bootstrap-insert 的数据中的 data 字段才是表格数据。且一次 bootstrap 输出的所有记录的 ts 都相同，为 bootstrap 开始的时间。

```
{
    "database": "fooDB",
    "table": "barTable",
    "type": "bootstrap-start",
    "ts": 1450557744,
    "data": {}
}
{
    "database": "fooDB",
    "table": "barTable",
    "type": "bootstrap-insert",
    "ts": 1450557744,
    "data": {
        "txt": "hello"
    }
}
{
    "database": "fooDB",
    "table": "barTable",
    "type": "bootstrap-insert",
    "ts": 1450557744,
    "data": {
        "txt": "bootstrap!"
    }
}
{
    "database": "fooDB",
    "table": "barTable",
    "type": "bootstrap-complete",
    "ts": 1450557744,
    "data": {}
}
```

读者应该对 Maxwell 的输出数据格式有所了解，方便后续对数据进行分析解读。

Maxwell 的安装步骤如下。

1. 下载并解压安装包

（1）下载安装包。Maxwell-1.30 及以上的版本不再支持 JDK1.8，若用户集群环境为 JDK1.8 版本，则需下载 Maxwell-1.29 及以下版本。

（2）将安装包 maxwell-1.29.2.tar.gz 上传至/opt/software 路径下。

（3）将安装包解压至/opt/module 路径下。

```
[atguigu@hadoop102 maxwell]$ tar -zxvf maxwell-1.29.2.tar.gz -C /opt/module/
```

修改名称。

```
[atguigu@hadoop102 module]$ mv maxwell-1.29.2/ maxwell
```

2. 配置 MySQL

MySQL 服务器的 binlog 默认是关闭的，如需进行同步，需要在配置文件中开启。

（1）打开 MySQL 的配置文件 my.cnf。

```
[atguigu@hadoop102 ~]$ sudo vim /etc/my.cnf
```

（2）增加如下配置。

```
[mysqld]

#数据库 id
server-id = 1
#启动 binlog，该参数的值会作为 binlog 的文件名
log-bin=mysql-bin
#binlog 类型，Maxwell 要求为 row 类型
binlog_format=row
#启用 binlog 的数据库，需要根据实际情况做出修改
binlog-do-db=edu
```

其中 binlog_format 参数配置的是 MySQL 的 binlog 类型，共有如下 3 种可选配置。

① statement：基于语句。binlog 会记录所有会修改数据的 SQL 语句，包括 insert、update、delete 等。

优点：节省空间。

缺点：有可能造成数据不一致，例如 insert 语句中包含 now()函数，写入 binlog 和读取 binlog 时函数的所得值不同。

② row：基于行。binlog 会记录每次写操作后被操作行记录的变化。

优点：保持数据的绝对一致性。

缺点：占用较大空间。

③ mixed：混合模式。一般的语句修改使用 statement 格式保存日志数据，当涉及一些 statement 无法保证一致性的函数或操作时，则采用 row 格式保存。

优点：在保证数据一致性的前提下，大大节省空间。

缺点：不方便监控 binlog。

Maxwell 要求 binlog 必须采用 row 模式。

（3）重启 MySQL。

```
[atguigu@hadoop102 bin]$ sudo systemctl restart mysqld
```

3. 创建 Maxwell 所需数据库和用户

Maxwell 需要在 MySQL 中存储其运行过程中所需的一些数据，包括 binlog 同步的断点位置（Maxwell 支持断点续传）等，故需要在 MySQL 中为 Maxwell 创建数据库及用户。

（1）创建 maxwell 数据库。

```
mysql> CREATE DATABASE maxwell;
```

（2）调整 MySQL 数据库密码级别。

```
mysql> set global validate_password_policy=0;
mysql> set global validate_password_length=4;
```

（3）创建 maxwell 用户并赋予其必要权限。

```
mysql> CREATE USER 'maxwell'@'%' IDENTIFIED BY 'maxwell';
mysql> GRANT ALL ON maxwell.* TO 'maxwell'@'%';
mysql> GRANT SELECT, REPLICATION CLIENT, REPLICATION SLAVE ON *.* TO 'maxwell'@'%';
```

4. 配置 Maxwell

（1）修改 Maxwell 配置文件名称。

```
[atguigu@hadoop102 maxwell]$ cd /opt/module/maxwell
[atguigu@hadoop102 maxwell]$ cp config.properties.example config.properties
```

（2）修改 Maxwell 配置文件。

```
[atguigu@hadoop102 maxwell]$ vim config.properties

#Maxwell 数据发送目的地，可选配置有 stdout、file、kafka、kinesis、pubsub、sqs、rabbitmq、redis
producer=kafka
#目标 Kafka 集群地址
kafka.bootstrap.servers=hadoop102:9092,hadoop103:9092
#目标 Kafka topic，可静态配置，例如:maxwell，也可动态配置，例如：%{database}_%{table}
kafka_topic=maxwell

#MySQL 相关配置
host=hadoop102
user=maxwell
password=maxwell
jdbc_options=useSSL=false&serverTimezone=Asia/Shanghai
```

5. Maxwell 的启动和停止

若 Maxwell 发送数据的目的地为 Kafka 集群，在启动 Maxwell 前，需要先确保 Kafka 集群为启动状态。

（1）启动 Maxwell。

```
[atguigu@hadoop102 ~]$ /opt/module/maxwell/bin/maxwell --config /opt/module/maxwell/config.properties --daemon
```

（2）停止 Maxwell。

```
[atguigu@hadoop102 ~]$ ps -ef | grep maxwell | grep -v grep | grep maxwell | awk '{print $2}' | xargs kill -9
```

（3）编写 Maxwell 启停脚本。

① 创建并编辑 Maxwell 启停脚本。

```
[atguigu@hadoop102 bin]$ vim mxw.sh
```

② 脚本内容如下，根据脚本传入参数判断是执行启动命令还是停止命令。

```
#!/bin/bash

MAXWELL_HOME=/opt/module/maxwell

status_maxwell(){
    result=`ps -ef | grep maxwell | grep -v grep | wc -l`
    return $result
}

start_maxwell(){
    status_maxwell
    if [[ $? -lt 1 ]]; then
        echo "启动 Maxwell"
        $MAXWELL_HOME/bin/maxwell --config $MAXWELL_HOME/config.properties --daemon
    else
        echo "Maxwell 正在运行"
    fi
}

stop_maxwell(){
    status_maxwell
    if [[ $? -gt 0 ]]; then
```

```
        echo "停止 Maxwell"
        ps -ef | grep maxwell | grep -v grep | awk '{print $2}' | xargs kill -9
    else
        echo "Maxwell 未在运行"
    fi
}

case $1 in
    start )
        start_maxwell
    ;;
    stop )
        stop_maxwell
    ;;
    restart )

        stop_maxwell
        start_maxwell
    ;;
esac
```

③ 为脚本增加可执行权限。

```
[atguigu@hadoop102 bin]$ chmod +x mxw.sh
```

④ 执行以下命令，启动 Maxwell。

```
[atguigu@hadoop102 bin]$ mxw.sh start
```

⑤ 执行以下命令，停止 Maxwell。

```
[atguigu@hadoop102 bin]$ mxw.sh stop
```

5.2.4 全量数据同步

全量数据由 DataX 从 MySQL 业务数据库直接同步到 HDFS，具体数据流向如图 5-19 所示。

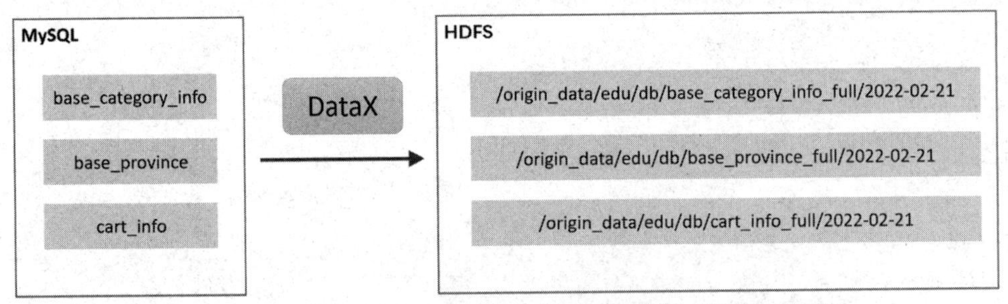

图 5-19　全量数据同步数据流向

1. DataX 配置文件示例

我们要为每张需要执行全量同步策略的表编写一个 DataX 的 JSON 配置文件，此处以 base_province 表为例，配置文件内容如下。

```
{
    "job": {
        "content": [
            {
```

```
            "reader": {
                "name": "mysqlreader",
                "parameter": {
                    "column": [
                        "id",
                        "name",
                        "region_id",
                        "area_code",
                        "iso_code",
                        "iso_3166_2"
                    ],
                    "connection": [
                        {
                            "jdbcUrl": [
                                "jdbc:mysql://hadoop102:3306/edu"
                            ],
                            "table": [
                                "base_province"
                            ]
                        }
                    ],
                    "password": "000000",
                    "splitPk": "",
                    "username": "root"
                }
            },
            "writer": {
                "name": "hdfswriter",
                "parameter": {
                    "column": [
                        {
                            "name": "id",
                            "type": "bigint"
                        },
                        {
                            "name": "name",
                            "type": "string"
                        },
                        {
                            "name": "region_id",
                            "type": "string"
                        },
                        {
                            "name": "area_code",
                            "type": "string"
                        },
                        {
                            "name": "iso_code",
                            "type": "string"
                        },
                        {
```

```
                        "name": "iso_3166_2",
                        "type": "string"
                    }
                ],
                "compress": "gzip",
                "defaultFS": "hdfs://hadoop102:8020",
                "fieldDelimiter": "\t",
                "fileName": "base_province",
                "fileType": "text",
                "path": "${targetdir}",
                "writeMode": "append"
            }
        }
    }
    ],
    "setting": {
        "speed": {
            "channel": 1
        }
    }
  }
}
```

注意：由于目标路径包含一层日期，用于对不同日期的数据加以区分，故 path 参数并未设置固定值，需要在提交任务时通过参数动态传入，参数名称为 targetdir。

2. DataX 配置文件生成脚本

需要执行全量同步策略的表一共有 15 个，在实际生产环境中会更多，依次编写配置文件意味着巨大的工作量。为了方便起见，此处提供了 DataX 配置文件批量生成脚本，脚本内容及使用方式如下。

（1）在/home/atguigu/bin 目录下创建 gen_import_config.py 脚本。

```
[atguigu@hadoop102 bin]$ vim ~/bin/gen_import_config.py
```

脚本内容如下。

```
# coding=utf-8
import json
import getopt
import os
import sys
import MySQLdb

#MySQL 相关配置，需要根据实际情况做出修改
mysql_host = "hadoop102"
mysql_port = "3306"
mysql_user = "root"
mysql_passwd = "000000"

#HDFS NameNode 相关配置，需要根据实际情况做出修改
hdfs_nn_host = "hadoop102"
hdfs_nn_port = "8020"

#生成配置文件的目标路径，可以根据实际情况做出修改
output_path = "/opt/module/datax/job/import"
```

```
    def get_connection():
        return  MySQLdb.connect(host=mysql_host,  port=int(mysql_port),  user=mysql_user,
passwd=mysql_passwd)


    def get_mysql_meta(database, table):
        connection = get_connection()
        cursor = connection.cursor()
        sql = "SELECT COLUMN_NAME,DATA_TYPE from information_schema.COLUMNS WHERE TABLE_
SCHEMA=%s AND TABLE_NAME=%s ORDER BY ORDINAL_POSITION"
        cursor.execute(sql, [database, table])
        fetchall = cursor.fetchall()
        cursor.close()
        connection.close()
        return fetchall


    def get_mysql_columns(database, table):
        return map(lambda x: x[0], get_mysql_meta(database, table))


    def get_hive_columns(database, table):
        def type_mapping(mysql_type):
            mappings = {
                "bigint": "bigint",
                "int": "bigint",
                "smallint": "bigint",
                "tinyint": "bigint",
                "decimal": "string",
                "double": "double",
                "float": "float",
                "binary": "string",
                "char": "string",
                "varchar": "string",
                "datetime": "string",
                "time": "string",
                "timestamp": "string",
                "date": "string",
                "text": "string"
            }
            return mappings[mysql_type]

        meta = get_mysql_meta(database, table)
        return map(lambda x: {"name": x[0], "type": type_mapping(x[1].lower())}, meta)


    def generate_json(source_database, source_table):
        job = {
            "job": {
```

```
            "setting": {
                "speed": {
                    "channel": 3
                },
                "errorLimit": {
                    "record": 0,
                    "percentage": 0.02
                }
            },
            "content": [{
                "reader": {
                    "name": "mysqlreader",
                    "parameter": {
                        "username": mysql_user,
                        "password": mysql_passwd,
                        "column": get_mysql_columns(source_database, source_table),
                        "splitPk": "",
                        "connection": [{
                            "table": [source_table],
                            "jdbcUrl": ["jdbc:mysql://" + mysql_host + ":" + mysql_port +
"/" + source_database]
                        }]
                    }
                },
                "writer": {
                    "name": "hdfswriter",
                    "parameter": {
                        "defaultFS": "hdfs://" + hdfs_nn_host + ":" + hdfs_nn_port,
                        "fileType": "text",
                        "path": "${targetdir}",
                        "fileName": source_table,
                        "column": get_hive_columns(source_database, source_table),
                        "writeMode": "append",
                        "fieldDelimiter": "\t",
                        "compress": "gzip"
                    }
                }
            }]
        }
    }
    if not os.path.exists(output_path):
        os.makedirs(output_path)
    with open(os.path.join(output_path, ".".join([source_database, source_table,
"json"])), "w") as f:
        json.dump(job, f)


def main(args):
    source_database = ""
    source_table = ""
```

```
    options, arguments = getopt.getopt(args, '-d:-t:', ['sourcedb=', 'sourcetbl='])
    for opt_name, opt_value in options:
        if opt_name in ('-d', '--sourcedb'):
            source_database = opt_value
        if opt_name in ('-t', '--sourcetbl'):
            source_table = opt_value

    generate_json(source_database, source_table)


if __name__ == '__main__':
    main(sys.argv[1:])
```

（2）由于需要使用 Python 访问 MySQL 数据库，所以需要安装驱动，命令如下。

```
[atguigu@hadoop102 bin]$ sudo yum install -y MySQL-python
```

（3）脚本使用说明。

```
python gen_import_config.py -d database -t table
```

通过-d 传入数据库名，-t 传入表名，执行上述命令即可生成该表的 DataX 同步配置文件。

（4）在/home/atguigu/bin 目录下创建 gen_import_config.sh 脚本，用于调用配置文件生成脚本，生成批量的配置文件。

```
[atguigu@hadoop102 bin]$ vim ~/bin/gen_import_config.sh
```

脚本内容如下。

```
#!/bin/bash

python ~/bin/gen_import_config.py -d edu -t base_category_info
python ~/bin/gen_import_config.py -d edu -t base_source
python ~/bin/gen_import_config.py -d edu -t base_province
python ~/bin/gen_import_config.py -d edu -t base_subject_info
python ~/bin/gen_import_config.py -d edu -t cart_info
python ~/bin/gen_import_config.py -d edu -t chapter_info
python ~/bin/gen_import_config.py -d edu -t course_info
python ~/bin/gen_import_config.py -d edu -t knowledge_point
python ~/bin/gen_import_config.py -d edu -t test_paper
python ~/bin/gen_import_config.py -d edu -t test_paper_question
python ~/bin/gen_import_config.py -d edu -t test_point_question
python ~/bin/gen_import_config.py -d edu -t test_question_info
python ~/bin/gen_import_config.py -d edu -t user_chapter_process
python ~/bin/gen_import_config.py -d edu -t test_question_option
python ~/bin/gen_import_config.py -d edu -t video_info
```

（5）为 gen_import_config.sh 脚本增加执行权限。

```
[atguigu@hadoop102 bin]$ chmod +x ~/bin/gen_import_config.sh
```

（6）执行 gen_import_config.sh 脚本，生成配置文件。

```
[atguigu@hadoop102 bin]$ gen_import_config.sh
```

（7）观察生成的配置文件。

```
[atguigu@hadoop102 bin]$ ll /opt/module/datax/job/import/
总用量 60
-rw-rw-r--. 1 atguigu atguigu  845 3月  2 21:06 edu.base_category_info.json
-rw-rw-r--. 1 atguigu atguigu  867 3月  2 21:06 edu.base_province.json
-rw-rw-r--. 1 atguigu atguigu  717 3月  2 21:06 edu.base_source.json
-rw-rw-r--. 1 atguigu atguigu  899 3月  2 21:06 edu.base_subject_info.json
-rw-rw-r--. 1 atguigu atguigu 1133 3月  2 21:06 edu.cart_info.json
```

```
-rw-rw-r--. 1 atguigu atguigu 1047 3月   2 21:06 edu.chapter_info.json
-rw-rw-r--. 1 atguigu atguigu 1431 3月   2 21:06 edu.course_info.json
-rw-rw-r--. 1 atguigu atguigu 1059 3月   2 21:06 edu.knowledge_point.json
-rw-rw-r--. 1 atguigu atguigu  939 3月   2 21:06 edu.test_paper.json
-rw-rw-r--. 1 atguigu atguigu  943 3月   2 21:06 edu.test_paper_question.json
-rw-rw-r--. 1 atguigu atguigu  897 3月   2 21:06 edu.test_point_question.json
-rw-rw-r--. 1 atguigu atguigu 1075 3月   2 21:06 edu.test_question_info.json
-rw-rw-r--. 1 atguigu atguigu  957 3月   2 21:06 edu.test_question_option.json
-rw-rw-r--. 1 atguigu atguigu 1007 3月   2 21:06 edu.user_chapter_process.json
-rw-rw-r--. 1 atguigu atguigu 1341 3月   2 21:06 edu.video_info.json
```

3. 测试生成的 DataX 配置文件

以 base_province 为例，测试用脚本生成的配置文件是否可用。

（1）由于 DataX 同步任务要求目标路径提前存在，所以需要手动创建路径，当前 base_province 表的目标路径应为/origin_data/edu/db/base_province_full/2022-02-21。执行该命令前确保 Hadoop 集群已经开启。

```
[atguigu@hadoop102 bin]$ hadoop fs -mkdir -p /origin_data/edu/db/base_province_full/2022-02-21
```

（2）执行 DataX 同步命令。

```
[atguigu@hadoop102 bin]$ python /opt/module/datax/bin/datax.py -p"-Dtargetdir=/origin_data/edu/db/base_province_full/2022-02-21" /opt/module/datax/job/import/edu.base_province.json
```

（3）观察 HFDS 目标路径是否出现数据，如图 5-20 所示。

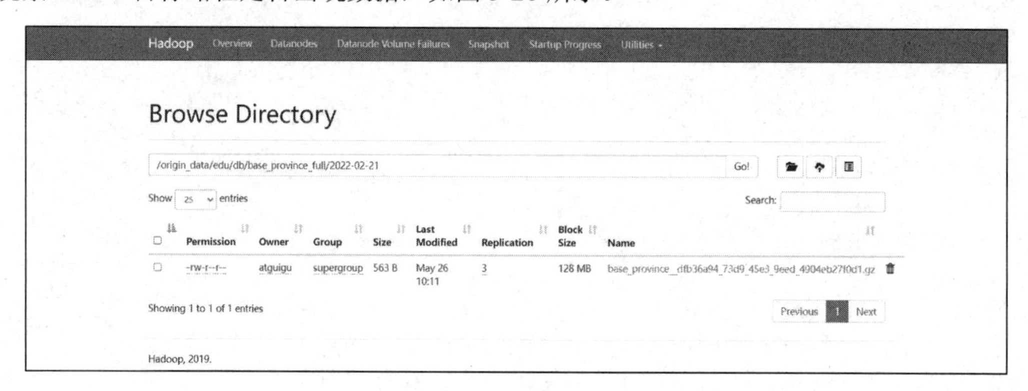

图 5-20　HDFS 目标路径出现同步数据

4. 全量数据同步脚本

为方便使用以及后续的任务调度，此处编写一个全量数据同步脚本。

（1）在/home/atguigu/bin 目录下创建 mysql_to_hdfs_full.sh。

```
[atguigu@hadoop102 bin]$ vim ~/bin/mysql_to_hdfs_full.sh
```

脚本内容如下。

```
#!/bin/bash
DATAX_HOME=/opt/module/datax
DATAX_DATA=/opt/module/datax/job

#清理脏数据
handle_targetdir() {
  hadoop fs -rm -r $1 >/dev/null 2>&1
  hadoop fs -mkdir -p $1
}
```

```
#数据同步
import_data() {
  local datax_config=$1
  local target_dir=$2

  handle_targetdir "$target_dir"
  echo "正在处理$1"
  python  $DATAX_HOME/bin/datax.py  -p"-Dtargetdir=$target_dir"  $datax_config  >/tmp/datax_run.log 2>&1
  if [ $? -ne 0 ]
  then
    echo "处理失败, 日志如下:"
    cat /tmp/datax_run.log
  fi
  rm /tmp/datax_run.log
}

#接收表名变量
tab=$1
# 如果传入日期，则 do_date 等于传入的日期，否则等于前一天的日期
if [ -n "$2" ] ;then
   do_date=$2
else
   do_date=$(date -d "-1 day" +%F)
fi


case ${tab} in
base_category_info | base_province | base_source | base_subject_info | cart_info | chapter_info | course_info | knowledge_point | test_paper | test_paper_question | test_point_question | test_question_info | test_question_option | user_chapter_process | video_info)
  import_data $DATAX_DATA/import/edu.${tab}.json /origin_data/edu/db/${tab}_full/$do_date
  ;;
"all")
  for tmp in base_category_info base_province base_source base_subject_info cart_info chapter_info course_info knowledge_point test_paper test_paper_question test_point_question test_question_info test_question_option user_chapter_process video_info
  do
    import_data  $DATAX_DATA/import/edu.${tmp}.json  /origin_data/edu/db/${tmp}_full/$do_date
  done
  ;;
esac
```

（2）为 mysql_to_hdfs_full.sh 增加执行权限。

```
[atguigu@hadoop102 bin]$ chmod +x ~/bin/mysql_to_hdfs_full.sh
```

（3）测试同步脚本。

```
[atguigu@hadoop102 bin]$ mysql_to_hdfs_full.sh all 2022-02-21
```

（4）查看 HDFS 目标路径是否出现全量数据，全量表共 15 张，如图 5-21 所示。

Hadoop　Overview　Datanodes　Datanode Volume Failures　Snapshot　Startup Progress　Utilities

Browse Directory

/origin_data/edu/db　Go!

Show 25 entries　Search:

Permission	Owner	Group	Size	Last Modified	Replication	Block Size	Name
drwxr-xr-x	atguigu	supergroup	0 B	May 26 10:22	0	0 B	base_category_info_full
drwxr-xr-x	atguigu	supergroup	0 B	May 26 10:22	0	0 B	base_province_full
drwxr-xr-x	atguigu	supergroup	0 B	May 26 10:22	0	0 B	base_source_full
drwxr-xr-x	atguigu	supergroup	0 B	May 26 10:22	0	0 B	base_subject_info_full
drwxr-xr-x	atguigu	supergroup	0 B	May 26 10:23	0	0 B	cart_info_full
drwxr-xr-x	atguigu	supergroup	0 B	May 26 10:23	0	0 B	chapter_info_full
drwxr-xr-x	atguigu	supergroup	0 B	May 26 10:23	0	0 B	course_info_full
drwxr-xr-x	atguigu	supergroup	0 B	May 26 10:23	0	0 B	knowledge_point_full
drwxr-xr-x	atguigu	supergroup	0 B	May 26 10:24	0	0 B	test_paper_full
drwxr-xr-x	atguigu	supergroup	0 B	May 26 10:24	0	0 B	test_paper_question_full
drwxr-xr-x	atguigu	supergroup	0 B	May 26 10:24	0	0 B	test_point_question_full
drwxr-xr-x	atguigu	supergroup	0 B	May 26 10:25	0	0 B	test_question_info_full
drwxr-xr-x	atguigu	supergroup	0 B	May 26 10:25	0	0 B	test_question_option_full
drwxr-xr-x	atguigu	supergroup	0 B	May 26 10:25	0	0 B	user_chapter_process_full
drwxr-xr-x	atguigu	supergroup	0 B	May 26 10:25	0	0 B	video_info_full

Showing 1 to 15 of 15 entries　Previous　1　Next

图 5-21　HDFS 目标路径全量数据

5.2.5　增量数据同步

在选择数据同步工具时，我们已经决定使用 Maxwell 进行增量数据同步。如图 5-22 所示，首先通过 Maxwell 将需要执行增量策略的表格变动数据发送至 Kafka 的对应 topic 中，然后使用 Flume 将 Kafka 中的数据采集落盘至 HDFS。

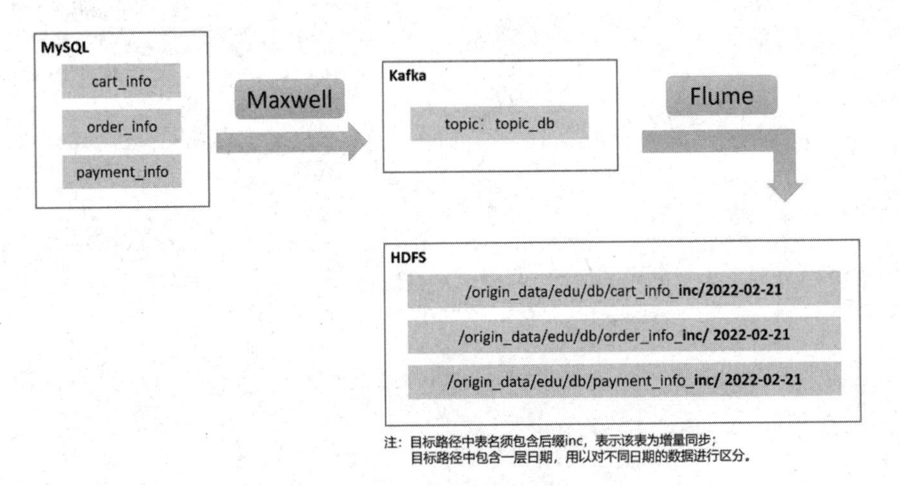

图 5-22　增量表数据通道

注意：落盘至 HDFS 的增量数据后缀为 inc，表示该数据为增量同步数据。目标路径中包含一层日期，用以对不同日期的数据进行区分。

1. Maxwell 配置及启动测试

按照规划，有 cart_info、order_info 等共计 11 张表需要进行增量同步。默认情况下，Maxwell 会同步 binlog 中所有表的数据变更记录，因此我们需要对 Maxwell 进行配置，使其只同步特定的 11 张表，并将所有表的数据全部发往 topic_db 主题。

综上，对 Maxwell 的配置文件修改如下。

（1）打开 Maxwell 配置文件 config.properties。

```
[atguigu@hadoop102 maxwell]$ vim /opt/module/maxwell/config.properties
```

（2）修改配置参数如下。

```
log_level=info

producer=kafka
kafka.bootstrap.servers=hadoop102:9092,hadoop103:9092,hadoop104:9092

# Kafka topic 配置，业务数据发往的目标主题
kafka_topic=topic_db
# mysql login info
host=hadoop102
user=maxwell
password=maxwell
jdbc_options=useSSL=false&serverTimezone=Asia/Shanghai
```

（3）采集通道测试。

① 启动 ZooKeeper 以及 Kafka 集群。

```
[atguigu@hadoop102 module]$ zk.sh start
[atguigu@hadoop102 module]$ kf.sh start
```

② 启动一个 Kafka 控制台消费者，消费 topic_db 主题的数据。

```
[atguigu@hadoop103 kafka]$ kafka-console-consumer.sh --bootstrap-server hadoop102:9092 --topic topic_db
```

③ 启动 Maxwell。

```
[atguigu@hadoop102 bin]$ mxw.sh start
```

④ 模拟业务数据生成。

```
[atguigu@hadoop102 bin]$ cd /opt/module/data_mocker/
[atguigu@hadoop102 db_log]$ java -jar edu2021-mock-2022-04-22.jar
```

⑤ 观察 Kafka 消费者是否能消费到数据。


```
{"database":"edu","table":"order_info","type":"update","ts":1645425636,"xid":37606,"commit":true,"data":{"id":23899,"user_id":16,"origin_amount":800.00,"coupon_reduce":0.00,"final_amount":800.00,"order_status":"1002","out_trade_no":"211814417714292","trade_body":"大数据技术之 Zookeeper（2021 最新版）等 4 件商品","session_id":"3a96bddb-7f94-4a0f-9a5b-1aa6fadd718c","province_id":30,"create_time":"2022-02-21  15:15:14","expire_time":"2022-02-21  15:30:14","update_time":"2022-02-21  15:15:42"},"old":{"order_status":"1001","update_time":null}}
{"database":"edu","table":"order_info","type":"update","ts":1645425636,"xid":37589,"commit":true,"data":{"id":23900,"user_id":473,"origin_amount":200.00,"coupon_reduce":0.00,"final_amount":200.00,"order_status":"1003","out_trade_no":"462573352988853","trade_body":"尚硅谷大数据技术之 Azkaban 等 1 件商品","session_id":"d78dd675-5a38-4e33-b431-b1ef68a89089","province_id":29,"create_time":"2022-02-21  11:26:30","expire_time":"2022-02-21  11:41:30","update_time":"2022-02-21  11:41:47"},"old":{"order_status":"1001","update_time":null}}
{"database":"edu","table":"order_info","type":"update","ts":1645425636,"xid":37694,"commit":true,"data":{"id":23901,"user_id":70,"origin_amount":400.00,"coupon_reduce":0.00,"final_amount":400.00,"order_status":"1002","out_trade_no":"677577676596486","trade_body":"尚硅谷大数据技术之 Shell 等 2 件商品","session_id":"9b842bcc-3288-49da-8ec2-0e00d743b783","province_id":33,"create_time":"2022-02-21  19:45:13","expire_time":"2022-02-21  20:00:13","update_time":"2022-02-21  19:45:33"},"old":{"order_status":"1001","update_time":null}}
```

2. Flume 配置及启动测试

Flume 需要将 Kafka 中的数据传输至 HDFS，所以需要选用 Kafka Source 和 HDFS Sink，Channel 选用 File Channel。

需要注意的是，Maxwell 将监控到的业务数据库中的全部变动数据均发往了同一个 Kafka 主题，所以不同表格的变动数据是混合在一起的。因此我们需要自定义一个拦截器，在拦截器中识别数据中的表格信息，获取 tableName，添加至 header 中。HDFS Sink 在将数据落盘至 HDFS 时，通过识别 header 中的 tableName，可以将不同表格的数据写入不同的路径下。关键配置如图 5-23 所示。

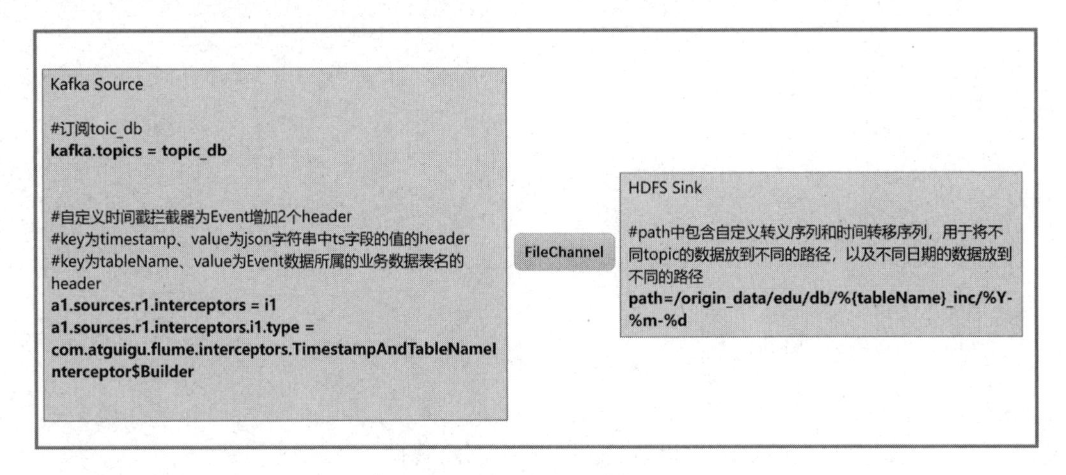

图 5-23　Flume 关键配置

具体数据示例如图 5-24 所示，一条变动数据被 Maxwell 采集发送至 Kafka 的 topic_db 主题中，其中包含时间戳 ts。Flume 的 Kafka Source 在采集到这条数据之后，通过图 5-23 中所示的关键配置，将 tableName→order_info 和 ts→1645528423000 两个键值对写入 header。HDFS 将这条数据落盘时，即可根据 header 中封装的 tableName 和 ts 信息，写入对应的文件夹中。通过以上操作，使得数据可以存放于对应表名命名的文件夹下对应时间命名的文件中。

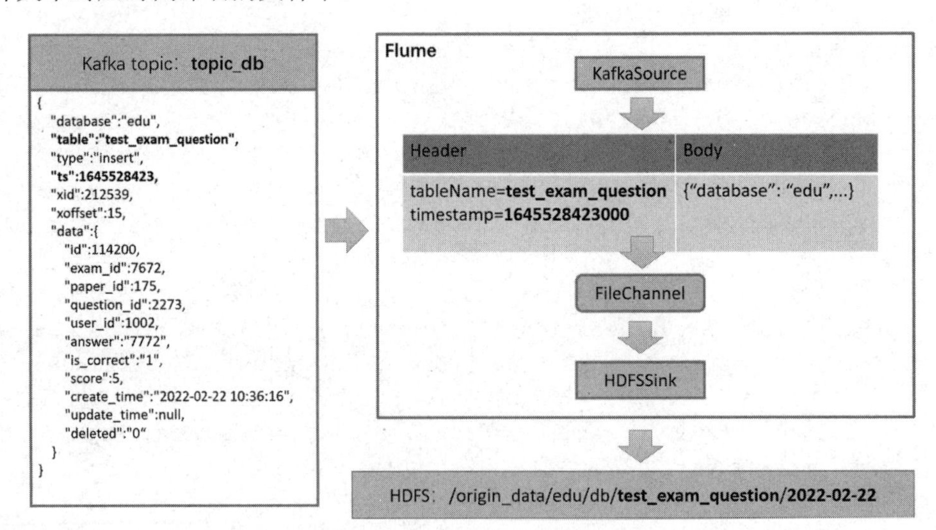

图 5-24　Flume 数据示例

Flume 的具体配置以及测试过程如下。

（1）在 hadoop104 节点服务器的 Flume 的 job 目录下创建 kafka_to_hdfs_db.conf。

```
[atguigu@hadoop104 flume]$ vim job/kafka_to_hdfs_db.conf
```

（2）配置文件内容如下。

```
a1.sources = r1
a1.channels = c1
a1.sinks = k1
a1.sources.r1.type = org.apache.flume.source.kafka.KafkaSource
a1.sources.r1.batchSize = 5000
a1.sources.r1.batchDurationMillis = 2000
a1.sources.r1.kafka.bootstrap.servers = hadoop102:9092,hadoop103:9092
a1.sources.r1.kafka.topics = topic_db
a1.sources.r1.kafka.consumer.group.id = flume
a1.sources.r1.interceptors = i1
a1.sources.r1.interceptors.i1.type = com.atguigu.flume.interceptors.TimestampAndTable
NameInterceptor$Builder


a1.channels.c1.type = file
a1.channels.c1.checkpointDir = /opt/data/flume/checkpoint/behavior2
a1.channels.c1.dataDirs = /opt/data/flume/data/behavior2
a1.channels.c1.maxFileSize = 2146435071
a1.channels.c1.capacity = 1000000
a1.channels.c1.keep-alive = 6

## sink1
a1.sinks.k1.type = hdfs
a1.sinks.k1.hdfs.path = /origin_data/edu/db/%{tableName}_inc/%Y-%m-%d
a1.sinks.k1.hdfs.filePrefix = db
a1.sinks.k1.hdfs.round = false


a1.sinks.k1.hdfs.rollInterval = 10
a1.sinks.k1.hdfs.rollSize = 134217728
a1.sinks.k1.hdfs.rollCount = 0


a1.sinks.k1.hdfs.fileType = CompressedStream
a1.sinks.k1.hdfs.codeC = gzip

## 拼装
a1.sources.r1.channels = c1
a1.sinks.k1.channel= c1
```

（3）编写 Flume 拦截器。

此拦截器用于提取数据中包含的表名信息和时间戳信息，将秒级时间戳转换至毫秒时间戳，并将表名和时间戳添加至 header 中。

① 在 4.3.4 节创建的 Maven 工程 edu-flume-interceptor 中，继续编写拦截器代码。在 com.atguigu.flume.interceptors 包下创建 TimestampAndTableNameInterceptor 类，编写代码如下。

```
package com.atguigu.flume.interceptors;

import com.alibaba.fastjson.JSONObject;
import org.apache.flume.Context;
import org.apache.flume.Event;
```

```
import org.apache.flume.interceptor.Interceptor;

import java.nio.charset.StandardCharsets;
import java.util.List;
import java.util.Map;

public class TimestampAndTableNameInterceptor implements Interceptor {
    @Override
    public void initialize() {

    }

    @Override
    public Event intercept(Event event) {

        Map<String, String> headers = event.getHeaders();
        String log = new String(event.getBody(), StandardCharsets.UTF_8);

        JSONObject jsonObject = JSONObject.parseObject(log);

        Long ts = jsonObject.getLong("ts");
        //Maxwell输出的数据中的ts字段时间戳单位为秒，Flume HDFS Sink要求单位为毫秒
        String timeMills = String.valueOf(ts * 1000);

        String tableName = jsonObject.getString("table");

        headers.put("timestamp", timeMills);
        headers.put("tableName", tableName);
        return event;

    }

    @Override
    public List<Event> intercept(List<Event> events) {

        for (Event event : events) {
            intercept(event);
        }

        return events;
    }

    @Override
    public void close() {

    }

    public static class Builder implements Interceptor.Builder {


        @Override
        public Interceptor build() {
```

```
            return new TimestampAndTableNameInterceptor ();
        }

        @Override
        public void configure(Context context) {

        }
    }
}
```

② 重新打包，如图 5-25 所示。

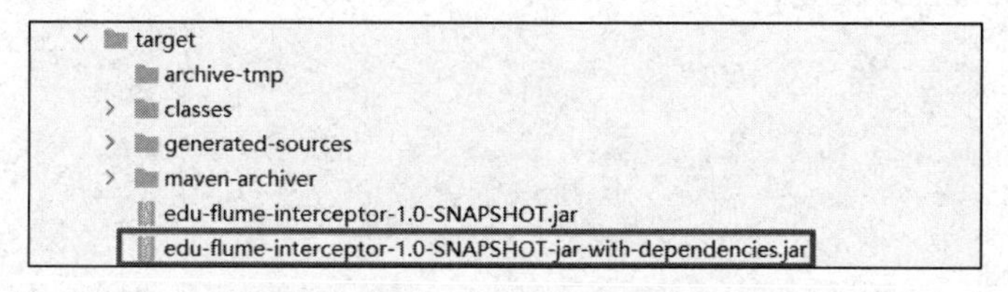

图 5-25　打包结果

③ 删除原来的 jar 包，将打好的包放入 hadoop104 节点服务器的/opt/module/flume/lib 文件夹下。

```
[atguigu@hadoop104 lib]$ ls | grep interceptor
edu-flume-interceptor-1.0-SNAPSHOT-jar-with-dependencies.jar
```

（4）采集通道测试。

① 确保 ZooKeeper、Kafka 集群、Maxwell 已经启动。

② 启动 hadoop104 节点服务器的 Flume Agent。

```
[atguigu@hadoop104 flume]$ bin/flume-ng agent -n a1 -c conf/ -f job/kafka_to_hdfs_
db.conf -Dflume.root.logger=INFO,console
```

③ 模拟生成业务数据。

```
[atguigu@hadoop102 bin]$ mock.sh 2022-02-22
```

④ 如图 5-26 所示，在 HDFS 中出现了新采集的，以 inc 结尾的增量数据。

Permission	Owner	Group	Size	Last Modified	Replication	Block Size	Name
drwxr-xr-x	atguigu	supergroup	0 B	May 26 11:39	0	0 B	base_category_info_full
drwxr-xr-x	atguigu	supergroup	0 B	May 26 11:39	0	0 B	base_province_full
drwxr-xr-x	atguigu	supergroup	0 B	May 26 11:39	0	0 B	base_source_full
drwxr-xr-x	atguigu	supergroup	0 B	May 26 11:39	0	0 B	base_subject_info_full
drwxr-xr-x	atguigu	supergroup	0 B	May 26 11:40	0	0 B	cart_info_full
drwxr-xr-x	atguigu	supergroup	0 B	May 26 11:44	0	0 B	cart_info_inc
drwxr-xr-x	atguigu	supergroup	0 B	May 26 11:40	0	0 B	chapter_info_full
drwxr-xr-x	atguigu	supergroup	0 B	May 26 11:37	0	0 B	comment_info_inc
drwxr-xr-x	atguigu	supergroup	0 B	May 26 11:40	0	0 B	course_info_full
drwxr-xr-x	atguigu	supergroup	0 B	May 26 11:37	0	0 B	favor_info_inc
drwxr-xr-x	atguigu	supergroup	0 B	May 26 11:40	0	0 B	knowledge_point_full
drwxr-xr-x	atguigu	supergroup	0 B	May 26 11:37	0	0 B	order_detail_inc
drwxr-xr-x	atguigu	supergroup	0 B	May 26 11:37	0	0 B	order_info_inc
drwxr-xr-x	atguigu	supergroup	0 B	May 26 11:37	0	0 B	payment_info_inc
drwxr-xr-x	atguigu	supergroup	0 B	May 26 11:37	0	0 B	review_info_inc
drwxr-xr-x	atguigu	supergroup	0 B	May 26 11:37	0	0 B	test_exam_inc
drwxr-xr-x	atguigu	supergroup	0 B	May 26 11:37	0	0 B	test_exam_question_inc
drwxr-xr-x	atguigu	supergroup	0 B	May 26 11:41	0	0 B	test_paper_full
drwxr-xr-x	atguigu	supergroup	0 B	May 26 11:41	0	0 B	test_paper_question_full
drwxr-xr-x	atguigu	supergroup	0 B	May 26 11:41	0	0 B	test_point_question_full
drwxr-xr-x	atguigu	supergroup	0 B	May 26 11:41	0	0 B	test_question_info_full
drwxr-xr-x	atguigu	supergroup	0 B	May 26 11:42	0	0 B	test_question_option_full
drwxr-xr-x	atguigu	supergroup	0 B	May 26 11:42	0	0 B	user_chapter_process_full
drwxr-xr-x	atguigu	supergroup	0 B	May 26 11:37	0	0 B	user_chapter_process_inc
drwxr-xr-x	atguigu	supergroup	0 B	May 26 11:37	0	0 B	user_info_inc

Showing 1 to 25 of 27 entries　Previous 1 2 Next

图 5-26　HDFS 目标路径增量数据

若 HDFS 上的目标路径已有增量表的数据出现了，就证明数据通道已经打通。

（5）数据目标路径的日期说明。

仔细观察，会发现目标路径中的日期并非模拟数据的业务日期，而是当前日期，如图 5-27 所示。这是因为 Maxwell 输出的 JSON 字符串中的 ts 字段的值是 MySQL 中 binlog 日志中的数据变动日期。在本模拟项目中，数据的业务日期通过模拟日志过程中修改配置文件来指定，所以与数据变动日期可能不一致。而真实场景下，数据的业务日期与变动日期应当是一致的。

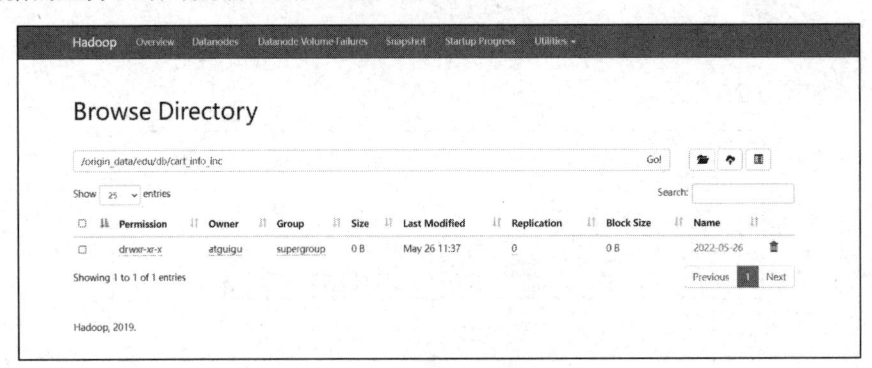

图 5-27　增量数据的采集路径

为了模拟真实环境，此处对 Maxwell 源码进行改动，增加了一个参数 mock_date，该参数的作用就是指定 Maxwell 输出 JSON 字符串中的 ts 时间戳的日期。

接下来进行测试。

① 修改 Maxwell 配置文件 config.properties，增加 mock_date 参数，如下。

```
#该日期须和/opt/module/data_mocker/application.yml 中的 mock.date 参数保持一致
mock_date=2022-02-21
```

注：该参数仅供学习使用，修改该参数后重启 Maxwell 才可生效。

② 重启 Maxwell，使修改的参数生效。

```
[atguigu@hadoop102 bin]$ mxw.sh restart
```

③ 重新生成模拟数据。

```
[atguigu@hadoop102 bin]$ cd /opt/module/data_mocker/
[atguigu@hadoop102 db_log]$ java -jar edu2021-mock-2022-04-22.jar
```

④ 如图 5-28 所示，可以看到 HDFS 中新采集的数据目标路径日期是正确的，与模拟的数据日期一致。

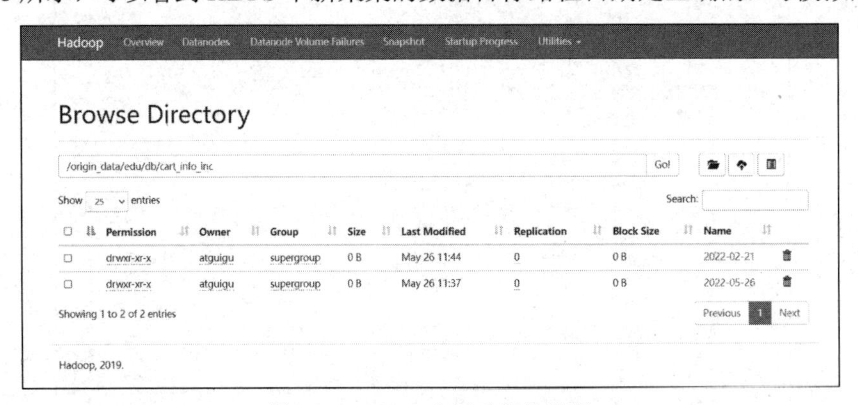

图 5-28　HDFS 中新采集的数据

（6）上述操作在每次需要模拟数据时，都需要修改 Maxwell 的配置文件并且重启 Maxwell，过于烦琐。鉴于 Maxwell 中配置文件修改的 mock.date 参数，需要与模拟数据时配置文件中的 mock.date 参数相同，所以我们修改 mock.sh 脚本，在其中添加代码，同时修改两项配置文件，并重启 Maxwell。完整的 mock.sh 脚本代码如下。

```
#!/bin/bash
DATA_HOME=/opt/module/data_mocker
MAXWELL_HOME=/opt/module/maxwell

function mock_data() {
  if [ $1 ]
  then
    # sed 命令是一种新型的，非交互式的编辑器
    # -i 表示直接修改文档读取的内容，而不会在控制台打印输出
    # s 表示用一个字符串替换另一个，s 前面是匹配的内容，后面是正则表达式
    # 正则表达式 .*；其中 . 表示匹配除换行外的单个字符；* 表示前导字符重复出现 0~n 次
    # 双引号在 shell 脚本中有特殊含义，双引号嵌套则内层双引号要做转义
    # $1 表示传给函数 mock_data() 的第一个参数

    # 以下命令的含义为：匹配 /opt/module/data_mocker/application.yml 文件中
    # mock.date 直至行末的字符串，将其替换为 mock.date: "mock_date() 接收到的第一个参数"
    sed -i "/mock.date/s/.*/mock.date: \"$1\"/" $DATA_HOME/application.yml
    echo "正在生成 $1 当日的数据"
  fi
  cd $DATA_HOME
      # nohup 表示关掉当前窗口，进程不会被终止
      # >/dev/null 是 1>/dev/null 的省略，表示将标准输出 stdout 重定向到 Linux 黑洞，此处的 1
可以省略
      # 2>&1 表示将错误输出 stderr 重定向到和 1 一样的目录，即 Linux 黑洞
      # 注意：通常我们会在命令末尾添加 & 表示将程序放到后台运行而不会阻塞，但此处不能添加 &
      # 因为初始化模拟数据时我们会连续生成多日的数据，而业务数据之间需要有严格的时间顺序
      # 即前一日的数据生成完毕才可以生成后一日的数据，因此，此处不再将程序放到后台执行，而是通过程序
阻塞来保证数据有序
      nohup java -jar "edu2021-mock-2022-04-22.jar" >/dev/null 2>&1
}

case $1 in
"init")
  # && 表示左边的命令返回真($? == 0)则执行右边的命令，实现逻辑"与"的功能
  # 可以有多级 && 组合使用，组合时只要有一个命令为假则右边的命令不会执行，一假为假
  # || 表示左边的命令返回假($? == 1)则执行右边的命令，实现逻辑"或"的功能
  # 可以有多级 || 组合使用，组合时只要有一个命令为真，则右边的命令不会执行，一真为真
  # && 和 || 之间可以组合使用

  # 如下命令表示，如果传入脚本的第二个参数不为 null，则将其赋值给 do_date，
  # 否则将 '2022-02-21' 赋值给 do_date
  [ $2 ] && do_date=$2 || do_date='2022-02-21'
  # 将 /opt/module/data_mocker/application.yml 文件中的 mock.clear.busi 和 mock.clear.user
参数的值修改为 1，表示第一次生成数据前清空业务数据库中的事实数据和用户数据
  # 1 表示 true，0 表示 false
  sed -i "/mock.clear.busi/s/.*/mock.clear.busi: 1/" $DATA_HOME/application.yml
  sed -i "/mock.clear.user/s/.*/mock.clear.user: 1/" $DATA_HOME/application.yml

  # date 命令可以按照指定格式展示日期
  # -d 表示用字符串展示日期
  # $do_date -5 days 表示 do_date 变量对应日期减去 5 天的日期
  # +%F 表示按照 yyyy-MM-dd 的格式对日期进行格式化
```

```
    # 以下命令表示将 do_date 当日5天前的日期传递给 mock_data()函数，最终会生成 5 天前的数据
    mock_data $(date -d "$do_date -5 days" +%F)

    # do_date 之前 5 天已经生成了数据，后续再生成数据不会再对业务数据和用户数据进行重置
    sed -i "/mock.clear.busi/s/.*/mock.clear.busi: 0/" $DATA_HOME/application.yml
    sed -i "/mock.clear.user/s/.*/mock.clear.user: 0/" $DATA_HOME/application.yml

    # 循环，依次生成数据仓库上线首日之前 4 天到当日一共5天的数据
    for ((i=4;i>=0;i--));
    do
      mock_data $(date -d "$do_date -$i days" +%F)
    done
    ;;

   # 正则表达式匹配格式满足 yyyy-MM-dd 且年、月、日取值在合理范围内的数据，和 "init" 并列
   # 此处匹配的是传入脚本的第一个参数 $1
   # [0-2] 表示匹配大于等于0且小于等于2的单个数字，[0-9]，[0-3]，[0-1]同理
   # [0-2][0-9][0-9][0-9] 对应 yyyy，即"年"的四位数字
   # [0-1][0-9] 对应 MM，即"月"的两位数字
   # [0-3][0-9] 对应 dd，即"日"的两位数字
   [0-2][0-9][0-9][0-9]-[0-1][0-9]-[0-3][0-9])
     # 将 Maxwell 配置文件中的 mock_date 修改为业务日期
     sed -i "/mock_date/s/.*/mock_date=$1/" $MAXWELL_HOME/config.properties
     # 重启 Maxwell
     mxw.sh restart

     # jps -l 表示查看当前服务器 Java 进程的详细信息，会展示应用主类的全类名
     # com.zendesk.maxwell.Maxwell 是 Maxwell 应用主类的全类名
     # wc -l 用于计算行数
     # $() 可以将括号内命令的返回值取出来
     # 如下命令表示统计当前服务器 Maxwell 进程数，并将进程数赋值给 maxwell_process_count 变量
     maxwell_process_count=$(jps -l | grep "com.zendesk.maxwell.Maxwell" | wc -l)
     # [[ $maxwell_process_count -lt 1 ]] 表达式是在判断 maxwell_process_count 变量的值是否
小于 1
     # 如果小于1则返回真，进入循环，否则返回假，跳出循环
     while [[ $maxwell_process_count -lt 1 ]]
     do
         # 休眠 1 秒，表示后面的命令在 1 秒延迟后执行
         sleep 1;
         # 将如下字符串打印到控制台，展示当前服务器的 Maxwell 进程数 echo "当前 Maxwell 进程数为：
$maxwell_process_count";
         # 重新统计 Maxwell 进程数
         maxwell_process_count=$(jps -l | grep "com.zendesk.maxwell.Maxwell" | wc -l);
     done
     # 上述 while 循环的目的是对 Maxwell 的状态进行监控，如果 Maxwell 进程数小于 1
     # 则说明 Maxwell 程序未启动，休眠 1 秒后重新判断，循环直至 Maxwell 进程数大于等于 1
     # 即 Maxwell 程序启动成功才执行后面的命令，生成模拟数据

     # 若传入脚本的第一个参数满足格式要求，则生成对应日期的数据
     mock_data $1
     ;;
  esac
```

修改脚本后，重新执行脚本。

```
[atguigu@hadoop102 bin]$ mock.sh 2022-02-22
```

再次观察 HDFS 目标路径下出现的数据，如图 5-29 所示，路径的时间已经被修正为数据中的时间。

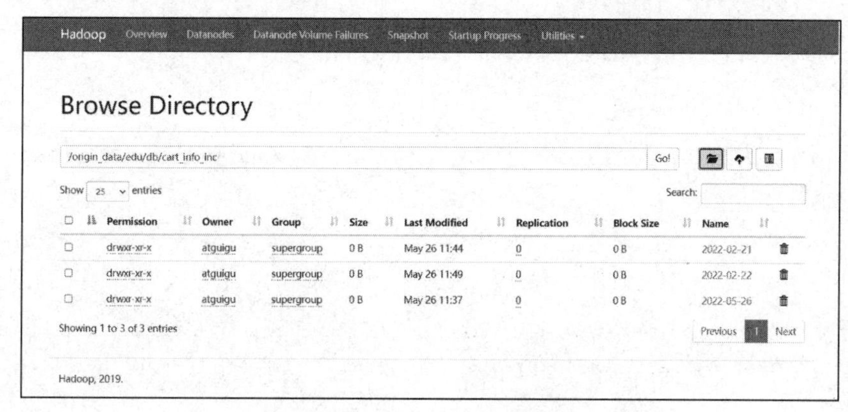

图 5-29　执行脚本后生成的路径时间

（7）编写 Flume 启停脚本。

为方便使用，此处编写一个 Flume 的启停脚本。

① 在 hadoop102 节点服务器的/home/atguigu/bin 目录下创建脚本 f3.sh。

```
[atguigu@hadoop102 bin]$ vim f3.sh
```

在脚本中填写如下内容。

```
#!/bin/bash
case $1 in
"start")
        echo " --------启动 hadoop104 业务数据 Flume-------"
        ssh    hadoop104    "nohup    /opt/module/flume/bin/flume-ng    agent    -n    a1    -c
/opt/module/flume/conf -f /opt/module/flume/job/kafka_to_hdfs_db.conf >/dev/null 2>&1 &"
;;
"stop")

        echo " --------停止 hadoop104 业务数据 Flume-------"
        ssh hadoop104 "ps -ef | grep kafka_to_hdfs_db | grep -v grep |awk '{print \$2}'
| xargs -n1 kill"
;;
esac
```

② 增加脚本执行权限。

```
[atguigu@hadoop102 bin]$ chmod x f3.sh
```

③ 启动 Flume。

```
[atguigu@hadoop102 module]$ f3.sh start
```

④ 停止 Flume。

```
[atguigu@hadoop102 module]$ f3.sh stop
```

3. 增量表首日全量同步

通常情况下，增量表需要在首日进行一次全量同步，将现有数据一次性同步至数据仓库中，后续每日再进行增量同步。首日全量同步可以使用 Maxwell 的 bootstrap 功能。方便起见，下面编写一个增量表首日全量同步脚本。

（1）在/home/atguigu/bin 目录下创建 mysql_to_kafka_inc_init.sh。

```
[atguigu@hadoop102 bin]$ vim mysql_to_kafka_inc_init.sh
```

脚本内容如下。

```
#!/bin/bash
# 该脚本的作用是初始化所有的增量表，只需执行一次

MAXWELL_HOME=/opt/module/maxwell

import_data() {
    $MAXWELL_HOME/bin/maxwell-bootstrap --database edu --table $1 --config $MAXWELL_HOME/config.properties
}

case $1 in
cart_info | comment_info | favor_info | order_detail | order_info | payment_info | review_info | test_exam | test_exam_question | user_info | vip_change_detail)
  import_data $1
  ;;
"all")
  for tmp in cart_info comment_info favor_info order_detail order_info payment_info review_info test_exam test_exam_question user_info vip_change_detail
  do
    import_data $tmp
  done
  ;;
esac
```

（2）为 mysql_to_kafka_inc_init.sh 增加执行权限。

```
[atguigu@hadoop102 bin]$ chmod +x ~/bin/mysql_to_kafka_inc_init.sh
```

（3）清理历史数据。

为方便查看结果，现将 HDFS 上之前同步的增量同步数据删除。

```
[atguigu@hadoop102 ~]$ hadoop fs -ls /origin_data/edu/db | grep _inc | awk '{print $8}' | xargs hadoop fs -rm -r -f
```

（4）执行同步脚本。

```
[atguigu@hadoop102 bin]$ mysql_to_kafka_inc_init.sh all
```

（5）检查同步结果。

观察 HDFS 上是否重新出现同步数据。

4. 增量表同步总结

增量表同步，需要在首日进行一次全量同步，后续每日才是增量同步。首日进行全量同步时，需先启动数据通道，包括 Maxwell、Kafka、Flume，然后执行增量表首日同步脚本 mysql_to_kafka_inc_init.sh 进行同步。后续每日只需保证采集通道正常运行即可，Maxwell 便会实时将变动数据发往 Kafka。

5.3 数据采集流程总结

至此，用户行为数据和业务数据的生成和采集都已经讲解完了，为了方便读者使用这套系统，我们将在本节复习整个采集系统的使用过程。

1. 清空所有数据

在进行数据采集过程的演示之前，首先清空所有已经模拟生成的数据，方便观察效果。

（1）清空 hadoop102 节点服务器上模拟生成的用户行为日志数据。

```
[atguigu@hadoop102 ~]$ rm -rf /opt/module/data_mocker/log
```

（2）清空 HDFS 上所有已经采集成功的数据，在执行以下命令前，需要确保 HDFS 已经启动。

```
[atguigu@hadoop102 flume]$ hadoop fs -rm -r -f /origin_data
```

2. 启动系统

（1）执行集群启动脚本，开启 Hadoop、ZooKeeper、Kafka 以及用户行为数据采集系统。

```
[atguigu@hadoop102 ~]$ cluster.sh start
================== 启动 集群 ===================
==================> hadoop102 start zk <==================
ZooKeeper JMX enabled by default
Using config: /opt/module/zookeeper-3.5.7/bin/../conf/zoo.cfg
Starting zookeeper ... STARTED
==================> hadoop103 start zk <==================
ZooKeeper JMX enabled by default
Using config: /opt/module/zookeeper-3.5.7/bin/../conf/zoo.cfg
Starting zookeeper ... STARTED
==================> hadoop104 start zk <==================
ZooKeeper JMX enabled by default
Using config: /opt/module/zookeeper-3.5.7/bin/../conf/zoo.cfg
Starting zookeeper ... STARTED
Starting namenodes on [hadoop102]
Starting datanodes
Starting secondary namenodes [hadoop104]
Starting resourcemanager
Starting nodemanagers
 --------启动 hadoop102 Kafka-------
 --------启动 hadoop103 Kafka-------
 --------启动 hadoop104 Kafka-------
 --------启动 hadoop102 采集 Flume-------
 --------启动 hadoop104 消费 Flume-------
[atguigu@hadoop102 ~]$ xcall.sh jps
--------- hadoop102 ----------
25808 Kafka
20434 Application
19879 NodeManager
25963 Jps
24892 QuorumPeerMain
19405 NameNode
19567 DataNode
--------- hadoop103 ----------
10403 QuorumPeerMain
9412 NodeManager
9078 DataNode
11319 Jps
9273 ResourceManager
11228 Kafka
--------- hadoop104 ----------
10966 Kafka
9575 Application
8826 DataNode
11083 Jps
```

```
8940 SecondaryNameNode
9037 NodeManager
10143 QuorumPeerMain
```

（2）启动 Maxwell。

```
[atguigu@hadoop102 ~]$ mxw.sh restart
```

（3）启动业务数据采集 Flume。

```
[atguigu@hadoop102 ~]$ f3.sh start
```

3. 首日数据生成及采集

（1）执行以下命令，进行首日数据模拟。

```
[atguigu@hadoop102 ~]$ mock.sh init
正在生成 2022-02-16 当日的数据
正在生成 2022-02-17 当日的数据
正在生成 2022-02-18 当日的数据
正在生成 2022-02-19 当日的数据
正在生成 2022-02-20 当日的数据
正在生成 2022-02-21 当日的数据
```

（2）执行以下命令，将全量数据同步采集至 HDFS 中。

```
[atguigu@hadoop102 ~]$ mysql_to_hdfs_full.sh all 2022-02-21
正在处理/opt/module/datax/job/import/edu.base_category_info.json
正在处理/opt/module/datax/job/import/edu.base_province.json
正在处理/opt/module/datax/job/import/edu.base_source.json
正在处理/opt/module/datax/job/import/edu.base_subject_info.json
正在处理/opt/module/datax/job/import/edu.cart_info.json
正在处理/opt/module/datax/job/import/edu.chapter_info.json
正在处理/opt/module/datax/job/import/edu.course_info.json
正在处理/opt/module/datax/job/import/edu.knowledge_point.json
正在处理/opt/module/datax/job/import/edu.test_paper.json
正在处理/opt/module/datax/job/import/edu.test_paper_question.json
正在处理/opt/module/datax/job/import/edu.test_point_question.json
正在处理/opt/module/datax/job/import/edu.test_question_info.json
正在处理/opt/module/datax/job/import/edu.test_question_option.json
正在处理/opt/module/datax/job/import/edu.user_chapter_process.json
正在处理/opt/module/datax/job/import/edu.video_info.json
```

（3）执行以下命令，使用 Maxwell 将执行增量同步策略的业务数据表格进行初始化同步（bootstrap）。

```
[atguigu@hadoop102 ~]$ mysql_to_kafka_inc_init.sh all
connecting to jdbc:mysql://hadoop102:3306/maxwell?allowPublicKeyRetrieval=true&connectTimeout=5000&serverTimezone=Asia%2FShanghai&zeroDateTimeBehavior=convertToNull&useSSL=false
connecting to jdbc:mysql://hadoop102:3306/maxwell?allowPublicKeyRetrieval=true&connectTimeout=5000&serverTimezone=Asia%2FShanghai&zeroDateTimeBehavior=convertToNull&useSSL=false
connecting to jdbc:mysql://hadoop102:3306/maxwell?allowPublicKeyRetrieval=true&connectTimeout=5000&serverTimezone=Asia%2FShanghai&zeroDateTimeBehavior=convertToNull&useSSL=false
connecting to jdbc:mysql://hadoop102:3306/maxwell?allowPublicKeyRetrieval=true&connectTimeout=5000&serverTimezone=Asia%2FShanghai&zeroDateTimeBehavior=convertToNull&useSSL=false
connecting to jdbc:mysql://hadoop102:3306/maxwell?allowPublicKeyRetrieval=true&connectTimeout=5000&serverTimezone=Asia%2FShanghai&zeroDateTimeBehavior=convertToNull&useSSL=false
connecting to jdbc:mysql://hadoop102:3306/maxwell?allowPublicKeyRetrieval=true&connectTimeout=5000&serverTimezone=Asia%2FShanghai&zeroDateTimeBehavior=convertToNull&useSSL=false
connecting to jdbc:mysql://hadoop102:3306/maxwell?allowPublicKeyRetrieval=true&connectTimeout=5000&serverTimezone=Asia%2FShanghai&zeroDateTimeBehavior=convertToNull&useSSL=false
connecting to jdbc:mysql://hadoop102:3306/maxwell?allowPublicKeyRetrieval=true&connectTimeout=
```

```
5000&serverTimezone=Asia%2FShanghai&zeroDateTimeBehavior=convertToNull&useSSL=false
    connecting to jdbc:mysql://hadoop102:3306/maxwell?allowPublicKeyRetrieval=true&connectTimeout=
5000&serverTimezone=Asia%2FShanghai&zeroDateTimeBehavior=convertToNull&useSSL=false
    connecting to jdbc:mysql://hadoop102:3306/maxwell?allowPublicKeyRetrieval=true&connectTimeout=
5000&serverTimezone=Asia%2FShanghai&zeroDateTimeBehavior=convertToNull&useSSL=false
    connecting to jdbc:mysql://hadoop102:3306/maxwell?allowPublicKeyRetrieval=true&connectTimeout=
5000&serverTimezone=Asia%2FShanghai&zeroDateTimeBehavior=convertToNull&useSSL=false
```

（4）观察 HDFS 上的数据采集情况，如图 5-30 所示，在 HDFS 上已经采集到了所有的业务数据，包括增量数据和全量数据。

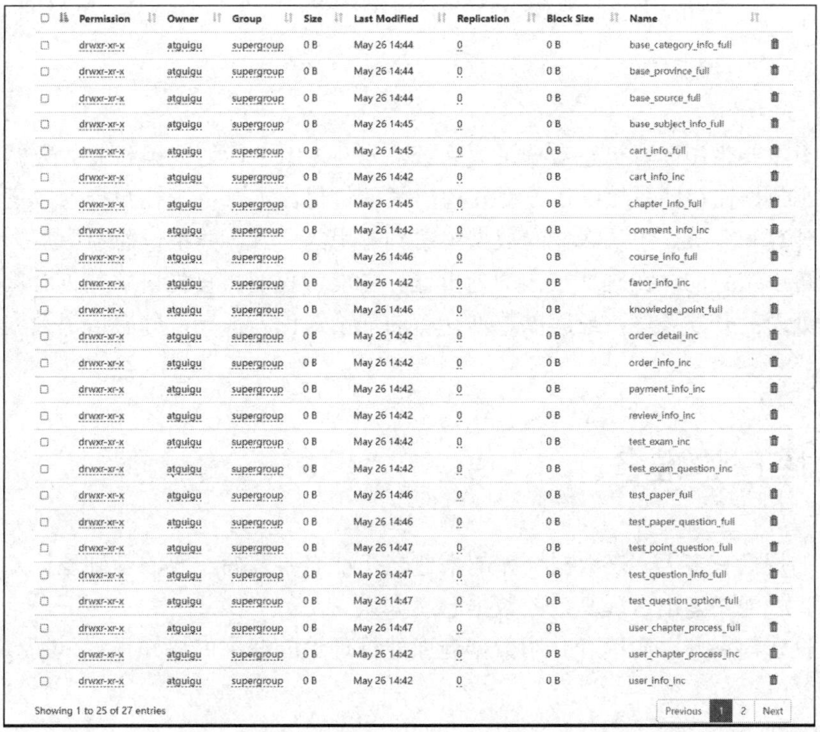

Permission	Owner	Group	Size	Last Modified	Replication	Block Size	Name
drwxr-xr-x	atguigu	supergroup	0 B	May 26 14:44	0	0 B	base_category_info_full
drwxr-xr-x	atguigu	supergroup	0 B	May 26 14:44	0	0 B	base_province_full
drwxr-xr-x	atguigu	supergroup	0 B	May 26 14:44	0	0 B	base_source_full
drwxr-xr-x	atguigu	supergroup	0 B	May 26 14:45	0	0 B	base_subject_info_full
drwxr-xr-x	atguigu	supergroup	0 B	May 26 14:45	0	0 B	cart_info_full
drwxr-xr-x	atguigu	supergroup	0 B	May 26 14:42	0	0 B	cart_info_inc
drwxr-xr-x	atguigu	supergroup	0 B	May 26 14:45	0	0 B	chapter_info_full
drwxr-xr-x	atguigu	supergroup	0 B	May 26 14:42	0	0 B	comment_info_inc
drwxr-xr-x	atguigu	supergroup	0 B	May 26 14:46	0	0 B	course_info_full
drwxr-xr-x	atguigu	supergroup	0 B	May 26 14:42	0	0 B	favor_info_inc
drwxr-xr-x	atguigu	supergroup	0 B	May 26 14:46	0	0 B	knowledge_point_full
drwxr-xr-x	atguigu	supergroup	0 B	May 26 14:42	0	0 B	order_detail_inc
drwxr-xr-x	atguigu	supergroup	0 B	May 26 14:42	0	0 B	order_info_inc
drwxr-xr-x	atguigu	supergroup	0 B	May 26 14:42	0	0 B	payment_info_inc
drwxr-xr-x	atguigu	supergroup	0 B	May 26 14:42	0	0 B	review_info_inc
drwxr-xr-x	atguigu	supergroup	0 B	May 26 14:42	0	0 B	test_exam_inc
drwxr-xr-x	atguigu	supergroup	0 B	May 26 14:42	0	0 B	test_exam_question_inc
drwxr-xr-x	atguigu	supergroup	0 B	May 26 14:46	0	0 B	test_paper_full
drwxr-xr-x	atguigu	supergroup	0 B	May 26 14:46	0	0 B	test_paper_question_full
drwxr-xr-x	atguigu	supergroup	0 B	May 26 14:47	0	0 B	test_point_question_full
drwxr-xr-x	atguigu	supergroup	0 B	May 26 14:47	0	0 B	test_question_info_full
drwxr-xr-x	atguigu	supergroup	0 B	May 26 14:47	0	0 B	test_question_option_full
drwxr-xr-x	atguigu	supergroup	0 B	May 26 14:47	0	0 B	user_chapter_process_full
drwxr-xr-x	atguigu	supergroup	0 B	May 26 14:42	0	0 B	user_chapter_process_inc
drwxr-xr-x	atguigu	supergroup	0 B	May 26 14:42	0	0 B	user_info_inc

Showing 1 to 25 of 27 entries　　Previous 1 2 Next

图 5-30　HDFS 上的数据采集情况

4. 每日数据生成及采集

（1）每日数据模拟。

```
[atguigu@hadoop102 ~]$ mock.sh 2022-02-22
```

（2）业务数据全量同步。

```
[atguigu@hadoop102 ~]$ mysql_to_hdfs_full.sh all 2022-02-22
```

（3）观察 HDFS 上的数据采集情况。

在数据仓库系统的运行过程中，要保证 Hadoop、ZooKeeper、Kafka、Flume 采集程序、Maxwell 等持续运行。此后模拟生成每日数据，用户行为日志数据和业务数据中的增量数据会通过 Kafka 和 Flume 自动采集至 HDFS 中，而业务数据中的全量数据则依靠每日执行业务数据全量同步脚本进行定时采集。

5.4　本章总结

本章主要对业务数据采集模块进行了搭建。在搭建过程中，读者可以发现，业务数据数量众多，数据表多种多样，所以需要针对不同类型的数据表制定不同的数据同步策略，在制定好策略的前提下选用合适的数据采集工具。经过本章的学习，希望读者对在线教育业务数据的采集工作有更多的了解。

第6章 数据仓库搭建模块

第 4 章和第 5 章主要带领读者搭建数据采集系统，分别将用户行为数据和业务数据采集到了大数据存储系统中。到此时，数据在存储系统中还没有发挥出任何价值，本章将进行数据仓库搭建的核心工作，对采集到的数据进行计算和分析。想从海量的数据中拿到有用的信息，并不像想象中那么简单，并不是一步简单的数据提取就可以做到的。在进行数据的分析计算之前，我们将首先讲解数据仓库的关键理论知识，接着搭建数据分析处理的开发环境，最后以数据仓库的理论知识为指导，分层搭建数据仓库，得到最终的需求数据。

6.1 数据仓库理论准备

无论数据仓库的规模有多大，在数据仓库的搭建之初都需要掌握一定的基础理论知识，对数据仓库的整体架构有所规划，才能搭建出合理高效的数据仓库体系。

本节将围绕数据建模展开，向读者介绍数据仓库建模理论的深层内核知识。

6.1.1 数据建模概述

数据模型是描述数据、数据联系、数据语义，以及一致性约束的概念工具的集合。数据建模基于对业务的理解，将各种数据进行整合和关联，并最终使得这些数据具有更强的可用性和可读性，让数据使用者可以快速地获取有价值的数据，提高数据响应速度，为企业带来更高的效益。

那么为什么要做数据建模呢？

如果把数据看作图书馆里的书，我们希望看到它们在书架上分门别类地放置；如果把数据看作城市的建筑，我们希望城市规划布局合理；如果把数据看作计算机文件和文件夹，我们希望按照自己的习惯，有很好的文件夹组织方式，而不是糟糕混乱的桌面，经常为找一个文件而不知所措。

数据建模是一套面向数据的方法，用来指导对数据的整合和存储，使数据的存储和组织更有意义，具有以下优点。

- 进行全面的业务梳理，改进业务流程

在进行数据建模之前，必须要对企业进行全面的业务梳理。通过业务模型的建立，我们也可以全面地了解企业的业务架构图和整个业务的运行情况，能够将业务按照一定的标准进行分类和规范化，以提高业务效率。

- 建立全方位的数据视角，消除信息孤岛和数据差异

通过数据模型建设，也可以为企业提供一个整体的数据视角，而不再是每个部分各自为政。通过构建数据模型，勾勒出了各部门之间的内在业务联系，消除部门之间的数据孤岛问题。通过规范化的数据模型

建设，还可以做到各部门间的数据一致性，消除部门间的数据差异。

- 提高数据仓库的灵活性

通过构建数据模型，能够很好地将底层技术与上层业务分离开来。当上层业务发生变化时，通过数据模型，底层技术可以轻松地完成业务变动，从而提高整个数据仓库的灵活性。

- 帮助数据仓库系统更好地建设

通过构建数据模型，开发人员和业务人员可以更加明晰地制定系统建设任务，以及长期的目标规划，明确当前开发任务，加快系统建设。

通过上面的讲述，我们可以总结出来，合理的数据建模可以提升查询性能、提高用户效率、改善用户体验、提升数据质量、降低企业成本。

大数据系统都需要数据模型来指导数据的组织和存储，以便在性能、成本、效率和质量之间取得平衡。数据建模要遵循的原则有以下几点。

- 高内聚和低耦合

将业务相近或相关、粒度相同的数据设计为一个逻辑或物理模式，将高概率同时访问的数据放在一起，将低概率同时访问的数据分开存储。

- 核心模型与扩展模型分离

建立核心模型与扩展模型体系，核心模型包括的字段支持常用的核心业务，扩展模型包括的字段支持个性化或少量应用的需要，两种模型尽量分离，以维护核心模型的架构简洁性和可维护性。

- 成本与性能平衡

适当的数据冗余可以换取数据查询性能的提升，但是不宜过度冗余与数据复制。

- 数据可回滚

在不改变处理逻辑、不修改代码的情况下，重新执行任务后的结果不变。

- 一致性

不同表的相同字段命名与定义具有一致性。

- 命名清晰、可理解

表命名需清晰、一致，表名易于理解，方便使用。

6.1.2　关系模型与范式理论

数据仓库的建设过程中采用的建模理论，是大数据领域一个绕不过去的讨论命题。主流的数据仓库设计模型有两种：Bill Inmon 支持的关系模型和 Ralph Kimball 支持的维度模型。

关系模型用表的集合来表示数据和数据间的关系。每个表有多个列，每列有唯一的列名。关系模型是基于记录的模型的一种。每个表包含某种特定类型的记录。每个记录类型定义了固定数目的字段（或属性）。表中的列对应记录类型的属性。在商用数据处理应用中，关系模型已经成为当今主要的数据模型。之所以占据主要位置，是因为和早期的数据模型，如网络模型或层次模型相比，关系模型以其简易性简化了编程者的工作。

Bill Inmon 的建模理论中将数据建模分为三个层次：高层建模（ER 模型，Entity Relationship）、中间层建模（数据项集或 DIS）、底层建模（物理模型）。其中高层建模是指站在全企业的高度，以实体（Entity）和关系（Relationship）为特征来描述企业业务。中间层建模以 ER 模型为基础，将每一个主题域进一步扩展成各自的中间层模型。底层建模，是从中间层数据模型创建扩展而来的，使模型中开始包含一些关键字和物理特性。

通过上文可以看到，关系数据库基于关系模型，使用一系列表来表达数据及这些数据之间的联系。一般而言，关系数据库设计的目的是生成一组关系模式，使我们在存储信息时避免不必要的冗余，并且可以方便地获取信息。这是通过设计满足范式（Normal Form）的模式来实现的。目前业界的范式包括第一范式（1NF）、第二范式（2NF）、第三范式（3NF）、巴斯-科德范式（BCNF）、第四范式（4NF）和第五范式（5NF）。范式可以理解为一张数据表的表结构符合设计标准的级别。使用范式的根本目的包括如下两点：

（1）减少数据冗余，尽量让每个数据只出现一次。

（2）保证数据的一致性。

为什么以上两点如此重要呢？因为在数据仓库的发展之初，磁盘是很贵的存储介质，必须减少数据冗余，才能降低磁盘存储，降低开发成本。而且以前是没有分布式系统的，若想扩充存储空间，只能增加磁盘，而磁盘的个数也是有限的。若数据冗余严重的话，对数据进行一次修改，需要修改多个表，很难保证数据的一致性。

严格遵循范式理论的缺点是，在获取数据时需要通过表与表之间的关联拼接出最后的数据。

1. 什么是函数依赖

函数依赖示例如表 6-1 所示。

表 6-1　函数依赖示例：学生成绩表

学　号	姓　名	系　名	系 主 任	课　名	分数（分）
1	李小明	经济系	王强	高等数学	95
1	李小明	经济系	王强	大学英语	87
1	李小明	经济系	王强	普通化学	76
2	张莉莉	经济系	王强	高等数学	72
2	张莉莉	经济系	王强	大学英语	98
2	张莉莉	经济系	王强	计算机基础	82
3	高芳芳	法律系	刘玲	高等数学	88
3	高芳芳	法律系	刘玲	法学基础	84

函数依赖分为完全函数依赖、部分函数依赖和传递函数依赖。

（1）完全函数依赖。

设（X，Y）是关系 R 的两个属性集合，X'是 X 的真子集，存在 $X\rightarrow Y$，但对每一个 X'都有 $X'!\rightarrow Y$，则称 Y 完全依赖于 X。

比如，通过（学号，课名）可推出分数，但是单独用学号推不出分数，那么就可以说分数完全依赖于（学号，课名）。

即通过（A，B）能得出 C，但是单独通过 A 或 B 得不出 C，那么就可以说 C 完全依赖于（A，B）。

（2）部分函数依赖。

假如 Y 依赖于 X，但同时 Y 并不完全依赖于 X，那么就可以说 Y 部分依赖于 X。

比如，通过（学号，课名）可推出姓名，但可以直接通过学号推出姓名，所以姓名部分依赖于（学号，课名）。

即通过（A，B）能得出 C，通过 A 也能得出 C，或者通过 B 也能得出 C，那么就可以说 C 部分依赖于（A，B）。

（3）传递函数依赖。

设（X，Y，Z）是关系 R 中互不相同的属性集合，存在 $X\rightarrow Y(Y\,!\rightarrow X),Y\rightarrow Z$，则称 Z 传递依赖于 X。

比如通过学号可推出系名，通过系名可推出系主任，但是通过系主任推不出学号，系主任主要依赖于系名。这种情况可以说系主任传递依赖于学号。

通过 A 可得到 B，通过 B 可得到 C，但是通过 C 得不到 A，那么就可以说 C 传递依赖于 A。

2. 第一范式

第一范式（1NF）的核心原则是属性不可分割。如表 6-2 所示，商品列中的数据不是原子数据项，是可以分割的，明显不符合第一范式。

表 6-2　不符合第一范式的表格设计

ID	商　品	商　家　ID	用　户　ID
001	5 台计算机	×××旗舰店	00001

对表 6-2 进行修改，使表格符合第一范式的要求，如表 6-3 所示。

表 6-3　符合第一范式的表格设计

ID	商　品	数　量	商　家　ID	用　户　ID
001	计算机	5	×××旗舰店	00001

实际上，第一范式是所有关系型数据库的最基本要求，在关系型数据库（RDBMS），如 SQL Server、Oracle、MySQL 中创建数据表时，如果数据表的设计不符合这个最基本的要求，那么操作一定是不能成功的。也就是说，只要在 RDBMS 中已经存在的数据表，一定是符合第一范式的。

3. 第二范式

第二范式（2NF）的核心原则是不能存在部分函数依赖。

如表 6-1 所示，该表格明显存在部分函数依赖。这张表的主键是（学号，课名），分数确实完全依赖于（学号，课名），但是姓名并不完全依赖于（学号，课名）。

将表格进行调整，如表 6-4 和表 6-5 所示，即去掉部分函数依赖，符合第二范式。

表 6-4　学号-课名-分数表

学　号	课　名	分数（分）
1	高等数学	95
1	大学英语	87
1	普通化学	76
2	高等数学	72
2	大学英语	98
2	计算机基础	82
3	高等数学	88
3	法学基础	84

表 6-5　学号-姓名-系明细表

学　号	姓　名	系　名	系主任
1	李小明	经济系	王强
2	张莉莉	经济系	王强
3	高芳芳	法律系	刘玲

4. 第三范式

第三范式（3NF）的核心原则是不能存在传递函数依赖。

表 6-5 中存在传递函数依赖，通过系主任不能推出学号，将表格进一步拆分，使其符合第三范式，如表 6-6 和表 6-7 所示。

表 6-6　学号-姓名表

学　号	姓　名	系　名
1	李小明	经济系
2	张莉莉	经济系
3	高芳芳	法律系

表 6-7　系名-系主任表

系　名	系 主 任
经济系	王强
法律系	刘玲

关系模型示意图如图 6-1 所示，严格遵循第三范式（3NF），从图 6-1 中可以看出，模型较为松散、零碎，物理表数量多，但数据冗余程度低。由于数据分布于众多的表中，所以这些数据可以更灵活地被应用，功能性较强。关系模型主要应用于 OLTP 系统中，OLTP 是传统的关系型数据库的主要应用，主要是基本的、日常的事务处理，如银行交易等。为了保证数据的一致性以及避免冗余，大部分业务系统的表都是遵循第三范式的。

规范化带来的好处是显而易见的，但是在数据仓库的建设中，规范化程度越高，意味着划分的表越多，在查询数据时就会出现更多的表连接操作。

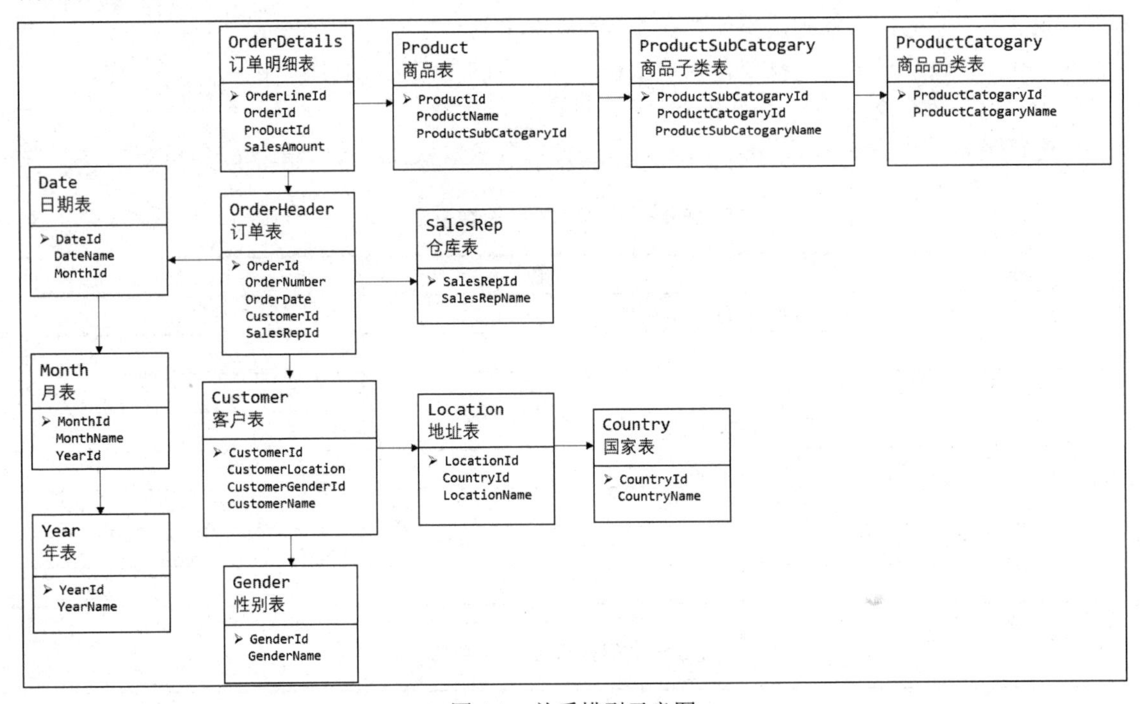

图 6-1　关系模型示意图

6.1.3　维度模型

数据处理大致可以分成两大类：联机事务处理（On-Line Transaction Processing，OLTP）、联机分析处理（On-Line Analytical Processing，OLAP）。OLTP 已经讲过，是传统的关系型数据库的主要应用，而 OLAP 是数据仓库系统的主要应用，支持复杂的分析操作，侧重决策支持，并且可以提供直观、易懂的查询结果。二者的主要区别如表 6-8 所示。

表 6-8　OLTP 与 OLAP 的主要区别

对比属性	OLTP	OLAP
读特性	每次查询只返回少量记录	对大量记录进行汇总
写特性	随机、低延时写入用户的输入	批量导入
使用场景	用户，Java EE 项目	内部分析师，为决策提供支持
数据表征	最新数据状态	随时间变化的历史状态
数据规模	GB	TP 到 PB

维度模型是一种将大量数据结构化的逻辑设计手段，包含维度和度量指标。维度模型不像关系模型，目的是消除冗余数据，而是面向分析设计，最终目的是提高查询性能，最终结果会增加数据冗余，并且违反三范式。

维度建模是数据仓库领域的另一位大师——Ralph Kimball 支持和倡导的数据仓库建模理论。维度模型将复杂的业务通过事实和维度两个概念进行呈现。事实通常对应业务过程，而维度通常对应业务过程发生时所处的环境。

一个典型的维度模型示意图如图 6-2 所示，其中位于中心的 SalesOrder 为事实表，保存的是下单这个业务过程的所有记录。位于周围的每张表都是维度表，包括 Date（日期）、Customer（客户）、Product（商品）和 Location（地址）等，这些维度表就组成了每个订单发生时所处的环境，即何人、何时、在何地下单了何种产品。从图中可以看出，维度模型相对清晰和简洁。

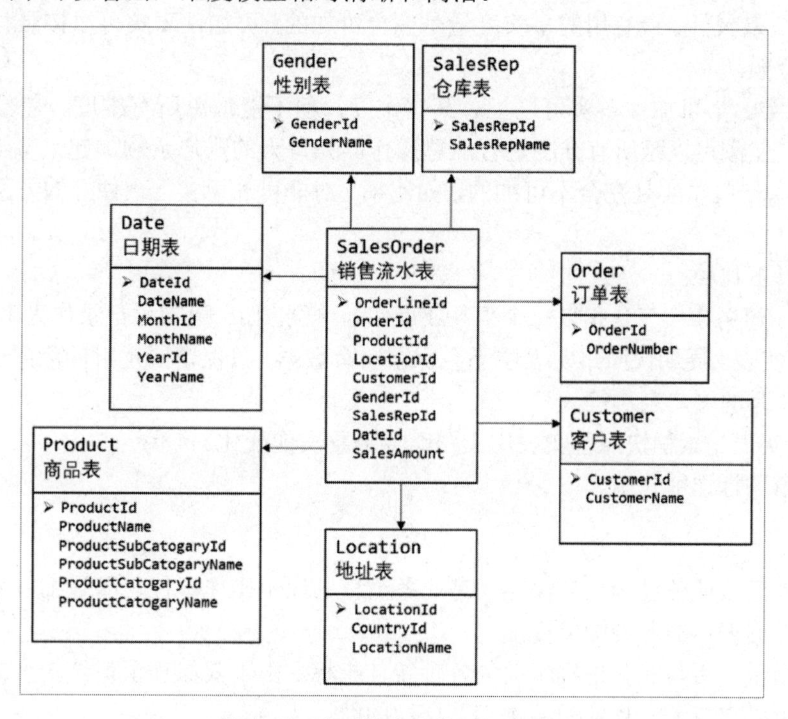

图 6-2　典型的维度模型示意图

维度模型主要应用于 OLAP 系统中，通常以某一张事实表为中心进行表的组织，主要面向查询，特征是可能存在数据的冗余，但是用户能方便地得到数据。

关系模型虽然数据冗余程度低，但是在大规模数据中进行跨表分析统计查询时，会造成多表关联，这会大大降低执行效率。所以通常我们采用维度模型建模，把各种相关表整理成事实表和维度表两种。所有的维度表围绕事实表进行解释。

6.1.4 维度建模理论之事实表

在数据仓库建模理论中，通常将表分为事实表和维度表两类。事实表加维度表，能够描述一个完整的业务事件。

事实表是指存储事实记录的表。事实表中的每行数据代表一个业务事件，如下单、支付、退款、评价等。“事实”这个术语表示的是业务事件中的度量，如可统计次数、个数、金额等。例如，2022 年 2 月 21 日，小李在某网站花费 99 元购买了 Java 基础课程，在这个业务事件中，涉及的维度有时间、用户、课程、商家，涉及的事实度量则是 99 元。

事实表作为数据仓库建模的核心，需要根据业务过程来设计，包含了引用的维度和业务过程有关的度量。事实表的每一行数据包括具有可加性的数值型的度量值和与维度表相连接的外键，并且通常都具有两个和两个以上的外键。

事实表的特征有以下三点：

① 通常数据量比较大。

② 内容相对比较窄，列数通常比较少，主要是一些外键 ID 和度量值字段。

③ 经常会发生变化，每天都会增加新数据。

作为度量业务过程的事实，一般为整形或浮点型的十进制数值，有可加性、半可加性和不可加性三种类型。

① 可加性事实。最灵活、最有用的事实度量是完全可加的，可加性事实可以按照与事实表关联的任意维度汇总，如订单金额。

② 半可加性事实。半可加性事实可以汇总某些维度，但不能汇总所有维度。差额是常见的半可加事实，除了时间维度，差额可以跨所有维度进行汇总操作。如每天的账户余额加起来毫无意义。

③ 不可加事实。一些事实是完全不可加的，如比率。对非可加事实，一种好的方法是分解为可加的组件来实现聚集。

事实表通常有以下几种：

① 事务事实表。事务事实表是指以每个事务或事件为单位，如一笔支付记录作为事实表中的一行数据。

② 周期快照事实表。周期快照事实表中不会保留所有数据，只保留固定时间间隔的数据，如每天或每月的销售额，以及每月的账户余额等。

③ 累积快照事实表。累积快照事实表用于跟踪业务事实的变化。

下面针对事实表进行详细介绍。

1. 事务事实表

事务事实表用来记录业务过程，它保存的是业务过程的原子操作事件，即最细粒度的操作事件。粒度是指事实表中一行数据表达的业务细节程度。

事务事实表可用于分析与业务过程相关的各项统计指标，由于其保存了最细粒度的记录，可以提供最大限度的灵活性，可以支持无法预期的各种细节层次的统计需求。

设计事务事实表时一般可遵循以下四个步骤：选择业务过程→声明粒度→确定维度→确定事实。

① 选择业务过程

在业务系统中，挑选我们感兴趣的业务过程，业务过程可以概括为一个个不可拆分的行为事件，如在线教育交易中的下单、付款、加购等。通常情况下，一个业务过程对应一张事务事实表。

② 声明粒度

业务过程确定后，需要为每个业务过程声明粒度，即精确定义每张事务事实表的每行数据表示什么。应该尽可能选择最细粒度，以此来应对各种细节程度的统计需求。

典型的粒度声明，如订单事实表中一行数据表示的是一个订单中的一门课程。

③ 确定维度

确定维度是指确定与每张事务事实表相关的维度有哪些。

确定维度时应尽量多地选择与业务过程相关的环境信息。因为维度的丰富程度决定了维度模型能够支持的指标丰富程度。

④ 确定事实

此处的“事实”一词，指的是每个业务过程的度量值（通常是可累加的数字类型的值，如次数、个数、件数、金额等）。

经过上述四个步骤，事务事实表基本设计完成了。第一步选择业务过程，可以确定有哪些事务事实表，第二步可以确定每张事务事实表的每行数据是什么，第三步可以确定每张事务事实表的维度外键，第四步可以确定每张事务事实表的度量值字段。

事务事实表可以保存所有业务过程的最细粒度的操作事件，理论上可以支撑与各业务过程相关的各种统计粒度的需求。但对于某些特定类型的需求，其逻辑可能会比较复杂，或者效率会比较低下，如以下两种情况所示。

- 存量型指标

例如，购物车存量、账户余额等。此处以在线教育中的加购业务为例，用户每次将一门课程添加进购物车，会在购物车业务表中插入一条数据。当用户将这门课程从购物车中移除时，会将标记删除字段 deleted 更改为 1。在构建用户加购物车业务的事务事实表时，会存储所有的用户添加购物车这一业务过程，表中一行数据记录的是一个用户将一门课程添加进购物车的行为。

假定现在有一个需求，要求统计截至当日的各用户各科目的购物车存量。由于在加购物车事务事实表中只保存了加购物车操作，而没有记载减购物车操作，所以就无法分析购物车存量。

- 多事务关联统计

例如，需要统计最近 30 天，用户下单到支付的时间间隔的平均值。统计思路应该是找到下单事务事实表和支付事务事实表，过滤出最近 30 天的记录，然后按照订单 id 对两张事实表进行关联，之后用支付时间减去下单时间，然后再求平均值。

逻辑上虽然并不复杂，但是效率较低，因为下单事务事实表和支付事务事实表均为大表，大表与大表的关联操作应尽量避免。

可以看到，在上述两种场景下事务事实表的表现并不理想。下面要介绍的另外两种类型的事实表用来弥补事务事实表的不足。

2. 周期快照事实表

周期快照事实表以具有规律性的、可预见的时间间隔来记录事实，主要用于分析存量型（如商品库存、账户余额）或者状态型（空气温度、行驶速度）指标。

如表 6-9 所示，为某在线教育网站全部课程历史至今的周期快照事实表，记录了所有课程历史至今的交易次数、交易金额、加入购物车次数、收藏次数等。

表 6-9 周期快照事实表

课 程 id	业 务 日 期	交易次数（次）	交易金额（元）	加入购物车次数（次）	收藏次数（次）
001	2020-06-24	100	5000	203	323

对于商品库存、账户余额这些存量型指标，业务系统中通常会计算并保存最新结果，所以定期同步一份全量数据到数据仓库，构建周期快照事实表，就能轻松应对此类统计需求，而无须再对事务事实表中大量的历史记录进行聚合了。

上文中我们提到的分析购物车存量的示例，就可以通过针对购物车表构建周期快照事实表来解决，具体实现过程可参见 6.6.2 节。

对于空气温度、行驶速度这些状态型指标，由于它们的值往往是连续的，我们无法捕获其变动的原子事务操作，所以无法使用事务事实表统计此类需求。而只能定期对其进行采样，构建周期快照事实表。

构建周期快照事实表有以下几个步骤。

① 确定粒度

周期快照事实表的粒度可由采样周期和维度描述，故确定采样周期和维度后即可确定粒度。采样周期通常选择每日。

维度可根据统计指标决定，如指标为统计每个用户每个科目的购物车存量，则可确定维度为用户和科目。确定完采样周期和维度后，即可确定该表粒度为“每日-用户-科目”。

② 确定事实

事实也可以根据统计指标决定，如指标为统计每个用户每个科目的购物车存量，则事实为购物车存量。

3. 累积快照事实表

累积快照事实表是基于一个业务流程中的多个关键业务过程联合处理而构建的事实表，如交易流程中的试听、下单、支付等业务过程。

如表 6-10 所示，数据仓库中可能需要累计或者存储，从下订单开始到订单商品被打包、运输和签收的各个业务阶段的时间点数据来跟踪订单声明周期的进展情况。当这个业务过程进行时，事实表的记录也要不断更新。

表 6-10 累积快照事实表

课程 id	用户 id	试听日期	下单日期	支付日期	订单分摊金额（元）	支付分摊金额（元）
001	000001	2022-02-19	2022-02-20	2022-02-21	1000	1000

累积快照事实表通常具有多个日期字段，每个日期对应业务流程中的一个关键业务过程（里程碑）。

累积快照事实表主要用于分析业务过程（里程碑）之间的时间间隔等需求。例如，前文提到的用户下单到支付的平均时间间隔，使用累积快照事实表进行统计，就能避免两个事务事实表的关联操作，从而变得十分简单高效。

累积快照事实表的设计流程与事务事实表类似，也可以采用以下四个步骤，下面重点描述与事务事实表的不同之处。

① 选择业务过程。选择一个业务流程中需要关联分析的多个关键业务过程，多个业务过程对应一张累积快照事实表。

② 声明粒度。精确定义每行数据表示的是什么，尽量选择最小粒度。

③ 确定维度。选择与各业务过程相关的维度，需要注意的是，每个业务过程均需要一个日期维度。

④ 确定事实。选择各业务过程的度量值。

6.1.5 维度建模理论之维度表

维度表（维表），有时也称查找表，是与事实表相对应的一种表。维度表保存了维度的属性值，可以与事实表进行关联，相当于将事实表中经常重复出现的属性抽取、规范出来用一张表进行管理。维度表一般是对事实的描述信息。每一张维度表对应现实世界中的一个对象或者概念，如用户、课程、日期和地区等。

维度表通常具有以下三点特征：

- 维表的范围很宽，通常具有很多属性，列比较多。
- 与事实表相比，行数相对较少，通常小于 10 万条。
- 内容相对固定，不会轻易发生修改。

使用维度表可以大大缩小事实表的大小，便于维度的管理和维护，增加、删除和修改维度的属性，不必对事实表的大量记录进行改动。维度表可以为多个事实表服务，减少重复工作。

维度表设计步骤如下所示。

① 确定维度（表）

在设计事实表时，已经确定了与每个事实表相关的维度，理论上每个相关维度均需对应一张维度表。需要注意的是，可能存在多个事实表与同一个维度都相关的情况，这种情况需保证维度的唯一性，即只创建一张维度表。另外，如果某些维度表的维度属性很少，如只有一个国家名称，则可以不创建该维度表，而是把该表的维度属性直接增加到与之相关的事实表中，这个操作称为维度退化。

② 确定主维表和相关维表

此处的主维表和相关维表均指业务系统中与某维度相关的表。如业务系统中与课程相关的表有course_info、chapter_info、base_subject_info、base_category_info、video_info等，其中course_info称为课程维度的主维表，其余表称为课程维度的相关维表。维度表的粒度通常与主维表相同。

③ 确定维度属性

确定维度属性即确定维度表字段。维度属性主要来自业务系统中与该维度对应的主维表和相关维表。维度属性可以直接从主维表或相关维表中选择，也可以通过进一步加工获取。

确定维度属性时，需要遵循以下要求：

- 尽可能生成丰富的维度属性。

维度属性是后续做分析统计时的查询约束条件和分组字段的基本来源，是数据易用性的关键。维度属性的丰富程度直接影响数据模型能够支持指标的丰富程度。

- 尽量不使用编码，而使用明确的文字说明，一般可以编码和文字共存。
- 尽量沉淀出通用的维度属性。

有些维度属性的获取需要进行比较复杂的逻辑处理，如需要通过多个字段拼接得到。为避免后续每次使用时的重复处理，可以将这些维度属性沉淀到维度表中。

维度表的四大设计要点如下所示。

1. 规范化与反规范化

规范化是指使用一系列范式设计数据库的过程，其目的是减少数据冗余，增强数据的一致性。在规范化之后，一张表的字段会拆分到多张表。

反规范化是指将多张表的数据冗余到一张表，其目的是减少表之间的关联操作，提高查询性能。

在设计维度表时，如果对其进行规范化，得到的维度模型称为雪花模型，如果对其进行反规范化，得到的模型称为星形模型。

数据仓库系统的主要目的是用于数据分析和统计，所以是否方便用户进行统计分析决定了模型的优劣。采用雪花模型，用户在统计分析的过程中需要大量的关联操作，使用复杂度高，同时查询性能很差，而采用星形模型，则方便、易用且性能好。所以出于易用性和性能的考虑，维度表一般是很不规范化的。

2. 维度变化

维度属性通常不是静态的，会随时间进行变化，数据仓库的一个重要特点是反映历史的变化，所以如何保存维度的历史状态是维度设计的重要工作之一。保存维度数据的历史状态，通常有以下两种做法：全量快照表和拉链表。

（1）全量快照表。

离线数据仓库的计算周期通常为每天一次，因此可以每天保存一份全量的维度数据。这种方式的优点和缺点都很明显。

优点是简单有效，开发和维护成本低，方便理解和使用。

缺点是浪费存储空间，尤其是当数据的变化比例比较低时。

（2）拉链表。

拉链表的意义在于能够更加高效地保存维度信息的历史状态。

拉链表是维护历史状态及最新状态数据的一种表，用于记录每条信息的生命周期，一旦一条信息的生命周期结束，就重新开始记录一条新的信息，并把当前日期放入生效开始日期，如表 6-11 所示。

如果当前信息至今有效，则在生效结束日期中填入一个极大值（如 9999-12-31）。

表 6-11　用户状态拉链表

用　户　ID	手 机 号 码	生效开始日期	生效结束日期
1	136****9090	2019-01-01	2019-05-01
1	137****8989	2019-05-02	2019-07-02
1	182****7878	2019-07-03	2019-09-05
1	155****1234	2019-09-06	9999-12-31

为什么要做拉链表？

拉链表适用于如下场景，数据量比较大，且数据部分字段会发生变化，变化的比例不大且频率不高，若采用每日全量同步策略导入数据，则会占用大量内存，且会保存很多不变的信息。在此种情况下使用拉链表，既能反映数据的历史状态，又能最大限度地节省存储空间。

比如，用户信息会发生变化，但是变化比例不大。如果用户数量具有一定规模，则按照每日全量的方式保存效率会很低。

用户表中的数据每日有可能新增，也有可能修改，但修改频率并不高，属于缓慢变化维度，所以此处采用拉链表存储用户维度数据。

某个拉链表的数据如表 6-12 所示，存放的是所有用户的姓名信息，若想获取某个时间点的数据全量切片，可以通过生效开始时间≤某个日期且生效结束时间≥某个日期得到。

表 6-12　用户信息拉链表

用　户　ID	姓　　名	开 始 时 间	结 束 时 间
1	张三	2019-01-01	9999-12-31
2	李四	2019-01-01	2019-01-02
2	李小四	2019-01-03	9999-12-31
3	王五	2019-01-01	9999-12-31
4	赵六	2019-01-02	9999-12-31

例如，若想获取 2019 年 1 月 1 日的全量用户数据，可以通过使用 SQL 语句“select * from user_info where start_date<='2019-01-01' and end_date>='2019-01-01';”得到，结果如表 6-13 所示。

表 6-13　查询结果

用　户　ID	姓　　名	开 始 时 间	结 束 时 间
1	张三	2019-01-01	9999-12-31
2	李四	2019-01-01	2019-01-02
3	王五	2019-01-01	9999-12-31

3. 多值维度

如果事实表中一条记录在某个维度表中有多条记录与之对应，称为多值维度。例如，下单事实表中的一条记录为一个订单，一个订单可能包含多个课程，所以课程维度表中就可能有多条数据与之对应。

针对这种情况，通常采用以下两种方案解决。

第一种：降低事实表的粒度，如将订单事实表的粒度由一个订单降低为一个订单中的一个商品项。

第二种：在事实表中采用多字段保存多个维度值，每个字段保存一个维度 id。这种方案只适用于多值维度个数固定的情况。

建议尽量采用第一种方案解决多值维度问题。

4. 多值属性

维表中的某个属性同时有多个值，称之为“多值属性”，如商品维度的平台属性和销售属性，每个商品均有多个属性值。

针对这种情况，通常可以采用以下两种方案。

第一种：将多值属性放到一个字段，该字段内容为 key1:value1，key2:value2 或者 value1，value2 的形式。如课程分类属性，一个课程可以属于编程技术、后端开发等多个分类。

第二种：将多值属性放到多个字段，每个字段对应一个属性。这种方案只适用于多值属性个数固定的情况。

6.1.6　星形模型、雪花模型与星座模型

在维度建模的基础上，数据模型又分为三种：星形模型、雪花模型与星座模型，其中最常用的是星形模型。

星形模型中有一张事实表，以及 0 个或多个维度表，事实表与维度表通过主键外键相关联，维度表之间没有关联。当所有维度表都直接连接到事实表上时，整个图解就像星星一样，故将该模型称为星形模型，如图 6-3 所示。星形模型最简单，也是最常用的模型。由于星形模型只有一张大表，因此相对于其他模型更适合于大数据处理，而其他模型也可以通过一定的转换，变为星形模型。星形模型是一种非正规化的结构，多维数据集的每一个维度都直接与事实表相连接，不存在渐变维度，所以数据有一定的冗余。例如，在地域维度表中，存在国家 A 省 B 的城市 C，以及国家 A 省 B 的城市 D 两条记录，那么国家 A 和省 B 的信息分别存储了两次，即存在冗余。

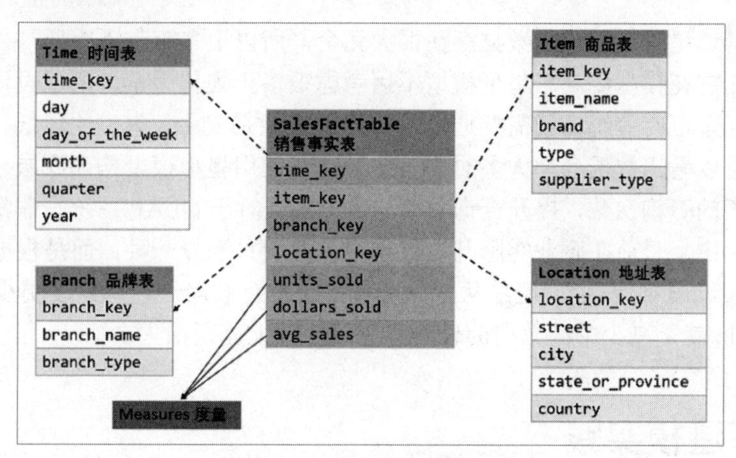

图 6-3　星形模型建模示意

当有一张或多张维度表没有直接连接到事实表上，而是通过其他维度表连接到事实表上时，其图解就像多个雪花连接在一起，故称为雪花模型。雪花模型是对星形模型的扩展。它对星形模型的维度表进一步层次化，原有的各维度表可能被扩展为小的事实表，形成一些局部的“层次”区域，这些被分解的表都连接到主维度表而不是事实表上，如图 6-4 所示。雪花模型的优点是通过最大限度地减少数据存储量，以及联合较小的维度表来改善查询性能。雪花模型去除了数据冗余，比较靠近第三范式，但是无法完全遵守，因为遵守第三范式成本太高。

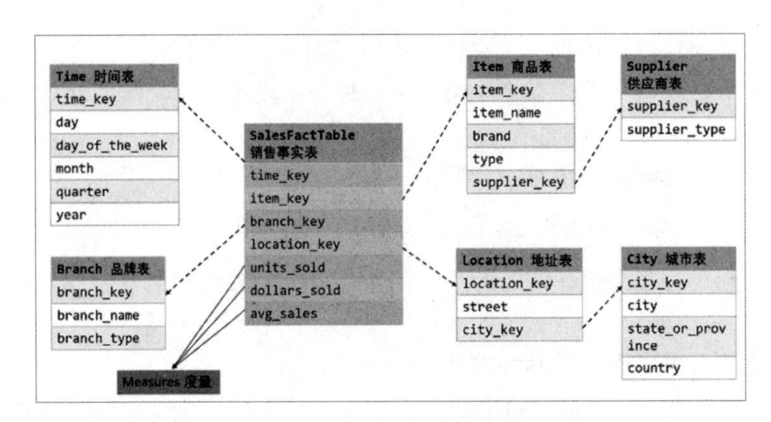

图 6-4　雪花模型建模示意

星座模型与前两种模型的区别是事实表的数量，星座模型是基于多张事实表的，且事实表之间共享一些维度表。星座模型与前两种模型并不冲突。如图 6-5 所示，即为星座模型的一个示例。星座模型基本上是很多数据仓库的常态，因为很多数据仓库都有多张事实表。

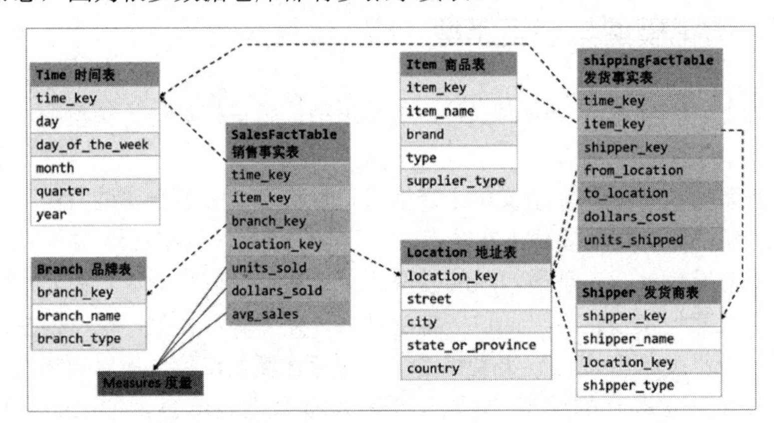

图 6-5　星座模型建模示意

三种模型对比来看，星形模型因为数据存在很大冗余，所以很多查询不需要与外部表进行连接查询，因此一般情况下效率比雪花模型要高。星形模型不用考虑很多正规化因素，所以设计与实现都比较简单。雪花模型由于去除了冗余，有些统计就需要通过表的连接才能完成，效率也比较低。

通过对比，我们可以看出数据仓库大多时候是比较适合使用星形模型构建底层 Hive 数据表的，大量数据的冗余可以减少表的查询次数，提升查询效率。星形模型对于 OLAP 系统是非常友好的，而雪花模型更常用于关系型数据库中。目前在企业实际开发过程中，不会只选择一种，而是根据情况灵活组合，甚至并存（一层维度和多层维度都保存）。但是从整体来看，企业更倾向于选择维度更少的星形模型。尤其是 Hadoop 体系，减少 join 就是减少中间数据的传输和计算，性能差距很大。

6.2　数据仓库建模实践

在了解过了数据仓库建模的相关理论后，本节将针对项目的实际情况做出具体的建模计划。

6.2.1　名词概念

在进行具体的建模计划之前，我们首先来了解一些在数据仓库建模过程中常用的名词解释，其中也包含在数据仓库建模理论讲解中曾经提到的一些概念。

● 宽表

宽表从字面意义上讲就是字段比较多的表，通常是指将业务主题相关的指标与维度、属性关联在一起的表。

● 粒度

粒度是设计数据仓库的一个重要方面，是指数据仓库的数据单位中保存数据的细化或综合程度的级别。细化程度越高，粒度级就越小；相反，细化程度越低，粒度级就越大。笼统地说，粒度就是维度的组合。

● 退化维度

将一些常用的维度属性直接写到事实表中的维度操作称为维度退化。

● 维度层次

维度中的一些描述属性以层次方式或一对多的方式相互关联，可以被理解为包含连续主从关系的属性层次。层次的最底层代表维度中描述最低级别的详细信息，最高层代表最高级别的概要信息。维度常常有多个这样的嵌入式层次结构。

● 下钻

数据明细从粗粒度到细粒度的过程，会细化某些维度。下钻是商业用户分析数据的最基本的方法。下钻仅需要在查询上增加一个维度属性，附加在 SQL 的 GROUP BY 语句中。属性可以来自任何与查询使用的事实表关联的维度。下钻不需要存在层次的定义或是下钻路径。

● 上卷

数据的汇总聚合，从细粒度到粗粒度的过程，会无视某些维度。

● 规范化

按照三范式设计，使用事实表和维度表的方式管理数据称为规范化。规范化常用于 OLTP 系统的设计。通过规范化处理将重复属性移至自身所属的表中，删除冗余数据。前面提到的雪花模型就是典型的数据规范化处理。

● 反规范化

将维度的属性合并到单个维度中的操作称为反规范化。反规范化会产生包含全部信息的宽表，形成数据冗余；实现用维表的空间换取简明性和查询性能的效果，常用于 OLAP 系统的设计。

● 业务过程

业务过程是组织完成的操作型活动，如获得订单、付款、退货等。多数事实表关注某一业务过程的结果，过程的选择是非常重要的，因为过程定义了特定的设计目标，以及对粒度、维度、事实的定义。每个业务过程对应企业数据仓库总线矩阵的一行。

● 原子指标

原子指标基于某一业务过程的度量值，是业务定义中不可再拆解的指标，原子指标的核心功能就是对指标的聚合逻辑进行了定义。我们可以得出结论，原子指标包含三要素：业务过程、度量值和聚合逻辑。

● 派生指标

派生指标基于原子指标、时间周期和维度，圈定业务统计范围并分析获取业务统计指标的数值。

● 衍生指标

衍生指标是在一个或多个派生指标的基础上，通过各种逻辑运算复合而成的，如比率、比例等类型的指标。衍生指标也会对应实际的统计需求。

● 数据域

数据域是联系较为紧密的数据主题的集合，通常是根据业务类别、数据来源、数据用途等多个维度，对企业的业务数据进行的区域划分。将同类型数据存放在一起，便于快速查找需要的内容。不同使用目的的数据，分类标准不同。例如，在线教育行业通常可以划分为交易域、流量域、用户域、互动域、学习域等。

- 业务总线矩阵

企业数据仓库的业务总线矩阵是用于设计并与企业数据仓库总线架构交互的基本工具。矩阵的行表示业务过程，列表示维度。矩阵中的点表示维度与给定的业务过程是否存在关联关系。

6.2.2 为什么要分层

数据仓库中的数据要想发挥最大的作用，必须进行分层，数据仓库分层的优点如下。

- 把复杂问题简单化。可以将一个复杂的任务分解成多个步骤来完成，每一层只处理单一的步骤。
- 减少重复开发。规范数据分层，通过使用中间层数据，可以大大减少重复计算量，增加计算结果的复用性。
- 隔离原始数据。使真实数据与最终统计数据解耦。
- 清晰数据结构。每个数据分层都有它的作用域，这样我们在使用表的时候，方便定位和理解。
- 数据血缘追踪。我们最终向业务人员展示的是一张能直观看到结果的数据表，但是这张表的数据来源可能有很多，如果结果表出现了问题，我们可以快速地定位到问题位置，并清楚危害的范围。

数据仓库具体如何分层取决于设计者对数据仓库的整体规划，不过大部分的思路是相似的。本书将数据仓库分为五层，如图 6-6 所示。

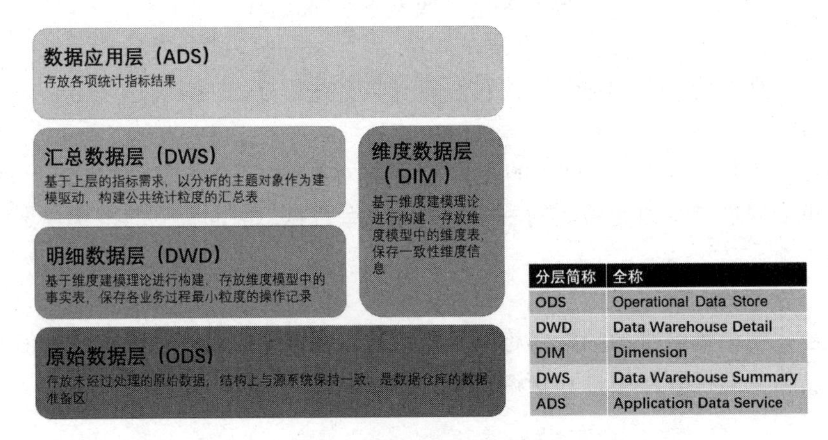

分层简称	全称
ODS	Operational Data Store
DWD	Data Warehouse Detail
DIM	Dimension
DWS	Data Warehouse Summary
ADS	Application Data Service

图 6-6 数据仓库分层规划

6.2.3 数据仓库构建流程

如图 6-7 所示，是构建数据仓库的完整流程。

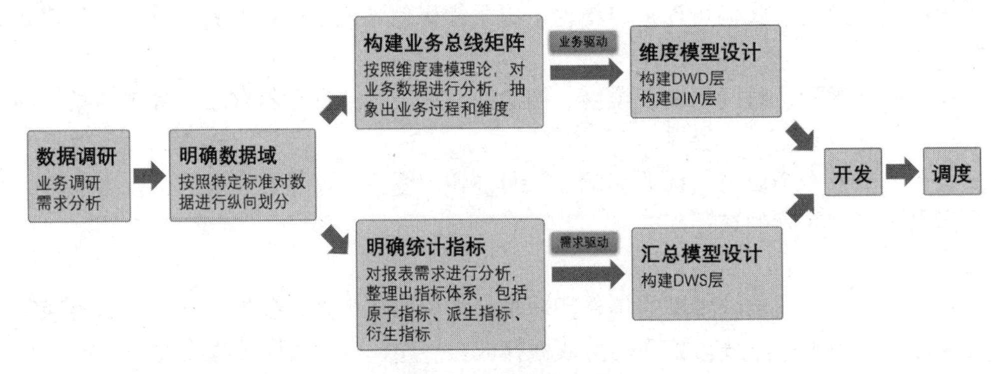

图 6-7 数据仓库构建流程

1. 数据调研

数据调研的工作分为两个部分：业务调研和需求分析。这两项工作做得是否充分，直接影响着数据仓库的质量。

（1）业务调研。

业务调研的主要目的是熟悉业务流程和业务数据。

熟悉业务流程要求做到，明确每个业务的具体流程，需要将该业务包含的具体业务过程一一列举出来。

熟悉业务数据要求做到，将数据（包括埋点日志和业务数据表）与业务过程对应起来，明确每个业务过程会对哪些表的数据产生影响，以及产生什么影响。产生的影响需要具体到，是新增一条数据，还是修改一条数据，并且需要明确新增的内容或者修改的逻辑。

下面以在线教育交易业务为例进行演示，交易业务涉及的业务过程有用户试听、用户下单、用户支付，具体流程如图 6-8 所示。

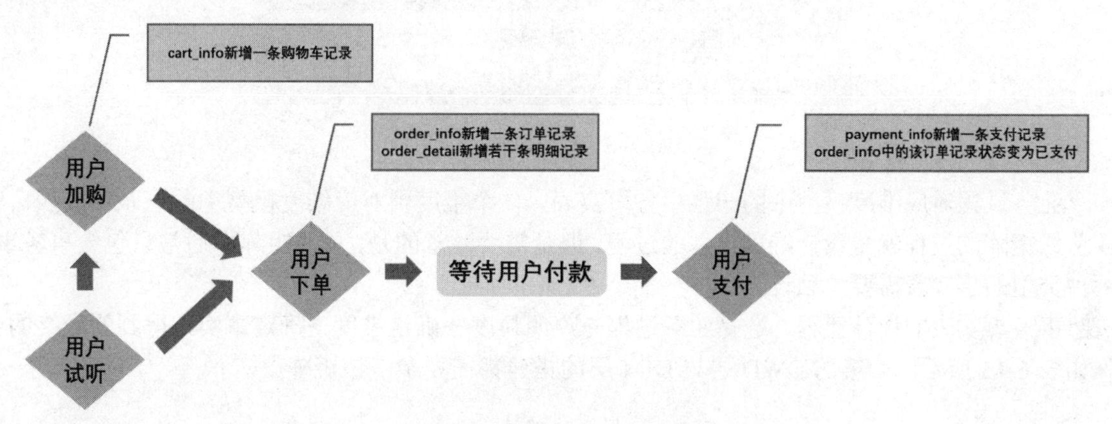

图 6-8 在线教育交易业务流程

（2）需求分析。

典型的需求指标，如最近一天各省份 Java 学科订单总额。

在分析以上需求时，需要明确需求所需的业务过程及维度，例如该需求所需的业务过程就是用户下单，所需的维度有日期、省份、科目。

（3）总结。

做完业务分析和需求分析后，要保证每个需求都能找到与之对应的业务过程及维度。若现有数据无法满足需求，则需要和业务方进行沟通，如某个页面需要新增某个行为的埋点。

2. 明确数据域

数据仓库模型设计除了横向的分层，通常也需要根据业务情况进行纵向划分数据域。

划分数据域的意义是便于数据的管理和应用。通常可以根据业务过程或者部门进行划分，本项目根据业务过程进行划分，需要注意的是，一个业务过程只能属于一个数据域。

本数据仓库项目所需的所有业务过程及数据域划分详情如表 6-14 所示。

表 6-14 数据域与业务过程划分

数 据 域	业 务 过 程
交易域	加购、下单、支付成功
流量域	页面浏览、启动应用、动作、曝光、错误
用户域	注册、登录
互动域	收藏、评价
考试域	考试
学习域	观看视频

3. 构建业务总线矩阵

业务总线矩阵中包含维度模型所需的所有事实（业务过程）、维度，以及各业务过程与各维度的关系。如图 6-9 所示，矩阵的行是业务过程，矩阵的列是维度，行列的交点表示业务过程与维度的关系。

业务总线矩阵

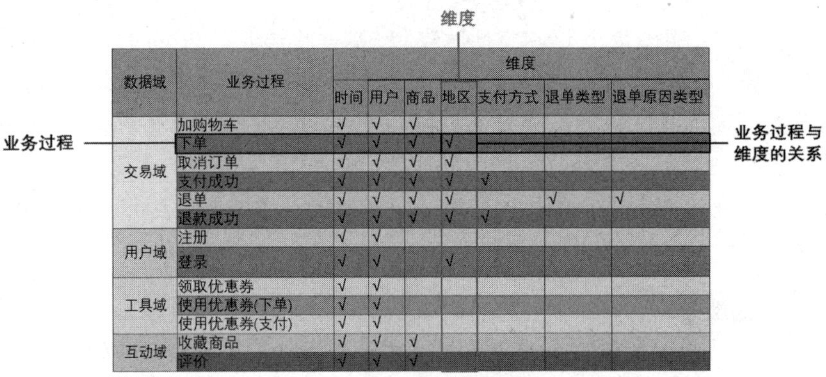

数据域	业务过程	维度						
		时间	用户	商品	地区	支付方式	退单类型	退单原因类型
交易域	加购物车	√	√	√				
	下单	√	√	√	√			
	取消订单	√	√	√	√			
	支付成功	√	√	√	√	√		
	退单	√	√	√	√		√	√
	退款成功	√	√	√	√	√		
用户域	注册	√	√					
	登录	√	√		√			
工具域	领取优惠券	√	√					
	使用优惠券(下单)	√	√					
	使用优惠券(支付)	√	√					
互动域	收藏商品	√	√	√				
	评价	√	√	√				

图 6-9　业务总线矩阵

一个业务过程对应维度模型中的一张事务事实表，一个维度则对应维度模型中的一张维度表。所以构建业务总线矩阵的过程就是设计维度模型的过程。但是需要注意的是，总线矩阵中通常只包含事务事实表，另外两种类型的事实表需要单独设计。

按照事务事实表的设计流程，选择业务过程→声明粒度→确定维度→确定事实，得到的最终的业务总线矩阵如表 6-15 所示，后续的 DWD 层与 DIM 层的搭建都需要参考该矩阵。

表 6-15　业务总线矩阵

数据域	业务过程	粒度	维度										度量
			用户	地区	时间	课程	章节	试卷	题目	视频	来源	设备	
交易域	加购物车	一次加购物车操作	√		√	√							课程数
	下单	一个订单中的一门课程	√	√	√	√					√		下单原始金额/下单最终金额/优惠券减免金额
	支付成功	一个订单中一门课程的支付成功操作	√		√	√							支付原始金额/支付最终金额/优惠券减免金额
流量域	页面浏览	一次页面浏览记录	√	√	√						√	√	浏览时长
	动作	一次动作记录	√	√	√	√					√	√	无事实（次数 1）
	曝光	一次曝光记录	√	√	√	√					√	√	无事实（次数 1）
	启动应用	一次启动记录	√	√	√						√	√	无事实（次数 1）
	错误	一次错误记录	√	√	√						√	√	无事实（次数 1）
用户域	注册	一次注册操作	√	√	√							√	无事实（次数 1）
	登录	一次登录操作	√	√	√						√	√	无事实（次数 1）
考试域	考试	一个用户的一次答卷记录	√		√	√		√					得分/时长
	考试	一个用户的一次答题记录	√		√			√	√				得分
互动域	收藏商品	一次收藏课程操作	√		√	√							无事实（次数 1）
	评价	一个用户对课程中的某个章节的一次评价	√		√	√	√						无事实（次数 1）
	评价	一个用户对一门课程的一次总体评价	√		√	√							无事实（次数 1）
学习域	观看视频	一个会话的视频播放记录	√	√	√					√	√		播放时长

4. 明确统计指标

明确统计指标的具体工作是深入分析需求，构建指标体系。构建指标体系的主要意义是指标定义标准化。所有指标的定义，都必须遵循同一套标准，这样能有效地避免指标定义存在歧义，指标定义重复等问题。

指标体系的相关概念已经有过解释，此处我们做更进一步的讲解。

（1）原子指标。

原子指标基于某一业务过程的度量值，是业务定义中不可再拆解的指标，原子指标的核心功能是对指标的聚合逻辑进行定义。原子指标包含三要素：业务过程、度量值和聚合逻辑。

例如，订单总额就是一个典型的原子指标，其中的业务过程为用户下单，度量值为订单金额，聚合逻辑为 sum()求和。需要注意的是，原子指标只是用来辅助定义指标一个概念，通常不会有实际统计需求与之对应。

（2）派生指标。

派生指标基于原子指标，其与原子指标的关系如图 6-10 所示。派生指标就是在原子指标的基础上增加修饰限定，如统计周期限定、业务限定、统计粒度限定等。如图 6-10 所示，在订单总额这个原子指标上增加日期限定（最近一天）、业务限定（前端学科）、粒度限定（省），就获得了一个派生指标：最近一天各省前端学科的订单总额。

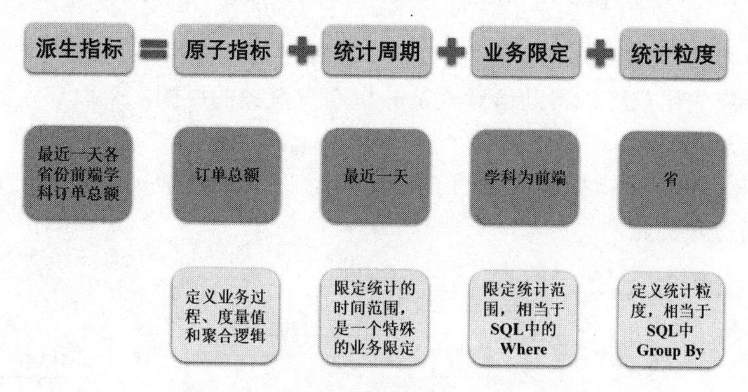

图 6-10　基于原子指标生成派生指标

与原子指标不同，派生指标通常会对应实际的统计需求。可以通过图中的例子，来体会指标定义标准化的含义。

（3）衍生指标。

衍生指标是在一个或多个派生指标的基础上，通过各种逻辑运算复合而成的，如比率、比例等类型的指标。衍生指标也会对应实际的统计需求。如图 6-11 所示，有两个派生指标，分别是历史至今用户末次登录时间统计和历史至今用户注册时间统计，通过这两个派生指标之间的逻辑运算，可以得到衍生指标最近 *n* 天新增用户留存率。

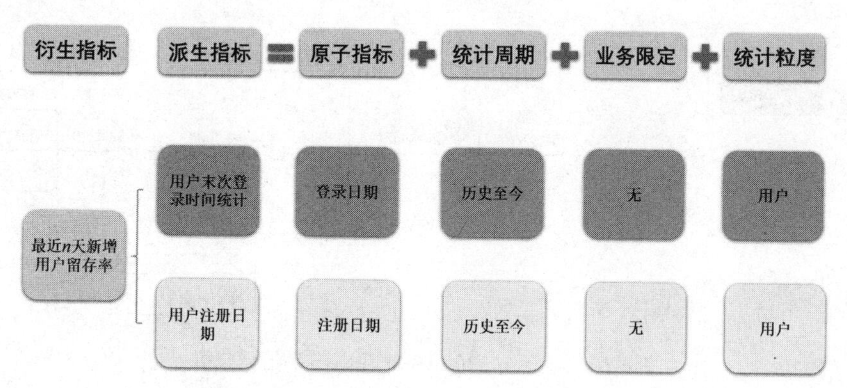

图 6-11　基于派生指标得到衍生指标

通过上述两个具体的案例可以看出，绝大多数的统计需求，都可以使用原子指标、派生指标，以及衍生指标这套标准来定义。根据以上指标体系，对本数据仓库的需求进行分析。

最近1/7/30日活跃用户数指标分析如图6-12所示。活跃用户是指在当天打开过网页或者应用的用户，不考虑用户的使用情况。

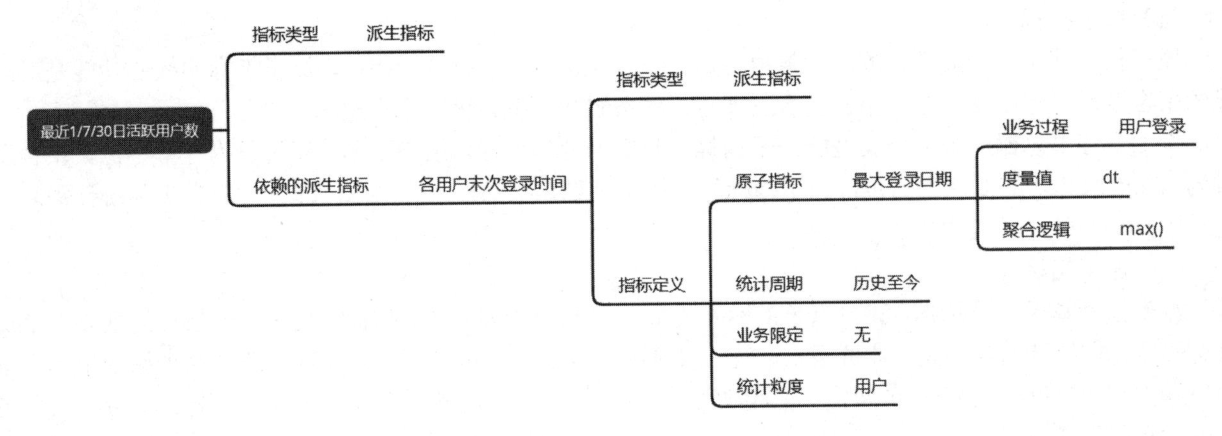

图6-12　最近1/7/30日活跃用户数指标分析

流失用户数指标分析如图6-13所示。流失用户是指曾经打开过网页或者应用，但是*n*天以上没有再打开过的用户。通过分析流失用户可以帮助运营人员分析用户流失的原因，采取一定的运营手段，提升用户黏性，尽量挽回流失用户。

最近1/7/30日各来源跳出率指标分析如图6-14所示。跳出率是指只浏览了一个页面即离开网站或应用的访问次数占总访问次数的比例。

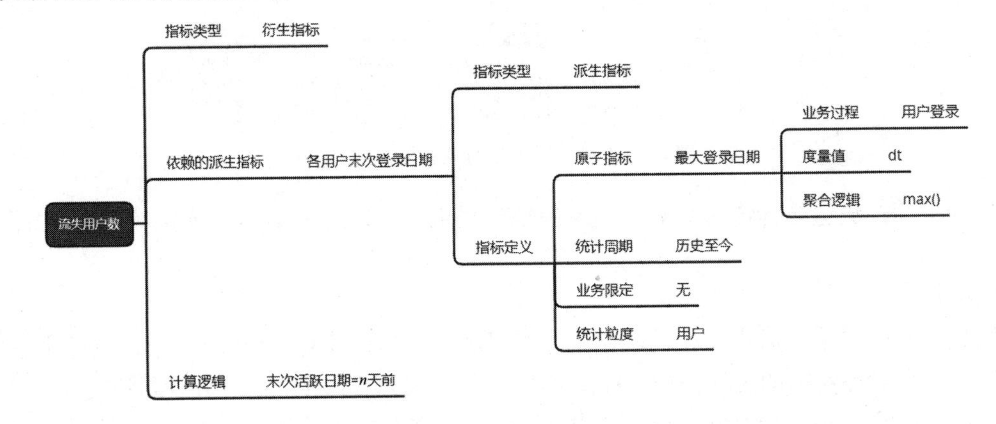

图6-13　流失用户数指标分析

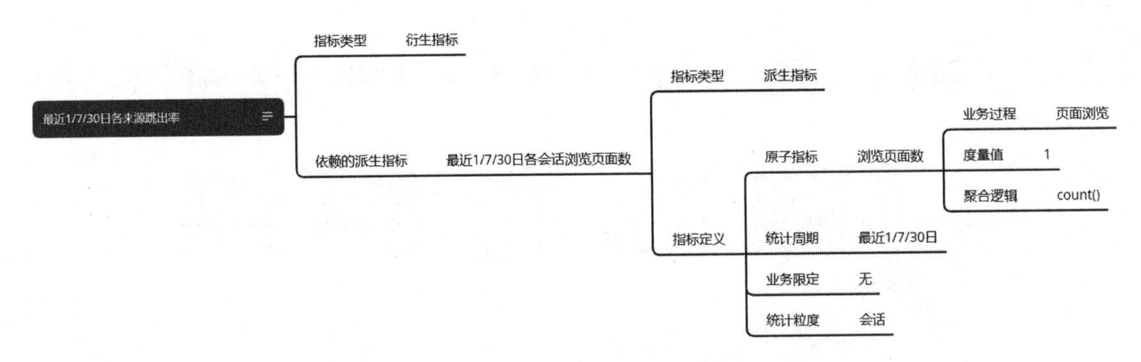

图6-14　最近1/7/30日各来源跳出率指标分析

回流用户数指标分析如图 6-15 所示。回流用户是指有一段时间没活跃，但是又突然重新打开网页或应用的用户。

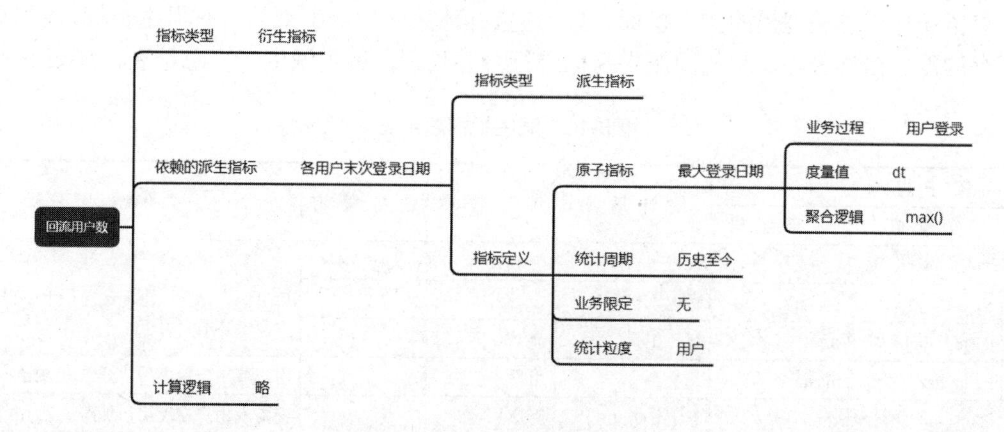

图 6-15　回流用户数指标分析

用户新增留存率指标分析如图 6-16 所示。用户新增留存率是指在第一次打开网页或应用后，经过一段时间，仍然继续使用该应用的用户，这部分用户占当天总新增用户的比率，即用户新增留存率。

在分析过几个典型指标后，相信读者对指标体系已经有了更具体的了解。通过“尚硅谷教育”公众号可以获取本书的资料，可以找到本数据仓库项目所有指标的分析脑图。

我们发现这些统计需求都直接或间接地对应一个或者多个派生指标。当统计需求足够多时，必然会出现部分统计需求对应的派生指标相同的情况。在这种情况下，我们可以考虑将这些公共的派生指标保存下来，这样做的主要目的是减少重复计算，提高数据的复用性。

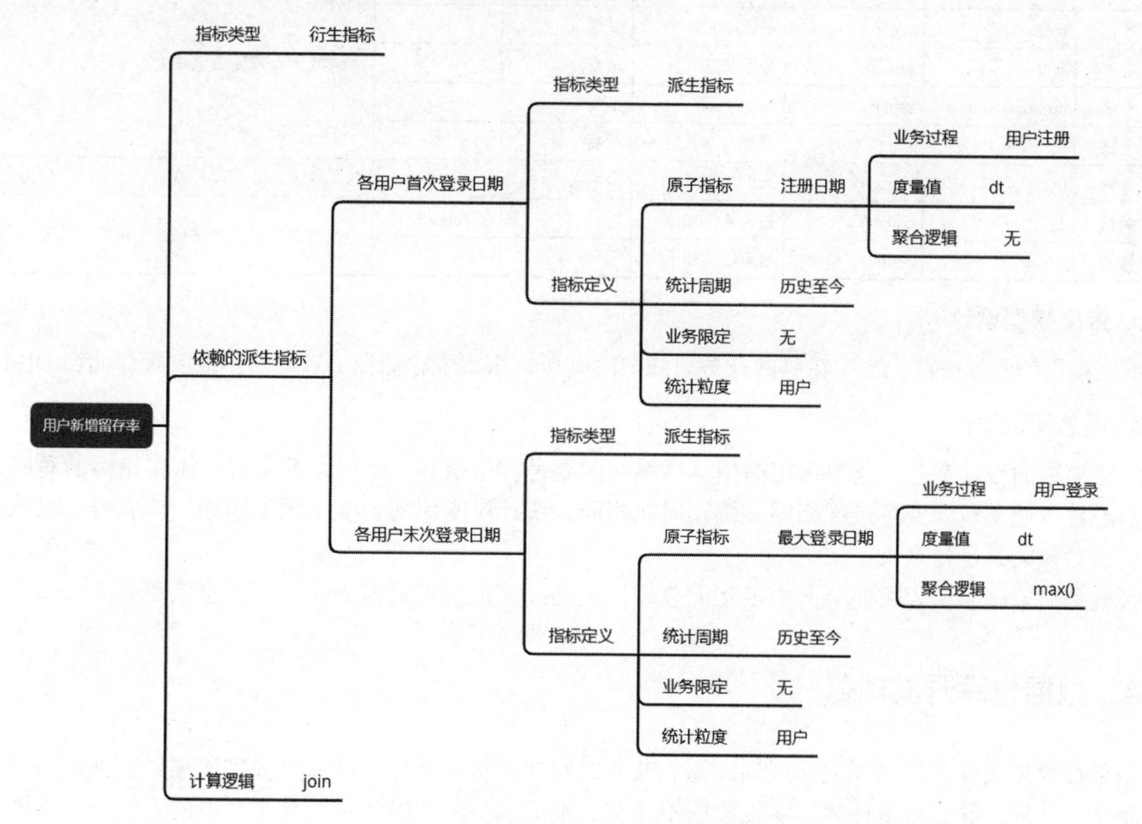

图 6-16　用户新增留存率指标分析

在这些公共的派生指标中，其中一部分可以直接从 DWD 层事实表中得到，所以无须构建 DWS 层汇总表。其余不能从 DWD 层事实表获得的公共派生指标，将统一保存在数据仓库的 DWS 层。因此，DWS 层设计可以参考统计需求整理出的派生指标。从上述指标体系中抽取出来的所有派生指标，将可以从 DWD 层事实表获得的派生指标去除，将相同派生指标进行合并处理，得到派生指标总结表，如表 6-16 所示。

表 6-16　派生指标总结表

原子指标			统计周期	统计粒度	业务限定	DWS 层汇总表
业务过程	度量值	聚合逻辑				
页面浏览	——	——	最近 1 日	会话		流量域会话粒度页面浏览最近 1 日汇总表
页面浏览	1	count()	最近 1 日	会话		
页面浏览	during_time	sum()	最近 1 日	会话		
用户登录	login_date	max()	历史至今	用户		用户域用户粒度用户登录 历史至今汇总表
用户加购	course_id	count()	最近 1/7/30 日	用户		交易域用户粒度用户加购最近 1/*n* 日汇总表
用户下单	order_id	count(distinct)	最近 1/7/30 日	用户		交易域会话粒度用户下单最近 1 日汇总表
用户下单	order_amount	sum()	最近 1 日	会话		
用户下单	order_id	count(distinct)	最近 1 日	会话		
用户下单	——	——	最近 1 日	会话		
用户支付	order_id	count(distinct)	最近 1/7/30 日	用户		交易域用户粒度用户支付最近 1/*n* 日汇总表
用户下单	order_dt	min()	历史至今	用户		交易域用户粒度下单历史至今汇总表
用户下单	order_dt	max()	历史至今	用户		
用户支付	payment_dt	min()	历史至今	用户		交易域用户粒度用户支付历史至今汇总表
用户考试	user_id	count()	最近 1/7/30 日	试卷		考试域试卷粒度考试最近 1/*n* 日汇总表
用户考试	score	avg()	最近 1 日	试卷		
用户考试	score	sum()	最近 7/30 日	试卷		
用户考试	duration_time	avg()	最近 1 日	试卷		
用户考试	duration_time	sum()	最近 7/30 日	试卷		
用户考试	user_id	count()	最近 1/7/30 日	试卷-分数段		考试域试卷分数段粒度最近 1/*n* 日汇总表
用户考试	1	count()	最近 1/7/30 日	题目	is_correct=1	考试域题目粒度考试最近 1/*n* 日汇总表
用户考试	1	count()	最近 1/7/30 日	题目		

5. 维度模型设计

维度模型的设计参照上文中得到的业务总线矩阵即可。事实表存储在 DWD 层，维度表存储在 DIM 层。

6. 汇总模型设计

汇总模型的设计参考上述整理出的指标体系（主要是派生指标）即可。汇总表与派生指标的对应关系是一张汇总表通常包含业务过程相同、统计周期相同、统计粒度相同的多个派生指标。请思考：汇总表与事实表的对应关系是什么？

答案是，一张事实表可能会产生多张汇总表，但是一张汇总表只能来源于一张事实表。

6.2.4　数据仓库开发规范

如果在数据仓库开发前期缺乏规划，随着业务的发展，将会暴露出越来越多的问题。例如，同一个指标，命名不一样，导致重复计算；字段数据不完整、不准确，无法确认字段含义；不同表的相同字段命名不同等。所以在数据仓库开发之初，就应该制定完善的规范，从设计、开发、部署和应用的层面，避免重复建设、指标冗余建设、混乱建设等问题，从而保障数据口径的规范和统一。要做到数据开发规范化，需要从以下几个方面入手。

- 标准建模：对数据模型建设进行标准规范设计和管理。
- 规范研发：整个开发过程需要严格遵守开发规范。
- 统一定义：做到指标定义一致性、数据来源一致性、统计口径一致性、维度一致性、维度和指标数据出口唯一性。
- 词根规范：建立企业词根词典。
- 指标规范。
- 命名规范。

数据仓库开发中要遵守一定的数据仓库开发规范，本项目中的规范如下。

1. 命名规范

（1）表名、字段名命名规范。

- 表名、字段名采用下画线分隔词根，使用小写英文单词。
- 表名、字段名均以字母为开头，长度不宜超过 64 个英文字符。
- 优先使用词根中已有关键字（制定数据仓库词根管理标准），定期检查新增命名的合理性。
- 表名、字段名中禁止采用非标准的缩写。
- 字段名命名要求有实际意义，根据词根组合而成。
- ODS 层命名为 ods_表名_全量表或者增量表标识（full/inc）。
- DIM 层命名为 dim_表名_全量表或者拉链表标识（full/zip）。
- DWD 层命名为 dwd_数据域_表名_单分区增量全量标识（inc/full）。
- DWS 层命名为 dws_数据域_统计粒度_业务过程_统计周期（1d/nd/td）。
- ADS 层命名为 ads_指标主题_表名。
- 临时表命名为 tmp_表名。

（2）脚本命名规范。

- 脚本命名格式为数据源_to_目标_db/log.sh。
- 用户行为需求相关脚本以 log 为后缀；业务数据需求相关脚本以 db 为后缀。

（3）表字段类型。

- 数量字段的类型通常为 bigint。
- 金额字段的类型通常为 decimal(16,2)，表示 16 位有效数字，其中小数部分是 2 位。
- 字符串字段（如名字、描述信息等）的类型为 string。
- 主键、外键的字段类型为 string。
- 时间戳字段的类型为 bigint。

2. 数据仓库层级开发规范

（1）确认数据报表（如业务产品），及数据使用方（如推荐后台）对数据的需求。
（2）确定业务板块和数据域。
（3）确定业务过程的上报时机，梳理每个业务过程对应的纬度、度量，构建总线矩阵。
（4）确定 DWD 层设计细节。
（5）确定派生指标和衍生指标。
（6）梳理维度对应的关联维度。
（7）确定 DWS 层设计细节。
（8）应用报表工具或自行加工产出 ADS 层。

3. 数据仓库层级调用规范

（1）原则上不允许不同的任务修改同一张表。

（2）DWS 层要调用 DWD 层。

（3）ADS 可以调用 DWS 层或 DWD 层。

（4）如果 ODS 层过于特例化，而统计诉求单一，且长期考虑不会有新的扩展需求，可以跳过 DWD 或 DWS。但是如果后期出现多个脚本需要访问同一个 ODS 层表格，则必须拓展出 DWD 层及 DWS 层表格。

（5）宽表建设相当于用存储换计算，过度的宽表存储，可能会威胁底层表的存储资源，甚至影响集群稳定性，从而影响计算性能，造成本末倒置的问题。

4. 表存储规范

（1）全量存储：以天为单位的全量存储，以业务日期作为分区，每个分区存放截止到业务日期为止的全量业务数据。

（2）增量存储：以天为单位的增量存储，以业务日期作为分区，每个分区存放日增量的业务数据。

（3）拉链存储：拉链存储通过新增两个时间戳字段（开始时间和结束时间），将所有以天为粒度的变更数据都记录下来，通常分区字段也是这两个时间戳字段。这样，下游应用可以通过限制时间戳字段来获取历史数据。该方法不利于数据使用者对数据仓库的理解，同时因为限定生效日期，产生大量分区，不利于长远的数据仓库维护。

拉链存储虽然可以压缩大量的存储空间，但使用麻烦。

综上所述，通常情况下推荐使用全量存储处理缓慢变化维度数据。在数据量巨大的情况下，建议使用拉链存储。

5. DIM 层开发规范

（1）仅包括非流水计算产生的维度表。

（2）相同 key 的维度需要保持一致性。

如果由于历史原因暂时不一致，则必须在规范的维度定义一个标准维度属性，不同的物理名也必须是来自标准维度属性的别名。

在不同的物理表中，由于维度角色的差异，需要使用其他名称，其名称也必须是规范的维度属性的别名，比如视频所属账号 id 与视频分享账号 id。

（3）不同 key 的维度，含义不要有交叉，避免产生同一口径，不同上报的问题。

（4）将业务相关性强的字段尽量在一个维表实现。相关性一般指学段经常需要一起查询或同时在报表中展现，比如商品基本属性和所属品牌。

6. DWD 层开发规范

（1）确定涉及业务总线矩阵中的哪些一致性维度、一致性度量、业务过程。

（2）数据粒度同 ODS 层一样，不做任何汇总操作，原则上不做维表关联。

（3）底层公用的处理逻辑应该在数据调度依赖的底层进行封装与实现，不要让公用的处理逻辑暴露给应用层实现，不要让公共逻辑在多处同时存在。

（4）相同业务板块的 DWD 层表，需要保持统一的公参列表。

（5）被 ETL 变更了的维度或度量，名称上要有区分。

（5）分解不可加度量为可加度量。

（6）减少过滤条件不同产生的不同口径的表，尽量保留全表，用维度区分口径。

（7）适当的数据冗余可换取查询和刷新性能，在一个宽表中冗余维度属性时，应该遵循以下建议准则：

- 冗余字段与表中其他字段高频率同时访问。
- 冗余字段的引入不应导致装载时间过多延长。

7. DWS 开发规范

（1）需要考虑基于某些维度的聚集是否经常被用于数据分析，并且不要有太多的维度，不然没有聚合的意义。

（2）适当地与维度表关联，方便下游使用。

（3）长周期的汇总计算，建议以天为单位或以小时为单位来累计计算，避免周头或月头资源紧张。

（4）空值处理原则如下。

- 汇总类指标的空值填充为零。
- 若维度属性值为空，在汇总到对应维度上时，对于无法对应的统计事实，记录行会填充为 null。

8. 指标规范

指标的定义口径需要与业务方、运营人员或数据分析师共同决定。如一些常用的流量指标：日活跃度、周活跃度、月活跃度、页面访问次数、页面平均停留时长等。

指标类型包括基础指标、复合指标和派生指标。基础指标是指不能再拆解的指标，通常表达业务实体原子量化属性且不可再分，如订单数，命名遵循“单个基础指标词根+修饰词”原则。复合指标建立在基础指标之上，通过一定的运算规则形成的计算指标集合，如人均费用、跳转率等。派生指标是指基础指标或复合指标与维度等相结合产生的指标，如最近 7 日的注册用户数，命名时要遵循“多个基础指标词根+修饰词”原则。

每定一个指标要经过业务方与数据部门的共同评审，判定指标是否必要、如何定义等，明确指标命名、指标编码、业务口径、责任人等信息。

9. 分区规范

明确什么情况下需要分区，明确分区字段，确定分区字段命名规范。

10. 开发规范总体原则

开发规范的总体原则是：指标支持任务重新运行而不影响结果、数据声明周期合理、任务迭代不会严重影响任务产出时间。

（1）数据清洗规范。

- 字段统一。
- 字段类型统一。
- 注释补全。
- 时间格式统一。
- 枚举值统一。
- 复杂数据解析方式统一。
- 空值清洗或替换规则统一。
- 隐私数据脱敏规则统一。

（2）SQL 语句编写规范。

- 要求代码行清晰、整齐，具有一定的可观赏性。
- 代码编写要以执行速度最快为原则。
- 代码行整体层次分明、结构化强。
- 代码中应用必要的注释以增强代码的可读性。
- 表名、字段名、保留字等全部小写。
- SQL 语句按照子句进行分行编写，不同关键字都另起一行。
- 同一级别的子句要对齐。
- 算术运算符、逻辑运算符的前后保留一个空格。

- 建表时每个字段后面使用字段中文名作为注释。
- 无效脚本采用单行或多行注释。
- 多表连接时，使用表的别名来引用列。

6.3 数据仓库搭建环境准备

Hive 是基于 Hadoop 的一个数据仓库工具。因为 Hive 是基于 Hadoop 的，所以 Hive 的默认计算引擎也就是 Hadoop 的计算框架 MapReduce。MapReduce 是 Hadoop 提供的，可用于大规模数据集的计算编程模型，在推出之初解决了大数据计算领域的很多问题，但是其始终无法满足开发人员对于大数据计算在速度上的要求。随着 Hive 的升级更新，目前 Hive 还支持另外两个计算引擎，分别是 Tez 和 Spark。

Tez 和 Spark 都从不同角度大大提升了 Hive 的计算速度，也是目前数据仓库计算中最多使用的计算引擎。本项目中我们选用 Spark 作为 Hive 的计算引擎。使用 Spark 作为计算引擎有两种使用模式：Hive On Spark 和 Spark On Hive。

在 Hive On Spark 中，Hive 既存储元数据又负责 SQL 语句的解析和优化，SQL 语法采用 HQL 语法，由 Spark 负责计算。

Spark On Hive 中，Hive 只负责存储元数据，由 Spark 负责 SQL 的解析优化，SQL 语法采用 Spark SQL 语法，同样由 Spark 负责计算。

本数据仓库项目将采用 Hive On Spark 模式。

6.3.1 安装 Hive

Hive 是一款用类 SQL 语句来协助读/写、管理那些存储在分布式存储系统上的大数据集的数据仓库软件。Hive 可以将类 SQL 语句解析成 MapReduce 程序，从而避免编写繁杂的 MapReduce 程序，使用户分析数据变得容易。Hive 要分析的数据存储在 HDFS 上，所以它本身不提供数据存储功能。Hive 将数据映射成一张张的表，而将表的结构信息存储在关系型数据库（如 MySQL）中，所以在安装 Hive 之前，我们需要先安装 MySQL。

在 4.1.4 节中，我们已经讲解过如何在 hadoop102 节点服务器上安装 MySQL，在安装了 MySQL 后，我们可以着手正式安装部署 Hive。

1. 兼容性说明

本书使用 Hive 3.1.2 和 Spark 3.0.0，而官网下载的 Hive 3.1.2 和 Spark 3.0.0 默认是不兼容的。因为官网提供的 Hive 3.1.2 安装包默认支持的版本是 Spark 2.3.0，所以需要我们重新编译 Hive 3.1.2 版本安装包。

编译步骤：官网下载 Hive 3.1.2 源码，修改 pom.xml 文件中引用的版本为 Spark 3.0.0，如果编译通过，直接打包获取安装包。如果报错，就根据提示修改相关方法直到不报错，打包获取到正确的安装包。在本书提供的资料中，读者可以直接获取。

2. 安装及配置 Hive

（1）将编译过的 Hive 的安装包 apache-hive-3.1.2-bin.tar.gz 上传到 Linux 的/opt/software 目录下，解压 apache-hive-3.1.2-bin.tar.gz 到/opt/module/目录下。

```
[atguigu@hadoop102 software]$ tar -zxvf apache-hive-3.1.2-bin.tar.gz -C /opt/module/
```

（2）修改 apache-hive-3.1.2-bin 的名称为 hive。

```
[atguigu@hadoop102 module]$ mv apache-hive-3.1.2-bin/ hive
```

（3）修改/etc/profile.d/my_env.sh 文件，添加环境变量。

```
[atguigu@hadoop102 software]$ sudo vim /etc/profile.d/my_env.sh
```

添加以下内容。

```
#HIVE_HOME
export HIVE_HOME=/opt/module/hive
export PATH=$PATH:$HIVE_HOME/bin
```

执行以下命令使环境变量生效。

```
[atguigu@hadoop102 software]$ source /etc/profile.d/my_env.sh
```

（4）进到/opt/module/hive/lib 目录下执行以下命令，解决日志 jar 包冲突。

```
[atguigu@hadoop102 lib]$ mv log4j-slf4j-impl-2.10.0.jar log4j-slf4j-impl-2.10.0. jar.bak
```

3. 驱动复制

复制/opt/software/下的 mysql-connector-java-5.1.27-bin.jar 到/opt/module/hive/lib/目录下，用于稍后启动 Hive 时连接 MySQL。

```
[root@hadoop102 software]# cp mysql-connector-java-5.1.27-bin.jar /opt/module/hive/lib/
```

4. 配置 Metastore 到 MySQL

（1）在/opt/module/hive/conf 目录下创建一个 hive-site.xml 文件。

```
[atguigu@hadoop102 conf]$ vim hive-site.xml
```

（2）在 hive-site.xml 文件中根据官方文档配置参数，关键配置参数如下所示。

```
<?xml version="1.0"?>
<?xml-stylesheet type="text/xsl" href="configuration.xsl"?>
<configuration>
<!--配置 Hive 保存元数据信息所需的 MySQL URL 地址-->
<property>
   <name>javax.jdo.option.ConnectionURL</name>
   <value>jdbc:mysql://hadoop102:3306/metastore?createDatabaseIfNotExist=true</value>
   <description>JDBC connect string for a JDBC metastore</description>
 </property>
<!--配置 Hive 连接 MySQL 的驱动全类名-->
 <property>
   <name>javax.jdo.option.ConnectionDriverName</name>
   <value>com.mysql.jdbc.Driver</value>
   <description>Driver class name for a JDBC metastore</description>
 </property>
<!--配置 Hive 连接 MySQL 的用户名 -->
 <property>
   <name>javax.jdo.option.ConnectionUserName</name>
   <value>root</value>
   <description>username to use against metastore database</description>
 </property>
<!--配置 Hive 连接 MySQL 的密码 -->
 <property>
   <name>javax.jdo.option.ConnectionPassword</name>
   <value>000000</value>
   <description>password to use against metastore database</description>
 </property>
<property>
       <name>hive.metastore.warehouse.dir</name>
       <value>/user/hive/warehouse</value>
   </property>
```

```
    <property>
        <name>hive.metastore.schema.verification</name>
        <value>false</value>
    </property>

    <property>
    <name>hive.server2.thrift.port</name>
    <value>10000</value>
    </property>

    <property>
        <name>hive.server2.thrift.bind.host</name>
        <value>hadoop102</value>
    </property>

    <property>
        <name>hive.metastore.event.db.notification.api.auth</name>
        <value>false</value>
    </property>

    <property>
        <name>hive.cli.print.header</name>
        <value>true</value>
    </property>

    <property>
        <name>hive.cli.print.current.db</name>
        <value>true</value>
    </property>

<property>
        <name>metastore.storage.schema.reader.impl</name>
    <value>org.apache.hadoop.hive.metastore.SerDeStorageSchemaReader</value>
</property>
</configuration>
```

5. 初始化元数据库

（1）启动 MySQL。

```
[atguigu@hadoop103 mysql-libs]$ mysql -uroot -p000000
```

（2）新建 Hive 元数据库。

```
mysql> create database metastore;
mysql> quit;
```

（3）初始化 Hive 元数据库。

```
[atguigu@hadoop102 conf]$ schematool -initSchema -dbType mysql -verbose
```

6. 启动 Hive

（1）启动 Hive 客户端。

```
[atguigu@hadoop102 hive]$ hive
```

（2）查看一下数据库。

```
hive (default)> show databases;
```

6.3.2 Hive on Spark 配置

本数据仓库项目中，我们采用的是 Hive on Spark 的配置模式，需要对 Spark 进行安装部署。

1. 在 Hive 所在节点服务器部署 Spark

（1）解压安装包，并修改目录名称为 spark。

```
[atguigu@hadoop102 software]$ tar -zxvf spark-3.0.0-bin-hadoop3.2.tgz -C /opt/module/
[atguigu@hadoop102 software]$ mv /opt/module/spark-3.0.0-bin-hadoop3.2 /opt/module/spark
```

（2）配置 SPARK_HOME 环境变量。

```
[atguigu@hadoop102 software]$ sudo vim /etc/profile.d/my_env.sh
```

添加如下内容：

```
# SPARK_HOME
export SPARK_HOME=/opt/module/spark
export PATH=$PATH:$SPARK_HOME/bin
```

执行以下命令使环境变量生效。

```
[atguigu@hadoop102 software]$ source /etc/profile.d/my_env.sh
```

2. 在 Hive 中创建 spark 配置文件

（1）在 Hive 的安装目录下创建 Spark 的配置文件如下：

```
[atguigu@hadoop102 software]$ vim /opt/module/hive/conf/spark-defaults.conf
```

（2）在配置文件中添加如下内容（在执行任务时，会根据如下参数执行）：

```
spark.master                          yarn
spark.eventLog.enabled                true
spark.eventLog.dir                    hdfs://hadoop102:8020/spark-history
spark.executor.memory                 1g
spark.driver.memory                   1g
```

（3）在 HDFS 创建如下路径，用于存储 Spark 产生的历史日志。

```
[atguigu@hadoop102 software]$ hadoop fs -mkdir /spark-history
```

3. 向 HDFS 上传 Spark 纯净版 jar 包

说明 1：由于 Spark 3.0.0 非纯净版默认支持的是 Hive 2.3.7 版本，直接使用会和已安装的 Hive 3.1.2 出现兼容性问题。所以采用 Spark 纯净版 jar 包，即不包含 Hadoop 和 Hive 相关依赖，避免冲突。

说明 2：Hive 任务最终将由 Spark 来执行，Spark 任务资源分配由 YARN 来调度，该任务有可能被分配到集群的任何一个节点。所以需要将 Spark 的依赖上传到 HDFS 集群路径，这样集群中任何一个节点都能获取到。

（1）从 Spark 官网下载 Spark 3.0.0 纯净版安装包，上传并解压 spark-3.0.0-bin-without-hadoop.tgz 至 /opt/software 路径下。

```
[atguigu@hadoop102 software]$ tar -zxvf /opt/software/spark-3.0.0-bin-without-hadoop.tgz
```

（2）将解压的 Spark 安装包中的 Spark 相关依赖 jar 包上传到 HDFS。

```
[atguigu@hadoop102 software]$ hadoop fs -mkdir /spark-jars

[atguigu@hadoop102 software]$ hadoop fs -put spark-3.0.0-bin-without-hadoop/jars/* /spark-jars
```

4. 修改 Hive 的配置文件

打开 hive-site.xml 文件。

```
[atguigu@hadoop102 ~]$ vim /opt/module/hive/conf/hive-site.xml
```

添加如下内容，指定 Hive 的执行引擎为 Spark：

```
<!--Spark 依赖位置（注意：端口号 8020 必须和 namenode 的端口号一致）-->
<property>
    <name>spark.yarn.jars</name>
    <value>hdfs://hadoop102:8020/spark-jars/*</value>
</property>

<!--Hive 执行引擎-->
<property>
    <name>hive.execution.engine</name>
    <value>spark</value>
</property>

<!--Hive 和 Spark 连接超时时间-->
<property>
    <name>hive.spark.client.connect.timeout</name>
    <value>10000ms</value>
</property>
```

注意： hive.spark.client.connect.timeout 的默认值是 1000ms，如果执行 hive 的 insert 语句时，得到如下异常，可以调大该参数到 10000ms。

```
FAILED: SemanticException Failed to get a spark session: org.apache.hadoop.hive.ql.metadata.HiveException: Failed to create Spark client for Spark session d9e0224c-3d14-4bf4-95bc-ee3ec56df48e
```

5. 测试

（1）启动 Hive 客户端。

```
[atguigu@hadoop102 hive]$ hive
```

（2）创建一张测试表 student。

```
hive (default)> create table student(id int, name string);
```

（3）通过 insert 语句测试效果。

```
hive (default)> insert into table student values(1,'abc');
```

若结果如图 6-17 所示，则说明配置成功。

```
hive (default)> insert into table student values(1,'abc');
Query ID = atguigu_20200719001740_b025ae13-c573-4a68-9b74-50a4d018664b
Total jobs = 1
Launching Job 1 out of 1
In order to change the average load for a reducer (in bytes):
  set hive.exec.reducers.bytes.per.reducer=<number>
In order to limit the maximum number of reducers:
  set hive.exec.reducers.max=<number>
In order to set a constant number of reducers:
  set mapreduce.job.reduces=<number>
--------------------------------------------------------------------------------------
          STAGES   ATTEMPT        STATUS  TOTAL  COMPLETED  RUNNING  PENDING  FAILED
--------------------------------------------------------------------------------------
Stage-2 ........         0      FINISHED      1          1        0        0       0
Stage-3 ........         0      FINISHED      1          1        0        0       0
--------------------------------------------------------------------------------------
STAGES: 02/02    [==========================>>] 100%  ELAPSED TIME: 1.01 s
--------------------------------------------------------------------------------------
Spark job[1] finished successfully in 1.01 second(s)
Loading data to table default.student
OK
col1    col2
Time taken: 1.514 seconds
hive (default)>
```

图 6-17　insert 语句测试效果

6.3.3 YARN 容量调度器并发度问题

容量调度器对每个资源队列中同时运行的 Application Master 占用的资源进行了限制，该限制通过 yarn.scheduler.capacity.maximum-am-resource-percent 参数实现，其默认值是 0.1，表示每个资源队列上 Application Master 最多可使用的资源为该队列总资源的 10%，目的是防止大部分资源都被 Application Master 占用，而导致 Map/Reduce Task 无法执行。

在实际开发中该参数可使用默认值，但在学习环境中，集群资源总数很少，如果只分配 10%的资源给 Application Master，则可能出现，同一时刻只能运行一个 Job 的情况，因为一个 Application Master 使用的资源就可能已经达到 10%的上限了。所以此处可将该值适当调大。

（1）在 hadoop102 的/opt/module/hadoop-3.1.3/etc/hadoop/capacity-scheduler.xml 文件中修改如下参数值。

```
[atguigu@hadoop102 hadoop]$ vim capacity-scheduler.xml

<property>
    <name>yarn.scheduler.capacity.maximum-am-resource-percent</name>
    <value>0.5</value>
  </property>
```

（2）分发 capacity-scheduler.xml 配置文件。

```
[atguigu@hadoop102 hadoop]$ xsync capacity-scheduler.xml
```

（3）关闭正在运行的任务，重新启动 YARN 集群。

```
[atguigu@hadoop103 hadoop-3.1.3]$ stop-yarn.sh
[atguigu@hadoop103 hadoop-3.1.3]$ start-yarn.sh
```

6.3.4 数据仓库开发环境配置

数据仓库开发工具可选用 DBeaver 或者 DataGrip。两者都需要用到 JDBC 协议连接到 Hive，故理论上需要启动 Hive 的 HiveServer2 服务。DataGrip 的安装比较简单，此处不对安装过程进行演示，只演示连接服务过程。

（1）启动 Hive 的 HiveServer2 服务。

```
[atguigu@hadoop102 hive]$ hiveserver2
```

（2）打开 DataGrip，如图 6-18 所示，添加数据源。选择“Data Source”→“Apache Hive”选项，添加数据源配置连接。

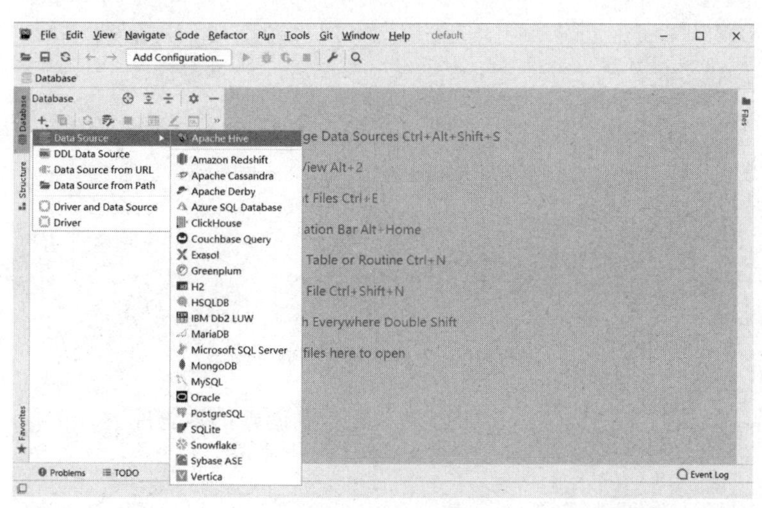

图 6-18　添加数据源

（3）配置连接属性，如图 6-19 所示，配置连接名为“data-warehouse”，属性添加完毕后，点击“Test Connection”进行测试。

初次使用，配置过程会提示缺少 JDBC 驱动，按照提示下载即可。

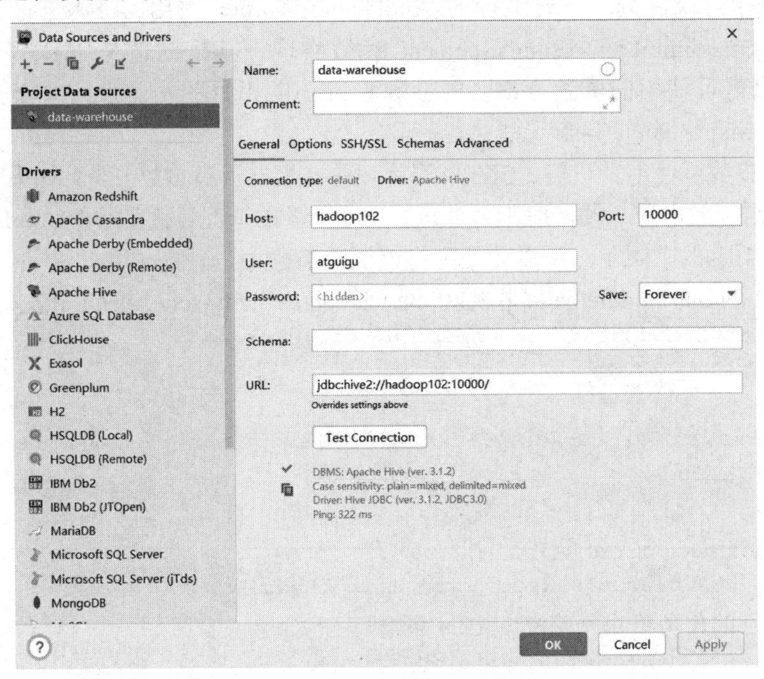

图 6-19 配置数据源

（4）在控制台输入如图 6-20 所示的 sql 语句，测试创建数据库 edu，并观察是否创建成功。

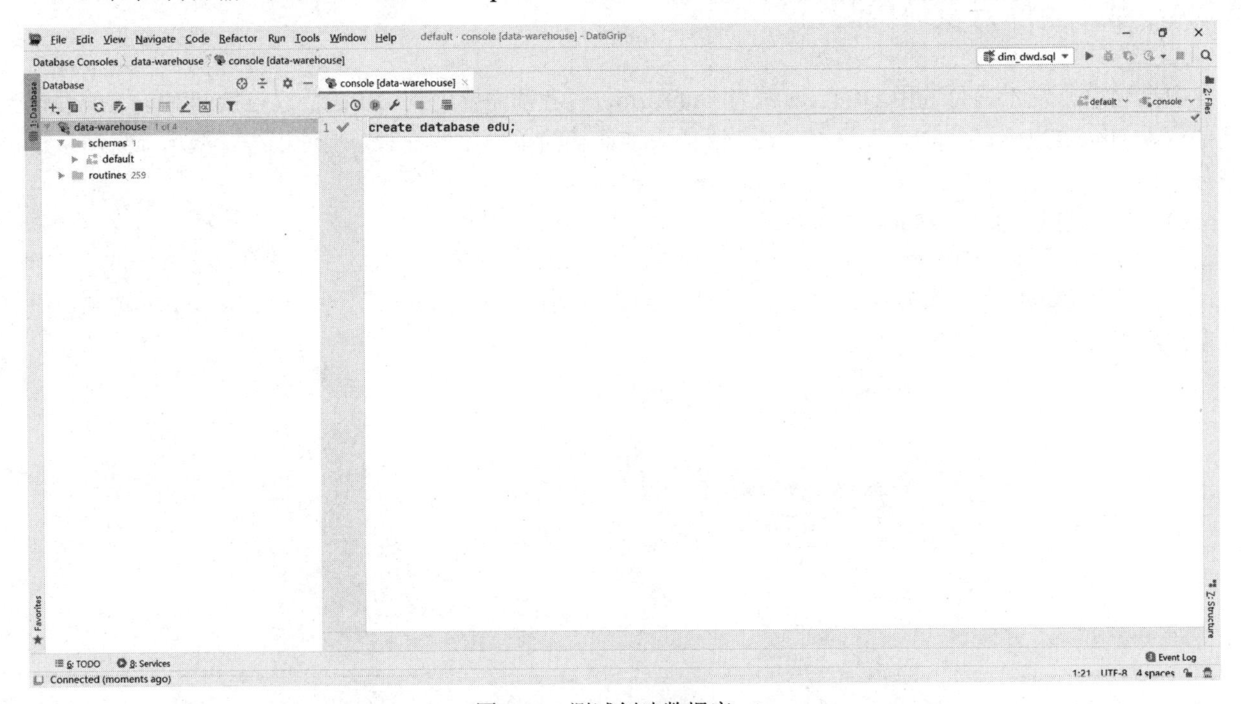

图 6-20 测试创建数据库 edu

（5）如图 6-21 所示，执行上述语句后，即可在左侧看到创建的数据库。

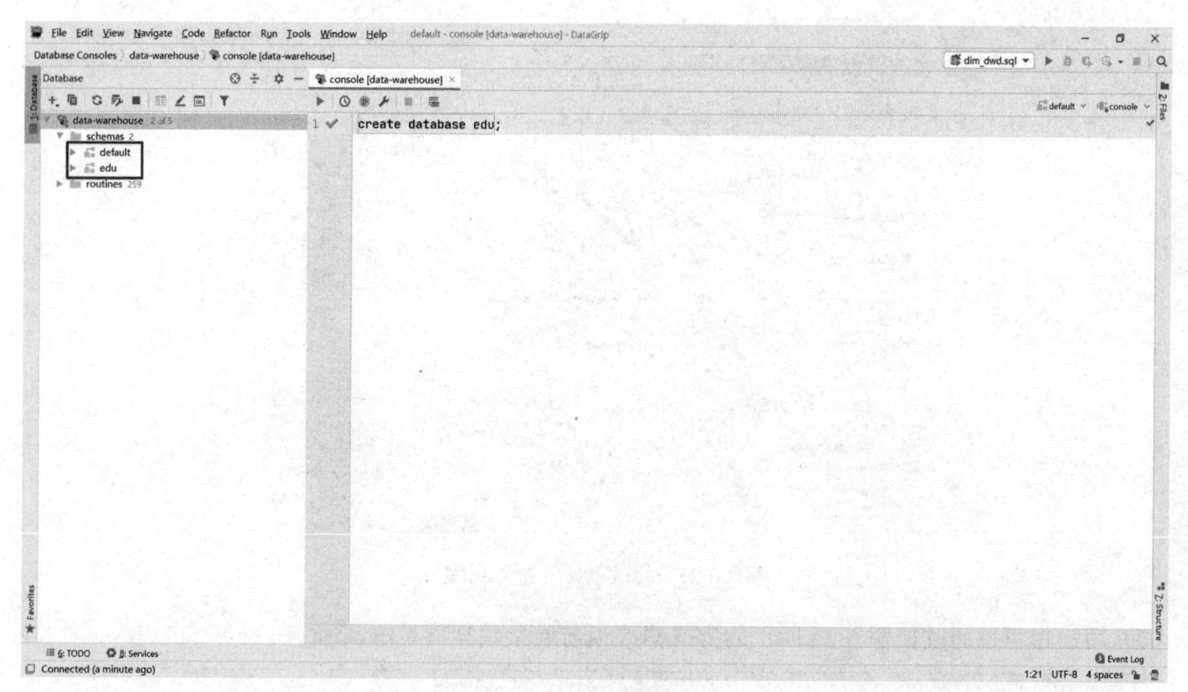

图 6-21　查看所有数据库

（6）用户可以通过修改连接属性，指明默认连接数据库，如图 6-22 和图 6-23 所示。

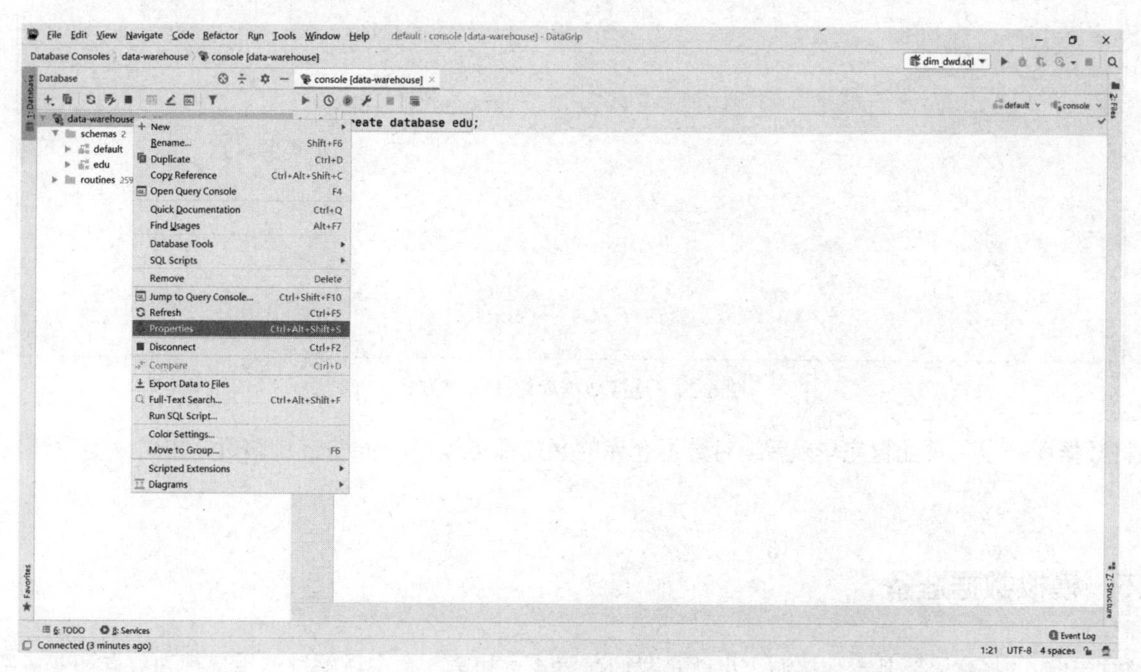

图 6-22　连接属性修改入口

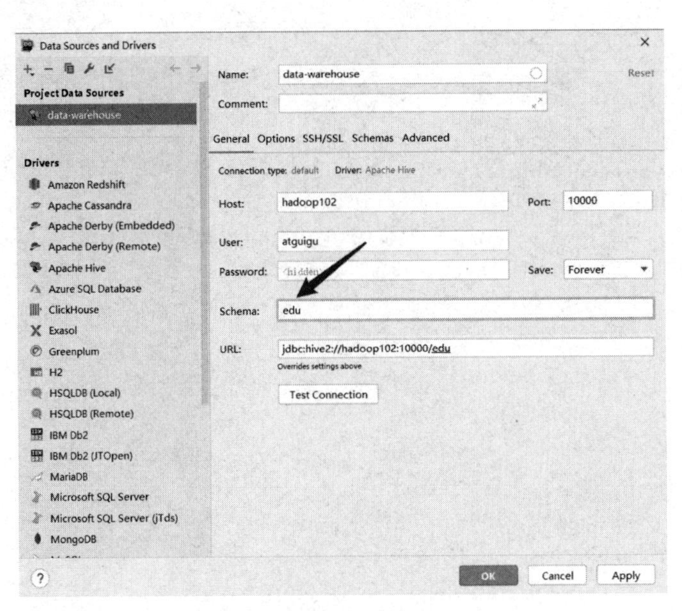

图 6-23　修改默认连接数据库

（7）用户也可以通过如图 6-24 所示的方式修改当前连接数据库。

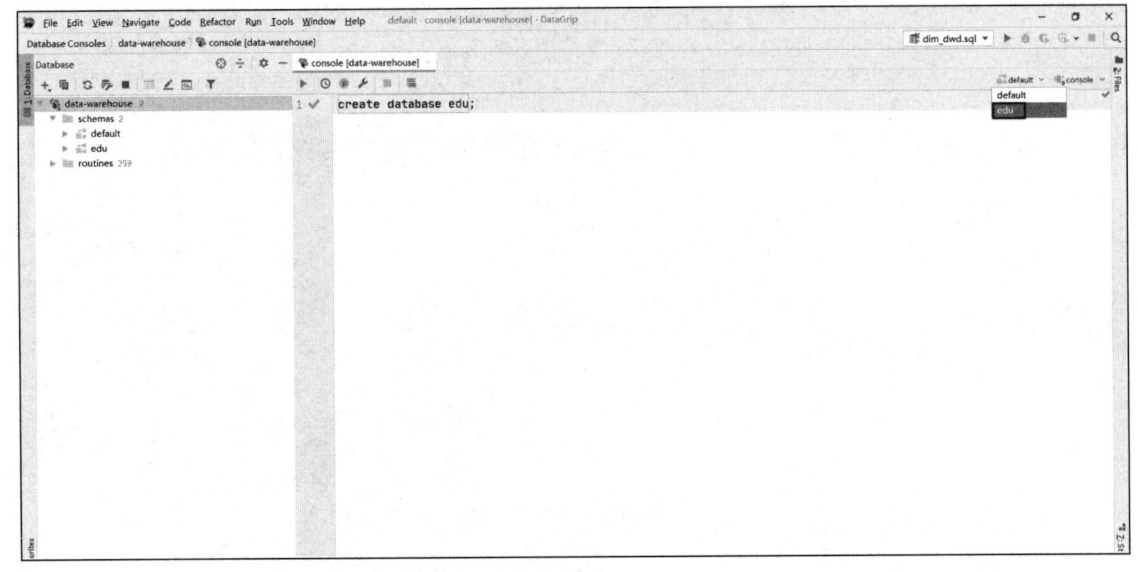

图 6-24　连接数据库修改快捷方式

将数据库开发工具配置完毕，后续对数据仓库的开发都可以在 DataGrip 中进行，相比命令行开发更加灵活。

6.3.5　模拟数据准备

数据仓库的搭建需要基于数据源，也就是我们在第 4 章和第 5 章中讲解过的用户行为数据和业务数据。通常企业在开始搭建数据仓库时，业务系统中会保留历史数据，用户行为数据则不会保留历史数据。我们假定本数据仓库项目的上线时间是 2022 年 2 月 21 日，以此日期模拟真实场景，进行数据的模拟和生成。

在第 4 章和第 5 章，数据采集系统的搭建过程中，曾测试生成并采集过一些数据，并存储在了 HDFS 的/origin_data 路径下，删除此路径下所有的测试数据，重新模拟数据。

1. 启动系统

（1）执行集群启动脚本，开启 Hadoop、ZooKeeper、Kafka，以及用户行为数据采集系统。

```
[atguigu@hadoop102 ~]$ cluster.sh start
================== 启动 集群 ==================
==================> hadoop102 start zk <==================
ZooKeeper JMX enabled by default
Using config: /opt/module/zookeeper-3.5.7/bin/../conf/zoo.cfg
Starting zookeeper ... STARTED
==================> hadoop103 start zk <==================
ZooKeeper JMX enabled by default
Using config: /opt/module/zookeeper-3.5.7/bin/../conf/zoo.cfg
Starting zookeeper ... STARTED
==================> hadoop104 start zk <==================
ZooKeeper JMX enabled by default
Using config: /opt/module/zookeeper-3.5.7/bin/../conf/zoo.cfg
Starting zookeeper ... STARTED
Starting namenodes on [hadoop102]
Starting datanodes
Starting secondary namenodes [hadoop104]
Starting resourcemanager
Starting nodemanagers
 --------启动 hadoop102 Kafka-------
 --------启动 hadoop103 Kafka-------
 --------启动 hadoop104 Kafka-------
 --------启动 hadoop102 采集 Flume-------
 --------启动 hadoop104 消费 Flume-------
[atguigu@hadoop102 ~]$ xcall.sh jps
--------- hadoop102 ----------
25808 Kafka
20434 Application
19879 NodeManager
25963 Jps
24892 QuorumPeerMain
19405 NameNode
19567 DataNode
--------- hadoop103 ----------
10403 QuorumPeerMain
9412 NodeManager
9078 DataNode
11319 Jps
9273 ResourceManager
11228 Kafka
--------- hadoop104 ----------
10966 Kafka
9575 Application
8826 DataNode
11083 Jps
8940 SecondaryNameNode
9037 NodeManager
10143 QuorumPeerMain
```

（2）启动 Maxwell。

```
[atguigu@hadoop102 ~]$ mxw.sh restart
停止 Maxwell
启动 Maxwell
Redirecting STDOUT to /opt/module/maxwell/bin/../logs/MaxwellDaemon.out
Using kafka version: 1.0.0
```

（3）启动业务数据采集 Flume。

```
[atguigu@hadoop102 ~]$ f3.sh start
--------启动 hadoop104 业务数据 flume-------
```

2. 首日数据生成及采集

（1）首日数据模拟。

```
[atguigu@hadoop102 ~]$ mock.sh init
正在生成 2022-02-16 当日的数据
正在生成 2022-02-17 当日的数据
正在生成 2022-02-18 当日的数据
正在生成 2022-02-19 当日的数据
正在生成 2022-02-20 当日的数据
正在生成 2022-02-21 当日的数据
```

（2）业务数据全量同步。

```
[atguigu@hadoop102 ~]$ mysql_to_hdfs_full.sh all 2022-02-21
```

（3）业务数据增量同步初始化（bootstrap）。

```
[atguigu@hadoop102 ~]$ mysql_to_kafka_inc_init.sh all
```

6.3.6 常用函数

在正式对数据仓库进行搭建之前，我们还应对 Hive 的常用复杂函数有一定的了解。

1. concat()函数。

concat()函数用于连接字符串，在连接字符串时，只要其中一个字符串是 NULL，结果就返回 NULL。

```
hive> select concat('a','b');
ab

hive> select concat('a','b',null);
NULL
```

2. concat_ws()函数

concat_ws()函数同样用于连接字符串，在连接字符串时，只要有一个字符串不是 NULL，结果就不会返回 NULL。concat_ws()函数需要指定分隔符。

```
hive> select concat_ws('-','a','b');
a-b

hive> select concat_ws('-','a','b',null);
a-b

hive> select concat_ws('','a','b',null);
ab
```

3. collect_set()函数

（1）创建原数据表。

```
hive (default)>
drop table if exists stud;
create table stud (name string, area string, course string, score int);
```

（2）向原数据表中插入数据。

```
hive (default)>
insert into table stud values('zhang3','bj','math',88);
insert into table stud values('li4','bj','math',99);
insert into table stud values('wang5','sh','chinese',92);
insert into table stud values('zhao6','sh','chinese',54);
insert into table stud values('tian7','bj','chinese',91);
```

（3）查询表中的数据。

```
hive (default)> select * from stud;
stud.name       stud.area       stud.course     stud.score
zhang3          bj              math            88
li4             bj              math            99
wang5           sh              chinese         92
zhao6           sh              chinese         54
tian7           bj              chinese         91
```

（4）把同一分组中不同行的数据聚合成一个集合。

```
hive (default)> select course, collect_set(area), avg(score) from stud group by course;
chinese ["sh","bj"]     79.0
math    ["bj"]  93.5
```

（5）使用下标获取聚合结果的某一个值。

```
hive (default)> select course, collect_set(area)[0], avg(score) from stud group by course;
chinese sh      79.0
math    bj      93.5
```

4. nvl()函数

基本语法：nvl(表达式1,表达式2)。

如果表达式1为空值，则nvl返回表达式2的值，否则返回表达式1的值。该函数的目的是把一个空值（null）转换成一个实际的值。其表达式的数据类型可以是数字型、字符型和日期型。需要注意的是，表达式1和表达式2的数据类型必须相同。

例如：

```
hive (default)> select nvl(1,0);
1
hive (default)> select nvl(null,"hello");
hello
```

5. 日期处理函数

（1）date_format()函数（根据格式整理日期）。

```
hive (default)> select date_format('2022-02-21','yyyy-MM');
2022-02
```

（2）date_add()函数（加减日期）。

```
hive (default)> select date_add('2022-02-21',-1);
2022-02-20
hive (default)> select date_add('2022-02-21',1);
2022-02-22
```

6. 时间戳转换函数 from_utc_timestamp()

计算机中的 UNIX 时间戳是以 GMT/UTC 时间（1970-01-01T00:00:00）为起点，到具体时间的秒数。通过函数 from_utc_timestamp()可以将时间戳转换为北京所处的东 8 区时间，使用方式如下。

```
hive (default)> select from_utc_timestamp(2592000000,'GMT+8');
1970-01-30 08:00:00
hive (default)> select from_utc_timestamp(2592000.0, 'GMT+8');
1970-01-30 08:00:00
hive (default)> select from_utc_timestamp(timestamp '1970-01-30 16:00:00', 'GMT+8');
1970-01-30 08:00:00
```

从上面的使用示例可以看到，第一个参数值可以是日期类型、整数类型和浮点类型。其中整数类型将被认为是毫秒值，浮点类型将被认为是秒值。在使用的过程中，需要注意秒级时间戳，以及毫秒时间戳之间的转换。

6.3.7 复杂数据类型

Hive 有三种复杂数据类型：struct、map 和 array，如表 6-17 所示。array 和 map 与 Java 中的 Array 和 Map 类似。struct 与 C 语言中的 Struct 类似，封装了一个命名字段集合。复杂数据类型允许任意层次的嵌套。

表 6-17 Hive 的复杂数据类型

数据类型	描述	语法示例
struct	和 C 语言中的 Struct 类似，都可以通过“点”符号访问元素内容。例如，某列的数据类型是 struct{first STRING, last STRING}，那么第 1 个元素可以通过字段.first 来引用	struct<street:string, city:string>
map	map 是一组键值对元组集合，使用数组表示法可以访问数据。例如，某列的数据类型是 map，其中键值对是 ‘first’ → ‘John’ 和 ‘last’ → ‘Doe’，那么可以通过字段[‘last’]获取最后一个元素	map<string, int>
array	数组是一组具有相同类型和名称的变量的集合。这些变量称为数组的元素，每个数组元素都有一个编号，编号从零开始。例如，数组值为[‘John’ ， ‘Doe’]，那么第 2 个元素可以通过数组名[1]进行引用	array<string>

在 Hive 中可以使用 JsonSerDe（JSON Serializer and Deserializer）配合三种复杂的数据类型解析 JSON 格式的数据，如下所示的 JSON 数据与复杂数据类型存在对应关系。

```
{
    "name": "songsong",
    "friends": ["bingbing" , "lili"] , //array<string>
    "children": {                      //map<string, int>
        "xiao song": 18 ,
        "xiaoxiao song": 19
    },
    "address": {                       //struct<street:string, city:string>

        "street": "hui long guan" ,
        "city": "beijing"
    }
}
```

基于上述 JSON 数据与复杂数据类型的对应关系，在 Hive 中创建测试表 person_info，如下所示。

```
hive (default)> create table person_info(
name string,
friends array<string>,
children map<string, int>,
address struct<street:string, city:string>
)
ROW FORMAT SERDE 'org.apache.hadoop.hive.serde2.JsonSerDe';
```

将上述 JSON 文件保存至 person.json 文件，再将文件导入至测试表 person_info 下。

```
hive (default)> load data local inpath '/opt/module/datas/person.json' into table
person_info;
```

通过如下语句访问数据。

```
hive (default)> select friends[1],children['xiao song'],address.city from person_info
where name="songsong";
OK
_c0     _c1     city
lili    18      beijing
Time taken: 0.076 seconds, Fetched: 1 row(s)
```

6.4　数据仓库搭建——ODS 层

ODS 层为原始数据层，设计的基本原则有以下几点。

- 要求保持数据原貌不进行任何修改，表结构设计依托从业务系统同步过来的数据结构，起到备份数据的作用。
- 数据适当采用压缩格式，以减少磁盘存储空间。要保存全部历史数据，故其压缩格式应选择压缩比较高的，此处选择 gzip。
- 创建分区表，可以避免后续对表进行查询时全表扫描。
- 创建外部表。在企业开发中，除了自己用的临时表、创建内部表，绝大多数场景都是创建外部表。
- 在进行 ODS 层数据的导入之前，先要创建数据库，用于存储整个在线教育数据仓库项目的所有数据信息。
- 表名的命名规范为：ods_表名_单分区增量全量标识（inc/full）。

6.4.1　用户行为数据

在用户行为数据的 ODS 层中，我们不对原始数据进行任何的拆分、计算和修改。数据在通过 Flume 采集，发送至 Kafka，再落盘到 HDFS 的过程中，我们已经对数据进行了初步的清洗和判空，排除了格式不符合要求的脏数据。

ODS 层的搭建不进行额外的数据计算工作，最主要的是如何最大限度地将原始数据展示出来。在进行用户行为日志的采集工作时，我们已经分析过，我们需要采集的三大类用户行为日志——页面埋点日志、启动日志和播放日志，都是完整的 JSON 结构。在 Hive 中可以使用 JsonSerDe（JSON Serializer and Deserializer）对 JSON 日志进行处理，如图 6-25 所示。在所创建的 ods_log_inc 表中，将包含页面埋点日志、启动日志和播放日志的 JSON 结构中所有的可能值，包括 common、actions、displays、page、start、err、appVideo 和 ts。通过 Hive 的 load data 命令将数据装载至表格后，JsonSerDe 会对日志进行处理，将数据值与字段值对应起来，若字段无对应值，则为 null。

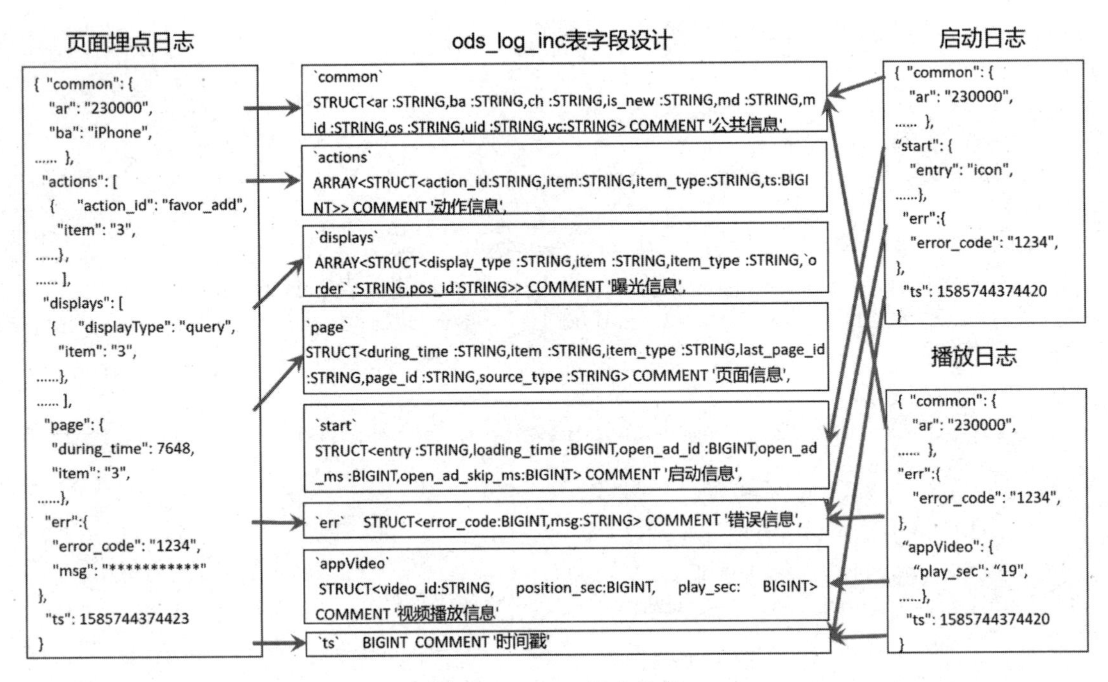

图 6-25 JSON 日志处理

表结构创建完成后，直接使用 Hive 的 load data 命令，将数据装载进表格即可，具体操作如下。

（1）按照上述思路创建用户行为日志表。

```
DROP TABLE IF EXISTS ods_log_inc;
create external table ods_log_inc
(
    `common`   STRUCT<ar :STRING,sid :STRING,ba :STRING,ch :STRING,is_new :STRING,
md :STRING,mid :STRING,os :STRING,uid :STRING,vc :STRING,sc :STRING> COMMENT '公共信息',
    `page`   STRUCT<during_time :STRING,item :STRING,item_type :STRING,last_page_id :
STRING,page_id :STRING,source_type :STRING> COMMENT '页面信息',
    `actions`  ARRAY<STRUCT<action_id:STRING,item:STRING,item_type:STRING,ts:BIGINT>>
COMMENT '动作信息',
    `displays`
ARRAY<STRUCT<display_type :STRING,item :STRING,item_type :STRING,`order` :STRING,pos_id
:STRING>> COMMENT '曝光信息',
    `start`     STRUCT<entry :STRING,loading_time :BIGINT,open_ad_id :BIGINT,open_
ad_ms :BIGINT,open_ad_skip_ms :BIGINT,first_open :STRING> COMMENT '启动信息',
    `err`      STRUCT<error_code:BIGINT,msg:STRING> COMMENT '错误信息',
    `appVideo`  STRUCT<video_id:STRING, position_sec:BIGINT, play_sec: BIGINT> COMMENT
'视频播放信息',
    `ts`       BIGINT COMMENT '时间戳'
) COMMENT '日志增量表'
    PARTITIONED BY (`dt` STRING)
    ROW FORMAT SERDE 'org.apache.hadoop.hive.serde2.JsonSerDe'
    LOCATION '/warehouse/edu/ods/ods_log_inc/';
```

（2）装载数据，指定每天数据的分区信息为具体到日的日期（暂不执行，在后续脚本中执行）。

```
hive (edu)>
load data inpath '/origin_data/edu/log/edu_log/2022-02-21' into table edu.ods_log_inc
partition(dt='2022-02-21');
```

注意：日期格式都配置成 YYYY-MM-DD 格式，这是 Hive 默认支持的日期格式。

6.4.2 ODS 层用户行为数据导入脚本

将 ODS 层用户行为数据的装载过程编写成脚本，方便每日调用执行。

脚本设计思路如下：

- 首先定义脚本中常用的变量，如数据库名称变量和日期变量。日期变量可以是用户传入的具体日期，若用户没有传入，则自动计算前一天的日期。
- 将需要执行的 SQL 语句中的日期用上述日期变量替换，以使该 SQL 语句可以每天重复使用。
- 最后通过 hive -e 命令执行 SQL 语句 。

（1）在 hadoop102 节点服务器的/home/atguigu/bin 目录下创建脚本 hdfs_to_ods_log.sh。

```
[atguigu@hadoop102 bin]$ vim hdfs_to_ods_log.sh
```

在脚本中编写如下内容。

```
#!/bin/bash
# 定义变量方便修改
APP="edu"

# 如果是输入的日期，取输入日期；如果没输入日期，取当前时间的前一天
if [ -n "$1" ] ;then
   do_date=$1
else
   do_date=`date -d "-1 day" +%F`
fi

echo ================== 日志日期为 $do_date ==================
sql="
load data inpath '/origin_data/edu/log/edu_log/$do_date' into table ${APP}.ods_log_inc
partition(dt='$do_date');
"
hive -e "$sql"
```

说明：

① [-n 变量值]的用法。

- [-n 变量值] 用于判断变量的值是否为空。
- 如果变量的值非空，则返回 true。
- 如果变量的值为空，则返回 false。

② Shell 中单引号和双引号的区别。

在/home/atguigu/bin 中创建一个 test.sh 文件。

```
[atguigu@hadoop102 bin]$ vim test.sh
```

在文件中添加如下内容。

```
#!/bin/bash
do_date=$1

echo '$do_date'
echo "$do_date"
echo "'$do_date'"
echo '"$do_date"'
echo `date`
```

查看执行结果。

```
[atguigu@hadoop102 bin]$ test.sh 2022-02-21
$do_date
2022-02-21
'2022-02-21'
"$do_date"
2022年 02月 21日 星期四 21:02:08 CST
```

总结如下。

- 单引号表示不取出变量值。
- 双引号表示取出变量值。
- 反引号表示执行引号中的命令。
- 双引号内部嵌套单引号表示取出变量值。
- 单引号内部嵌套双引号表示不取出变量值。

（2）增加脚本执行权限。

```
[atguigu@hadoop102 bin]$ chmod +x hdfs_to_ods_log.sh
```

（3）执行脚本，导入数据。

```
[atguigu@hadoop102 module]$ hdfs_to_ods_log.sh 2022-02-21
```

6.4.3 业务数据

业务数据的 ODS 层搭建与用户行为数据的 ODS 层搭建相同，都是保留原始数据，不对数据做任何转换处理，根据分析需求选取业务数据库中表的必须字段进行建表，然后将采集的原始业务数据装载（Load）至所建的表格中。

业务数据的同步与用户行为数据的同步有所不同，业务数据在进行采集的时候，对所有的业务数据表进行了同步策略的划分，按照同步策略的不同，分为了全量表（后缀是 full）和增量表（后缀是 inc）。

其中全量表使用 DataX 进行同步，DataX 同步的数据字段间通过“\t”进行分隔，所以在创建这一类表格的 ODS 层表结构时，直接对应业务数据表的原结构创建字段，然后使用“\t”进行分隔即可。

增量表同步使用的是 Maxwell，Maxwell 通过监控 MySQL 的 binlog 变化来获取到变动数据，最终落盘至 HDFS 的变动数据是 JSON 数据结构的，所以此处还是使用 JsonSerDe（JSON Serializer and Deserializer）对 JSON 格式的变动数据进行处理。我们在讲解 Maxwell 时，已经展示过 Maxwell 采集到的数据结构，真正的数据包含在以“data”为键的对象中。

读者在阅读以下数据表的建表语句时，可以注意一下全量表和增量表分别是如何创建字段的。

具体的建表语句如下。

1. 创建分类信息全量表

```
hive (edu)>
DROP TABLE IF EXISTS `ods_base_category_info_full`;
CREATE EXTERNAL TABLE `ods_base_category_info_full`
(
    `id` STRING COMMENT '编号',
    `category_name` STRING COMMENT '分类名称',
    `create_time` STRING COMMENT '创建时间',
    `update_time` STRING COMMENT '更新时间',
    `deleted` STRING COMMENT '是否删除'
) COMMENT '分类信息全量表'
    PARTITIONED BY (`dt` STRING)
    ROW FORMAT DELIMITED FIELDS TERMINATED BY '\t'
```

```
        NULL DEFINED AS ''
    LOCATION '/warehouse/edu/ods/ods_base_category_info_full/';
```

2. 创建来源信息全量表

```
hive (edu)>
DROP TABLE IF EXISTS `ods_base_source_full`;
CREATE EXTERNAL TABLE `ods_base_source_full`
(
    `id` STRING COMMENT '编号',
    `source_site` STRING COMMENT '来源名称',
    `source_url` STRING COMMENT '来源网址'
) COMMENT '来源信息全量表'
    PARTITIONED BY (`dt` STRING)
    ROW FORMAT DELIMITED FIELDS TERMINATED BY '\t'
        NULL DEFINED AS ''
    LOCATION '/warehouse/edu/ods/ods_base_source_full/';
```

3. 创建省份全量表

```
hive (edu)>
DROP TABLE IF EXISTS `ods_base_province_full`;
CREATE EXTERNAL TABLE `ods_base_province_full`
(
    `id` STRING COMMENT '编号',
    `name` STRING COMMENT '省名称',
    `region_id` STRING COMMENT '地区 id',
    `area_code` STRING COMMENT '行政区位码',
    `iso_code` STRING COMMENT '国际编码',
    `iso_3166_2` STRING COMMENT 'ISO3166 编码'
) COMMENT '省份全量表'
    PARTITIONED BY (`dt` STRING)
    ROW FORMAT DELIMITED FIELDS TERMINATED BY '\t'
        NULL DEFINED AS ''
    LOCATION '/warehouse/edu/ods/ods_base_province_full/';
```

4. 创建科目信息全量表

```
hive (edu)>
DROP TABLE IF EXISTS `ods_base_subject_info_full`;
CREATE EXTERNAL TABLE `ods_base_subject_info_full`
(
    `id` STRING COMMENT '编号',
    `subject_name` STRING COMMENT '科目名称',
    `category_id` STRING COMMENT '分类 id',
    `create_time` STRING COMMENT '创建时间',
    `update_time` STRING COMMENT '更新时间',
    `deleted` STRING COMMENT '是否删除'
) COMMENT '科目信息全量表'
    PARTITIONED BY (`dt` STRING)
    ROW FORMAT DELIMITED FIELDS TERMINATED BY '\t'
        NULL DEFINED AS ''
    LOCATION '/warehouse/edu/ods/ods_base_subject_info_full/';
```

5. 创建购物车全量表

```
hive (edu)>
DROP TABLE IF EXISTS `ods_cart_info_full`;
CREATE EXTERNAL TABLE `ods_cart_info_full`
(
    `id` STRING COMMENT '编号',
    `user_id` STRING COMMENT '用户 id',
    `course_id` STRING COMMENT '课程 id',
    `course_name` STRING COMMENT '课程名称 (冗余)',
    `cart_price` DEC(16, 2) COMMENT '放入购物车时价格',
    `img_url` STRING COMMENT '图片文件',
    `session_id` STRING COMMENT '会话 id',
    `create_time` STRING COMMENT '创建时间',
    `update_time` STRING COMMENT '修改时间',
    `deleted` STRING COMMENT '是否已删',
    `sold` STRING COMMENT '是否已售'
) COMMENT '购物车全量表'
    PARTITIONED BY (`dt` STRING)
    ROW FORMAT DELIMITED FIELDS TERMINATED BY '\t'
        NULL DEFINED AS ''
    LOCATION '/warehouse/edu/ods/ods_cart_info_full/';
```

6. 创建章节信息全量表

```
hive (edu)>
DROP TABLE IF EXISTS `ods_chapter_info_full`;
CREATE EXTERNAL TABLE `ods_chapter_info_full`
(
    `id` STRING COMMENT '编号',
    `chapter_name` STRING COMMENT '章节名称',
    `course_id` STRING COMMENT '课程 id',
    `video_id` STRING COMMENT '视频 id',
    `publisher_id` STRING COMMENT '发布者 id',
    `is_free` STRING COMMENT '是否免费',
    `create_time` STRING COMMENT '创建时间',
    `deleted` STRING COMMENT '是否删除',
    `update_time` STRING COMMENT '更新时间'
) COMMENT '章节信息全量表'
    PARTITIONED BY (`dt` STRING)
    ROW FORMAT DELIMITED FIELDS TERMINATED BY '\t'
        NULL DEFINED AS ''
    LOCATION '/warehouse/edu/ods/ods_chapter_info_full/';
```

7. 创建课程信息全量表

```
hive (edu)>
DROP TABLE IF EXISTS `ods_course_info_full`;
CREATE EXTERNAL TABLE `ods_course_info_full`
(
    `id` STRING COMMENT '编号',
    `course_name` STRING COMMENT '课程名称',
    `course_slogan` STRING COMMENT '课程标语',
    `course_cover_url` STRING COMMENT '课程封面',
```

```
    `subject_id` STRING COMMENT '学科id',
    `teacher` STRING COMMENT '讲师名称',
    `publisher_id` STRING COMMENT '发布者id',
    `chapter_num` BIGINT COMMENT '章节数',
    `origin_price` DECIMAL(16, 2) COMMENT '价格',
    `reduce_amount` DECIMAL(16, 2) COMMENT '优惠金额',
    `actual_price` DECIMAL(16, 2) COMMENT '实际价格',
    `course_introduce` STRING COMMENT '课程介绍',
    `create_time` STRING COMMENT '创建时间',
    `deleted` STRING COMMENT '是否删除',
    `update_time` STRING COMMENT '更新时间'
) COMMENT '课程信息全量表'
    PARTITIONED BY (`dt` STRING)
    ROW FORMAT DELIMITED FIELDS TERMINATED BY '\t'
        NULL DEFINED AS ''
    LOCATION '/warehouse/edu/ods/ods_course_info_full/';
```

8. 创建知识点信息全量表

```
hive (edu)>
DROP TABLE IF EXISTS `ods_knowledge_point_full`;
CREATE EXTERNAL TABLE `ods_knowledge_point_full`
(
    `id` STRING COMMENT '编号',
    `point_txt` STRING COMMENT '知识点内容  ',
    `point_level` STRING COMMENT '知识点级别',
    `course_id` STRING COMMENT '课程id',
    `chapter_id` STRING COMMENT '章节id',
    `create_time` STRING COMMENT '创建时间',
    `update_time` STRING COMMENT '修改时间',
    `publisher_id` STRING COMMENT '发布者id',
    `deleted` STRING COMMENT '是否删除'
) COMMENT '知识点信息全量表'
    PARTITIONED BY (`dt` STRING)
    ROW FORMAT DELIMITED FIELDS TERMINATED BY '\t'
        NULL DEFINED AS ''
    LOCATION '/warehouse/edu/ods/ods_knowledge_point_full/';
```

9. 创建试卷全量表

```
hive (edu)>
DROP TABLE IF EXISTS `ods_test_paper_full`;
CREATE EXTERNAL TABLE `ods_test_paper_full`
(
    `id` STRING COMMENT '编号',
    `paper_title` STRING COMMENT '试卷名称',
    `course_id` STRING COMMENT '课程id',
    `create_time` STRING COMMENT '创建时间',
    `update_time` STRING COMMENT '更新时间',
    `publisher_id` STRING COMMENT '发布者id',
    `deleted` STRING COMMENT '是否删除'
) COMMENT '试卷全量表'
    PARTITIONED BY (`dt` STRING)
    ROW FORMAT DELIMITED FIELDS TERMINATED BY '\t'
```

```
        NULL DEFINED AS ''
    LOCATION '/warehouse/edu/ods/ods_test_paper_full/';
```

10. 创建试卷题目全量表

```
hive (edu)>
DROP TABLE IF EXISTS `ods_test_paper_question_full`;
CREATE EXTERNAL TABLE `ods_test_paper_question_full`
(
    `id` STRING COMMENT '编号',
    `paper_id` STRING COMMENT '试卷 id',
    `question_id` STRING COMMENT '题目 id',
    `score` DECIMAL(16, 2) COMMENT '得分',
    `create_time` STRING COMMENT '创建时间',
    `deleted` STRING COMMENT '是否删除',
    `publisher_id` STRING COMMENT '发布者 id'
) COMMENT '试卷题目全量表'
    PARTITIONED BY (`dt` STRING)
    ROW FORMAT DELIMITED FIELDS TERMINATED BY '\t'
        NULL DEFINED AS ''
    LOCATION '/warehouse/edu/ods/ods_test_paper_question_full/';
```

11. 创建知识点题目全量表

```
hive (edu)>
DROP TABLE IF EXISTS `ods_test_point_question_full`;
CREATE EXTERNAL TABLE `ods_test_point_question_full`
(
    `id` STRING COMMENT '编号',
    `point_id` STRING COMMENT '知识点 id',
    `question_id` STRING COMMENT '题目 id',
    `create_time` STRING COMMENT '创建时间',
    `publisher_id` STRING COMMENT '发布者 id',
    `deleted` STRING COMMENT '是否删除'
) COMMENT '知识点题目全量表'
    PARTITIONED BY (`dt` STRING)
    ROW FORMAT DELIMITED FIELDS TERMINATED BY '\t'
        NULL DEFINED AS ''
    LOCATION '/warehouse/edu/ods/ods_test_point_question_full/';
```

12. 创建题目信息全量表

```
hive (edu)>
DROP TABLE IF EXISTS `ods_test_question_info_full`;
CREATE EXTERNAL TABLE `ods_test_question_info_full`
(
    `id` STRING COMMENT '编号',
    `question_txt` STRING COMMENT '题目内容',
    `chapter_id` STRING COMMENT '章节 id',
    `course_id` STRING COMMENT '课程 id',
    `question_type` STRING COMMENT '题目类型',
    `create_time` STRING COMMENT '创建时间',
    `update_time` STRING COMMENT '更新时间',
    `publisher_id` STRING COMMENT '发布者 id',
    `deleted` STRING COMMENT '是否删除'
```

```
) COMMENT '题目信息全量表'
    PARTITIONED BY (`dt` STRING)
    ROW FORMAT DELIMITED FIELDS TERMINATED BY '\t'
        NULL DEFINED AS ''
    LOCATION '/warehouse/edu/ods/ods_test_question_info_full/';
```

13. 创建用户章节进度全量表

```
hive (edu)>
DROP TABLE IF EXISTS `ods_user_chapter_process_full`;
CREATE EXTERNAL TABLE `ods_user_chapter_process_full`
(
    `id` STRING COMMENT '编号',
    `course_id` STRING COMMENT '课程 id',
    `chapter_id` STRING COMMENT '章节 id',
    `user_id` STRING COMMENT '用户 id',
    `position_sec` BIGINT COMMENT '时长位置',
    `create_time` STRING COMMENT '创建时间',
    `update_time` STRING COMMENT '更新时间',
    `deleted` STRING COMMENT '是否删除'
) COMMENT '用户章节进度全量表'
    PARTITIONED BY (`dt` STRING)
    ROW FORMAT DELIMITED FIELDS TERMINATED BY '\t'
        NULL DEFINED AS ''
    LOCATION '/warehouse/edu/ods/ods_user_chapter_process_full/';
```

14. 创建题目选项全量表

```
hive (edu)>
DROP TABLE IF EXISTS `ods_test_question_option_full`;
CREATE EXTERNAL TABLE `ods_test_question_option_full`
(
    `id` STRING COMMENT '编号',
    `option_txt` STRING COMMENT '选项内容',
    `question_id` STRING COMMENT '题目 id',
    `is_correct` STRING COMMENT '是否正确',
    `create_time` STRING COMMENT '创建时间',
    `update_time` STRING COMMENT '更新时间',
    `deleted` STRING COMMENT '是否删除'
) COMMENT '题目选项全量表'
    PARTITIONED BY (`dt` STRING)
    ROW FORMAT DELIMITED FIELDS TERMINATED BY '\t'
        NULL DEFINED AS ''
    LOCATION '/warehouse/edu/ods/ods_test_question_option_full/';
```

15. 创建视频信息全量表

```
hive (edu)>
DROP TABLE IF EXISTS `ods_video_info_full`;
CREATE EXTERNAL TABLE `ods_video_info_full`
(
    `id` STRING COMMENT '编号',
    `video_name` STRING COMMENT '视频名称',
    `during_sec` BIGINT COMMENT '时长',
    `video_status` STRING COMMENT '状态 未上传，上传中，上传完',
```

```
    `video_size` BIGINT COMMENT '大小',
    `video_url` STRING COMMENT '视频存储路径',
    `video_source_id` STRING COMMENT '云端资源编号',
    `version_id` STRING COMMENT '版本号',
    `chapter_id` STRING COMMENT '章节 id',
    `course_id` STRING COMMENT '课程 id',
    `publisher_id` STRING COMMENT '发布者 id',
    `create_time` STRING COMMENT '创建时间',
    `update_time` STRING COMMENT '更新时间',
    `deleted` STRING COMMENT '是否删除'
) COMMENT '视频信息全量表'
    PARTITIONED BY (`dt` STRING)
    ROW FORMAT DELIMITED FIELDS TERMINATED BY '\t'
       NULL DEFINED AS ''
    LOCATION '/warehouse/edu/ods/ods_video_info_full/';
```

16. 创建购物车增量表

```
hive (edu)>
DROP TABLE IF EXISTS ods_cart_info_inc;
CREATE EXTERNAL TABLE ods_cart_info_inc
(
    `type` STRING COMMENT '变动类型',
    `ts` STRING COMMENT '变动时间',
    `data` STRUCT<id : STRING, user_id : STRING, course_id : STRING, course_name : DEC(16, 2), cart_price : DECIMAL(16, 2), img_url : STRING, session_id : STRING, create_time : STRING, update_time : STRING, deleted : STRING, sold : STRING> COMMENT '数据',
    `old` MAP<STRING,STRING> COMMENT '旧值'
) COMMENT '购物车增量表'
    PARTITIONED BY (`dt` STRING)
    ROW FORMAT SERDE 'org.apache.hadoop.hive.serde2.JsonSerDe'
    LOCATION '/warehouse/edu/ods/ods_cart_info_inc/';
```

17. 创建章节评价增量表

```
hive (edu)>
DROP TABLE IF EXISTS ods_comment_info_inc;
CREATE EXTERNAL TABLE ods_comment_info_inc
(
    `type` STRING COMMENT '变动类型',
    `ts` STRING COMMENT '变动时间',
    `data` STRUCT<id : STRING, user_id : STRING, chapter_id : STRING, course_id : STRING, comment_txt : STRING, create_time :STRING, deleted : STRING> COMMENT '数据',
    `old` MAP<STRING,STRING> COMMENT '旧值'
) COMMENT '章节评价增量表'
    PARTITIONED BY (`dt` STRING)
    ROW FORMAT SERDE 'org.apache.hadoop.hive.serde2.JsonSerDe'
    LOCATION '/warehouse/edu/ods/ods_comment_info_inc/';
```

18. 创建收藏增量表

```
hive (edu)>
DROP TABLE IF EXISTS ods_favor_info_inc;
CREATE EXTERNAL TABLE ods_favor_info_inc
(
```

```
        `type` STRING COMMENT '变动类型',
        `ts` STRING COMMENT '变动时间',
        `data` STRUCT<id : STRING, course_id : STRING, user_id : STRING, create_time :
STRING, update_time : STRING, deleted : STRING> COMMENT '数据',
        `old` MAP<STRING,STRING> COMMENT '旧值'
    ) COMMENT '收藏增量表'
        PARTITIONED BY (`dt` STRING)
        ROW FORMAT SERDE 'org.apache.hadoop.hive.serde2.JsonSerDe'
        LOCATION '/warehouse/edu/ods/ods_favor_info_inc/';
```

19. 创建订单明细增量表

```
    hive (edu)>
    DROP TABLE IF EXISTS ods_order_detail_inc;
    CREATE EXTERNAL TABLE ods_order_detail_inc
    (
        `type` STRING COMMENT '变动类型',
        `ts` STRING COMMENT '变动时间',
        `data` STRUCT<id : STRING, course_id : STRING, course_name : STRING, order_id :
STRING, user_id : STRING, origin_amount : DECIMAL(16, 2), coupon_reduce : DECIMAL(16, 2),
final_amount : DECIMAL(16, 2), create_time : STRING, update_time : STRING> COMMENT '数据',
        `old` MAP<STRING,STRING> COMMENT '旧值'
    ) COMMENT '订单明细增量表'
        PARTITIONED BY (`dt` STRING)
        ROW FORMAT SERDE 'org.apache.hadoop.hive.serde2.JsonSerDe'
        LOCATION '/warehouse/edu/ods/ods_order_detail_inc/';
```

20. 创建订单增量表

```
    hive (edu)>
    DROP TABLE IF EXISTS ods_order_info_inc;
    CREATE EXTERNAL TABLE ods_order_info_inc
    (
        `type` STRING COMMENT '变动类型',
        `ts` STRING COMMENT '变动时间',
        `data` STRUCT<id : String, user_id : String, origin_amount : DECIMAL(16, 2),
coupon_reduce : DECIMAL(16, 2), final_amount : DECIMAL(16, 2), order_status : String,
out_trade_no : String, trade_body : String, session_id : String, province_id  : String,
create_time : String, expire_time : String, update_time : String> COMMENT '数据',
        `old` MAP<STRING,STRING> COMMENT '旧值'
    ) COMMENT '订单增量表'
        PARTITIONED BY (`dt` STRING)
        ROW FORMAT SERDE 'org.apache.hadoop.hive.serde2.JsonSerDe'
        LOCATION '/warehouse/edu/ods/ods_order_info_inc/';
```

21. 创建支付增量表

```
    hive (edu)>
    DROP TABLE IF EXISTS ods_payment_info_inc;
    CREATE EXTERNAL TABLE ods_payment_info_inc
    (
        `type` STRING COMMENT '变动类型',
        `ts` STRING COMMENT '变动时间',
        `data` STRUCT<id : STRING, out_trade_no : STRING, order_id : STRING,
alipay_trade_no : STRING, total_amount : DECIMAL(16, 2), trade_body : STRING, payment_type :
```

```
STRING, payment_status : STRING, create_time : STRING, update_time : STRING, callback_content : STRING, callback_time : STRING> COMMENT '数据',
        `old` MAP<STRING,STRING> COMMENT '旧值'
    ) COMMENT '支付增量表'
        PARTITIONED BY (`dt` STRING)
        ROW FORMAT SERDE 'org.apache.hadoop.hive.serde2.JsonSerDe'
        LOCATION '/warehouse/edu/ods/ods_payment_info_inc/';
```

22. 创建课程评价增量表

```
    hive (edu)>
    DROP TABLE IF EXISTS ods_review_info_inc;
    CREATE EXTERNAL TABLE ods_review_info_inc
    (
        `type` STRING COMMENT '变动类型',
        `ts` STRING COMMENT '变动时间',
        `data` STRUCT<id : STRING, user_id : STRING, course_id : STRING, review_txt : STRING, review_stars : STRING, create_time : STRING, deleted : STRING> COMMENT '数据',
        `old` MAP<STRING,STRING> COMMENT '旧值'
    ) COMMENT '课程评价增量表'
        PARTITIONED BY (`dt` STRING)
        ROW FORMAT SERDE 'org.apache.hadoop.hive.serde2.JsonSerDe'
        LOCATION '/warehouse/edu/ods/ods_review_info_inc/';
```

23. 创建考试增量表

```
    hive (edu)>
    DROP TABLE IF EXISTS ods_test_exam_inc;
    CREATE EXTERNAL TABLE ods_test_exam_inc
    (
        `type` STRING COMMENT '变动类型',
        `ts` STRING COMMENT '变动时间',
        `data` STRUCT<id : STRING, paper_id : STRING, user_id : STRING, score : DECIMAL(16,2), duration_sec : BIGINT, create_time : STRING, submit_time : STRING, update_time : STRING, deleted : STRING> COMMENT '数据',
        `old` MAP<STRING,STRING> COMMENT '旧值'
    ) COMMENT '考试增量表'
        PARTITIONED BY (`dt` STRING)
        ROW FORMAT SERDE 'org.apache.hadoop.hive.serde2.JsonSerDe'
        LOCATION '/warehouse/edu/ods/ods_test_exam_inc/';
```

24. 创建用户增量表

```
    hive (edu)>
    DROP TABLE IF EXISTS ods_user_info_inc;
    CREATE EXTERNAL TABLE ods_user_info_inc
    (
        `type` STRING COMMENT '变动类型',
        `ts` STRING COMMENT '变动时间',
        `data` STRUCT<id : STRING, login_name : STRING, nick_name : STRING, passwd : STRING, real_name : STRING, phone_num : STRING, email : STRING, head_img : STRING, user_level : STRING, birthday : STRING, gender : STRING, create_time : STRING, operate_time : STRING, status : STRING> COMMENT '数据',
        `old` MAP<STRING,STRING> COMMENT '旧值'
    ) COMMENT '用户增量表'
```

```
    PARTITIONED BY (`dt` STRING)
    ROW FORMAT SERDE 'org.apache.hadoop.hive.serde2.JsonSerDe'
    LOCATION '/warehouse/edu/ods/ods_user_info_inc/';
```

25. 创建 VIP 等级变动明细增量表

```
hive (edu)>
DROP TABLE IF EXISTS ods_vip_change_detail_inc;
CREATE EXTERNAL TABLE ods_vip_change_detail_inc
(
    `type` STRING COMMENT '变动类型',
    `ts` STRING COMMENT '变动时间',
    `data` STRUCT<id : STRING, user_id : STRING, from_vip : STRING, to_vip : STRING,
create_time : STRING> COMMENT '数据',
    `old` MAP<STRING,STRING> COMMENT '旧值'
) COMMENT 'VIP等级变动明细增量表'
    PARTITIONED BY (`dt` STRING)
    ROW FORMAT SERDE 'org.apache.hadoop.hive.serde2.JsonSerDe'
    LOCATION '/warehouse/edu/ods/ods_vip_change_detail_inc/';
```

26. 创建考试题目增量表

```
hive (edu)>
DROP TABLE IF EXISTS `ods_test_exam_question_inc`;
CREATE EXTERNAL TABLE `ods_test_exam_question_inc`
(
    `type` STRING COMMENT '变动类型',
    `ts` STRING COMMENT '变动时间',
    `data` STRUCT< id : STRING, exam_id : STRING, paper_id : STRING, question_id :
STRING,user_id : STRING, answer : STRING, is_correct : STRING,score : decimal(16, 2),
create_time : STRING,update_time : STRING,deleted : STRING> COMMENT '数据',
    `old` MAP<STRING,STRING> COMMENT '旧值'
) COMMENT '考试题目增量表'
    PARTITIONED BY (`dt` STRING)
    ROW FORMAT SERDE 'org.apache.hadoop.hive.serde2.JsonSerDe'
    LOCATION '/warehouse/edu/ods/ods_test_exam_question_inc/';
```

6.4.4 ODS 层业务数据导入脚本

将 ODS 层业务数据首日数据的装载过程编写成脚本，方便调用执行。

脚本思路与 ODS 层用户行为数据导入脚本相似：

- 对日期变量值进行获取。
- 对需要执行的 SQL 语句进行拼接。具体逻辑是，循环判断将要执行 Load 操作的路径是否存在，若存在则将 SQL 语句拼接至 sql 字符串中。循环结束后，得到完整的 SQL 语句，统一使用 hive-e 命令执行。
- 编写逻辑判断脚本输入参数，根据传入的表名决定执行哪张表的数据装载操作。

（1）在/home/atguigu/bin 目录下创建脚本 hdfs_to_ods_db.sh。

```
[atguigu@hadoop102 bin]$ vim hdfs_to_ods_db.sh
```

在脚本中编写如下内容。

```
#!/bin/bash
```

```
APP='edu'

if [ -n "$2" ] ;then
  do_date=$2
else
  do_date=`date -d '-1 day' +%F`
fi

load_data(){
    sql=""
    for i in $*; do
        #判断路径是否存在
        hadoop fs -test -e /origin_data/edu/db/${i:4}/$do_date
        #路径存在方可装载数据
        if [[ $? = 0 ]]; then
            sql=$sql"load data inpath '/origin_data/edu/db/${i:4}/$do_date' OVERWRITE into table ${APP}.${i} partition(dt='$do_date');"
        fi
    done
    hive -e "$sql"
}

case $1 in
    ods_base_category_info_full | ods_base_province_full | ods_base_source_full | ods_base_subject_info_full | ods_cart_info_full | ods_cart_info_inc | ods_chapter_info_full | ods_comment_info_inc | ods_course_info_full | ods_favor_info_inc | ods_knowledge_point_full | ods_order_detail_inc | ods_order_info_inc | ods_payment_info_inc | ods_review_info_inc | ods_test_exam_inc | ods_test_exam_question_inc | ods_test_paper_full | ods_test_paper_question_full | ods_test_point_question_full | ods_test_question_info_full | ods_test_question_option_full | ods_user_chapter_process_full | ods_user_info_inc | ods_video_info_full | ods_vip_change_detail_inc)
        load_data $1
    ;;
    "all")
        load_data ods_base_category_info_full ods_base_province_full ods_base_source_full ods_base_subject_info_full ods_cart_info_full ods_cart_info_inc ods_chapter_info_full ods_comment_info_inc ods_course_info_full ods_favor_info_inc ods_knowledge_point_full ods_order_detail_inc ods_order_info_inc ods_payment_info_inc ods_review_info_inc ods_test_exam_inc ods_test_exam_question_inc ods_test_paper_full ods_test_paper_question_full ods_test_point_question_full ods_test_question_info_full ods_test_question_option_full ods_user_chapter_process_full ods_user_info_inc ods_video_info_full ods_vip_change_detail_inc
    ;;
esac
```

（2）增加脚本执行权限。

```
[atguigu@hadoop102 bin]$ chmod +x hdfs_to_ods_db.sh
```

（3）执行脚本，第一个参数传入 all，第二个参数 2022-02-21，导入 2022-02-21 的数据。

```
[atguigu@hadoop102 bin]$ hdfs_to_ods_db.sh  all 2022-02-21
```

6.5 数据仓库搭建——DIM 层

参照在 6.2.3 节指定的数据仓库业务总线矩阵，来搭建本数据仓库项目的 DIM 层。在业务总线矩阵中，共出现了 10 种维度，其中的设备维度已经冗余在了对应的事实表中，因此章节和设备维度无须创建维度表，最终形成 9 个维度表。

DIM 层的设计要点有以下 3 点。

- 设计依据是维度建模理论，该层存储维度模型的维度表。
- 数据存储格式为“ORC 列式存储+Snappy 压缩”。
- 表名的命名规范为 dim_表名_全量表或者拉链表标识（full/zip）。

接下来对几张主要的维度表进行讲解。

6.5.1 章节维度表（全量）

章节是比课程更细粒度的维度信息，一个课程可能有一至多个章节，按理说我们应将章节和课程信息合并到章节维度表中，该表的粒度为课程的一个章节的维度信息。但是，很多指标都是按照课程维度去统计的，只保留粒度为章节的维度表无疑将会增大计算复杂度，未免有“为了建模而建模”之嫌。因此，分别维护一张章节维度表和课程维度表。

章节维度表仅维护章节的描述信息，包括所属课程、所含课程等，该表未保存的信息计算时关联其他维表获取即可。

（1）建表语句。

```
hive (edu)>
DROP TABLE IF EXISTS dim_chapter_full;
CREATE EXTERNAL TABLE dim_chapter_full
(
    `id`           STRING COMMENT '章节 id',
    `chapter_name` STRING COMMENT '章节名称',
    `course_id`    STRING COMMENT '课程 id',
    `video_id`     STRING COMMENT '视频 id',
    `publisher_id` STRING COMMENT '发布者 id',
    `is_free`      STRING COMMENT '是否免费',
    `create_time`  STRING COMMENT '创建时间',
    `update_time`  STRING COMMENT '更新时间'
) COMMENT '章节维度表'
    PARTITIONED BY (`dt` STRING)
    STORED AS ORC
    LOCATION '/warehouse/edu/dim/dim_chapter_full/'
    TBLPROPERTIES ('orc.compress' = 'snappy');
```

（2）数据装载。

```
hive (edu)>
insert overwrite table edu.dim_chapter_full
    partition (dt = '2022-02-21')
select id,
       chapter_name,
       course_id,
       video_id,
       publisher_id,
```

```
        is_free,
        create_time,
        update_time
    from edu.ods_chapter_info_full
    where deleted = '0'
      and dt = '2022-02-21';
```

6.5.2 课程维度表（全量）

课程维度表需要体现所有与一个课程相关，且具有分析意义的属性值，这样在需要分析课程的某个属性时，不需要再与其他表格进行关联查询。在课程维度表中，通过与分类信息全量表、科目信息全量表、课程信息全量表、章节信息全量表进行关联查询，获取到关键属性信息。

（1）建表语句。

```
    hive (edu)>
    DROP TABLE IF EXISTS dim_course_full;
    CREATE EXTERNAL TABLE dim_course_full
    (
        `id`                STRING COMMENT '编号',
        `course_name`       STRING COMMENT '课程名称',
        `subject_id`        STRING COMMENT '学科 id',
        `subject_name`      STRING COMMENT '学科名称',
        `category_id`       STRING COMMENT '分类 id',
        `category_name`     STRING COMMENT '分类名称',
        `teacher`           STRING COMMENT '讲师名称',
        `publisher_id`      STRING COMMENT '发布者 id',
        `chapter_num`       BIGINT COMMENT '章节数',
        `origin_price`      decimal(16, 2) COMMENT '价格',
        `reduce_amount`     decimal(16, 2) COMMENT '优惠金额',
        `actual_price`      decimal(16, 2) COMMENT '实际价格',
        `create_time`       STRING COMMENT '创建时间',
        `update_time`       STRING COMMENT '更新时间',
        `chapters`         ARRAY<STRUCT<chapter_id : STRING,chapter_name : STRING, video_id :
STRING,is_free  : STRING>> COMMENT '章节'
    ) COMMENT '课程维度表'
        PARTITIONED BY (`dt` STRING)
        STORED AS ORC
        LOCATION '/warehouse/edu/dim/dim_course_full/'
        TBLPROPERTIES ('orc.compress' = 'snappy');
```

（2）数据装载。

```
    hive (edu)>
    with a as
             (
                 select id, category_name
                     from edu.ods_base_category_info_full
                 where deleted = '0'
                   and dt = '2022-02-21'
             ),
         b as
             (
                 select id, subject_name, category_id
```

```
                from edu.ods_base_subject_info_full
            where deleted = '0'
              and dt = '2022-02-21'
        ),
    c as
        (
            select id,
                   course_name,
                   subject_id,
                   teacher,
                   publisher_id,
                   chapter_num,
                   origin_price,
                   reduce_amount,
                   actual_price,
                   create_time,
                   update_time
                from edu.ods_course_info_full
            where deleted = '0'
              and dt = '2022-02-21'
        ),
    d as
        (
            select course_id,
                 collect_set(named_struct('chapter_id', id, 'chapter_name', chapter_name,
'video_id', video_id, 'is_free', is_free)) chapters
                from edu.ods_chapter_info_full
            where deleted = '0'
              and dt = '2022-02-21'
            group by course_id
        )
insert overwrite table edu.dim_course_full
partition(dt = '2022-02-21')
select c.id,
       course_name,
       subject_id,
       subject_name,
       category_id,
       category_name,
       teacher,
       publisher_id,
       chapter_num,
       origin_price,
       reduce_amount,
       actual_price,
       create_time,
       update_time,
       chapters
from c
         left join b
                   on c.subject_id = b.id
```

```
        left join a
                on b.category_id = a.id
        left join d
                on c.id = d.course_id;
```

6.5.3 视频维度表（全量）

视频维度表的数据主要来源于 ODS 层的视频信息全量表，通过与章节信息全量表连接，获得章节名称与是否免费的信息。

（1）建表语句。

```
hive (edu)>
DROP TABLE IF EXISTS dim_video_full;
CREATE EXTERNAL TABLE dim_video_full
(
    `id`              STRING COMMENT '编号',
    `video_name`      STRING COMMENT '视频名称',
    `during_sec`      BIGINT COMMENT '时长',
    `video_status`    STRING COMMENT '状态 未上传，上传中，上传完',
    `video_size`      BIGINT COMMENT '大小',
    `version_id`      STRING COMMENT '版本号',
    `chapter_id`      STRING COMMENT '章节 id',
    `chapter_name`    STRING COMMENT '章节名称',
    `is_free`         STRING COMMENT '是否免费',
    `course_id`       STRING COMMENT '课程 id',
    `publisher_id`    STRING COMMENT '发布者 id',
    `create_time`     STRING COMMENT '创建时间',
    `update_time`     STRING COMMENT '更新时间'
) COMMENT '视频维度表'
    PARTITIONED BY (`dt` STRING)
    STORED AS ORC
    LOCATION '/warehouse/edu/dim/dim_video_zip/'
    TBLPROPERTIES ('orc.compress' = 'snappy');
```

（2）数据装载。

```
hive (edu)>
insert overwrite table edu.dim_video_full partition (dt = '2022-02-21')
select vt.id,
       video_name,
       during_sec,
       video_status,
       video_size,
       version_id,
       chapter_id,
       chapter_name,
       is_free,
       course_id,
       publisher_id,
       create_time,
       update_time
from (
         select id,
```

```
                video_name,
                during_sec,
                video_status,
                video_size,
                version_id,
                chapter_id,
                course_id,
                publisher_id,
                create_time,
                update_time
         from edu.ods_video_info_full
         where dt = '2022-02-21' and deleted = '0'
      ) vt
         join
      (
         select id,
                chapter_name,
                is_free
         from edu.ods_chapter_info_full
         where dt = '2022-02-21'
      ) cht
      on vt.chapter_id = cht.id;
```

6.5.4　试卷维度表（全量）

试卷维度表主要是围绕试卷全量表展开的，与试卷题目全量表进行 join 操作，获取每个试卷对应的试卷题目列表。

（1）建表语句。

```
hive (edu)>
DROP TABLE IF EXISTS dim_paper_full;
CREATE EXTERNAL TABLE dim_paper_full
(
    `id`           STRING COMMENT '编号',
    `paper_title`  STRING COMMENT '试卷名称',
    `course_id`    STRING COMMENT '课程 id',
    `create_time`  STRING COMMENT '创建时间',
    `update_time`  STRING COMMENT '更新时间',
    `publisher_id` STRING COMMENT '发布者 id',
    `questions`   ARRAY<STRUCT<question_id: STRING, score: DECIMAL(16, 2)>> COMMENT '题目'
) COMMENT '试卷维度表'
    PARTITIONED BY (`dt` STRING)
    STORED AS ORC
    LOCATION '/warehouse/edu/dim/dim_paper_full/'
    TBLPROPERTIES ('orc.compress' = 'snappy');
```

（2）数据装载。

```
hive (edu)>
insert overwrite table edu.dim_paper_full partition (dt = '2022-02-21')
select t1.id,
       paper_title,
       course_id,
```

```
        create_time,
        update_time,
        publisher_id,
        questions
    from edu.ods_test_paper_full t1
         left join
       (
         select paper_id,
                collect_set(named_struct('question_id', question_id, 'score', score))
questions
         from edu.ods_test_paper_question_full
         where deleted = '0' and dt = '2022-02-21'
         group by paper_id
       ) t2
       on t1.id = t2.paper_id
    where t1.deleted = '0' and t1.dt = '2022-02-21';
```

6.5.5 来源维度表（全量）

来源维度表中主要记录的是所有引流来源的详细情况，数据主要来自 ODS 层的来源信息全量表。

（1）建表语句。

```
hive (edu)>
DROP TABLE IF EXISTS dim_source_full;
CREATE EXTERNAL TABLE dim_source_full
(
    `id`          STRING COMMENT '编号',
    `source_site` STRING COMMENT '来源名称'
) COMMENT '来源维度表'
    PARTITIONED BY (`dt` STRING)
    STORED AS ORC
    LOCATION '/warehouse/edu/dim/dim_source_full/'
    TBLPROPERTIES ('orc.compress' = 'snappy');
```

（2）数据装载。

```
hive (edu)>
insert overwrite table edu.dim_source_full partition (dt = '2022-02-21')
select id,
       source_site
from edu.ods_base_source_full obsf
where dt = '2022-02-21';
```

6.5.6 题目维度表（全量）

题目维度表主要围绕 ODS 层的题目信息全量表展开。

（1）建表语句。

```
hive (edu)>
DROP TABLE IF EXISTS dim_question_full;
CREATE EXTERNAL TABLE dim_question_full
(
    `id`          STRING COMMENT '编号',
```

```
    `chapter_id`    STRING COMMENT '章节 id',
    `course_id`     STRING COMMENT '课程 id',
    `question_type` BIGINT COMMENT '题目类型',
    `create_time`   STRING COMMENT '创建时间',
    `update_time`   STRING COMMENT '更新时间',
    `publisher_id`  STRING COMMENT '发布者 id'
) COMMENT '题目维度表'
    PARTITIONED BY (`dt` STRING)
    STORED AS ORC
    LOCATION '/warehouse/edu/dim/dim_question_full/'
    TBLPROPERTIES ('orc.compress' = 'snappy');
```

（2）数据装载。

```
hive (edu)>
insert overwrite table edu.dim_question_full
    partition (dt = '2022-02-21')
select id,
       chapter_id,
       course_id,
       question_type,
       create_time,
       update_time,
       publisher_id
from edu.ods_test_question_info_full
where deleted = '0'
  and dt = '2022-02-21';
```

6.5.7 地区维度表（全量）

（1）建表语句。

```
hive (edu)>
DROP TABLE IF EXISTS dim_province_full;
CREATE EXTERNAL TABLE dim_province_full
(
    `id`         STRING COMMENT '编号',
    `name`       STRING COMMENT '省名称',
    `region_id`  STRING COMMENT '地区 id',
    `area_code`  STRING COMMENT '行政区位码',
    `iso_code`   STRING COMMENT '国际编码',
    `iso_3166_2` STRING COMMENT 'ISO3166 编码'
) COMMENT '地区维度表'
    PARTITIONED BY (`dt` STRING)
    STORED AS ORC
    LOCATION '/warehouse/edu/dim/dim_province_full/'
    TBLPROPERTIES ('orc.compress' = 'snappy');
```

（2）数据装载。

```
hive (edu)>
insert overwrite table edu.dim_province_full partition (dt = '2022-02-21')
select id,
       name,
       region_id,
```

```
        area_code,
        iso_code,
        iso_3166_2
    from edu.ods_base_province_full
    where dt = '2022-02-21';
```

6.5.8 时间维度表（特殊）

时间维度表的数据装载相对特殊。通常情况下，该维度表的数据并不是来自业务系统，而是开发人员手动写入，并且由于时间维度表数据的可预见性，无须每日导入，一般可一次性导入一年的数据。

（1）建表语句。

```
hive (edu)>
DROP TABLE IF EXISTS dim_date;
CREATE EXTERNAL TABLE dim_date
(
    `date_id`     STRING COMMENT '日期id',
    `week_id`     STRING COMMENT '周id,一年中的第几周',
    `week_day`    STRING COMMENT '周几',
    `day`         STRING COMMENT '每月的第几天',
    `month`       STRING COMMENT '一年中的第几月',
    `quarter`     STRING COMMENT '一年中的第几季度',
    `year`        STRING COMMENT '年份',
    `is_workday`  STRING COMMENT '是否是工作日',
    `holiday_id`  STRING COMMENT '节假日'
) COMMENT '时间维度表'
    STORED AS ORC
    LOCATION '/warehouse/edu/dim/dim_date/'
    TBLPROPERTIES ('orc.compress' = 'snappy');
```

（2）创建临时表。

```
hive (edu)>
DROP TABLE IF EXISTS tmp_dim_date_info;
CREATE EXTERNAL TABLE tmp_dim_date_info (
    `date_id` STRING COMMENT '日',
    `week_id` STRING COMMENT '周id',
    `week_day` STRING COMMENT '周几',
    `day` STRING COMMENT '每月的第几天',
    `month` STRING COMMENT '第几月',
    `quarter` STRING COMMENT '第几季度',
    `year` STRING COMMENT '年',
    `is_workday` STRING COMMENT '是否是工作日',
    `holiday_id` STRING COMMENT '节假日'
) COMMENT '时间维度表'
ROW FORMAT DELIMITED FIELDS TERMINATED BY '\t'
LOCATION '/warehouse/edu/tmp/tmp_dim_date_info/';
```

（3）将数据文件 date.info（在本书提供的资料中可以找到）上传到 HFDS 上临时表指定路径/warehouse/edu/tmp/tmp_dim_date_info/。

（4）执行以下语句将其导入时间维度表。

```
hive (edu)>
insert overwrite table dim_date select * from tmp_dim_date_info;
```

（5）检查数据是否导入成功。

```
hive (edu)>
select * from dim_date;
```

6.5.9　用户维度表（拉链表）

用户维度表中需要存储所有用户的相关信息。用户信息通常数据量比较庞大，若每日同步全量用户信息表的话，将会占用大量的存储空间。为此，我们对用户维度表采用拉链表策略。拉链表的意义就在于可以更加高效地保存维度信息的历史状态。

用户维度拉链表的分区规划如图 6-26 所示，每日分区中存放的是当日过期的用户数据，在 9999-12-31 分区中存放的是全量最新的用户数据。

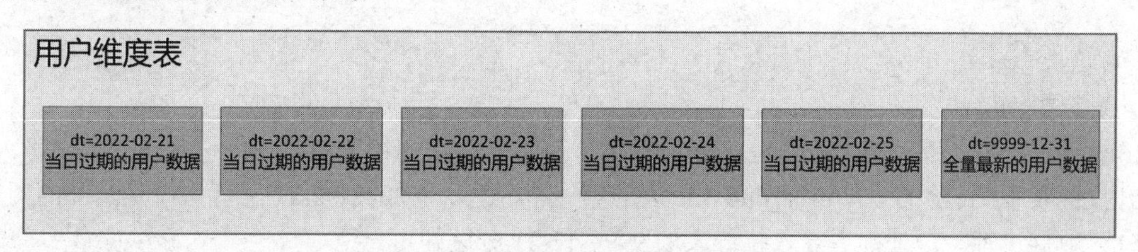

图 6-26　用户维度拉链表的分区规划

用户维度表的数据装载也与其他维度表不同，需要将当日的新增及变化数据与分区为 9999-12-31 的全量最新数据进行合并，将过期数据放入当日过期数据，最新数据放在 9999-12-31 分区中，用户维度表的数据装载思路如图 6-27 所示。

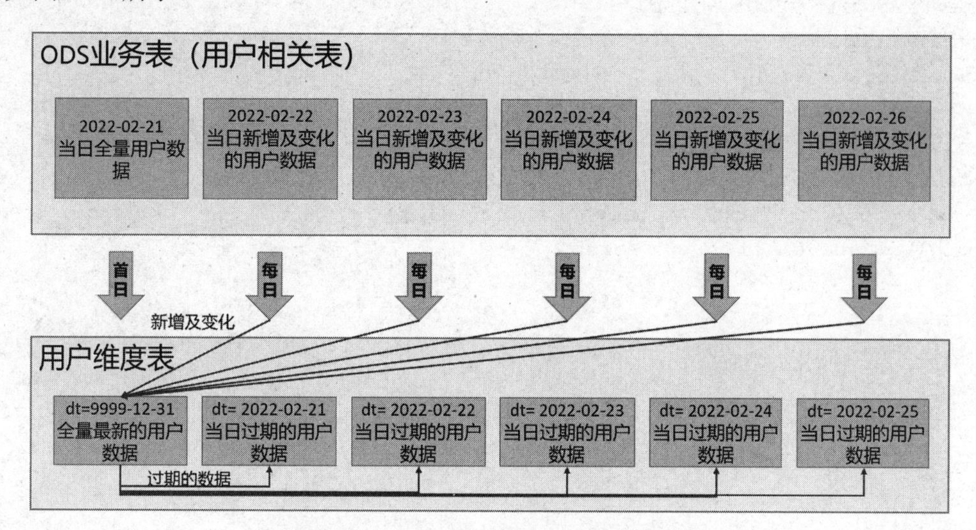

图 6-27　用户维度表的数据装载思路

（1）建表语句。

```
hive (edu)>
DROP TABLE IF EXISTS dim_user_zip;
CREATE EXTERNAL TABLE dim_user_zip
(
    `id`           STRING COMMENT '编号',
    `login_name`    STRING COMMENT '用户名称',
    `nick_name`     STRING COMMENT '用户昵称',
    `real_name`     STRING COMMENT '用户姓名',
```

```
    `phone_num`    STRING COMMENT '手机号',
    `email`        STRING COMMENT '邮箱',
    `user_level`   STRING COMMENT '用户级别',
    `birthday`     STRING COMMENT '用户生日',
    `gender`       STRING COMMENT '性别 M男,F女',
    `create_time`  STRING COMMENT '创建时间',
    `operate_time` STRING COMMENT '修改时间',
    `status`       STRING COMMENT '状态',
    `start_date`   STRING COMMENT '开始日期',
    `end_date`     STRING COMMENT '结束日期'
) COMMENT '用户表'
    PARTITIONED BY (`dt` STRING)
    STORED AS ORC
    LOCATION '/warehouse/edu/dim/dim_user_zip/'
    TBLPROPERTIES ('orc.compress' = 'snappy');
```

（2）首日数据装载。

拉链表首日装载，需要进行初始化操作，具体工作是将截止到初始化当日的全部历史用户导入，一次性导入到拉链表中。目前的 ods_user_info_inc 表的第一个分区，即 2022-02-21 分区中就是全部的历史用户，故将该分区数据进行一定处理后导入拉链表的 9999-12-31 分区即可。

需要注意的是，用户的敏感信息，如用户名、手机号码等通常需要进行脱敏处理。在本表中，需要处理的敏感字段是用户名、用户手机号码和用户邮箱，使用的脱敏手段是 MD5 加密。

```
hive (edu)>
insert overwrite table edu.dim_user_zip
   partition (dt = '9999-12-31')
select data.id,
       data.login_name,
       data.nick_name,
       md5(data.real_name),
       md5(if(data.phone_num  regexp  '^(13[0-9]|14[01456879]|15[0-35-9]|16[2567]|17[0-8]|18[0-9]|19[0-35-9])\\d{8}$',data.phone_num,null)),
       md5(if(data.email      regexp      '^[a-zA-Z0-9_-]+@[a-zA-Z0-9_-]+(\\.[a-zA-Z0-9_-]+)+$',data.email,null)),
       data.user_level,
       data.birthday,
       data.gender,
       data.create_time,
       data.operate_time,
       data.status,
       '2022-02-21' start_date,
       '9999-12-31' end_date
from edu.ods_user_info_inc
where dt = '2022-02-21'
  and type = 'bootstrap-insert';
```

（3）每日数据装载。

用户维度表每日数据装载思路如图 6-28 所示。

先将截至前一日的全量最新数据与当日的变动数据进行 union 操作。

然后使用开窗函数 row_number()，对上述数据中每个用户的新老状态进行标识，row_number()函数需按照 user_id 分区、start_data 降序排序。得到的结果中，序号为 1 的状态为最新状态，序号为 2 的状态为过期状态。

根据序号对数据进行修改。将序号为 2 的状态的技术日期修改为前一日的日期，序号为 1 的数据不做修改。

最后使用动态分区，将数据分别写入 9999-12-31 分区和前一日分区。

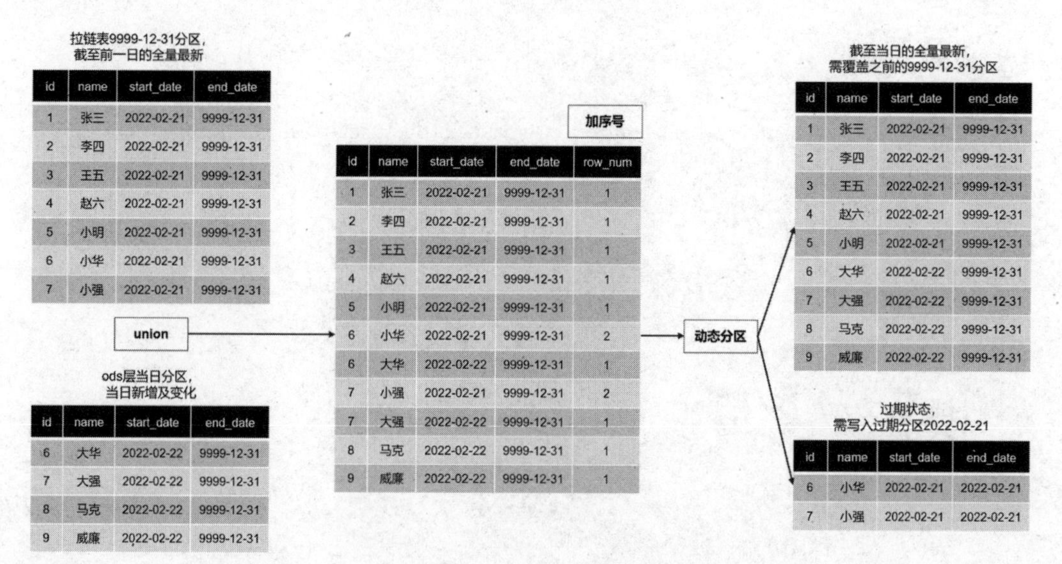

图 6-28　用户维度表每日装载思路

```
hive (edu)>
set hive.exec.dynamic.partition.mode=nonstrict;
insert overwrite table edu.dim_user_zip
partition(dt)
select
    id,
    login_name,
    nick_name,
    real_name,
    phone_num,
    email,
    user_level,
    birthday,
    gender,
    create_time,
    operate_time,
    status,
    start_date,
    if(rn=1,'9999-12-31',date_sub('2022-02-22',1)) end_date,
    if(rn=1,'9999-12-31',date_sub('2022-02-22',1)) dt
from
(
    select
        id,
        login_name,
        nick_name,
        real_name,
        phone_num,
        email,
        user_level,
```

```
    birthday,
    gender,
    create_time,
    operate_time,
    status,
    start_date,
    end_date,
    row_number() over (partition by id order by start_date desc) rn
from
(
    select
        id,
        login_name,
        nick_name,
        real_name,
        phone_num,
        email,
        user_level,
        birthday,
        gender,
        create_time,
        operate_time,
        status,
        start_date,
        end_date
    from edu.dim_user_zip
    where dt='9999-12-31'
    union
    select
        id,
        login_name,
        nick_name,
        real_name,
        phone_num,
        email,
        user_level,
        birthday,
        gender,
        create_time,
        operate_time,
        status,
        '2020-02-22' start_date,
        '9999-12-31' end_date
    from
    (
        select
            data.id,
            data.login_name,
            data.nick_name,
            md5(data.real_name) real_name,
            md5(if(data.phone_num regexp '^(13[0-9]|14[01456879]|15[0-35-9]|16[2567]|17
```

```
[0-8]|18[0-9]|19[0-35-9])\\d{8}$',data.phone_num,null)) phone_num,
                md5(if(data.email  regexp  '^[a-zA-Z0-9_-]+@[a-zA-Z0-9_-]+(\\.[a-zA-Z0-9_-]+)+$',data.email,null)) email,
                data.user_level,
                data.birthday,
                data.gender,
                data.create_time,
                data.operate_time,
                data.status,
                row_number() over (partition by data.id order by ts desc) rn
            from edu.ods_user_info_inc
            where dt='2022-02-22'
        )t1
        where rn=1
    )t2
)t3;
```

6.5.10　DIM 层首日数据装载脚本

在 DIM 层的搭建中，用户维度表使用了拉链表的形式，首日数据装载与每日数据装载方法存在不同之处，所以 DIM 层的数据装载脚本也将分为首日脚本与每日脚本。

脚本设计思路与 ODS 层的脚本思路有相通之处。首先，获取到执行日期变量；然后，进行每个维度表装载数据的 SQL 拼接工作，将日期变量拼接进执行 SQL 中；最后，通过判断输入的表名决定执行哪张表的数据装载工作。

由于数据装载脚本的篇幅过大，读者可以在本书附赠的资料中获取，此处不再赘述。

（1）在/home/atguigu/bin 目录下创建脚本 ods_to_dim_db_init.sh。

```
[atguigu@hadoop102 bin]$ vim ods_to_dim_db_init.sh
```

编写脚本内容。

（2）增加执行权限。

```
[atguigu@hadoop102 bin]$ chmod +x ods_to_dim_db_init.sh
```

（3）执行脚本。

```
[atguigu@hadoop102 bin]$ ods_to_dim_db_init.sh all 2022-02-21
```

6.5.11　DIM 层每日数据装载脚本

DIM 层的每日数据装载脚本与首日装载脚本思路类似，区别在于用户维度表的装载语句，读者同样可以在本书附赠的资料中获取详细脚本。由于脚本篇幅过大，避免影响读者阅读体验，此处不再赘述。

（1）在/home/atguigu/bin 目录下创建脚本 ods_to_dim_db.sh。

```
[atguigu@hadoop102 bin]$ vim ods_to_dim_db.sh
```

编写脚本内容。

（2）增加执行权限。

```
[atguigu@hadoop102 bin]$ chmod +x ods_to_dim_db.sh
```

（3）执行脚本。注意：此时数据仓库中还没有采集 2022 年 2 月 22 日的数据，此处命令先不要执行。

```
[atguigu@hadoop102 bin]$ oods_to_dim_db.sh all 2022-02-22
```

6.6 数据仓库搭建——DWD 层

数据仓库的 DWD 层，全称为 Data Warehouse Detail，意为细节数据层。这一层主要是原始数据与数据仓库的主要隔离层，需要对原始数据进行初步的清洗和规范化的操作。例如，对用户行为数据进行规范化解析，使其能真正融入数据仓库体系，对业务数据进行系统化建模设计，使其更加规范化。DWD 层的设计要点有以下 3 点。

- 设计依据是维度建模理论，该层存储维度模型的事实表。
- 数据存储格式为 ORC 列式存储+Snappy 压缩。
- 表名的命名规范为 dwd_数据域_表名_单分区增量全量标识（inc/full）。

参照 6.2.3 节指定的业务总线矩阵，来搭建本数据仓库的 DWD 层。在讲解业务总线矩阵时，我们提到过，在业务总线矩阵里，一个业务过程对应维度模型中的一张事务事实表。本数据仓库的业务总线矩阵的数据域与业务过程总结如表 6-18 所示。我们将围绕表中所示的 6 个数据域 14 个业务过程构建事务事实表。

表 6-18　数据域与业务过程总结

数　据　域	业 务 过 程
交易域	加购物车
	下单
	支付成功
流量域	页面浏览
	动作
	曝光
	启动应用
	错误
用户域	注册
	登录
考试域	考试
互动域	收藏商品
	评价
学习域	观看视频

在制定业务数据的同步策略时，我们曾经提过，购物车表同时执行全量同步与增量同步策略。这是因为针对用户使用购物车这一业务过程，有两个需求分析方向：用户添加购物车行为分析和购物车存量商品分析。

其中用户添加购物车行为分析针对的是用户将商品添加进购物车的行为，主要关注的是购物车表的插入（insert）和更改（update）操作，所以需要对购物车表进行增量数据同步。购物车存量商品分析，主要分析的是现有购物车中所有商品的数据分析，所以需要对购物车表进行全量数据同步。

购物车表的增量同步数据在 DWD 层构建一张事务事实表，全量同步数据在 DWD 层构建一张周期快照事实表。

6.6.1 交易域加购事务事实表

如表 6-29 所示是交易域加购事务事实表建模分析表。交易域加购事务事实表的粒度是一次添加购物车的操作，涉及的维度有时间、用户和课程，度量是课程数。

表6-19 交易域加购事务事实表建模分析表

数据域	业务过程	粒度	维度										度量
			用户	地区	时间	课程	章节	试卷	题目	视频	来源	设备	
交易域	加购物车	一次加购物车操作	√		√	√							课程数

如图 6-29 所示是交易域加购事务事实表的字段设计以及来源，主要字段来自购物车增量表ods_cart_info_inc。

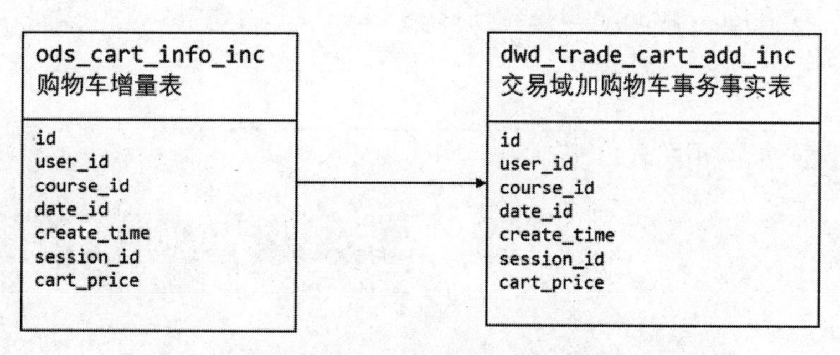

图6-29 交易域加购事务事实表的字段设计以及来源

数据装载思路讲解如下。

1. 首日数据装载思路

增量数据表的首日数据来源于Maxwell的bootstrap全量同步功能。在讲解Maxwell时已经提过，通过bootstrap功能获取表格全量数据，type类型为bootstrap-insert的数据才会在data中包含数据。所以需要筛选出ods_cart_info_inc表中type类型为bootstrap-insert，并且分区为首日日期的数据。

增量数据表的首日数据中包含所有历史数据，所以使用动态分区功能（dynamic partition mode），根据插入数据的最后一个字段值（create_time）进行分区，将数据插入到对应的日期分区中去。

2. 每日数据装载思路

每日数据装载要对每日新增的购物车变动数据进行过滤，选取type为insert类型的变动操作。

当日变动数据在分析处理后直接放入当日分区。

交易域加购事务事实表的分区设计如图6-30所示，每日分区中保存的是当日新增加购记录。

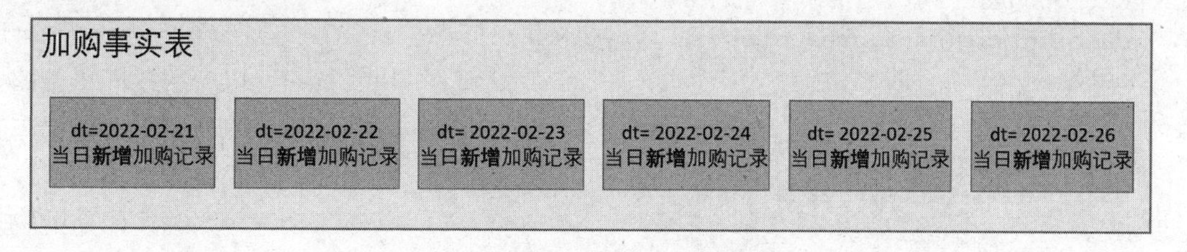

图6-30 交易域加购事务事实表的分区设计

交易域加购事务事实表的数据流向如图 6-31 所示，首日的全量加购记录经过处理后，放入数据的create_time字段对应的日期分区中，每日的增量加购记录则放入当日分区中。

（1）建表语句。

```
hive (edu)>
DROP TABLE IF EXISTS dwd_trade_cart_add_inc;
CREATE EXTERNAL TABLE dwd_trade_cart_add_inc
(
    `id`          STRING COMMENT '编号',
    `user_id`     STRING COMMENT '用户id',
```

```
    `course_id`   STRING COMMENT '课程 id',
    `date_id`     STRING COMMENT '时间 id',
    `session_id`  STRING COMMENT '会话 id',
    `create_time` STRING COMMENT '加购时间',
    `cart_price`  DECIMAL(16, 2) COMMENT '加购时价格'
) COMMENT '交易域加购事务事实表'
    PARTITIONED BY (`dt` STRING)
    STORED AS ORC
    LOCATION '/warehouse/edu/dwd/dwd_trade_cart_add_inc/'
    TBLPROPERTIES ('orc.compress' = 'snappy');
```

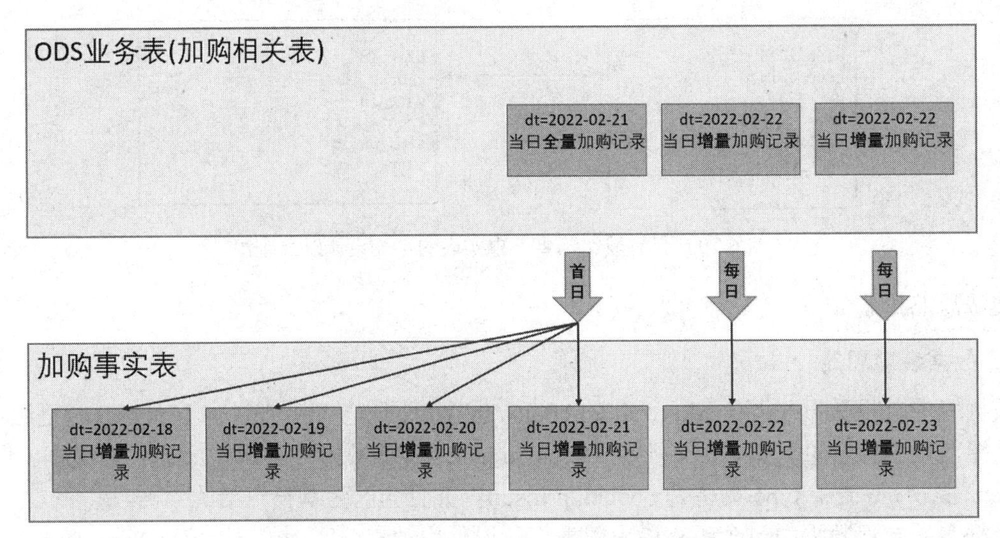

图 6-31　交易域加购事务事实表的数据流向

（2）首日装载。

```
hive (edu)>
insert overwrite table edu.dwd_trade_cart_add_inc
select data.id,
       data.user_id,
       data.course_id,
       date_format(data.create_time, 'yyyy-MM-dd') date_id,
       data.session_id,
       data.create_time,
       data.cart_price,
       date_format(data.create_time, 'yyyy-MM-dd') dt
from edu.ods_cart_info_inc
where dt = '2022-02-21' and type = 'bootstrap-insert';
```

（3）每日装载。

```
hive (edu)>
insert overwrite table edu.dwd_trade_cart_add_inc partition (dt = '2022-02-22')
select data.id,
       data.user_id,
       data.course_id,
       date_format(data.create_time, 'yyyy-MM-dd') date_id,
       data.session_id,
       data.create_time,
       data.cart_price
```

```
from edu.ods_cart_info_inc
where dt = '2022-02-22' and type = 'insert';
```

6.6.2　交易域加购周期快照事实表

交易域加购周期快照事实表的构建首先需要确定粒度。采样周期为每日，且统计指标通常为统计购物车存量中的各种课程，以及各种用户的分布情况。确定维度为课程和用户，因此最终将粒度确定为“每日一用户一商品课程”，度量则选择为课程数量。

用户每一次将课程添加进购物车的行为，将会在购物车表中插入（insert）一条数据。当用户将一个课程从购物车中删除或者结算购物车中的一个课程时，并不会删除（delete）这条数据，而是将 deleted 字段或者 sold 字段值更改（update）为 1。所以用户购物车中真正的存量课程，应该是 deleted 字段和 sold 字段值为 0 的数据。

交易域加购周期快照事实表的数据来源于 ODS 层全量同步的业务数据购物车表 ods_cart_info_full，表中已经包含了所有需要的维度和度量，所以数据装载过程比较简单，直接从表 ods_cart_info_full 中筛选出 deleted 字段和 sold 字段值为 0 的数据，然后装载进对应日期分区的 DWD 表中即可。

（1）建表语句。

```
hive (edu)>
DROP TABLE IF EXISTS dwd_trade_cart_full;
CREATE EXTERNAL TABLE dwd_trade_cart_full
(
    `id`          STRING COMMENT '编号',
    `user_id`     STRING COMMENT '用户 id',
    `course_id`   STRING COMMENT '课程 id',
    `date_id`     STRING COMMENT '时间 id',
    `session_id`  STRING COMMENT '会话 id',
    `course_name` STRING COMMENT '课程名称',
    `create_time` STRING COMMENT '加购时间',
    `cart_price`  DECIMAL(16, 2) COMMENT '加购时价格'
) COMMENT '交易域加购周期快照事实表'
    PARTITIONED BY (`dt` STRING)
    STORED AS ORC
    LOCATION '/warehouse/edu/dwd/dwd_trade_cart_full/'
    TBLPROPERTIES ('orc.compress' = 'snappy');
```

（2）数据装载。

```
hive (edu)>
insert overwrite table edu.dwd_trade_cart_full  partition (dt = '2022-02-21')
select id,
       user_id,
       course_id,
       date_format(create_time, 'yyyy-MM-dd'),
       session_id,
       course_name,
       create_time,
       cart_price
from edu.ods_cart_info_full
where dt = '2022-02-21'
  and deleted = '0' and sold = '0';
```

6.6.3 交易域试听下单累积快照事实表

在在线教育的应用程序中，一般用户都会有对某课程的试听权限，在试听之后决定是否下单。我们将用户从试听到下单的过程联合起来，构成一个试听下单事实。在这个过程中，用户有三个关键时间点：开始试听时间、课程下单时间和试听结束时间，体现了用户从试听到下单的过程进展，我们将这一事实设计成累积快照事实表。

试听下单累积快照事实表的业务过程已经确定，就是用户从试听某课程至下单的过程；粒度是用户和课程，即关注的是一个用户对于一个课程的试听下单过程；关注的事实是下单金额。

试听下单累积快照事实表的分区规划如图 6-32 所示。

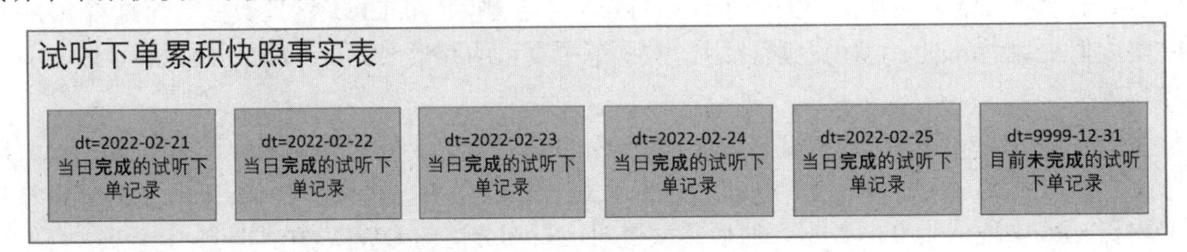

图 6-32 试听下单累积快照事实表分区规划

试听下单累积快照事实表的数据装载主要分为两种情况：首日装载和每日装载。

1. 首日装载思路分析

在数据仓库搭建的首日，会从业务数据库采集来一批数据，其中有当天及以前的所有数据，需要对这部分数据进行分流。

首先，将用户章节进度全量表按照 user_id 和 course_id 进行聚合，聚合至用户、课程粒度，取聚合后的最小创建时间为该课程的试听时间 play_date，组成中间临时表 play。

然后，将聚合后的用户章节进度表 play 与订单表和订单明细表进行关联（关联字段为用户 id 和课程 id），根据关联后的结果，为下单时间 order_date 和试听结束时间 end_date 赋值。若关联后，end_date 字段不为空，则说明试听后 7 日内未下单，视为过期数据，end_date 为过期时间即试听结束时间，end_date 为分区字段；如果 end_date 字段为空，再判断 order_date 字段，若后者不为空，则说明过期之前完成了下单操作，下单时间即为试听结束时间，order_date 为分区字段。如果 order_date 字段也为空，说明试听下单业务流程尚未结束，属于未完成数据，进入 9999-12-31 分区。

2. 每日装载思路分析

进行过首日的数据处理后，在今后的每日数据装载中，仅对原数据中的 9999-12-31 分区的数据（未下单且未过期的数据）和每日新增的用户试听课程数据进行处理。

首先，筛选原试听下单累积快照事实表中 9999-12-31 分区的数据，以及 ODS 层用户章节进度全量表中当天新增的用户试听课程记录，将这两部分数据进行 union，组成中间临时表 play。

其次，将 play 表数据与当天的订单表和订单详情表的新增数据（type 为 insert）进行关联（关联字段为用户 id 和课程 id），按照关联后的情况，为 order_date 和 end_date 赋值。

最后，基于对 order_date 和 play_date 字段的判断进行动态分区。

每日数据装载的思路与首日数据装载的思路类似，主要区别在于中间临时表 play 的数据来源。

根据以上数据装载思路可以得出如图 6-33 所示的交易域试听下单累积快照事实表数据流向图。

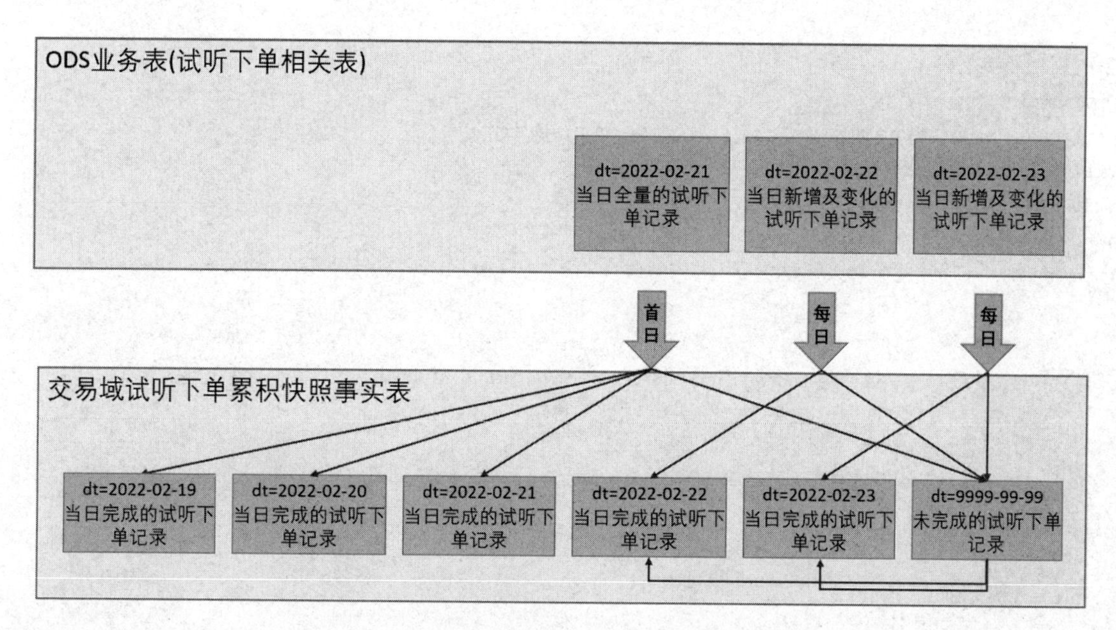

图 6-33　交易域试听下单累积快照事实表数据流向图

（1）建表语句。

```
hive (edu)>
DROP TABLE IF EXISTS dwd_trade_course_order_inc;
CREATE EXTERNAL TABLE dwd_trade_course_order_inc
(
    `id`                    STRING COMMENT '编号',
    `user_id`               STRING COMMENT '用户 id',
    `course_id`             STRING COMMENT '课程 id',
    `course_name`           STRING COMMENT '课程名称',
    `category_id`           STRING COMMENT '分类 id',
    `category_name`         STRING COMMENT '分类名称',
    `subject_id`            STRING COMMENT '科目 id',
    `subject_name`          STRING COMMENT '科目名称',
    `order_id`              STRING COMMENT '订单 id',
    `province_id`           STRING COMMENT '省份 id',
    `play_time`             STRING COMMENT '首次播放时间',
    `play_date`             STRING COMMENT '首次播放日期',
    `order_time`            STRING COMMENT '首次下单时间',
    `order_date`            STRING COMMENT '首次下单日期',
    `end_date`              STRING COMMENT '结束日期,试听后 7 日内未下单即为结束,试听日期+7 为结束日期',
    `session_id`            STRING COMMENT '会话 id',
    `original_amount`       DECIMAL(16, 2) COMMENT '原始金额分摊',
    `coupon_reduce_amount` DECIMAL(16, 2) COMMENT '优惠金额分摊',
    `final_amount`          DECIMAL(16, 2) COMMENT '最终价格分摊'
) COMMENT '交易域试听下单累积快照事实表'
    PARTITIONED BY (`dt` STRING)
    STORED AS ORC
    LOCATION '/warehouse/edu/dwd/dwd_trade_course_order_inc/'
    TBLPROPERTIES ('orc.compress' = 'snappy');
```

（2）首日装载。

```
hive (edu)>
set hive.exec.dynamic.partition.mode=nonstrict;
with play as
        (
            select min(id)                                          id,
                   user_id,
                   course_id,
                   min(create_time)                                 play_time,
                   date_format(min(create_time), 'yyyy-MM-dd') play_date
            from edu.ods_user_chapter_process_full
            where dt = '2022-02-21'
            group by user_id, course_id
        ),
     oi as
        (
            select data.id,
                   data.province_id,
                   data.session_id
            from edu.ods_order_info_inc
            where dt = '2022-02-21'
              and type = 'bootstrap-insert'
        ),
     od as
        (
            select data.id,
                   data.course_id,
                   data.order_id,
                   data.user_id,
                   data.origin_amount,
                   data.coupon_reduce,
                   data.final_amount,
                   data.create_time order_time,
                   date_format(data.create_time, 'yyyy-MM-dd') order_date
            from edu.ods_order_detail_inc
            where dt = '2022-02-21'
              and type = 'bootstrap-insert'
        ),
     dim_course as (
        select id,
               course_name,
               category_id,
               category_name,
               subject_id,
               subject_name
        from edu.dim_course_full
        where dt = '2022-02-21'
     )
insert overwrite table edu.dwd_trade_course_order_inc partition (dt)
select final.id,
       user_id,
```

```
        course_id,
        course_name,
        category_id,
        category_name,
        subject_id,
        subject_name,
        order_id,
        province_id,
        play_time,
        play_date,
        order_time,
        order_date,
        end_date,
        session_id,
        origin_amount,
        coupon_reduce,
        final_amount,
        case
           when end_date is not null then end_date
           when order_date is not null then order_date
           else '9999-12-31' end dt
 from (select play.id,
             play.user_id,
             play.course_id,
             od.order_id,
             oi.province_id,
             play.play_time,
             play.play_date,
             od.order_time,
             od.order_date,
             if((od.order_date is not null and
                date_add(play.play_date, 7) <= '2022-02-21'),
                date_add(play.play_date, 7), null) end_date,
             oi.session_id,
             od.origin_amount,
             od.coupon_reduce,
             od.final_amount
      from play
               left join od on play.user_id = od.user_id and play.course_id = od.course_id
               left join oi on od.order_id = oi.id
 where od.order_time is null
 or od.order_time > play.play_time
 ) final
         left join dim_course on course_id = dim_course.id;
```

（3）每日装载。

```
hive (edu)>
set hive.exec.dynamic.partition.mode=nonstrict;
with play as
        (select id,
               user_id,
               course_id,
```

```
            play_time,
            play_date
      from edu.dwd_trade_course_order_inc
      where dt = '9999-12-31'
      union
      select min(id)                              id,
            user_id,
            course_id,
            min(create_time),
            date_format(min(create_time), 'yyyy-MM-dd') play_date
      from edu.ods_user_chapter_process_full
      where dt = '2022-02-22'
      group by user_id, course_id
      having date_format(min(create_time), 'yyyy-MM-dd') = '2022-02-22'),
  oi as
      (
         select data.id,
               data.province_id,
               data.session_id,
               data.create_time order_time
         from edu.ods_order_info_inc
         where dt = '2022-02-22'
           and type = 'insert'
      ),
  od as
      (
         select data.id,
               data.course_id,
               data.order_id,
               data.user_id,
               data.origin_amount,
               data.coupon_reduce,
               data.final_amount,
               date_format(data.create_time, 'yyyy-MM-dd') order_date
         from edu.ods_order_detail_inc
         where dt = '2022-02-22'
           and type = 'insert'
      ),
  dim_course as
      (
         select id,
               course_name,
               category_id,
               category_name,
               subject_id,
               subject_name
         from edu.dim_course_full
         where dt = '2022-02-22'
      )
insert overwrite table edu.dwd_trade_course_order_inc
partition (dt)
```

```
select final.id,
       user_id,
       course_id,
       course_name,
       category_id,
       category_name,
       subject_id,
       subject_name,
       order_id,
       province_id,
       play_time,
       play_date,
       order_time,
       order_date,
       end_date,
       session_id,
       origin_amount,
       coupon_reduce,
       final_amount,
       case
          when end_date is not null then end_date
          when order_date is not null then order_date
          else '9999-12-31' end dt
from (select play.id,
             play.user_id,
             play.course_id,
             od.order_id,
             oi.province_id,
             play.play_time,
             play.play_date,
             oi.order_time,
             od.order_date,
             if(order_date is null and date_add(play_date, 7) = '2022-02-22', '2022-02-
22', null) end_date,
             oi.session_id,
             od.origin_amount,
             od.coupon_reduce,
             od.final_amount
      from play
               left join od on play.user_id = od.user_id and play.course_id = od.course_id
               left join oi on od.order_id = oi.id
where order_time is null
or order_time > play_time
) final
         left join dim_course on course_id = dim_course.id;
```

6.6.4　交易域下单事务事实表

如表 6-20 所示，是交易域下单事务事实表建模分析表。交易域下单事务事实表的粒度是一次下单操作中的一个课程，涉及的维度有时间、地区、用户、课程、来源，度量是下单原始金额、下单最终金额和优惠券减免金额。

表 6-20 交易域下单事务事实表建模分析表

数据域	业务过程	粒度	维度										度量
			用户	地区	时间	课程	章节	试卷	题目	视频	来源	设备	
交易域	下单	一个订单中的一门课程	√	√	√	√					√		下单原始金额/下单最终金额/优惠券减免金额

如图 6-34 所示是交易域下单事务事实表的字段设计以及来源，主要字段来自表 ods_order_detail_inc，通过关联表 ods_order_info_inc 获取用户维度、地区维度，通过关联表 ods_log_inc 获取来源维度。

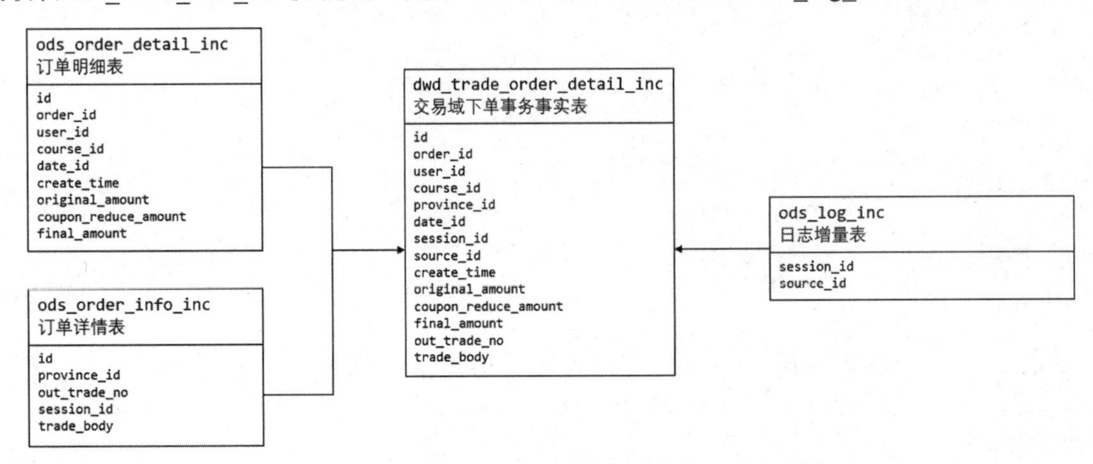

图 6-34 交易域下单事务事实表的字段设计以及来源

数据装载思路讲解如下。

1. 首日数据装载思路

筛选每个表中 type 为 bootstrap-insert 的数据，将表 ods_order_detail_inc 与表 ods_order_info_inc、ods_log_inc 进行关联操作，获取对应的维度 id 字段。

使用动态分区功能（dynamic partition mode），根据插入数据的最后一个字段值（create_time）进行分区。

2. 每日数据装载思路

筛选每个表中 type 为 insert 的数据，将表 ods_order_detail_inc 与表 ods_order_info_inc、ods_log_inc 进行关联操作，获取对应的维度 id 字段。

当日变动数据在分析处理后直接放入当日分区。

下单事实表的分区设计如图 6-35 所示，每日分区中保存的是当日新增的下单记录。

图 6-35 下单事实表的分区设计

下单事实表的数据流向如图 6-36 所示，首日的全量下单记录经过处理后，在放入数据的 create_time 字段对应的日期分区中，每日的增量下单记录则放入当日分区中。

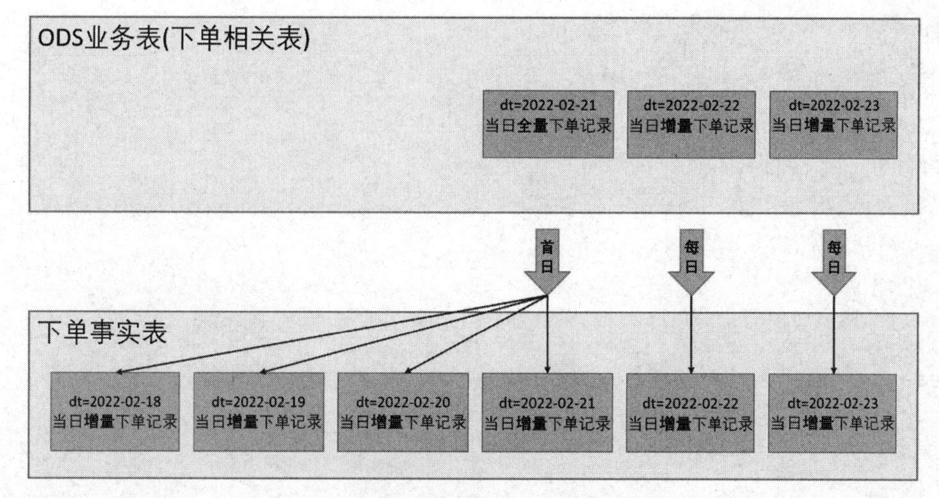

图 6-36　下单事实表的数据流向

（1）建表语句。

```
hive (edu)>
DROP TABLE IF EXISTS dwd_trade_order_detail_inc;
CREATE EXTERNAL TABLE dwd_trade_order_detail_inc
(
    `id`                      STRING COMMENT '编号',
    `order_id`                STRING COMMENT '订单 id',
    `user_id`                 STRING COMMENT '用户 id',
    `course_id`               STRING COMMENT '课程 id',
    `course_name`             STRING COMMENT '课程名称',
    `category_id`             STRING COMMENT '分类 id',
    `category_name`           STRING COMMENT '分类名称',
    `subject_id`              STRING COMMENT '科目 id',
    `subject_name`            STRING COMMENT '科目名称',
    `province_id`             STRING COMMENT '省份 id',
    `date_id`                 STRING COMMENT '下单日期 id',
    `session_id`              STRING COMMENT '会话 id',
    `source_id`               STRING COMMENT '来源 id',
    `create_time`             STRING COMMENT '下单时间',
    `original_amount`         DECIMAL(16, 2) COMMENT '原始金额分摊',
    `coupon_reduce_amount`    DECIMAL(16, 2) COMMENT '优惠金额分摊',
    `final_amount`            DECIMAL(16, 2) COMMENT '最终价格分摊',
    `out_trade_no`            STRING COMMENT '订单交易编号',
    `trade_body`              STRING COMMENT '订单描述'
) COMMENT '交易域下单事务事实表'
    PARTITIONED BY (`dt` STRING)
    STORED AS ORC
    LOCATION '/warehouse/edu/dwd/dwd_trade_order_detail_inc/'
    TBLPROPERTIES ('orc.compress' = 'snappy');
```

（2）首日装载。

```
hive (edu)>
set hive.exec.dynamic.partition.mode=nonstrict;
insert overwrite table edu.dwd_trade_order_detail_inc
    partition (dt)
select odt.id,
```

```
        order_id,
        user_id,
        course_id,
        course_name,
        category_id,
        category_name,
        subject_id,
        subject_name,
        province_id,
        date_id,
        session_id,
        source_id,
        create_time,
        origin_amount,
        coupon_reduce,
        final_amount,
        out_trade_no,
        trade_body,
        date_id
  from (
          select data.id,
                 data.order_id,
                 data.user_id,
                 data.course_id,
                 date_format(data.create_time, 'yyyy-MM-dd') date_id,
                 data.create_time,
                 data.origin_amount,
                 data.coupon_reduce,
                 data.final_amount
          from edu.ods_order_detail_inc
          where dt = '2022-02-21'
            and type = 'bootstrap-insert'
       ) odt
          left join
       (
          select data.id,
                 data.province_id,
                 data.out_trade_no,
                 data.session_id,
                 data.trade_body
          from edu.ods_order_info_inc
          where dt = '2022-02-21'
            and type = 'bootstrap-insert'
       ) od
       on odt.order_id = od.id
          left join
       (
          select distinct common.sid,
                          common.sc source_id
          from edu.ods_log_inc oli
          where dt = '2022-02-21'
```

```
    ) log
    on od.session_id = log.sid
       left join
    (
       select id,
              course_name,
              category_id,
              category_name,
              subject_id,
              subject_name
       from edu.dim_course_full
       where dt = '2022-02-21'
    ) dim_course
    on course_id = dim_course.id;
```

（3）每日装载。

```
hive (edu)>
insert overwrite table edu.dwd_trade_order_detail_inc
   partition (dt = '2022-02-22')
select odt.id,
       order_id,
       user_id,
       course_id,
       course_name,
       category_id,
       category_name,
       subject_id,
       subject_name,
       province_id,
       date_id,
       session_id,
       source_id,
       create_time,
       origin_amount,
       coupon_reduce,
       final_amount,
       out_trade_no,
       trade_body
from (
         select data.id,
                data.order_id,
                data.user_id,
                data.course_id,
                date_format(data.create_time, 'yyyy-MM-dd') date_id,
                data.create_time,
                data.origin_amount,
                data.coupon_reduce,
                data.final_amount
         from edu.ods_order_detail_inc
         where dt = '2022-02-22'
           and type = 'insert'
     ) odt
```

```
    left join
  (
    select data.id,
           data.province_id,
           data.session_id,
           data.out_trade_no,
           data.trade_body
    from edu.ods_order_info_inc
    where dt = '2022-02-22'
      and type = 'insert'
  ) od
  on odt.order_id = od.id
    left join
  (
    select distinct common.sid,
                    common.sc source_id
    from edu.ods_log_inc oli
    where dt = '2022-02-22'
  ) log
  on od.session_id = log.sid
    left join
  (
    select id,
           course_name,
           category_id,
           category_name,
           subject_id,
           subject_name
    from edu.dim_course_full
    where dt = '2022-02-21'
  ) dim_course
  on course_id = dim_course.id;
```

6.6.5 交易域支付成功事务事实表

如表 6-21 所示是交易域支付成功事务事实表建模分析表，粒度是一个订单中一门课程的支付成功操作，涉及的维度有时间、用户、课程、地区，度量是支付原始金额、支付最终金额和优惠券优惠金额。

表 6-21 交易域支付成功事务事实表建模分析表

数据域	业务过程	粒度	维度										度量
			用户	地区	时间	课程	章节	试卷	题目	视频	来源	设备	
交易域	支付	一个订单中的一门课程的支付成功操作	√	√	√	√							支付原始金额/支付最终金额/优惠券减免金额

如图 6-37 所示是交易域支付成功事务事实表的字段设计以及来源。主要字段来自表 ods_order_detail_inc 和表 ods_payment_info_inc，再通过与表 ods_order_info_inc 关联获取地区维度。

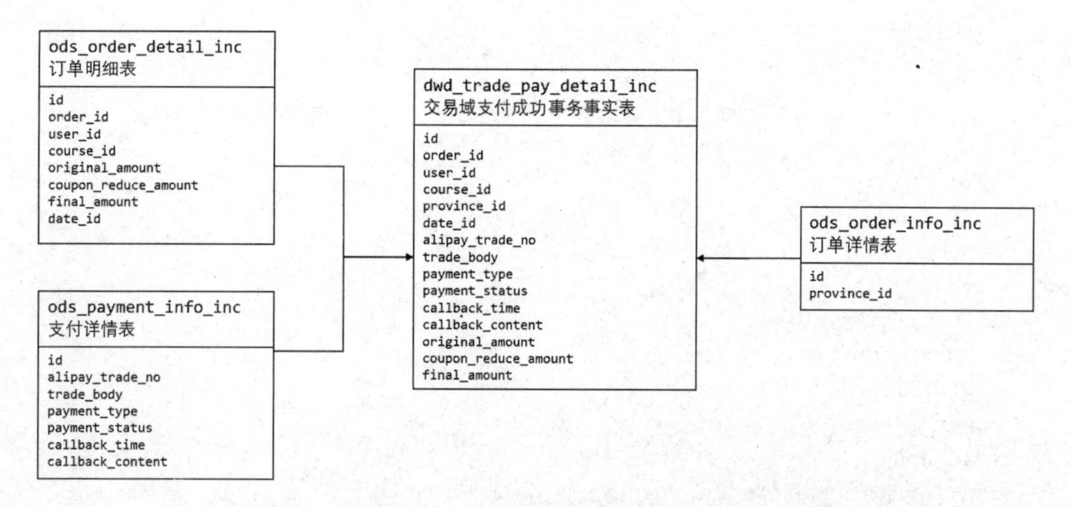

图 6-37　交易域支付成功事务事实表的字段设计以及来源

数据装载思路与交易域下单事务事实表相似，需要先过滤 ODS 层支付表中所有支付成功的数据，然后与其余表格关联获取对应的维度数据。

分区设计与数据流向，与下单事实表相同，不再赘述。

（1）建表语句。

```
hive (edu)>
DROP TABLE IF EXISTS dwd_trade_pay_detail_suc_inc;
CREATE EXTERNAL TABLE dwd_trade_pay_detail_suc_inc
(
    `id`                    STRING COMMENT '编号',
    `order_id`              STRING COMMENT '订单 id',
    `user_id`               STRING COMMENT '用户 id',
    `course_id`             STRING COMMENT '课程 id',
    `province_id`           STRING COMMENT '省份 id',
    `date_id`               STRING COMMENT '支付日期 id',
    `alipay_trade_no`       STRING COMMENT '支付宝交易编号',
    `trade_body`            STRING COMMENT '交易内容',
    `payment_type`          STRING COMMENT '支付类型名称',
    `payment_status`        STRING COMMENT '支付状态',
    `callback_time`         STRING COMMENT '支付成功时间',
    `callback_content`      STRING COMMENT '回调信息',
    `original_amount`       DECIMAL(16, 2) COMMENT '原始支付金额分摊',
    `coupon_reduce_amount` DECIMAL(16, 2) COMMENT '优惠支付金额分摊',
    `final_amount`          DECIMAL(16, 2) COMMENT '最终支付金额分摊'
) COMMENT '交易域支付成功事务事实表'
    PARTITIONED BY (`dt` STRING)
    STORED AS ORC
    LOCATION '/warehouse/edu/dwd/dwd_trade_pay_detail_suc_inc/'
    TBLPROPERTIES ('orc.compress' = 'snappy');
```

（2）首日装载。

```
hive (edu)>
set hive.exec.dynamic.partition.mode=nonstrict;
insert overwrite table edu.dwd_trade_pay_detail_suc_inc
partition(dt)
select odt.id,
       od.id,
```

```
        user_id,
        course_id,
        province_id,
        date_format(create_time, 'yyyy-MM-dd') date_id,
        alipay_trade_no,
        trade_body,
        payment_type,
        payment_status,
        callback_time,
        callback_content,
        origin_amount,
        coupon_reduce,
        final_amount,
        date_format(create_time, 'yyyy-MM-dd') date_id
from (
        select data.id,
               data.order_id,
               data.user_id,
               data.course_id,
               data.origin_amount,
               data.coupon_reduce,
               data.final_amount,
               data.create_time
        from edu.ods_order_detail_inc
        where dt = '2022-02-21' and type = 'bootstrap-insert'
     ) odt
        left join
     (
        select data.id,
               data.province_id
        from edu.ods_order_info_inc
        where dt = '2022-02-21' and type = 'bootstrap-insert'
     ) od
     on odt.order_id = od.id
        join
     (
        select data.alipay_trade_no,
               data.trade_body,
               data.order_id,
               data.payment_type,
               data.payment_status,
               data.callback_time,
               data.callback_content
        from edu.ods_payment_info_inc
        where dt = '2022-02-21' and type = 'bootstrap-insert'
          and data.callback_time is not null
     ) pi
     on od.id = pi.order_id;
```

（3）每日装载。

```
hive (edu)>
insert overwrite table edu.dwd_trade_pay_detail_suc_inc
    partition (dt = '2022-02-22')
select
 odt.id,
       od.id,
       user_id,
       course_id,
       province_id,
       date_format(create_time, 'yyyy-MM-dd') date_id,
       alipay_trade_no,
       trade_body,
       payment_type,
       payment_status,
       callback_time,
       callback_content,
       origin_amount,
       coupon_reduce,
       final_amount
from (
         select data.id,
                data.order_id,
                data.user_id,
                data.course_id,
                data.origin_amount,
                data.coupon_reduce,
                data.final_amount,
                data.create_time
         from edu.ods_order_detail_inc
         where (dt = '2022-02-22' or dt = date_add('2022-02-22', -1))
           and (type = 'insert' or type = 'bootstrap-insert')
     ) odt
         left join
     (
         select data.id,
                data.province_id
         from edu.ods_order_info_inc
         where (dt = '2022-02-22' or dt = date_add('2022-02-22', -1))
           and (type = 'insert' or type = 'bootstrap-insert')
     ) od
     on odt.order_id = od.id
         join
     (
         select data.alipay_trade_no,
                data.trade_body,
                data.order_id,
                data.payment_type,
                data.payment_status,
                data.callback_time,
                data.callback_content
         from edu.ods_payment_info_inc
```

```
        where dt = '2022-02-22'
          and type = 'update'
          and array_contains(map_keys(old), 'callback_time')
    ) pi
    on od.id = pi.order_id;
```

6.6.6 流量域页面浏览事务事实表

如表 6-22 所示是流量域页面浏览事务事实表建模分析表。流量域页面浏览事务事实表的粒度是一次页面浏览记录，涉及的维度有时间、用户、地区、来源和设备，度量是浏览时长。

表 6-22 流量域页面浏览事务事实表建模分析表

数据域	业务过程	粒度	维度										度量
			用户	地区	时间	课程	章节	试卷	题目	视频	来源	设备	
流量域	页面浏览	一次页面浏览记录	√	√	√						√	√	浏览时长

如图 6-38 所示，流量域页面浏览事务事实表的主要字段均来自表 ods_log_inc。

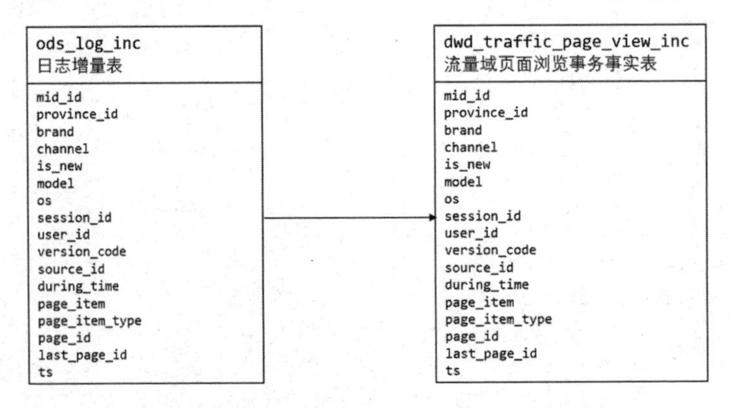

图 6-38 流量域页面浏览事务事实表字段设计及来源

数据装载思路如下。

页面浏览事务事实表的数据来自用户行为日志，用户行为日志从数据仓库搭建起开始收集，所以不存在首日装载与每日装载的区别。在进行数据装载时，首先需要从表 ods_log_inc 中过滤 page 字段不为空的页面浏览日志，然后从中解析出所有的 common 字段和 page 字段中的详细信息。

需要注意的是，在执行装载数据 SQL 时，需要将基于性能开销优化策略（cost based optimize）关闭，这样通过 struct 结构体筛选数据时，不会出现过滤无效的情况。

每日装载的数据放入每日对应的分区中即可。

（1）建表语句。

```
hive (edu)>
DROP TABLE IF EXISTS dwd_traffic_page_view_inc;
CREATE EXTERNAL TABLE dwd_traffic_page_view_inc
(
    `mid_id`          STRING COMMENT '手机唯一编号',
    `province_id`     STRING COMMENT '省份 id',
    `brand`           STRING COMMENT '手机品牌',
    `is_new`          STRING COMMENT '是否新用户',
    `model`           STRING COMMENT '手机型号',
    `os`              STRING COMMENT '手机品牌',
```

```
    `session_id`    STRING COMMENT '会话 id',
    `user_id`       STRING COMMENT '用户 id',
    `version_code`  STRING COMMENT '版本号',
    `source_id`     STRING COMMENT '数据来源',
    `during_time`   BIGINT COMMENT '持续时间毫秒',
    `page_item`     STRING COMMENT '目标 id ',
    `page_item_type`STRING COMMENT '目标类型',
    `page_id`       STRING COMMENT '页面 id ',
    `last_page_id`  STRING COMMENT '上页类型',
    `ts`            STRING COMMENT '跳入时间'
)
    COMMENT '流量域页面浏览事务事实表'
    PARTITIONED BY (`dt` STRING)
    STORED AS ORC
    LOCATION '/warehouse/edu/dwd/dwd_traffic_page_view_inc'
    TBLPROPERTIES ('orc.compress' = 'snappy');
```

（2）数据装载。

```
hive (edu)>
set hive.cbo.enable=false;
insert overwrite table edu.dwd_traffic_page_view_inc partition (dt = '2022-02-21')
select common.mid,
       common.ar     province_id,
       common.ba     brand,
       common.is_new,
       common.md     model,
       common.os,
       common.sid    session_id,
       common.uid    user_id,
       common.vc     version_code,
       common.sc,
       page.during_time,
       page.item     page_item,
       page.item_type page_item_type,
       page.page_id,
       page.last_page_id,
       ts
from edu.ods_log_inc
where dt = '2022-02-21'
  and page is not null;
set hive.cbo.enable=true;
```

6.6.7　流量域启动事务事实表

如表 6-23 所示是流量域启动事务事实表建模分析表。流量域启动事务事实表的粒度是一次启动记录，涉及的维度有时间、用户、地区、来源和设备，度量是次数。

表 6-23　流量域启动事务事实表建模分析表

数据域	业务过程	粒度	维度										度量
			用户	地区	时间	课程	章节	试卷	题目	视频	来源	设备	
流量域	启动	一次启动记录	√	√	√						√	√	无事实（次数 1）

如图 6-39 所示，流量域启动事务事实表的主要字段均来自表 ods_log_inc。

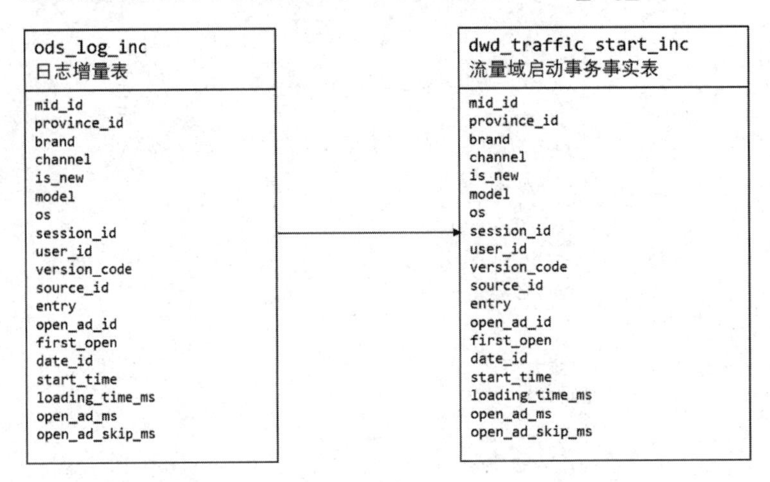

图 6-39　流量域启动事务事实表字段设计及来源

数据装载思路如下。

流量域启动事务事实表的数据来自用户行为日志，其装载思路、分区设计均与页面浏览事务事实表相同。每日装载的数据放入每日对应的分区中即可。

（1）建表语句。

```
hive (edu)>
DROP TABLE IF EXISTS dwd_traffic_start_inc;
CREATE EXTERNAL TABLE dwd_traffic_start_inc
(
    `mid_id`              STRING COMMENT '手机唯一编号',
    `province_id`         STRING COMMENT '省份 id',
    `brand`               STRING COMMENT '手机品牌',
    `is_new`              STRING COMMENT '是否新用户',
    `model`               STRING COMMENT '手机型号',
    `os`                  STRING COMMENT '手机品牌',
    `session_id`          STRING COMMENT '会话 id',
    `user_id`             STRING COMMENT '用户 id',
    `version_code`        STRING COMMENT '版本号',
    `source_id`           STRING COMMENT '数据来源',
    `entry`               STRING COMMENT 'icon 手机图标 notice 通知',
    `open_ad_id`          STRING COMMENT '广告页 id',
    `first_open`          STRING COMMENT '是否首次启动',
    `date_id`             STRING COMMENT '日期 id',
    `start_time`          STRING COMMENT '启动时间',
    `loading_time_ms`     BIGINT COMMENT '启动加载时间',
    `open_ad_ms`          BIGINT COMMENT '广告总共播放时间',
    `open_ad_skip_ms`     BIGINT COMMENT '用户跳过广告时点'
) COMMENT '流量域启动事务事实表'
    PARTITIONED BY (`dt` STRING)
    STORED AS ORC
    LOCATION '/warehouse/edu/dwd/dwd_traffic_start_inc'
    TBLPROPERTIES ('orc.compress' = 'snappy');
```

（2）数据装载。

```
hive (edu)>
set hive.cbo.enable=false;
```

```
insert overwrite table edu.dwd_traffic_start_inc partition (dt = '2022-02-21')
select common.mid,
       common.ar           province_id,
       common.ba           brand,
       common.is_new,
       common.md           model,
       common.os,
       common.sid           session_id,
       common.uid           user_id,
       common.vc           version_code,
       common.sc,
       `start`.entry,
       `start`.open_ad_id,
       `start`.first_open,
       date_format(from_utc_timestamp(ts, 'GMT+8'), 'yyyy-MM-dd'),
       date_format(from_utc_timestamp(ts, 'GMT+8'), 'yyyy-MM-dd HH:mm:ss'),
       `start`.loading_time loading_time_ms,
       `start`.open_ad_ms,
       `start`.open_ad_skip_ms
from edu.ods_log_inc
where dt = '2022-02-21'
  and `start` is not null;
set hive.cbo.enable=true;
```

6.6.8　流量域动作事务事实表

如表 6-24 所示是流量域动作事务事实表建模分析表。流量域动作事务事实表的粒度是一次动作记录，涉及的维度有时间、用户、地区、课程、来源和设备，度量是次数。

表 6-24　流量域动作事务事实表建模分析表

数据域	业务过程	粒度	维度										度量
			用户	地区	时间	课程	章节	试卷	题目	视频	来源	设备	
流量域	动作	一次动作记录	√	√	√	√					√	√	无事实（次数 1）

如图 6-40 所示，流量域动作事务事实表的主要字段均来自表 ods_log_inc。

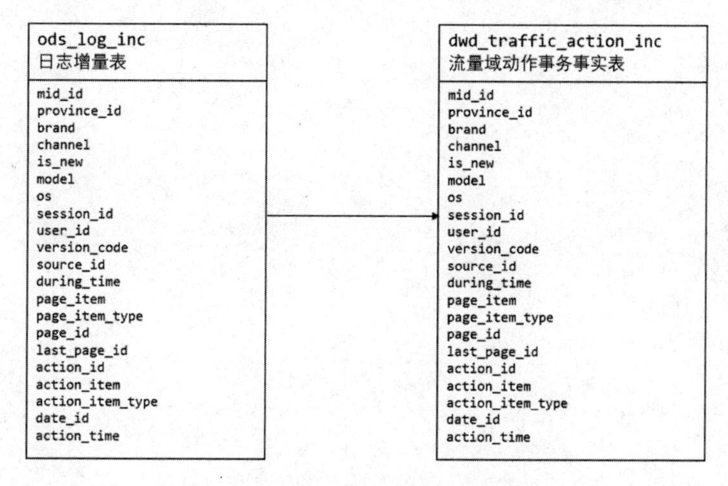

图 6-40　流量域动作事务事实表字段设计及来源

数据装载思路如下。

流量域动作事务事实表的数据来自用户行为日志，其装载思路、分区设计均与页面浏览事务事实表相同。每日装载的数据放入每日对应的分区中即可。

（1）建表语句。

```
hive (edu)>
DROP TABLE IF EXISTS dwd_traffic_action_inc;
CREATE EXTERNAL TABLE dwd_traffic_action_inc
(
    `mid_id`             STRING COMMENT '手机唯一编号',
    `province_id`        STRING COMMENT '省份 id',
    `brand`              STRING COMMENT '手机品牌',
    `is_new`             STRING COMMENT '是否新用户',
    `model`              STRING COMMENT '手机型号',
    `os`                 STRING COMMENT '手机品牌',
    `session_id`         STRING COMMENT '会话 id',
    `user_id`            STRING COMMENT '用户 id',
    `version_code`       STRING COMMENT '版本号',
    `source_id`          STRING COMMENT '数据来源',
    `during_time`        BIGINT COMMENT '持续时间毫秒',
    `page_item`          STRING COMMENT '目标 id',
    `page_item_type`     STRING COMMENT '目标类型',
    `page_id`            STRING COMMENT '页面 id',
    `last_page_id`       STRING COMMENT '上页类型',
    `action_id`          STRING COMMENT '动作 id',
    `action_item`        STRING COMMENT '目标 id',
    `action_item_type`   STRING COMMENT '目标类型',
    `date_id`            STRING COMMENT '日期 id',
    `action_time`        STRING COMMENT '动作发生时间'
) COMMENT '流量域动作事务事实表'
    PARTITIONED BY (`dt` STRING)
    STORED AS ORC
    LOCATION '/warehouse/edu/dwd/dwd_traffic_action_inc'
    TBLPROPERTIES ('orc.compress' = 'snappy');
```

（2）数据装载。

```
hive (edu)>
set hive.cbo.enable=false;
insert overwrite table edu.dwd_traffic_action_inc partition (dt = '2022-02-21')
select common.mid,
       common.ar,
       common.ba,
       common.is_new,
       common.md,
       common.os,
       common.sid,
       common.uid,
       common.vc,
       common.sc,
       page.during_time,
       page.item,
       page.item_type,
```

```
        page.page_id,
        page.last_page_id,
        action.action_id,
        action.item,
        action.item_type,
        date_format(from_utc_timestamp(ts * 1000, 'GMT+8'), 'yyyy-MM-dd') date_id,
        action.ts
from edu.ods_log_inc oli lateral view explode(actions) tmp as action
where oli.dt = '2022-02-21'
  and actions is not null;
set hive.cbo.enable=true;
```

6.6.9 流量域曝光事务事实表

如表 6-25 所示是流量域曝光事务事实表建模分析表。流量域曝光事务事实表的粒度是一次动作记录，涉及的维度有时间、用户、地区、课程、来源和设备，度量是次数。

表 6-25 流量域曝光事务事实表建模分析表

数 据 域	业 务 过 程	粒 度	维 度										度 量
			用户	地区	时间	课程	章节	试卷	题目	视频	来源	设备	
流量域	曝光	一次曝光记录	√	√	√	√					√	√	无事实（次数 1）

如图 6-41 所示，流量域曝光事务事实表的主要字段均来自表 ods_log_inc。

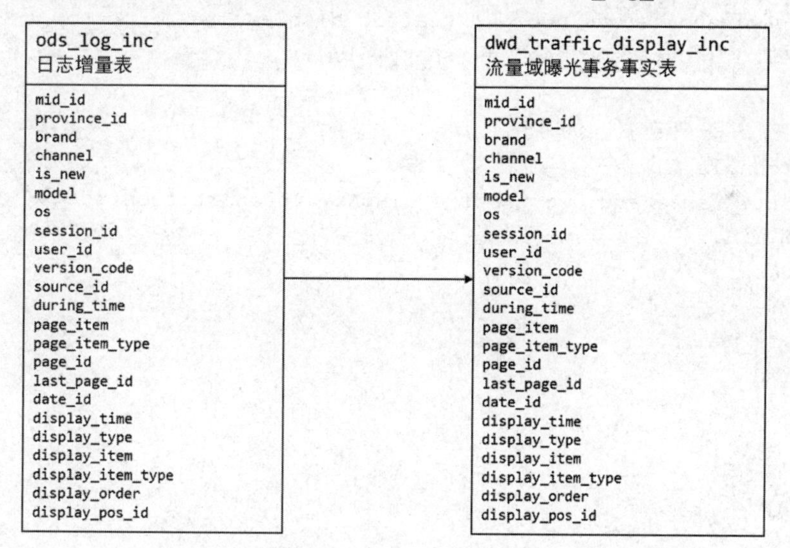

图 6-41 流量域曝光事务事实表字段设计及来源

数据装载思路如下。

流量域曝光事务事实表的数据来自用户行为日志，其装载思路、分区设计均与页面浏览事务事实表相同。每日装载的数据放入每日对应的分区中即可。

（1）建表语句。

```
hive (edu)>
DROP TABLE IF EXISTS dwd_traffic_display_inc;
CREATE EXTERNAL TABLE dwd_traffic_display_inc
(
```

```
    `mid_id`            STRING COMMENT '手机唯一编号',
    `province_id`       STRING COMMENT '省份 id',
    `brand`             STRING COMMENT '手机品牌',
    `is_new`            STRING COMMENT '是否新用户',
    `model`             STRING COMMENT '手机型号',
    `os`                STRING COMMENT '手机品牌',
    `session_id`        STRING COMMENT '会话 id',
    `user_id`           STRING COMMENT '用户 id',
    `version_code`      STRING COMMENT '版本号',
    `source_id`         STRING COMMENT '数据来源',
    `during_time`       BIGINT COMMENT '页面时间',
    `page_item`         STRING COMMENT '目标 id ',
    `page_item_type`    STRING COMMENT '目标类型',
    `page_id`           STRING COMMENT '页面 id ',
    `last_page_id`      STRING COMMENT '上页类型',
    `date_id`           STRING COMMENT '日期 id',
    `display_time`      STRING COMMENT '曝光时间',
    `display_type`      STRING COMMENT '曝光类型',
    `display_item`      STRING COMMENT '曝光对象 id ',
    `display_item_type` STRING COMMENT 'App 版本号',
    `display_order`     BIGINT COMMENT '曝光顺序',
    `display_pos_id`    BIGINT COMMENT '曝光位置'
) COMMENT '流量域曝光事务事实表'
    PARTITIONED BY (`dt` STRING)
    STORED AS ORC
    LOCATION '/warehouse/edu/dwd/dwd_traffic_display_inc'
    TBLPROPERTIES ('orc.compress' = 'snappy');
```

（2）数据装载。

```
hive (edu)>
set hive.cbo.enable=false;
insert overwrite table edu.dwd_traffic_display_inc partition (dt = '2022-02-21')
select common.mid,
       common.ar,
       common.ba,
       common.is_new,
       common.md,
       common.os,
       common.sid,
       common.uid,
       common.vc,
       common.sc,
       page.during_time,
       page.item,
       page.item_type,
       page.page_id,
       page.last_page_id,
       date_format(from_utc_timestamp(ts * 1000, 'GMT+8'), 'yyyy-MM-dd'),
       ts,
       display.display_type,
       display.item,
       display.item_type,
```

```
        display.`order`,
        display.pos_id
 from edu.ods_log_inc oli lateral view explode(displays) tmp as display
 where oli.dt = '2022-02-21'
   and displays is not null;
 set hive.cbo.enable=true;
```

6.6.10 流量域错误事务事实表

如表 6-26 所示是流量域错误事务事实表建模分析表。流量域错误事实表的粒度是一次错误记录，涉及的维度有时间、用户、地区、来源和设备，度量是次数。

表 6-26　流量域错误事务事实表建模分析表

数据域	业务过程	粒　度	维　度										度　量
			用户	地区	时间	课程	章节	试卷	题目	视频	来源	设备	
流量域	错误	一次错误记录	√	√	√						√	√	无事实（次数 1）

如图 6-42 所示，流量域错误事务事实表的主要字段均来自表 ods_log_inc。

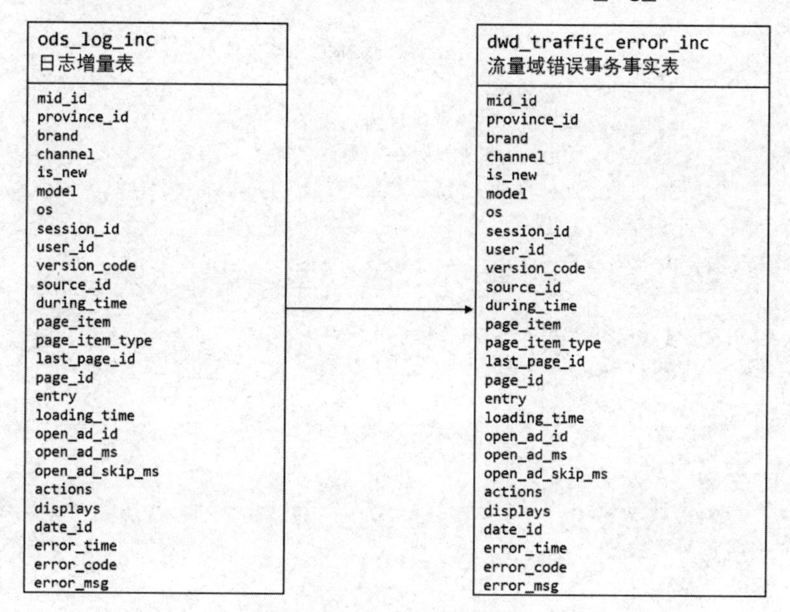

图 6-42　流量域错误事务事实表字段设计及来源

数据装载思路如下。

流量域错误事务事实表的数据来自用户行为日志，其装载思路、分区设计均与页面浏览事务事实表相同。每日装载的数据放入每日对应的分区中即可。

（1）建表语句。

```
hive (edu)>
DROP TABLE IF EXISTS dwd_traffic_error_inc;
CREATE EXTERNAL TABLE dwd_traffic_error_inc
(
    `mid_id`            STRING COMMENT '手机唯一编号',
    `province_id`       STRING COMMENT '省份 id',
    `brand`             STRING COMMENT '手机品牌',
```

```
    `is_new`              STRING COMMENT '是否新用户',
    `model`               STRING COMMENT '手机型号',
    `os`                  STRING COMMENT '手机品牌',
    `session_id`          STRING COMMENT '会话 id',
    `user_id`             STRING COMMENT '用户 id',
    `version_code`        STRING COMMENT '版本号',
    `source_id`           STRING COMMENT '数据来源',
    `during_time`         BIGINT COMMENT '页面时间',
    `page_item`           STRING COMMENT '目标 id ',
    `page_item_type`      STRING COMMENT '目标类型',
    `last_page_id`        STRING COMMENT '上页类型',
    `page_id`             STRING COMMENT '页面 id',
    `entry`               STRING COMMENT 'icon 手机图标  notice 通知',
    `loading_time`        STRING COMMENT '启动加载时间',
    `open_ad_id`          STRING COMMENT '广告页 id',
    `open_ad_ms`          STRING COMMENT '广告总共播放时间',
    `open_ad_skip_ms`     STRING COMMENT '用户跳过广告时点',
    `actions`         ARRAY<STRUCT<action_id:STRING,item:STRING,item_type:STRING,ts:BIGINT>>
COMMENT '动作信息',
    `displays`        ARRAY<STRUCT<display_type :STRING,item :STRING,item_type :STRING,
`order` :STRING,pos_id
                                  :STRING>> COMMENT '曝光信息',
    `date_id`         STRING COMMENT '日期 id',
    `error_time`      STRING COMMENT '错误时间',
    `error_code`      STRING COMMENT '错误码',
    `error_msg`       STRING COMMENT '错误信息'
  ) COMMENT '流量域错误事务事实表'
    PARTITIONED BY (`dt` STRING)
    STORED AS ORC
    LOCATION '/warehouse/edu/dwd/dwd_traffic_error_inc'
    TBLPROPERTIES ('orc.compress' = 'snappy');
```

（2）数据装载。

```
hive (edu)>
set hive.cbo.enable=false;
insert overwrite table edu.dwd_traffic_error_inc partition (dt = '2022-02-21')
select common.mid,
       common.ar,
       common.ba,
       common.is_new,
       common.md,
       common.os,
       common.sid,
       common.uid,
       common.vc,
       common.sc,
       page.during_time,
       page.item,
       page.item_type,
       page.last_page_id,
       page.page_id,
       `start`.entry,
```

```
        `start`.loading_time,
        `start`.open_ad_id,
        `start`.open_ad_ms,
        `start`.open_ad_skip_ms,
        actions,
        displays,
        date_format(from_utc_timestamp(ts * 1000, 'GMT+8'), 'yyyy-MM-dd'),
        ts,
        err.error_code,
        err.msg
from edu.ods_log_inc
where dt = '2022-02-21'
  and err is not null;
set hive.cbo.enable=true;
```

6.6.11 互动域收藏事务事实表

如表 6-27 所示是互动域收藏事务事实表建模分析表。互动域收藏事务事实表的粒度是一次收藏课程的操作，涉及的维度有时间、用户和课程，度量是次数。

表 6-27 互动域收藏事务事实表建模分析表

数据域	业务过程	粒度	维度										度量
			用户	地区	时间	课程	章节	试卷	题目	视频	来源	设备	
互动域	收藏	一次收藏课程操作	√		√	√							无事实（次数 1）

互动域收藏事务事实表的所有相关维度和度量都在 ODS 层的表 ods_favor_info_inc 中存在，不需要额外获取。首日数据装载与每日数据装载的不同之处在于，从 ODS 层表格筛选数据时使用的条件不同，以及数据所使用分区的不同。

分区设计与数据流向与下单事实表也相同，不再赘述。

（1）建表语句。

```
hive (edu)>
DROP TABLE IF EXISTS dwd_interaction_favor_add_inc;
CREATE EXTERNAL TABLE dwd_interaction_favor_add_inc
(
    `id`          STRING COMMENT '编号',
    `user_id`     STRING COMMENT '用户 id',
    `course_id`   STRING COMMENT '课程 id',
    `date_id`     STRING COMMENT '日期 id',
    `create_time` STRING COMMENT '收藏时间'
) COMMENT '互动域收藏事务事实表'
    PARTITIONED BY (`dt` STRING)
    STORED AS ORC
    LOCATION '/warehouse/edu/dwd/dwd_interaction_favor_add_inc/'
    TBLPROPERTIES ("orc.compress" = "snappy");
```

（2）首日装载。

```
hive (edu)>
insert overwrite table edu.dwd_interaction_favor_add_inc
select data.id,
```

```
        data.user_id,
        data.course_id,
        date_format(from_utc_timestamp(ts * 1000, 'GMT+8'), 'yyyy-MM-dd'),
        data.create_time,
        date_format(data.create_time, 'yyyy-MM-dd')
from edu.ods_favor_info_inc
where dt='2022-02-21' and type = 'bootstrap-insert';
```

（3）每日装载。

```
hive (edu)>
insert overwrite table edu.dwd_interaction_favor_add_inc
    partition (dt = '2022-02-22')
select data.id,
        data.user_id,
        data.course_id,
        date_format(from_utc_timestamp(ts * 1000, 'GMT+8'), 'yyyy-MM-dd'),
        data.create_time
from edu.ods_favor_info_inc
where dt = '2022-02-22'
  and type = 'insert';
```

6.6.12 互动域章节评价事务事实表

如表 6-28 所示是互动域章节评价事务事实表建模分析表。互动域章节评价事务事实表的粒度是一个用户对课程中的一个章节的一次评价，涉及的维度有时间、用户、课程和章节，度量是次数。

表 6-28 互动域章节评价事务事实表建模分析表

数据域	业务过程	粒度	维度										度量
			用户	地区	时间	课程	章节	试卷	题目	视频	来源	设备	
互动域	章节评价	一个用户对课程中的一个章节的一次评价	√		√	√	√						无事实(次数 1)

互动域章节评价事务事实表的所有相关维度和度量都在 ODS 层的表 ods_comment_info_inc 中存在，不需要额外获取。首日数据装载与每日数据装载的不同之处在于，从 ODS 层表格筛选数据时使用的条件不同，以及数据所使用分区的不同。

分区设计与数据流向与下单事实表也相同，此处不再赘述。

（1）建表语句。

```
hive (edu)>
DROP TABLE IF EXISTS dwd_interaction_comment_inc;
CREATE EXTERNAL TABLE dwd_interaction_comment_inc
(
    `id`          STRING COMMENT '编号',
    `user_id`     STRING COMMENT '用户 id',
    `chapter_id`  STRING COMMENT '章节 id',
    `course_id`   STRING COMMENT '课程 id',
    `date_id`     STRING COMMENT '日期 id',
    `create_time` STRING COMMENT '评价时间',
    `comment_txt` STRING COMMENT '评价内容'
) COMMENT '互动域章节评价事务事实表'
```

```
    PARTITIONED BY (`dt` STRING)
    STORED AS ORC
    LOCATION '/warehouse/edu/dwd/dwd_interaction_comment_inc/'
    TBLPROPERTIES ("orc.compress" = "snappy");
```

（2）首日装载。

```
hive (edu)>
insert overwrite table edu.dwd_interaction_comment_inc
select data.id,
       data.user_id,
       data.chapter_id,
       data.course_id,
       date_format(from_utc_timestamp(ts * 1000, 'GMT+8'), 'yyyy-MM-dd'),
       data.create_time,
       data.comment_txt,
       date_format(data.create_time, 'yyyy-MM-dd')
from edu.ods_comment_info_inc
where dt='2022-02-21' and type = 'bootstrap-insert';
```

（3）每日装载。

```
hive (edu)>
insert overwrite table edu.dwd_interaction_comment_inc
    partition (dt = '2022-02-22')
select data.id,
       data.user_id,
       data.chapter_id,
       data.course_id,
       date_format(from_utc_timestamp(ts * 1000, 'GMT+8'), 'yyyy-MM-dd'),
       data.create_time,
       data.comment_txt
from edu.ods_comment_info_inc
where dt = '2022-02-22'
  and type = 'insert';
```

6.6.13　互动域课程评价事务事实表

如表 6-29 所示是互动域课程评价事务事实表建模分析表。互动域课程评价事务事实表的粒度是一个用户一门课程的一次总体评价，涉及的维度有时间、用户和课程，度量是次数。

表 6-29　互动域课程评价事务事实表建模分析表

数据域	业务过程	粒度	维度										度量
			用户	地区	时间	课程	章节	试卷	题目	视频	来源	设备	
互动域	课程评价	一个用户对一门课程的一次总体评价	√		√	√							无事实（次数 1）

互动域课程评价事务事实表的所有相关维度和度量都在 ODS 层的表 ods_review_info_inc 中存在，不需要额外获取。首日数据装载与每日数据装载的不同之处在于，从 ODS 层表格筛选数据时使用的条件不同，以及数据所使用的分区不同。

分区设计与数据流向与下单事实表相同，此处不再赘述。

（1）建表语句。

```
hive (edu)>
DROP TABLE IF EXISTS dwd_interaction_review_inc;
CREATE EXTERNAL TABLE dwd_interaction_review_inc
(
    `id`             STRING COMMENT '编号',
    `user_id`        STRING COMMENT '用户 id',
    `course_id`      STRING COMMENT '课程 id',
    `date_id`        STRING COMMENT '日期 id',
    `review_txt`     STRING COMMENT '评论文本',
    `review_stars`   BIGINT COMMENT '评级',
    `create_time`    STRING COMMENT '评价时间'
) COMMENT '互动域课程评价事务事实表'
    PARTITIONED BY (`dt` STRING)
    STORED AS ORC
    LOCATION '/warehouse/edu/dwd/dwd_interaction_review_inc/'
    TBLPROPERTIES ("orc.compress" = "snappy");
```

（2）首日装载。

```
hive (edu)>
insert overwrite table edu.dwd_interaction_review_inc
select data.id,
       data.user_id,
       data.course_id,
       date_format(from_utc_timestamp(ts * 1000, 'GMT+8'), 'yyyy-MM-dd'),
       data.review_txt,
       data.review_stars,
       data.create_time,
       date_format(data.create_time, 'yyyy-MM-dd')
from edu.ods_review_info_inc
where dt='2022-02-21' and type = 'bootstrap-insert';
```

（3）每日装载。

```
hive (edu)>
insert overwrite table edu.dwd_interaction_review_inc
    partition (dt = '2022-02-22')
select data.id,
       data.user_id,
       data.course_id,
       date_format(from_utc_timestamp(ts * 1000, 'GMT+8'), 'yyyy-MM-dd'),
       data.review_txt,
       data.review_stars,
       data.create_time
from edu.ods_review_info_inc
where dt = '2022-02-22'
  and type = 'insert';
```

6.6.14 考试域答卷事务事实表

如表 6-30 所示是考试域答卷事务事实表建模分析表。考试域答卷事务事实表的粒度是一个用户一次答题记录，涉及的维度有时间、用户、课程和试卷，度量是得分和时长。

表 6-30 考试域答卷事务事实表建模分析表

数据域	业务过程	粒度	维度										度量
			用户	地区	时间	课程	章节	试卷	题目	视频	来源	设备	
互动域	答卷	一个用户的一次答卷记录	√		√	√		√					得分/时长

考试域答卷事务事实表的所有相关维度和度量都在 ODS 层的表 ods_test_exam_inc 中存在，不需要额外获取。首日数据装载与每日数据装载的不同之处在于，从 ODS 层表格筛选数据时使用的条件不同，以及数据所使用的分区不同。

分区设计与数据流向与下单事实表也相同，此处不再赘述。

（1）建表语句。

```
hive (edu)>
DROP TABLE IF EXISTS dwd_examination_test_paper_inc;
CREATE EXTERNAL TABLE dwd_examination_test_paper_inc
(
    `id`             STRING COMMENT          '编号',
    `paper_id`       STRING COMMENT          '试卷 id',
    `user_id`        STRING COMMENT          '用户 id',
    `date_id`        STRING COMMENT          '日期 id',
    `score`          decimal(16, 2) COMMENT '分数',
    `duration_sec`   STRING COMMENT          '所用时长',
    `create_time`    STRING COMMENT          '创建时间',
    `submit_time`    STRING COMMENT          '提交时间',
    `update_time`    STRING COMMENT          '更新时间'
) COMMENT '考试域答卷事务事实表'
    PARTITIONED BY (`dt` STRING)
    STORED AS ORC
    LOCATION '/warehouse/edu/dwd/dwd_examination_test_paper_inc/'
    TBLPROPERTIES ("orc.compress" = "snappy");
```

（2）首日装载。

```
hive (edu)>
insert overwrite table edu.dwd_examination_test_paper_inc
select data.id,
       data.paper_id,
       data.user_id,
       date_format(from_utc_timestamp(data.create_time, 'GMT+8'), 'yyyy-MM-dd'),
       data.score,
       data.duration_sec,
       data.create_time,
       data.submit_time,
       data.update_time,
       date_format(from_utc_timestamp(data.create_time, 'GMT+8'), 'yyyy-MM-dd')
from edu.ods_test_exam_inc
where dt = '2022-02-21'
  and type = 'bootstrap-insert'
  and data.deleted = '0';
```

（3）每日装载。

```
hive (edu)>
insert overwrite table edu.dwd_examination_test_paper_inc
    partition (dt = '2022-02-22')
```

```
select data.id,
       data.paper_id,
       data.user_id,
       date_format(from_utc_timestamp(data.create_time, 'GMT+8'), 'yyyy-MM-dd'),
       data.score,
       data.duration_sec,
       data.create_time,
       data.submit_time,
       data.update_time
from edu.ods_test_exam_inc
where dt = '2022-02-22'
  and type = 'insert'
  and data.deleted = '0';
```

6.6.15 考试域答题事务事实表

如表 6-31 所示是考试域答题事务事实表建模分析表。考试域答题事务事实表的粒度是一个用户一次答题记录，涉及的维度有时间、用户、课程、试卷和题目，度量是得分。

表 6-31 考试域答题事务事实表建模分析表

数据域	业务过程	粒度	维度										度量
			用户	地区	时间	课程	章节	试卷	题目	视频	来源	设备	
互动域	答题	一个用户的一次答题记录	√		√			√	√				得分

考试域答题事务事实表的所有相关维度和度量都在 ODS 层的表 ods_test_exam_question_inc 中存在，不需要额外获取。首日数据装载与每日数据装载的不同之处在于，从 ODS 层表格筛选数据时使用的条件不同，以及数据所使用的分区不同。

分区设计与数据流向与下单事实表相同，此处不再赘述。

（1）建表语句。

```
hive (edu)>
DROP TABLE IF EXISTS dwd_examination_test_question_inc;
CREATE EXTERNAL TABLE dwd_examination_test_question_inc
(
    `id`            STRING COMMENT         '编号',
    `user_id`       STRING COMMENT         '用户 id',
    `paper_id`      STRING COMMENT         '试卷 id',
    `question_id`   STRING COMMENT         '题目 id',
    `date_id`       STRING COMMENT         '日期 id',
    `answer`        STRING COMMENT         '答案',
    `is_correct`    STRING COMMENT         '是否正确',
    `score`         DECIMAL(16, 2) COMMENT '分数',
    `create_time`   STRING COMMENT         '开始时间',
    `update_time`   STRING COMMENT         '更新时间'
) COMMENT '考试域答题事务事实表'
    PARTITIONED BY (`dt` STRING)
    STORED AS ORC
    LOCATION '/warehouse/edu/dwd/dwd_examination_test_question_inc/'
    TBLPROPERTIES ("orc.compress" = "snappy");
```

（2）首日装载。

```
hive (edu)>
insert overwrite table edu.dwd_examination_test_question_inc
select data.id,
       data.user_id,
       data.paper_id,
       data.question_id,
       date_format(from_utc_timestamp(data.create_time, 'GMT+8'), 'yyyy-MM-dd'),
       data.answer,
       data.is_correct,
       data.score,
       data.create_time,
       data.update_time,
       date_format(from_utc_timestamp(data.create_time, 'GMT+8'), 'yyyy-MM-dd')
from edu.ods_test_exam_question_inc
where dt = '2022-02-21'
  and type = 'bootstrap-insert'
  and data.deleted = '0';
```

（3）每日装载。

```
hive (edu)>
insert overwrite table edu.dwd_examination_test_question_inc
    partition (dt = '2022-02-22')
select data.id,
       data.user_id,
       data.paper_id,
       data.question_id,
       date_format(from_utc_timestamp(data.create_time, 'GMT+8'), 'yyyy-MM-dd'),
       data.answer,
       data.is_correct,
       data.score,
       data.create_time,
       data.update_time
from edu.ods_test_exam_question_inc
where dt = '2022-02-22'
  and type = 'insert'
  and data.deleted = '0';
```

6.6.16　学习域播放周期快照事实表

构建周期快照事实表主要有两个步骤：确定粒度和确定事实。学习域播放周期快照事实表的粒度确定为“每日—用户—章节视频”，事实为视频播放进度。

用户每一次播放视频的行为，都会产生一条播放日志。我们希望通过播放周期快照事实表记录用户对一个视频的播放进度。在这个表中主要记录了用户播放该视频的当前进度、历史最大播放进度、累积播放时长和完播日期等字段。

当用户播放一个视频的累积播放时长达到了此视频总时长的 90%，或者播放此视频的最大播放进度达到了视频总时长的 90%，都可以认为视频完播，前者称为累计播放时长完播，达成的时间为首次累计时长完播日期，后者称为进度完播，达成的时间为进度首次完播日期。

在播放周期快照事实表中，只有当累积时长和进度条都达到完播要求时，才算视频正式完播，并取两个要求达成时间的最大值为首次完播日期。

播放周期快照事实表的数据主要来源于 ODS 层日志增量表 ods_log_inc。

（1）建表语句。

```
hive (edu)>
DROP TABLE IF EXISTS dwd_learn_play_stats_full;
CREATE EXTERNAL TABLE dwd_learn_play_stats_full
(

    `user_id`                        STRING COMMENT '用户 id',
    `video_id`                       STRING COMMENT '视频 id',
    `video_name`                     STRING COMMENT '视频名称',
    `chapter_id`                     STRING COMMENT '章节 id',
    `chapter_name`                   STRING COMMENT '章节名称',
    `course_id`                      STRING COMMENT '课程 id',
    `total_play_sec`                 BIGINT COMMENT '累计播放时长',
    `position_sec`                   BIGINT COMMENT '当前播放进度',
    `max_position_sec`               BIGINT COMMENT '历史最大播放进度',
    `first_sec_complete_date`        STRING COMMENT '首次累计时长完播日期',
    `first_process_complete_date`    STRING COMMENT '进度首次完播日期',
    `first_complete_date`            STRING COMMENT '首次完播日期'
) COMMENT '学习域播放周期快照事实表'
    PARTITIONED BY (`dt` STRING)
    STORED AS ORC
    LOCATION '/warehouse/edu/dwd/dwd_learn_play_stats_full'
    TBLPROPERTIES ('orc.compress' = 'snappy');
```

（2）首日装载。

```
hive (edu)>
set hive.cbo.enable=false;
with curpos as (
    select user_id,
           video_id,
           position_sec
    from (select common.uid          user_id,
                 appvideo.video_id,
                 appvideo.position_sec,
                 row_number() over (partition by common.uid, appvideo.video_id
                    order by ts desc) rk
          from edu.ods_log_inc
          where dt = '2022-02-21'
and appvideo is not null) origin
    where rk = 1
),
     aggred as (
         select common.uid                user_id,
                appvideo.video_id,
                sum(appvideo.play_sec)     total_play_sec,
                max(appvideo.position_sec) max_position_sec
         from edu.ods_log_inc
         where dt = '2022-02-21'
         and appvideo is not null
         group by common.uid, appvideo.video_id
```

```
    ),
    dim_video as (
        select id,
               video_name,
               chapter_id,
               chapter_name,
               course_id,
               during_sec
        from edu.dim_video_full
        where dt = '2022-02-21'
    )
insert overwrite table edu.dwd_learn_play_stats_inc partition (dt = '2022-02-21')
select calculated.user_id,
       calculated.video_id,
       video_name,
       chapter_id,
       chapter_name,
       course_id,
       total_play_sec,
       position_sec,
       max_position_sec,
       first_sec_complete_date,
       first_process_complete_date,
       first_complete_date
from (select user_id,
             video_id,
             video_name,
             chapter_id,
             chapter_name,
             course_id,
             total_play_sec,
             max_position_sec,
             if(total_play_sec / during_sec >= 0.9, '2022-02-21', null)    first_sec_
complete_date,
             if(max_position_sec / during_sec >= 0.9, '2022-02-21', null) first_process_
complete_date,
             if(total_play_sec / during_sec >= 0.9 and
                max_position_sec  /  during_sec  >=  0.9,  '2022-02-21',  null)  first_
complete_date
      from (select user_id,
                   video_id,
                   video_name,
                   chapter_id,
                   chapter_name,
                   course_id,
                   total_play_sec,
                   max_position_sec,
                   during_sec
            from aggred
                     left join dim_video
                               on aggred.video_id = dim_video.id
```

```
        ) joined) calculated
        left join curpos
                on calculated.user_id = curpos.user_id
                    and calculated.video_id = curpos.video_id;
set hive.cbo.enable=true;
```

（3）每日装载。

```
set hive.cbo.enable=false;
with curpos as (
    select user_id,
           video_id,
           position_sec
    from (select common.uid            user_id,
                 appvideo.video_id,
                 appvideo.position_sec,
                 row_number() over (partition by common.uid, appvideo.video_id
                     order by ts desc) rk
          from edu.ods_log_inc
          where appvideo is not null
            and dt = '2022-02-22') origin
    where rk = 1
),
     aggred as (
         select common.uid                 user_id,
                appvideo.video_id,
                sum(appvideo.play_sec)     total_play_sec,
                max(appvideo.position_sec) max_position_sec
         from edu.ods_log_inc
         where appvideo is not null
           and dt = '2022-02-22'
         group by common.uid, appvideo.video_id
     ),
     dim_video as (
         select id,
                video_name,
                chapter_id,
                chapter_name,
                course_id,
                during_sec
         from edu.dim_video_full
         where dt = '2022-02-22'
     )
insert overwrite table edu.dwd_learn_play_stats_full partition(dt = '2022-02-22')
select user_id,
       video_id,
       video_name,
       chapter_id,
       chapter_name,
       course_id,
       total_play_sec,
       position_sec,
       max_position_sec,
```

```
        nvl(first_sec_complete_date,
           if(total_play_sec / during_sec >= 0.9, '2022-02-22', null))    first_sec_
complete_date,
        nvl(first_process_complete_date,
           if(max_position_sec / during_sec >= 0.9, '2022-02-22', null)) first_process_
complete_date,
        nvl(first_complete_date,
           if(total_play_sec / during_sec >= 0.9 and
             max_position_sec / during_sec >= 0.9, '2022-02-22', null)) first_complete_
date
    from (
          select nvl(new.user_id, old.user_id)                           user_id,
                nvl(new.video_id, old.video_id)                          video_id,
                nvl(new.video_name, old.video_name)                      video_name,
                nvl(new.chapter_id, old.chapter_id)                      chapter_id,
                nvl(new.chapter_name, old.chapter_name)                  chapter_name,
                nvl(new.course_id, old.course_id)                        course_id,
                nvl(new.total_play_sec, 0L) + nvl(old.total_play_sec, 0L) total_play_sec,
                nvl(new.position_sec, old.position_sec)                  position_sec,
                if(new.max_position_sec is null, old.max_position_sec,
                  if(old.max_position_sec is null, new.max_position_sec,
                    if(new.max_position_sec > old.max_position_sec,
                      new.max_position_sec, old.max_position_sec)))   max_position_sec,
                old.first_sec_complete_date,
                old.first_process_complete_date,
                old.first_complete_date,
                during_sec
          from (select calculated.user_id  user_id,
                    calculated.video_id video_id,
                    video_name,
                    chapter_id,
                    chapter_name,
                    course_id,
                    total_play_sec,
                    position_sec,
                    max_position_sec,
                    during_sec
               from (select user_id,
                         video_id,
                         video_name,
                         chapter_id,
                         chapter_name,
                         course_id,
                         total_play_sec,
                         max_position_sec,
                         during_sec
                    from (select user_id,
                              video_id,
                              video_name,
                              chapter_id,
                              chapter_name,
```

```
                        course_id,
                        total_play_sec,
                        max_position_sec,
                        during_sec
                 from aggred
                          left join dim_video
                                    on aggred.video_id = dim_video.id
                ) joined) calculated
              left join curpos
                        on calculated.user_id = curpos.user_id
                            and calculated.video_id = curpos.video_id) new
        full outer join
    (
        select user_id,
               video_id,
               video_name,
               chapter_id,
               chapter_name,
               course_id,
               total_play_sec,
               position_sec,
               max_position_sec,
               first_sec_complete_date,
               first_process_complete_date,
               first_complete_date
        from edu.dwd_learn_play_stats_full
        where dt = date_add('2022-02-22', -1)
    ) old
    on new.user_id = old.user_id
        and new.video_id = old.video_id
    ) final;
set hive.cbo.enable=true;
```

6.6.17 学习域播放事务事实表

如表 6-32 所示是学习域播放事务事实表建模分析表。学习域播放事务事实表的粒度是一次视频播放记录，涉及的维度有时间、用户、地区、视频、来源和设备，度量是播放时长。

表 6-32 学习域播放事务事实表建模分析表

数据域	业务过程	粒度	维度										度量
			用户	地区	时间	课程	章节	试卷	题目	视频	来源	设备	
学习域	观看视频	一次视频播放记录	√	√	√	√	√			√	√	√	播放时长

与流量域页面浏览事务事实表相同，学习域播放事务事实表的主要字段均来自表 ods_log_inc。

数据装载思路：学习域播放事务事实表的数据来自用户行为日志，其装载思路、时间戳转换、字段获取、分区设计均与流量域页面浏览事务事实表相同。每日装载的数据放入每日对应的分区中即可。

（1）建表语句。

```
hive (edu)>
DROP TABLE IF EXISTS dwd_learn_play_inc;
CREATE EXTERNAL TABLE dwd_learn_play_inc
(
    `mid_id`        STRING COMMENT '手机唯一编号',
    `province_id`   STRING COMMENT '省份 id',
    `brand`         STRING COMMENT '手机品牌',
    `is_new`        STRING COMMENT '是否新用户',
    `model`         STRING COMMENT '手机型号',
    `os`            STRING COMMENT '手机品牌',
    `session_id`    STRING COMMENT '会话 id',
    `user_id`       STRING COMMENT '用户 id',
    `version_code`  STRING COMMENT '版本号',
    `source_id`     STRING COMMENT '数据来源',
    `video_id`      STRING COMMENT '视频 id',
    `video_name`    STRING COMMENT '视频名称',
    `chapter_id`    STRING COMMENT '章节 id',
    `chapter_name`  STRING COMMENT '章节名称',
    `course_id`     STRING COMMENT '课程 id',
    `course_name`   STRING COMMENT '课程名称',
    `play_sec`      BIGINT COMMENT '播放时长',
    `ts`            BIGINT COMMENT '跳入时间'
) COMMENT '学习域播放事务事实表'
    PARTITIONED BY (`dt` STRING)
    STORED AS ORC
    LOCATION '/warehouse/edu/dwd/dwd_learn_play_inc'
    TBLPROPERTIES ('orc.compress' = 'snappy');
```

（2）数据装载。

```
hive (edu)>
set hive.cbo.enable=false;
insert overwrite table edu.dwd_learn_play_inc
   partition (dt = '2022-02-21')
select mid,
      province_id,
      brand,
      is_new,
      model,
      os,
      session_id,
      user_id,
      version_code,
      sc,
      video_id,
      video_name,
      chapter_id,
      chapter_name,
      course_id,
      course_name,
      play_sec,
      ts
```

```
from (select common.mid,
             common.ar              province_id,
             common.ba              brand,
             common.is_new,
             common.md              model,
             common.os,
             common.sid             session_id,
             common.uid             user_id,
             common.vc              version_code,
             common.sc,
             appvideo.video_id,
             sum(appvideo.play_sec) play_sec,
             max(ts)                ts
      from edu.ods_log_inc
      where dt = '2022-02-21'
        and appvideo is not null
      group by common.mid,
               common.ar,
               common.ba,
               common.is_new,
               common.md,
               common.os,
               common.sid,
               common.uid,
               common.vc,
               common.sc,
               appvideo.video_id) aggred
         left join
     (select id,
             video_name,
             chapter_id,
             chapter_name,
             course_id
      from edu.dim_video_full
      where dt = '2022-02-21') dim_video
     on aggred.video_id = dim_video.id
         left join
     (select id,
             course_name
      from edu.dim_course_full
      where dt = '2022-02-21') dim_course
     on course_id = dim_course.id;
set hive.cbo.enable=true;
```

6.6.18 用户域用户注册事务事实表

如表 6-33 所示是用户域用户注册事务事实表建模分析表。用户域用户注册事务事实表的粒度是一次用户注册操作，涉及的维度有时间、用户、地区和设备，度量是次数。

表 6-33　用户域用户注册事务事实表建模分析表

数据域	业务过程	粒度	维度										度量
			用户	地区	时间	课程	章节	试卷	题目	视频	来源	设备	
用户域	用户注册	一次用户注册操作	√	√	√							√	无事实（次数 1）

如图 6-43 所示是用户域用户注册事务事实表字段设计以及来源，其字段主要来自用户维度表和页面数据中的用户启动行为日志。

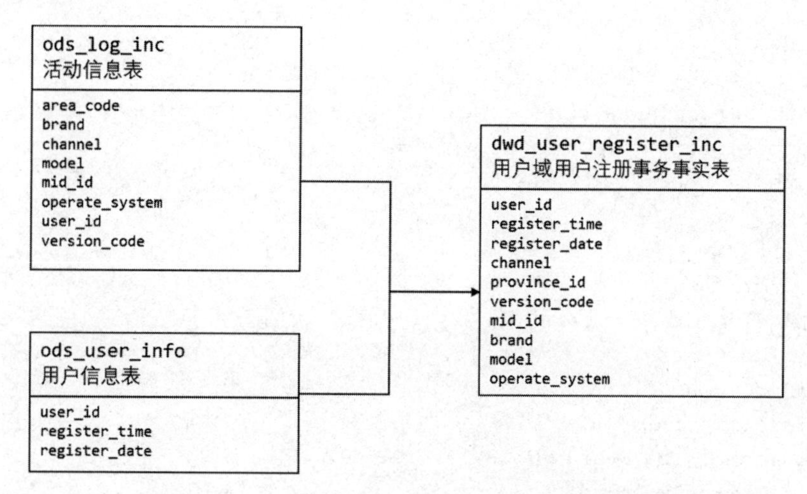

图 6-43　用户域用户注册事务事实表字段设计以及来源

数据装载思路：将当日的创建用户与所有的启动页面日志数据进行关联，可以获取时间、用户和设备等维度信息。首日装载与每日装载的不同之处在于分区的处理，此处不再赘述。

（1）建表语句。

```
hive (edu)>
DROP TABLE IF EXISTS dwd_user_register_inc;
CREATE EXTERNAL TABLE dwd_user_register_inc
(
    `user_id`           STRING COMMENT '用户 id',
    `register_time`     STRING COMMENT '注册时间',
    `register_date`     STRING COMMENT '注册日期',
    `province_id`       STRING COMMENT '省份 id',
    `version_code`      STRING COMMENT '应用版本',
    `mid_id`            STRING COMMENT '设备 id',
    `brand`             STRING COMMENT '设备品牌',
    `model`             STRING COMMENT '设备型号',
    `operate_system`    STRING COMMENT '设备操作系统'
) COMMENT '用户域用户注册事务事实表'
    PARTITIONED BY (`dt` STRING)
    STORED AS ORC
    LOCATION '/warehouse/edu/dwd/dwd_user_register_inc/'
    TBLPROPERTIES ("orc.compress" = "snappy");
```

（2）首日装载。

```
hive (edu)>
set hive.cbo.enable=false;
insert overwrite table edu.dwd_user_register_inc
select register.id,
       register_time,
```

```
      register_date,
      province_id,
      version_code,
      mid_id,
      brand,
      model,
      operate_system,
      register_date
from (
select data.id,
           data.create_time register_time,
           date_format(data.create_time, 'yyyy-MM-dd') register_date
      from edu.ods_user_info_inc
      where type = 'bootstrap-insert'
        and dt = '2022-02-21'
) register
        left join
     (select common.uid     user_id,
             min(common.ar)  province_id,
             min(common.vc)  version_code,
             min(common.mid) mid_id,
             min(common.ba)  brand,
             min(common.md)  model,
             min(common.os)  operate_system
      from edu.ods_log_inc
      where dt = '2022-02-21'
        and `start` is not null
      group by common.uid) log_dim
     on register.id = log_dim.user_id;
set hive.cbo.enable=true;
```

（3）每日装载。

```
hive (edu)>
set hive.cbo.enable=false;
insert overwrite table edu.dwd_user_register_inc partition (dt = '2022-02-22')
select
    register.id,
    register_time,
    register_date,
    province_id,
    version_code,
    mid_id,
    brand,
    model,
    operate_system
from
    (
    select
        data.id,
        data.create_time register_time,
        date_format(data.create_time, 'yyyy-MM-dd') register_date
    from edu.ods_user_info_inc
```

```
    where type = 'insert' and dt = '2022-02-22'
    ) register
left join
    (
    select
        common.uid      user_id,
        min(common.ar)  province_id,
        min(common.vc)  version_code,
        min(common.mid) mid_id,
        min(common.ba)  brand,
        min(common.md)  model,
        min(common.os)  operate_system
    from edu.ods_log_inc
    where dt = '2022-02-22' and `start` is not null
    group by common.uid
    ) log_dim
    on register.id = log_dim.user_id;
set hive.cbo.enable=true;
```

6.6.19　用户域用户登录事务事实表

如表 6-34 所示是用户域用户登录事务事实表建模分析表。用户域用户登录事务事实表的粒度是一次用户登录操作，涉及的维度有时间、用户、地区、来源和设备，度量是次数。

表 6-34　用户域用户登录事务事实表建模分析表

数据域	业务过程	粒度	维度										度量
			用户	地区	时间	课程	章节	试卷	题目	视频	来源	设备	
用户域	用户登录	一次用户登录操作	√	√	√						√	√	无事实（次数 1）

与流量域页面浏览事务事实表相同，用户域用户登录事务事实表的字段全部来自表 ods_log_inc。

数据装载思路如下。

用户域用户登录事务事实表构建的关键在于，如何在众多页面浏览行为日志中找到用户登录的日志。在这里，我们首先通过会话 id 找到同一个会话下的所有页面的浏览日志，然后使用开窗函数，将同一会话下的所有页面日志按照时间排序，排名第一的页面浏览日志，即用户的登录行为。

每日装载的数据放入每日对应的分区中即可。

（1）建表语句。

```
hive (edu)>
DROP TABLE IF EXISTS dwd_user_login_inc;
CREATE EXTERNAL TABLE dwd_user_login_inc
(
    `user_id`           STRING COMMENT '用户 id',
    `date_id`           STRING COMMENT '日期 id',
    `login_time`        STRING COMMENT '登录时间',
    `province_id`       STRING COMMENT '省份 id',
    `version_code`      STRING COMMENT '应用版本',
    `mid_id`            STRING COMMENT '设备 id',
    `brand`             STRING COMMENT '设备品牌',
    `model`             STRING COMMENT '设备型号',
```

```
    `operate_system`    STRING COMMENT '设备操作系统'
) COMMENT '用户域用户登录事务事实表'
    PARTITIONED BY (`dt` STRING)
    STORED AS ORC
    LOCATION '/warehouse/edu/dwd/dwd_user_login_inc/'
    TBLPROPERTIES ("orc.compress" = "snappy");
```

（2）数据装载。

```
hive (edu)>
set hive.cbo.enable=false;
insert overwrite table edu.dwd_user_login_inc
    partition (dt = '2022-02-21')
select user_id,
       date_format(from_utc_timestamp(ts, 'GMT+8'), 'yyyy-MM-dd') date_id,
       date_format(from_utc_timestamp(ts, 'GMT+8'), 'yyyy-MM-dd') login_time,
       province_id,
       version_code,
       mid_id,
       brand,
       model,
       operate_system
from (select user_id,
             province_id,
             version_code,
             mid_id,
             brand,
             model,
             operate_system,
             row_number() over (partition by session_id order by ts) rk,
             ts
      from (select common.ar  province_id,
                   common.ba  brand,
                   common.md  model,
                   common.mid mid_id,
                   common.os  operate_system,
                   common.sid session_id,
                   common.vc  version_code,
                   common.uid user_id,
                   ts
            from edu.ods_log_inc
            where page is not null
                and common.uid is not null
              and dt = '2022-02-21') log
     ) rkt
where rk = 1;
set hive.cbo.enable=true;
```

6.6.20 DWD 层首日数据装载脚本

关于每层的数据脚本编写思路，在前文中曾多次讲解，读者可以在“尚硅谷教育”公众号获取的资料中找到完整的数据装载脚本。

将 DWD 层的首日数据装载过程编写成脚本，方便调用执行。

（1）在/home/atguigu/bin 目录下创建脚本 ods_to_dwd_init.sh。

```
[atguigu@hadoop102 bin]$ vim ods_to_dwd_init.sh
```

在脚本中编写内容。

（2）增加脚本执行权限。

```
[atguigu@hadoop102 bin]$  chmod +x ods_to_dwd_init.sh
```

（3）执行脚本，导入数据。

```
[atguigu@hadoop102 bin]$ ods_to_dwd_init.sh  all 2022-02-21
```

6.6.21　DWD 层每日数据装载脚本

将 DWD 层的每日数据装载过程编写成脚本，方便每日调用执行。

（1）在/home/atguigu/bin 目录下创建脚本 ods_to_dwd_db.sh。

```
[atguigu@hadoop102 bin]$ vim ods_to_dwd.sh
```

在脚本中编写内容。

（2）增加脚本执行权限。

```
[atguigu@hadoop102 bin]$ chmod 777 ods_to_dwd.sh
```

（3）执行脚本。

```
[atguigu@hadoop102 bin]$ ods_to_dwd.sh all 2022-02-22
```

6.7　数据仓库搭建——DWS 层

DWS 层是汇总数据层，如表 6-35 所示是对所有派生指标的汇总。

在 DWS 层的构建过程中，我们参照派生指标总结表，将业务过程与统计粒度相同的派生指标合并统计，并按照统计周期分为最近 1 日、最近 *n* 日和历史至今三个类型，如业务过程为支付、统计粒度为用户的四个派生指标，在 DWS 层将体现为交易域用户粒度用户支付最近 1 日汇总表、交易域用户粒度用户支付最近 *n* 日汇总表和交易域用户粒度用户支付历史至今汇总表。在表格中，使用不同的背景颜色进行了区分，相邻的、背景颜色相同的派生指标将进行合并。

表 6-35　派生指标汇总

原子指标			统计周期	统计粒度	业务限定	DWS 层汇总表
业务过程	度量值	聚合逻辑				
页面浏览	——	——	最近 1 日	会话		流量域会话粒度页面浏览最近 1 日汇总表
页面浏览	1	count()	最近 1 日	会话		
页面浏览	during_time	sum()	最近 1 日	会话		
用户登录	login_date	max()	历史至今	用户		用户域用户粒度用户登录历史至今汇总表
用户加购	course_id	count()	最近 1/7/30 日	用户		交易域用户粒度用户加购最近 1/*n* 日汇总表
用户下单	order_id	count(distinct)	最近 1/7/30 日	用户		交易域会话粒度用户下单最近 1 日汇总表
用户下单	order_amount	sum()	最近 1 日	会话		
用户下单	order_id	count(distinct)	最近 1 日	会话		
用户下单	——	——	最近 1 日	会话		
用户支付	order_id	count(distinct)	最近 1/7/30 日	用户		交易域用户粒度用户支付最近 1/*n* 日汇总表
用户下单	order_dt	min()	历史至今	用户		交易域用户粒度下单历史至今汇总表
用户下单	order_dt	max()	历史至今	用户		

续表

原子指标			统计周期	统计粒度	业务限定	DWS 层汇总表
业务过程	度量值	聚合逻辑				
用户支付	payment_dt	min()	历史至今	用户		交易域用户粒度用户支付历史至今汇总表
用户考试	user_id	count()	最近 1/7/30 日	试卷		考试域试卷粒度考试最近 1/*n* 日汇总表
用户考试	score	avg()	最近 1 日	试卷		
用户考试	score	sum()	最近 7/30 日	试卷		
用户考试	duration_time	avg()	最近 1 日	试卷		
用户考试	duration_time	sum()	最近 7/30 日	试卷		
用户考试	user_id	count()	最近 1/7/30 日	试卷-分数段		考试域试卷分数段粒度最近 1/*n* 日汇总表
用户考试	1	count()	最近 1/7/30 日	题目	is_correct=1	考试域题目粒度考试最近 1/*n* 日汇总表
用户考试	1	count()	最近 1/7/30 日	题目		

DWS 层的设计要点总结如下：

- 设计参考指标体系。
- 数据存储格式为“ORC 列式存储+Snappy 压缩”。
- 表名的命名规范为 dws_数据域_统计粒度_业务过程_统计周期（1d/nd/td）。其中，1d 表示最近 1 日；nd 表示最近 *n* 日；td 表示历史至今。

6.7.1 最近 1 日汇总表

本节主要统计所有 DWS 层中统计周期为最近 1 日的汇总表 。

1. 交易域用户粒度用户加购最近 1 日汇总表

将业务过程为加购、统计粒度为用户的派生指标合并统计为交易域用户粒度用户加购最近 1 日汇总表。如派生指标统计表中所示，用户加购事实表在用户粒度上的汇总统计，我们主要关注的是各用户的加购课程数，所以我们需要按照 user_id 字段进行聚合（group by），统计加购课程数（count(course_id)）。

在做首日数据装载时，需要考虑首日采集并分析的数据中是否包含历史数据，所以在聚合汇总时需要加入时间字段（dt）。在进行每日数据装载时，只需要选取当天数据，按照 user_id 聚合即可。

（1）建表语句。

```
hive (edu)>
DROP TABLE IF EXISTS dws_trade_user_cart_add_1d;
CREATE EXTERNAL TABLE dws_trade_user_cart_add_1d
(
    `user_id`       STRING COMMENT '用户 id',
    `course_count` BIGINT COMMENT '加购课程数'
) COMMENT '交易域用户粒度用户加购最近 1 日汇总表'
    PARTITIONED BY (`dt` STRING)
    STORED AS ORC
    LOCATION '/warehouse/edu/dws/dws_trade_user_cart_add_1d/'
    TBLPROPERTIES ('orc.compress' = 'snappy');
```

（2）首日装载。

```
hive (edu)>
set hive.exec.dynamic.partition.mode=nonstrict;
insert overwrite table edu.dws_trade_user_cart_add_1d
    partition(dt)
select user_id,
```

```
       count(course_id) course_count,
       dt
from edu.dwd_trade_cart_add_inc
group by user_id, dt;
```

（3）每日装载。

```
hive (edu)>
insert overwrite table edu.dws_trade_user_cart_add_1d
    partition (dt = '2022-02-22')
select user_id,
       count(course_id) course_count
from edu.dwd_trade_cart_add_inc
where dt = '2022-02-22'
group by user_id;
```

2. 交易域用户粒度用户支付最近1日汇总表

将业务过程为用户支付、统计粒度为用户的派生指标合并统计为交易域用户粒度用户支付最近1日汇总表。

（1）建表语句。

```
hive (edu)>
set hive.exec.dynamic.partition.mode=nonstrict;
DROP TABLE IF EXISTS dws_trade_user_payment_1d;
CREATE EXTERNAL TABLE dws_trade_user_payment_1d
(
    `user_id`       STRING COMMENT '用户id',
    `payment_count` BIGINT COMMENT '支付次数'
) COMMENT '交易域用户粒度用户支付最近1日汇总表'
    PARTITIONED BY (`dt` STRING)
    STORED AS ORC
    LOCATION '/warehouse/edu/dws/dws_trade_user_payment_1d/'
    TBLPROPERTIES ('orc.compress' = 'snappy');
```

（2）首日装载。

```
hive (edu)>
insert overwrite table edu.dws_trade_user_payment_1d
partition (dt)
select user_id,
       count(distinct order_id) payment_count,
       dt
from edu.dwd_trade_pay_detail_suc_inc
group by user_id, dt;
```

（3）每日装载。

```
hive (edu)>
insert overwrite table edu.dws_trade_user_payment_1d
    partition (dt = '2022-02-22')
select user_id,
       count(distinct order_id) payment_count
from edu.dwd_trade_pay_detail_suc_inc
where dt = '2022-02-22'
group by user_id;
```

3. 交易域会话粒度用户下单最近 1 日汇总表

将业务过程为下单、统计粒度为会话的派生指标合并统计为交易域会话粒度用户下单最近 1 日汇总表。由于会话 id 与用户 id、省份 id 和来源 id 有唯一对应关系，所以此处将用户 id、省份 id 和来源 id 冗余进来，方便后续关于用户、省份和来源维度的统计。其中，用户 id 和省份 id 直接来源于用户下单事实表。来源 id 通过与来源维度表关联获得。

对下单次数、下单金额等度量按照会话粒度进行汇总计算。

（1）建表语句。

```
hive (edu)>
DROP TABLE IF EXISTS dws_trade_session_order_1d;
CREATE EXTERNAL TABLE dws_trade_session_order_1d
(
    `session_id`    STRING COMMENT '会话id',
    `user_id`       STRING COMMENT '用户id',
    `province_id`   STRING COMMENT '省份id',
    `source_id`     STRING COMMENT '来源id',
    `source_site`   STRING COMMENT '来源名称',
    `order_count`   BIGINT COMMENT '下单次数',
    `order_amount`  DECIMAL(16, 2) COMMENT '下单金额'
) COMMENT '交易域会话粒度用户下单最近1日汇总表'
    PARTITIONED BY (`dt` STRING)
    STORED AS ORC
    LOCATION '/warehouse/edu/dws/dws_trade_session_order_1d/'
    TBLPROPERTIES ('orc.compress' = 'snappy');
```

（2）首日装载。

```
hive (edu)>
set hive.exec.dynamic.partition.mode=nonstrict;
insert overwrite table  edu.dws_trade_session_order_1d
partition (dt)
select session_id,
       user_id,
       province_id,
       source_id,
       source_site,
       order_count,
       order_amount,
       dt
from (
         select session_id,
                user_id,
                province_id,
                source_id,
                count(distinct order_id) order_count,
                sum(final_amount)       order_amount,
                dt
         from  edu.dwd_trade_order_detail_inc
         group by session_id, user_id, province_id, source_id, dt
     ) ag_t
         left join
     (
         select id,
```

```
            source_site
        from edu.dim_source_full
        where dt = '2022-02-21'
    ) d_source
    on ag_t.source_id = d_source.id;
```

（3）每日装载。

```
hive (edu)>
insert overwrite table  edu.dws_trade_session_order_1d
    partition (dt = '2022-02-22')
select session_id,
       user_id,
       province_id,
       source_id,
       source_site,
       order_count,
       order_amount
from (select session_id,
             user_id,
             province_id,
             source_id,
             count(distinct order_id) order_count,
             sum(final_amount)       order_amount
      from  edu.dwd_trade_order_detail_inc
      where dt = '2022-02-22'
      group by session_id, user_id, province_id, source_id) ag_t
         left join
     (select id,
             source_site
      from edu.dim_source_full
      where dt = '2022-02-22'
     ) d_source
     on ag_t.source_id = d_source.id;
```

4. 考试域试卷粒度考试最近 1 日汇总表

将业务过程为考试、统计粒度为试卷的派生指标合并统计为考试域试卷粒度考试最近 1 日汇总表。对考试时长、得分等度量按照试卷粒度进行汇总计算。由于试卷与课程有唯一对应关系，所以通过与课程维度表关联，将课程 id、学科 id 和分类 id 冗余进来，后续还可以用此表来分析课程粒度、学科粒度和分类粒度的考试相关指标。

通过这个 DWS 层表格，可以从中计算出很多指标，如不同学科试卷的参与人数分析、各课程参与考试人数分析、各试卷考试的平均分与平均时长统计等。

（1）建表语句。

```
hive (edu)>
DROP TABLE IF EXISTS dws_examination_paper_exam_1d;
CREATE EXTERNAL TABLE dws_examination_paper_exam_1d
(
    `paper_id`          STRING COMMENT '试卷 id',
    `paper_title`       STRING COMMENT '试卷标题',
    `course_id`         STRING COMMENT '课程 id',
    `course_name`       STRING COMMENT '课程名称',
```

```
    `subject_id`         STRING COMMENT '学科 id',
    `subject_name`       STRING COMMENT '学科名称',
    `category_id`        STRING COMMENT '分类 id',
    `category_name`      STRING COMMENT '分类名称',
    `avg_score`          DECIMAL(16, 2) COMMENT '平均分',
    `avg_during_sec`     BIGINT COMMENT '平均时长',
    `total_score`        BIGINT COMMENT '总分',
    `total_during_sec`   BIGINT COMMENT '总时长',
    `user_count`         BIGINT COMMENT '用户数'
) COMMENT '考试域试卷粒度考试最近 1 日汇总表'
    PARTITIONED BY (`dt` STRING)
    STORED AS ORC
    LOCATION '/warehouse/edu/dws/dws_examination_paper_exam_1d/'
    TBLPROPERTIES ('orc.compress' = 'snappy');
```

（2）首日装载。

```
hive (edu)>
set hive.exec.dynamic.partition.mode=nonstrict;
insert overwrite table edu.dws_examination_paper_exam_1d
    partition (dt)
select paper_id,
       paper_title,
       course_id,
       course_name,
       subject_id,
       subject_name,
       category_id,
       category_name,
       avg_score,
       avg_during_sec,
       total_score,
       total_during_sec,
       user_count,
       dt
from (select paper_id,
             avg(score)        avg_score,
             avg(duration_sec) avg_during_sec,
             sum(score)        total_score,
             sum(duration_sec) total_during_sec,
             count(user_id)    user_count,
             dt
      from edu.dwd_examination_test_paper_inc
      group by paper_id, dt) ex
         left join
     (select id,
             paper_title,
             course_id
      from edu.dim_paper_full
      where dt = '2022-02-21') paper
     on ex.paper_id = paper.id
```

```
        left join
     (select id,
             course_name,
             subject_id,
             subject_name,
             category_id,
             category_name
      from edu.dim_course_full
      where dt = '2022-02-21'
     ) dim_course
     on paper.course_id = dim_course.id;
```

（3）每日装载。

```
hive (edu)>
insert overwrite table edu.dws_examination_paper_exam_1d
   partition (dt = '2022-02-22')
select paper_id,
       paper_title,
       course_id,
       course_name,
       subject_id,
       subject_name,
       category_id,
       category_name,
       avg_score,
       avg_during_sec,
       total_score,
       total_during_sec,
       user_count
from (select paper_id,
             avg(score)       avg_score,
             avg(duration_sec) avg_during_sec,
             sum(score)       total_score,
             sum(duration_sec) total_during_sec,
             count(user_id)    user_count
      from edu.dwd_examination_test_paper_inc
      where dt = '2022-02-22'
      group by paper_id) exa
        left join
     (select id,
             paper_title,
             course_id
      from edu.dim_paper_full
      where dt = '2022-02-22'
     ) paper
     on exa.paper_id = paper.id
        left join
     (select id,
             course_name,
             subject_id,
```

```
            subject_name,
            category_id,
            category_name
        from edu.dim_course_full
        where dt = '2022-02-22'
    ) dim_course
    on paper.course_id = dim_course.id;
```

5. 考试域试卷分数段粒度考试最近 1 日汇总表

将业务过程为考试、统计粒度为试卷、分数段的派生指标合并统计为考试域试卷、分数段粒度考试最近 1 日汇总表。对考试用户数等度量按照试卷、分数段粒度进行汇总计算。

（1）建表语句。

```
hive (edu)>
DROP TABLE IF EXISTS dws_examination_paper_duration_exam_1d;
CREATE EXTERNAL TABLE dws_examination_paper_duration_exam_1d
(
    `paper_id`          STRING COMMENT '试卷 id',
    `paper_title`       STRING COMMENT '试卷名称',
    `duration_name`     STRING COMMENT '分数区间',
    `user_count`        BIGINT COMMENT '用户数'
) COMMENT '考试域试卷分数段粒度考试最近 1 日汇总表'
    PARTITIONED BY (`dt` STRING)
    STORED AS ORC
    LOCATION '/warehouse/edu/dws/dws_examination_paper_duration_exam_1d/'
    TBLPROPERTIES ('orc.compress' = 'snappy');
```

（2）首日装载。

```
hive (edu)>
insert overwrite table edu.dws_examination_paper_duration_exam_1d
    partition (dt)
select paper_id,
       paper_title,
       duration_name,
       user_count,
       dt
from (select paper_id,
             duration_name,
             count(user_id) user_count,
             dt
      from (select paper_id,
                   case
                       when score >= 0 and score < 60
                           then '[0, 60)'
                       when score >= 60 and score < 70
                           then '[60, 70)'
                       when score >= 70 and score < 80
                           then '[70, 80)'
                       when score >= 80 and score < 90
                           then '[80, 90)'
                       when score >= 90 and score <= 100
                           then '[90, 100]'
```

```
                    end duration_name,
                user_id,
                dt
         from edu.dwd_examination_test_paper_inc) origin
   group by paper_id, duration_name, dt) dur
      left join
  (select id,
         paper_title
   from edu.dim_paper_full
   where dt = '2022-02-21'
  ) paper
  on dur.paper_id = paper.id;
```

（3）每日装载。

```
hive (edu)>
set hive.exec.dynamic.partition.mode=nonstrict;
insert overwrite table edu.dws_examination_paper_duration_exam_1d
    partition (dt = '2022-02-22')
select paper_id,
       paper_title,
       duration_name,
       user_count
from (
        select paper_id,
               duration_name,
               count(user_id) user_count
        from (select paper_id,
                     case
                         when score >= 0 and score < 60 then '[0, 60)'
                         when score >= 60 and score < 70 then '[60, 70)'
                         when score >= 70 and score < 80 then '[70, 80)'
                         when score >= 80 and score < 90 then '[80, 90)'
                         when score >= 90 and score <= 100 then '[90, 100]'
                         end duration_name,
                     user_id
              from edu.dwd_examination_test_paper_inc
              where dt = '2022-02-22') orgin
        group by paper_id, duration_name
    ) dur
        left join
    (
        select id,
               paper_title
        from edu.dim_paper_full
        where dt = '2022-02-22'
    ) paper
    on dur.paper_id = paper.id;
```

6. 考试域题目粒度考试最近 1 日汇总表

将业务过程为考试、统计粒度为题目的派生指标合并统计为考试域题目粒度考试最近 1 日汇总表。对答题次数、正确答题次数等度量按照题目粒度进行汇总计算。

（1）建表语句。

```
hive (edu)>
DROP TABLE IF EXISTS dws_examination_question_exam_1d;
CREATE EXTERNAL TABLE dws_examination_question_exam_1d
(
    `question_id`   STRING COMMENT '题目 id',
    `correct_count` BIGINT COMMENT '正确答题次数',
    `answer_count`  BIGINT COMMENT '答题次数'
) COMMENT '考试域题目粒度考试最近 1 日汇总表'
    PARTITIONED BY (`dt` STRING)
    STORED AS ORC
    LOCATION '/warehouse/edu/dws/dws_examination_question_exam_1d/'
    TBLPROPERTIES ('orc.compress' = 'snappy');
```

（2）首日装载。

```
hive (edu)>
set hive.exec.dynamic.partition.mode=nonstrict;
insert overwrite table edu.dws_examination_question_exam_1d
    partition (dt)
select question_id,
            sum(if(is_correct = 1, 1, 0))          correct_count,
            count(*)                               answer_count,
            date_format(create_time, 'yyyy-MM-dd') dt
      from edu.dwd_examination_test_question_inc
      group by question_id, date_format(create_time, 'yyyy-MM-dd');
```

（3）每日装载。

```
hive (edu)>
insert overwrite table edu.dws_examination_question_exam_1d
    partition (dt = '2022-02-22')
select question_id,
            sum(if(is_correct = 1, 1, 0))          correct_count,
            count(*)                               answer_count
      from edu.dwd_examination_test_question_inc
      where dt = '2022-02-22'
      group by question_id;
```

7. 流量域会话粒度页面浏览最近 1 日汇总表

将业务过程为页面浏览、统计粒度为会话的派生指标合并统计为流量域会话粒度页面浏览最近 1 日汇总表。与会话粒度相关的派生指标有些特别，大部分统计粒度都会出现在多个统计时间周期内。例如，一个用户可能会在最近 1 日和最近 *n* 日都下订单，但是同一个会话 id 只会出现一次，再次打开会话，会话 id 就会发生改变。统计粒度为会话的 DWS 层汇总表，我们只计算统计时间周期为最近 1 日的。

对访问时长和访问页面数等度量按照会话粒度进行汇总计算，并留存设备 id、来源 id 等维度属性值。通过该 DWS 层汇总表，可以进一步计算很多衍生指标，如各来源下的用户页面浏览平均时长等。

（1）建表语句。

```
hive (edu)>
DROP TABLE IF EXISTS dws_traffic_session_page_view_1d;
CREATE EXTERNAL TABLE dws_traffic_session_page_view_1d
(
    `session_id`     STRING COMMENT '会话 id',
    `mid_id`         STRING COMMENT '设备 id',
    `user_id`        STRING COMMENT '用户 id',
```

```
    `source_id`     STRING COMMENT '来源 id',
    `source_site`   STRING COMMENT '来源名称',
    `page_count`    BIGINT COMMENT '页面总数',
    `during_time`   BIGINT COMMENT '停留时长,单位：毫秒'
) COMMENT '流量域会话粒度页面浏览最近 1 日汇总表'
    PARTITIONED BY (`dt` STRING)
    STORED AS ORC
    LOCATION '/warehouse/edu/dws/dws_traffic_session_page_view_1d/'
    TBLPROPERTIES ('orc.compress' = 'snappy');
```

（2）数据装载。

```
hive (edu)>
insert overwrite table edu.dws_traffic_session_page_view_1d
  partition(dt = '2022-02-21')
select session_id,
      mid_id,
      user_id,
      source_id,
      source_site,
      page_count,
      during_time
from (
        select session_id,
              max(mid_id)      mid_id,
              max(user_id)     user_id,
              max(source_id)   source_id,
              count(*)        page_count,
              sum(during_time) during_time,
              dt
        from edu.dwd_traffic_page_view_inc
        where dt = '2022-02-21'
        group by session_id, dt
    ) pv
        left join
    (
        select id,
              source_site
        from edu.dim_source_full
        where dt = '2022-02-21'
    ) dim
    on pv.source_id = dim.id;
```

8. 数据装载脚本编写

（1）首日数据装载脚本编写。

在 hadoop102 节点服务器的/home/atguigu/bin 目录下创建 dwd_to_dws_1d_init.sh。

```
[atguigu@hadoop102 bin]$ vim dwd_to_dws_1d_init.sh
```

编写脚本内容（此处不再赘述，读者可以从本书附赠的课程资料中获取完整脚本）。

增加脚本执行权限。

```
[atguigu@hadoop102 bin]$ chmod +x dwd_to_dws_1d_init.sh
```

在数据仓库搭建中，首日调用脚本。

```
[atguigu@hadoop102 bin]$ dwd_to_dws_1d_init.sh all 2022-02-21
```

（2）每日数据装载脚本编写。

在 hadoop102 节点服务器的/home/atguigu/bin 目录下创建 dwd_to_dws_1d.sh。

```
[atguigu@hadoop102 bin]$ vim dwd_to_dws_1d.sh
```

编写脚本内容（此处不再赘述，读者可以从本书附赠的课程资料中获取完整脚本）。

增加脚本执行权限。

```
[atguigu@hadoop102 bin]$ chmod +x dwd_to_dws_1d.sh
```

在数据仓库搭建中，每日调用脚本。

```
[atguigu@hadoop102 bin]$ dwd_to_dws_1d.sh all 2022-02-22
```

6.7.2 最近 *n* 日汇总表

本节主要统计所有 DWS 层中统计周期为最近 *n* 日的汇总表 。

1. 交易域用户粒度用户加购最近 *n* 日汇总表

将业务过程为加购、统计粒度为用户的派生指标合并统计为交易域用户粒度用户加购最近 *n* 日汇总表。统计周期为最近 *n* 日的汇总表，可以通过最近 1 日的汇总表做进一步计算而来。

（1）建表语句。

```
hive (edu)>
DROP TABLE IF EXISTS dws_trade_user_cart_add_nd;
CREATE EXTERNAL TABLE dws_trade_user_cart_add_nd
(
    `user_id`           STRING COMMENT '用户 id',
    `course_count_7d`   BIGINT COMMENT '最近 7 日加购课程数',
    `course_count_30d`  BIGINT COMMENT '最近 30 日加购课程数'
) COMMENT '交易域用户粒度用户加购最近 n 日汇总表'
    PARTITIONED BY (`dt` STRING)
    STORED AS ORC
    LOCATION '/warehouse/edu/dws/dws_trade_user_cart_add_nd/'
    TBLPROPERTIES ('orc.compress' = 'snappy');
```

（2）数据装载。

通过交易域用户粒度用户加购最近 1 日汇总表，对筛选日期为最近 30 日的数据进行进一步汇总。在进行汇总求和时，通过 if 函数判断日期为前 7 日来产生最近 7 日的汇总数据。

```
hive (edu)>
insert overwrite table edu.dws_trade_user_cart_add_nd
    partition (dt = '2022-02-21')
select user_id,
       sum(if(dt >= date_add('2022-02-21', -6), course_count, 0)) course_count_7d,
       sum(course_count)                                         course_count_30d
from edu.dws_trade_user_cart_add_1d
where dt >= date_add('2022-02-21', -29)
  and dt <= '2022-02-21'
group by user_id;
```

2. 交易域用户粒度用户支付最近 *n* 日汇总表

（1）建表语句。

```
hive (edu)>
DROP TABLE IF EXISTS dws_trade_user_payment_nd;
CREATE EXTERNAL TABLE dws_trade_user_payment_nd
```

```
(
    `user_id`               STRING COMMENT '用户 id',
    `payment_count_7d`      BIGINT COMMENT '最近 7 日支付次数',
    `payment_count_30d`     BIGINT COMMENT '最近 30 日支付次数'
) COMMENT '交易域用户粒度用户支付最近 n 日汇总表'
    PARTITIONED BY (`dt` STRING)
    STORED AS ORC
    LOCATION '/warehouse/edu/dws/dws_trade_user_payment_nd/'
    TBLPROPERTIES ('orc.compress' = 'snappy');
```

（2）数据装载。

```
hive (edu)>
insert overwrite table edu.dws_trade_user_payment_nd
    partition (dt = '2022-02-21')
select user_id,
       sum(if(dt >= date_add('2022-02-21', -6), payment_count, 0)) payment_count_7d,
       sum(payment_count)                                          payment_count_30d
from edu.dws_trade_user_payment_1d
where dt >= date_add('2022-02-21', -29)
  and dt <= '2022-02-21'
group by user_id;
```

3. 考试域试卷粒度考试最近 n 日汇总表

（1）建表语句。

```
hive (edu)>
DROP TABLE IF EXISTS dws_examination_paper_exam_nd;
CREATE EXTERNAL TABLE dws_examination_paper_exam_nd
(
    `paper_id`              STRING COMMENT '试卷 id',
    `paper_title`           STRING COMMENT '试卷标题',
    `course_id`             STRING COMMENT '课程 id',
    `course_name`           STRING COMMENT '课程名称',
    `subject_id`            STRING COMMENT '学科 id',
    `subject_name`          STRING COMMENT '学科名称',
    `category_id`           STRING COMMENT '分类 id',
    `category_name`         STRING COMMENT '分类名称',
    `avg_score_7d`          DECIMAL(16, 2) COMMENT '最近 7 日平均分',
    `avg_during_sec_7d`     BIGINT COMMENT '最近 7 日平均时长',
    `total_score_7d`        BIGINT COMMENT '最近 7 日总分',
    `total_during_sec_7d`   BIGINT COMMENT '最近 7 日总时长',
    `user_count_7d`         BIGINT COMMENT '最近 7 日用户数',
    `avg_score_30d`         DECIMAL(16, 2) COMMENT '最近 30 日平均分',
    `avg_during_sec_30d`    BIGINT COMMENT '最近 30 日平均时长',
    `total_score_30d`       BIGINT COMMENT '最近 30 日总分',
    `total_during_sec_30d`  BIGINT COMMENT '最近 30 日总时长',
    `user_count_30d`        BIGINT COMMENT '最近 30 日用户数'
) COMMENT '考试域试卷粒度考试最近 n 日汇总表'
    PARTITIONED BY (`dt` STRING)
    STORED AS ORC
    LOCATION '/warehouse/edu/dws/dws_examination_paper_exam_nd/'
    TBLPROPERTIES ('orc.compress' = 'snappy');
```

（2）数据装载。

```
hive (edu)>
insert overwrite table edu.dws_examination_paper_exam_nd
   partition (dt = '2022-02-21')
select paper_id,
       paper_title,
       course_id,
       course_name,
       subject_id,
       subject_name,
       category_id,
       category_name,
       sum(if(dt >= date_add('2022-02-21', -6), total_score, 0)) /
       sum(if(dt >= date_add('2022-02-21', -6), user_count, 0))       avg_score_7d,
       sum(if(dt >= date_add('2022-02-21', -6), total_during_sec, 0)) /
       sum(if(dt >= date_add('2022-02-21', -6), user_count, 0))       avg_during_sec_7d,
       sum(if(dt >= date_add('2022-02-21', -6), total_score, 0))      total_score_7d,
       sum(if(dt >= date_add('2022-02-21', -6), total_during_sec, 0)) total_during_sec_7d,
       sum(if(dt >= date_add('2022-02-21', -6), user_count, 0))       user_count_7d,
       sum(total_score) / sum(user_count)                             avg_score_30d,
       sum(total_during_sec) / sum(user_count)                        avg_during_sec_30d,
       sum(total_score)                                               total_score_30d,
       sum(total_during_sec)                                          total_during_sec_30d,
       sum(user_count)                                                user_count_30d
from edu.dws_examination_paper_exam_1d
where dt >= date_add('2022-02-21', -29)
  and dt <= '2022-02-21'
group by paper_id,
         paper_title,
         course_id,
         course_name,
         subject_id,
         subject_name,
         category_id,
         category_name;
```

4. 考试域试卷分数段粒度考试最近 *n* 日汇总表

（1）建表语句。

```
hive (edu)>
DROP TABLE IF EXISTS dws_examination_paper_duration_exam_nd;
CREATE EXTERNAL TABLE dws_examination_paper_duration_exam_nd
(
   `paper_id`          STRING COMMENT '试卷 id',
   `paper_title`       STRING COMMENT '试卷名称',
   `duration_name`     STRING COMMENT '分数区间',
   `user_count_7d`     BIGINT COMMENT '最近 7 日用户数',
   `user_count_30d`    BIGINT COMMENT '最近 30 日用户数'
) COMMENT '考试域试卷分数段粒度考试最近 n 日汇总表'
   PARTITIONED BY (`dt` STRING)
   STORED AS ORC
   LOCATION '/warehouse/edu/dws/dws_examination_paper_duration_exam_nd/'
```

```
    TBLPROPERTIES ('orc.compress' = 'snappy');
```

（2）数据装载。

```
hive (edu)>
insert overwrite table edu.dws_examination_paper_duration_exam_nd
    partition (dt = '2022-02-21')
select paper_id,
       paper_title,
       duration_name,
       sum(if(dt >= date_add('2022-02-21', -6), user_count, 0)) user_count_7d,
       sum(user_count)                                     user_count_30d
from edu.dws_examination_paper_duration_exam_1d
where dt >= date_add('2022-02-21', -29)
  and dt <= '2022-02-21'
group by paper_id,
         paper_title,
         duration_name;
```

5. 考试域题目粒度考试最近 n 日汇总表

（1）建表语句。

```
hive (edu)>
DROP TABLE IF EXISTS dws_examination_question_exam_nd;
CREATE EXTERNAL TABLE dws_examination_question_exam_nd
(
    `question_id`          STRING COMMENT '题目 id',
    `correct_count_7d`     BIGINT COMMENT '最近 7 日正确答题次数',
    `answer_count_7d`      BIGINT COMMENT '最近 7 日答题次数',
    `correct_count_30d`    BIGINT COMMENT '最近 30 日正确答题次数',
    `answer_count_30d`     BIGINT COMMENT '最近 30 日答题次数'
) COMMENT '考试域题目粒度考试最近 n 日汇总表'
    PARTITIONED BY (`dt` STRING)
    STORED AS ORC
    LOCATION '/warehouse/edu/dws/dws_examination_question_exam_nd/'
    TBLPROPERTIES ('orc.compress' = 'snappy');
```

（2）数据装载。

```
hive (edu)>
insert overwrite table edu.dws_examination_question_exam_nd
    partition (dt = '2022-02-21')
select question_id,
       sum(if(dt >= date_add('2022-02-21', -6), correct_count, 0)) correct_count_7d,
       sum(if(dt >= date_add('2022-02-21', -6), answer_count, 0))  answer_count_7d,
       sum(correct_count)                                     correct_count_30d,
       sum(answer_count)                                      answer_count_30d
from edu.dws_examination_question_exam_1d
where dt >= date_add('2022-02-21', -29)
  and dt <= '2022-02-21'
group by question_id;
```

6. 数据装载脚本编写

（1）在 hadoop102 节点服务器的/home/atguigu/bin 目录下创建 dws_1d_to_dws_nd.sh。

```
[atguigu@hadoop102 bin]$ vim dws_1d_to_dws_nd.sh
```

（2）编写脚本内容（此处不再赘述，读者可以从本书附赠的课程资料中获取完整脚本）。

（3）增加脚本执行权限。

```
[atguigu@hadoop102 bin]$ chmod +x dws_1d_to_dws_nd.sh
```

（4）在数据仓库搭建中，每日调用脚本。

```
[atguigu@hadoop102 bin]$ dws_1d_to_dws_nd.sh all 2022-02-21
```

6.7.3 历史至今汇总表

本节主要统计所有 DWS 层中统计周期为历史至今的汇总表。

1. 交易域用户粒度用户下单历史至今汇总表

交易域用户粒度用户下单历史至今汇总表主要保存的是用户的首末次下单日期，以及下单金额等度量的汇总值。

（1）建表语句。

```
hive (edu)>
DROP TABLE IF EXISTS dws_trade_user_order_td;
CREATE EXTERNAL TABLE dws_trade_user_order_td
(
    `user_id`            STRING COMMENT '用户 id',
    `order_dt_first`     STRING COMMENT '首次下单日期',
    `order_dt_last`      STRING COMMENT '末次下单日期'
) COMMENT '交易域用户粒度用户下单历史至今汇总表'
    PARTITIONED BY (`dt` STRING)
    STORED AS ORC
    LOCATION '/warehouse/edu/dws/dws_trade_user_order_td/'
    TBLPROPERTIES ('orc.compress' = 'snappy');
```

（2）首日装载。

首日装载用户粒度下单历史至今的汇总表时，数据来源自交易域下单事务事实表，直接按照用户粒度，将所需要的度量进行汇总即可。

```
hive (edu)>
insert overwrite table edu.dws_trade_user_order_td
    partition (dt = '2022-02-21')
select user_id,
       min(create_time) order_dt_first,
       max(create_time) order_dt_last
from edu.dwd_trade_order_detail_inc
group by user_id;
```

（3）每日装载。

每日装载用户粒度下单历史至今的汇总表时，需要将当日的交易域下单事务事实表数据与前一日的历史至今汇总表进行整合。

```
hive (edu)>
insert overwrite table edu.dws_trade_user_order_td
    partition (dt = '2022-02-22')
select old.user_id,
       if((order_dt_first is null) or (order_dt_first > create_time), create_time,
order_dt_first) order_dt_first,
       if((order_dt_last is null) or (order_dt_last < create_time), create_time,
order_dt_last)   order_dt_last
from (select *
```

```
        from edu.dws_trade_user_order_td
        where dt = date_add('2022-02-22', -1)
       ) old
          full outer join
       (
          select user_id,
                 create_time
          from edu.dwd_trade_order_detail_inc
          where dt = '2022-02-22'
       ) new
       on old.user_id = new.user_id;
```

2. 交易域用户粒度用户支付历史至今汇总表

交易域用户粒度用户支付历史至今汇总表，主要统计的是用户的首末次支付日期。

（1）建表语句。

```
hive (edu)>
DROP TABLE IF EXISTS dws_trade_user_payment_td;
CREATE EXTERNAL TABLE dws_trade_user_payment_td
(
    `user_id`          STRING COMMENT '用户id',
    `payment_dt_first` STRING COMMENT '首次支付日期'
) COMMENT '交易域用户粒度用户支付历史至今汇总表'
    PARTITIONED BY (`dt` STRING)
    STORED AS ORC
    LOCATION '/warehouse/edu/dws/dws_trade_user_payment_td/'
    TBLPROPERTIES ('orc.compress' = 'snappy');
```

（2）首日装载。

```
hive (edu)>
insert overwrite table edu.dws_trade_user_payment_td
    partition (dt = '2022-02-21')
select user_id,
       min(callback_time) payment_dt_first
from edu.dwd_trade_pay_detail_suc_inc
group by user_id;
```

（3）每日装载。

```
hive (edu)>
insert overwrite table edu.dws_trade_user_payment_td
    partition (dt = '2022-02-22')
select nvl(new.user_id, old.user_id),
       if((payment_dt_first is null) or (new_payment_dt_first < payment_dt_first),
new_payment_dt_first,
          payment_dt_first)
from (select *
      from edu.dws_trade_user_payment_td
      where dt = date_add('2022-02-22', -1)) old
         full outer join
     (
         select user_id,
                min(callback_time) new_payment_dt_first
         from edu.dwd_trade_pay_detail_suc_inc
         where dt = '2022-02-22'
```

```
        group by user_id
    ) new
    on old.user_id = new.user_id;
```

3. 用户域用户粒度用户登录历史至今汇总表

用户域用户粒度用户登录历史至今汇总表，主要统计的是用户的末次登录日期，以及累计登录次数。

（1）建表语句。

```
hive (edu)>
DROP TABLE IF EXISTS dws_user_user_login_td;
CREATE EXTERNAL TABLE dws_user_user_login_td
(
    `user_id`            STRING COMMENT '用户id',
    `login_last_date`    STRING COMMENT '末次登录日期',
    `user_login_count`   STRING COMMENT '用户登录次数'
) COMMENT '用户域用户粒度用户登录历史至今汇总表'
    PARTITIONED BY (`dt` STRING)
    STORED AS ORC
    LOCATION '/warehouse/edu/dws/dws_user_user_login_td/'
    TBLPROPERTIES ('orc.compress' = 'snappy');
```

（2）首日装载。

```
hive (edu)>
insert overwrite table edu.dws_user_user_login_td
    partition (dt = '2022-02-21')
select ui.id,
       nvl(login_last_date, register_date) login_last_date,
       nvl(user_login_count, 1)            user_login_count
from (select id,
             date_format(create_time, 'yyyy-MM-dd') register_date
      from edu.dim_user_zip
      where dt = '9999-12-31') ui
        left join
     (
        select user_id,
               max(date_id) login_last_date,
               count(*)     user_login_count
        from edu.dwd_user_login_inc
        group by user_id
     ) login_td
     on ui.id = login_td.user_id;
```

（3）每日装载。

```
hive (edu)>
insert overwrite table edu.dws_user_user_login_td
    partition (dt = '2022-02-22')
select nvl(old_user_id, new_user_id)        user_id,
       nvl(new_date, old_date)              login_last_date,
       nvl(old_count, 0) + nvl(new_count, 0) user_login_count
from (select user_id          old_user_id,
             login_last_date  old_date,
             user_login_count old_count
      from edu.dws_user_user_login_td
      where dt = date_add('2022-02-22', -1)) old
```

```
            full outer join
        (
            select user_id      new_user_id,
                   '2022-02-22' new_date,
                   count(*)     new_count
            from edu.dwd_user_login_inc
            where dt = '2022-02-22'
            group by user_id
        ) new
        on old_user_id = new_user_id;
```

4. 数据装载脚本编写

（1）首日数据装载脚本编写。

在 hadoop102 节点服务器的/home/atguigu/bin 目录下创建 dws_1d_to_dws_td_init.sh。

```
[atguigu@hadoop102 bin]$ vim dws_1d_to_dws_td_init.sh
```

编写脚本内容（脚本内容过长，此处不再赘述，读者可以从本书附赠的课程资料中获取完整脚本）。

增加脚本执行权限。

```
[atguigu@hadoop102 bin]$ chmod +x dws_1d_to_dws_td_init.sh
```

在数据仓库搭建中，首日调用脚本。

```
[atguigu@hadoop102 bin]$ dws_1d_to_dws_td_init.sh all 2022-02-21
```

（2）每日数据装载脚本编写。

在 hadoop102 节点服务器的/home/atguigu/bin 目录下创建 dws_1d_to_dws_td.sh。

```
[atguigu@hadoop102 bin]$ vim dws_1d_to_dws_td.sh
```

编写脚本内容（此处不再赘述，读者可以从本书附赠的课程资料中获取完整脚本）。

增加脚本执行权限。

```
[atguigu@hadoop102 bin]$ chmod +x dws_1d_to_dws_td.sh
```

在数据仓库搭建中，每日调用脚本。

```
[atguigu@hadoop102 bin]$ dws_1d_to_dws_td.sh all 2022-02-22
```

6.8 数据仓库搭建——ADS 层

前面已完成 ODS、DIM、DWD、DWS 层数据仓库的搭建，本节主要实现具体需求。

6.8.1 流量主题指标

流量主题的指标有以下 6 个。

- 最近 1/7/30 日各来源访客数。
- 最近 1/7/30 日各来源会话平均停留时长。
- 最近 1/7/30 日各来源会话平均浏览页面数。
- 最近 1/7/30 日各来源会话数。
- 最近 1/7/30 日各来源跳出率。
- 最近 1/7/30 日页面浏览路径分析。
- 最近 1/7/30 日各来源下单统计。

1. 各来源流量统计

引流就是通过各种渠道吸引用户的工作，统计不同来源的访客可用于分析各来源的引流效果，对企业推广策略的制定提供参考。

各来源流量统计指标如表6-36所示。访客数是指通过不同来源进入应用的访客人数。会话平均停留时长是指访客进入应用后，在每个会话的平均停留时间，以秒为单位。会话平均浏览页面数是每个会话平均访问的页面数量。会话数是不同来源进入应用后打开的会话总个数。跳出率是指只访问一个页面就退出的会话个数占总会话数量的比率。

以上五个指标可以合并分析，统一从DWS层流量域会话粒度页面浏览最近1日汇总表中获取。

表6-36　各来源流量统计指标

统计周期	统计粒度	指　　标	关键说明
最近1/7/30日	来源	访客数	count(distinct(mid_id)
最近1/7/30日	来源	会话平均停留时长	avg(during_time_1d)
最近1/7/30日	来源	会话平均浏览页面数	avg(page_count_1d)
最近1/7/30日	来源	会话数	count(*)
最近1/7/30日	来源	跳出率	sum(if(page_count_1d=1,1,0))/count(*)

（1）建表语句。

```
hive (edu)>
DROP TABLE IF EXISTS ads_traffic_stats_by_source;
CREATE EXTERNAL TABLE ads_traffic_stats_by_source
(
    `dt`               STRING COMMENT '统计日期',
    `recent_days`       BIGINT COMMENT '最近天数,1:最近1日,7:最近7日,30:最近30日',
    `source_id`          STRING COMMENT '来源id',
    `source_site`       STRING COMMENT '来源名称',
    `uv_count`         BIGINT COMMENT '访客人数',
    `avg_duration_sec` BIGINT COMMENT '会话平均停留时长，单位为秒',
    `avg_page_count`   BIGINT COMMENT '会话平均浏览页面数',
    `sv_count`         BIGINT COMMENT '会话数',
    `bounce_rate`       DECIMAL(16, 2) COMMENT '跳出率'
) COMMENT '各来源流量统计'
    ROW FORMAT DELIMITED FIELDS TERMINATED BY '\t'
    LOCATION '/warehouse/edu/ads/ads_traffic_stats_by_source/';
```

（2）数据装载。

```
hive (edu)>
insert overwrite table edu.ads_traffic_stats_by_source
select dt,
       recent_days,
       source_id,
       source_site,
       uv_count,
       avg_duration_sec,
       avg_page_count,
       sv_count,
       bounce_rate
from edu.ads_traffic_stats_by_source
union
```

```
select '2022-02-21'                                   dt,
       recent_days,
       source_id,
       source_site,
       count(distinct user_id)                        uv_count,
       cast(avg(during_time / 1000) as BIGINT)          avg_duration_sec,
       cast(avg(page_count) as BIGINT)                 avg_page_count,
       count(session_id)                              sv_count,
       sum(if(page_count = 1, 1, 0)) / count(session_id) bounce_rate
from edu.dws_traffic_session_page_view_1d
        lateral view explode(array(1, 7, 30)) tmp as recent_days
where dt >= date_add('2022-02-21', -recent_days + 1)
  and dt <= '2022-02-21'
group by recent_days, source_id, source_site;
```

2. 路径分析

用户路径分析是指对用户在 App 或网站中的访问路径进行分析。为了衡量网站优化的效果或营销推广的效果，以及了解用户行为偏好，时常要对访问路径进行分析。

用户访问路径可视化通常使用桑基图。数据从左边流向右边，项目条的宽度代表了数据的大小。如图 6-44 所示，用户路径分析桑基图可以真实地还原用户的访问路径，包括页面跳转和页面访问次序。从图中可以看到用户从主页面（home）跳转到了搜索页面（search）、用户信息页面（mine）、商品列表页面（good_list）等，也体现出了不同跳转的占比大小。

桑基图需要我们提供每种页面跳转的次数，每个跳转由 source/target 表示，source 指跳转起始页面，target 表示跳转终到页面，其中 source 不能为空。提供页面跳转次数，可视化工具会为我们绘制完成桑基图。

用户访问路径分析的关键是梳理出用户在同一个会话中访问的全部页面，然后按照访问页面的时间戳，对同一会话中的页面访问数据进行排序，即可得到用户同一个会话访问页面的完整路径。为避免出现访问路径成环的情况，我们将每个页面 id 拼接上所在的会话位置。

用户对页面的访问记录都在表 dwd_traffic_page_view_inc 中，本需求主要针对表 dwd_traffic_page_view_inc 进行分析。

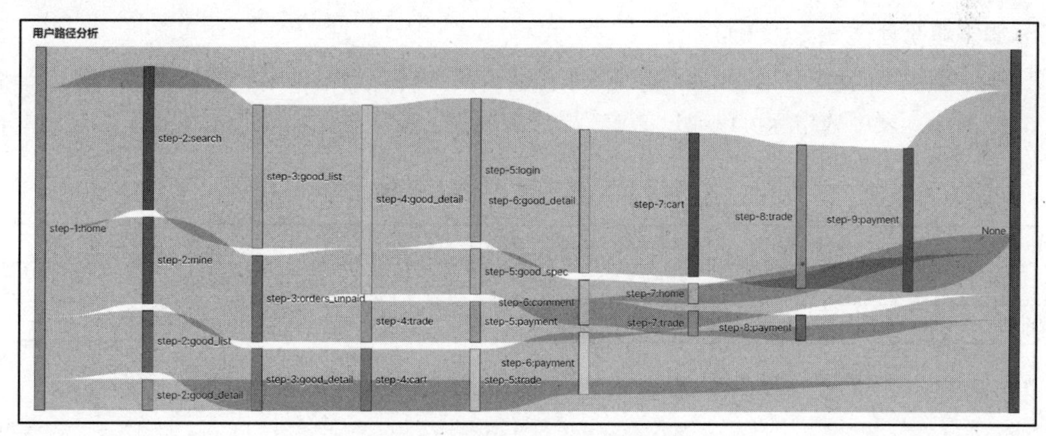

图 6-44　用户路径分析桑基图

（1）建表语句。

```
hive (edu)>
DROP TABLE IF EXISTS ads_traffic_page_path;
CREATE EXTERNAL TABLE ads_traffic_page_path
(
    `dt`          STRING COMMENT '统计日期',
```

```
    `recent_days` BIGINT COMMENT '最近天数,1:最近 1 日,7:最近 7 日,30:最近 30 日',
    `source`      STRING COMMENT '跳转起始页面 id',
    `target`      STRING COMMENT '跳转终到页面 id',
    `path_count`  BIGINT COMMENT '跳转次数'
) COMMENT '页面浏览路径分析'
    ROW FORMAT DELIMITED FIELDS TERMINATED BY '\t'
    LOCATION '/warehouse/edu/ads/ads_traffic_page_path/';
```

（2）数据装载。

```
hive (edu)>
insert overwrite table edu.ads_traffic_page_path
select dt, recent_days, source, target, path_count
from edu.ads_traffic_page_path
union
select '2022-02-21' dt,
       recent_days,
       source,
       nvl(target, 'null'),
       count(*)    path_count
from (select recent_days,
             concat('step-', rk, ':', page_id)          source,
             concat('step-', rk + 1, ':', next_page_id) target
      from (select recent_days,
                   page_id,
                   lead(page_id) over (partition by recent_days, session_id order by ts)
next_page_id,
                   row_number() over (partition by recent_days, session_id order by ts)  rk
            from edu.dwd_traffic_page_view_inc
                     lateral view explode(array(1, 7, 30)) tmp as recent_days
            where dt >= date_add('2022-02-21', -recent_days + 1)
              and dt <= '2022-02-21') t1) t2
group by recent_days, source, target;
```

3. 各来源下单统计

统计不同来源用户的总下单金额，以及不同来源访客最终转化为下单用户的转化率，各来源下单统计指标如表 6-37 所示。表中的指标可以通过 DWS 层流量域会话粒度页面浏览最近 1 日汇总表计算得到。

表 6-37 各来源下单统计指标

统计周期	统计粒度	指标	关键说明
最近 1/7/30 日	来源	销售额	sum(order_amount)
最近 1/7/30 日	来源	转化率	下单用户数/引流访客数

（1）建表语句。

```
hive (edu)>
DROP TABLE IF EXISTS ads_traffic_sale_stats_by_source;
CREATE EXTERNAL TABLE ads_traffic_sale_stats_by_source
(
    `dt` STRING COMMENT '统计日期',
    `recent_days` BIGINT COMMENT '最近天数,1:最近 1 日,7:最近 7 日,30:最近 30 日',
    `source_id`         STRING COMMENT '来源 id',
    `source_site`       STRING COMMENT '来源名称',
```

```
    `order_total_amount` DECIMAL(16, 2) COMMENT '销售额',
    `order_user_count`  BIGINT COMMENT '下单用户数',
    `pv_visitor_count`        BIGINT COMMENT '引流访客数',
    `convert_rate`      DECIMAL(16, 2) COMMENT '转化率'
) COMMENT '各来源下单状况统计'
    ROW FORMAT DELIMITED FIELDS TERMINATED BY '\t'
    LOCATION '/warehouse/edu/ads/ads_traffic_sale_stats_by_source';
```

（2）数据装载。

```
hive (edu)>
insert overwrite table edu.ads_traffic_sale_stats_by_source
select dt,
      recent_days,
      source_id,
      source_site,
      order_total_amount,
      order_user_count,
      pv_visitor_count,
      convert_rate
from edu.ads_traffic_sale_stats_by_source
union
select '2022-02-21'                   dt,
      t_u_count.recent_days,
      t_u_count.source_id,
      t_u_count.source_site,
      order_total_amount,
      order_user_count,
      pv_visitor_count,
      order_user_count / pv_visitor_count convert_rate
from (
        select recent_days,
              source_id,
              source_site,
              count(distinct mid_id) pv_visitor_count
        from edu.dws_traffic_session_page_view_1d
               lateral view explode(array(1, 7, 30)) tmp as recent_days
        where dt >= date_add('2022-02-21', -recent_days + 1)
        group by recent_days,
               source_id,
               source_site
    ) t_u_count
        left join
    (
        select recent_days,
              source_id,
              source_site,
              sum(order_amount)      order_total_amount,
              count(distinct user_id) order_user_count
        from edu.dws_trade_session_order_1d
               lateral view explode(array(1, 7, 30)) tmp as recent_days
        where dt >= date_add('2022-02-21', -recent_days + 1)
          and order_amount is not null
```

```
            and order_amount > 0
          group by recent_days,
                   source_id,
                   source_site
      ) t_amount
      on t_u_count.recent_days = t_amount.recent_days
          and t_u_count.source_id = t_amount.source_id;
```

6.8.2　用户主题指标

用户主题指标有以下几个：

- 流失用户数。
- 回流用户数。
- 用户留存率。
- 新增用户数。
- 活跃用户数。
- 用户行为漏斗分析。
- 新增交易人数。
- 各年龄段下单用户数。

1. 用户变动统计

该需求包括两个指标，分别为流失用户数和回流用户数。流失用户是指之前活跃过，但是最近一段时间（本项目指 7 日）未活跃的用户。回流用户是指曾经活跃过、一段时间未活跃（流失），但是今日又活跃了的用户。如表 6-38 所示为用户变动统计指标的分析说明。

表 6-38　用户变动统计指标的分析说明

统计周期	指　　标	说　　明
最近 1 日	流失用户数	上次登录日期为 7 日前（login_date_last=date_add('2022-02-21',-7)）
最近 1 日	回流用户数	今日活跃且上次活跃日期为 7 日前（login_date_last-login_date_previous>=8）

（1）建表语句。

```
hive (edu)>
DROP TABLE IF EXISTS ads_user_user_change;
CREATE EXTERNAL TABLE ads_user_user_change
(
    `dt`                STRING COMMENT '统计日期',
    `user_churn_count` BIGINT COMMENT '流失用户数',
    `user_back_count`  BIGINT COMMENT '回流用户数'
) COMMENT '用户变动统计'
    ROW FORMAT DELIMITED FIELDS TERMINATED BY '\t'
    LOCATION '/warehouse/edu/ads/ads_user_user_change/';
```

（2）数据装载。

```
hive (edu)>
insert overwrite table edu.ads_user_user_change
select dt, user_churn_count, user_back_count
from edu.ads_user_user_change
union
select '2022-02-21' dt,
```

```
       user_churn_count,
       user_back_count
from (select count(*) user_churn_count
      from edu.dws_user_user_login_td
      where dt = '2022-02-21'
        and login_last_date = date_add('2022-02-21', -7)) churn
         join
     (select count(*) user_back_count
      from (select user_id
            from edu.dws_user_user_login_td
            where dt = '2022-02-21'
           ) today
              join
           (
              select user_id,
                     login_last_date
              from edu.dws_user_user_login_td
              where dt = date_add('2022-02-21', -1)
           ) yesterday
           on today.user_id = yesterday.user_id
              and datediff('2022-02-21', yesterday.login_last_date) >= 8) back;
```

2. 用户留存率

留存分析是衡量产品对用户价值高低的重要指标。留存分析一般包含新增留存和活跃留存分析。新增留存分析是分析某天的新增用户中，有多少人有后续的活跃行为。活跃留存分析是分析某天的活跃用户中，有多少人有后续的活跃行为。

以新增留存的计算为例，假如 2022-02-21 新增 100 个用户，1 日之后（2020-02-22）这 100 人中有 80 个人活跃了，那么 2022-02-21 的 1 日留存数则为 80，2022-02-21 的 1 日留存率则为 80%。要求统计每天的 1 至 7 日用户留存率，如图 6-45 所示。

时间	新增用户	1日后	2日后	3日后	4日后	5日后	6日后	7日后
2022-02-21	642	1.09%	0.93%	0.78%	0.47%	0.63%	0.44%	0.33%
2022-02-22	691	1.78%	1.74%	0.98%	0.89%	1.15%	1.01%	
2022-02-23	647	1.55%	1.24%	1.01%	0.77%	1.44%		
2022-02-24	629	1.47%	1.55%	1.19%	1.56%			
2022-02-25	247	2.38%	1.21%	1.03%				
2022-02-26	241	2.49%	1.54%					
2022-02-27	562	2.06%						

图 6-45　用户留存率

（1）建表语句。

```
hive (edu)>
DROP TABLE IF EXISTS ads_user_user_retention;
CREATE EXTERNAL TABLE ads_user_user_retention
(
    `dt`              STRING COMMENT '统计日期',
    `create_date`     STRING COMMENT '用户新增日期',
    `retention_day`   INT COMMENT '截至当前日期留存天数',
    `retention_count` BIGINT COMMENT '留存用户数量',
    `new_user_count`  BIGINT COMMENT '新增用户数量',
    `retention_rate`  DECIMAL(16, 2) COMMENT '留存率'
) COMMENT '用户留存率'
  ROW FORMAT DELIMITED FIELDS TERMINATED BY '\t'
```

```
    LOCATION '/warehouse/edu/ads/ads_user_user_retention/';
```

（2）数据装载。

```
hive (edu)>
insert overwrite table edu.ads_user_user_retention
select dt,
      create_date,
      retention_day,
      retention_count,
      new_user_count,
      retention_rate
from edu.ads_user_user_retention
union
select '2022-02-21'                                    dt,
      register_date,
      retention_day,
      sum(if(login_last_date = '2022-02-21', 1, 0))         retention_count,
      count(*)                                          new_user_count,
      sum(if(login_last_date = '2022-02-21', 1, 0)) / count(*) retention_rate
from (
        select user_id,
              register_date,
              retention_day
        from edu.dwd_user_register_inc
               lateral view explode(array(1, 2, 3, 4, 5, 6, 7)) tmp as retention_day
        where dt = date_add('2022-02-21', -retention_day)
     ) previous
        left join
     (select user_id,
           login_last_date
      from edu.dws_user_user_login_td
      where dt = '2022-02-21'
     ) today
     on today.user_id = previous.user_id
group by register_date,
        retention_day;
```

3. 用户新增活跃统计

新增用户数和活跃用户数是数据分析中的常见指标，用户新增活跃统计指标说明如表 6-39 所示。

表 6-39　用户新增活跃统计指标

统 计 周 期	指　　标	指 标 说 明
最近 1/7/30 日	新增用户数	注册日期为最近 *n* 日的用户，通过 DWD 层用户注册事实表统计
最近 1/7/30 日	活跃用户数	末次活跃日期为最近 *n* 日的用户，通过 DWS 层用户登录历史至今汇总表统计

（1）建表语句。

```
hive (edu)>
DROP TABLE IF EXISTS ads_user_user_stats;
CREATE EXTERNAL TABLE ads_user_user_stats
(
    `dt`                STRING COMMENT '统计日期',
    `recent_days`       BIGINT COMMENT '最近 n 日,1:最近 1 日,7:最近 7 日,30:最近 30 日',
    `new_user_count`    BIGINT COMMENT '新增用户数',
```

```
    `active_user_count` BIGINT COMMENT '活跃用户数'
) COMMENT '用户新增活跃统计'
    ROW FORMAT DELIMITED FIELDS TERMINATED BY '\t'
    LOCATION '/warehouse/edu/ads/ads_user_user_stats/';
```

（2）数据装载。

```
hive (edu)>
insert overwrite table  edu.ads_user_user_stats
select dt, recent_days, new_user_count, active_user_count
from  edu.ads_user_user_stats
union
select '2022-02-21' dt,
       new.recent_days,
       new_user_count,
       active_user_count
from (
         select recent_days,
                count(user_id) new_user_count
         from  edu.dwd_user_register_inc
                   lateral view explode(array(1, 7, 30)) tmp as recent_days
         where dt >= date_add('2022-02-21', -recent_days + 1)
         group by recent_days
     ) new
         join
     (
         select recent_days,
                count(user_id) active_user_count
         from  edu.dws_user_user_login_td lateral view
             explode(array(1, 7, 30)) tmp as recent_days
         where dt = '2022-02-21'
           and login_last_date >= date_add('2022-02-21', -recent_days + 1)
         group by recent_days
     ) act
     on new.recent_days = act.recent_days;
```

4. 用户行为漏斗分析

用户行为漏斗分析是一个数据分析模型，它能够科学地反映一个业务过程从起点到终点各阶段的用户转化情况，如图 6-46 所示。由于其能将各阶段环节都展示出来，所以哪个阶段存在问题都能一目了然。

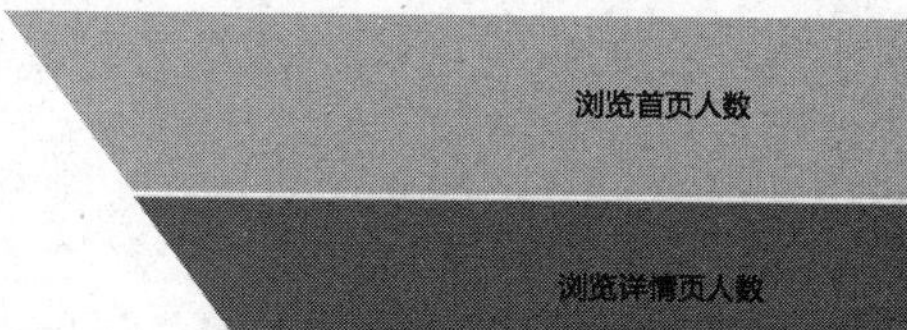

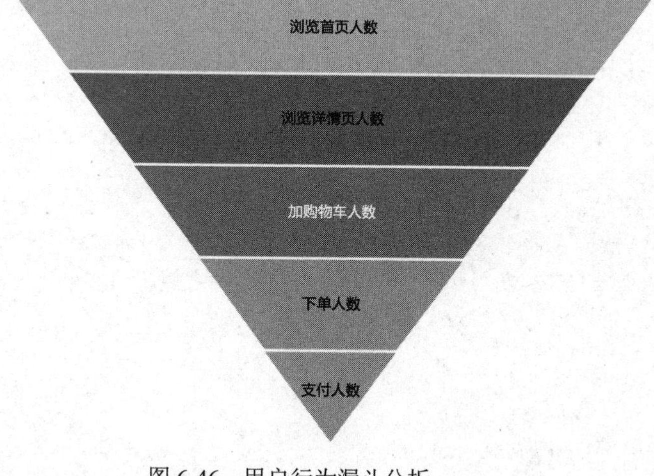

图 6-46　用户行为漏斗分析

该需求要求统计一个完整的购物流程各个阶段的人数，具体说明如表 6-40 所示。

表 6-40　漏斗分析所需指标

统 计 周 期	指　　标	说　　明
最近 1/7/30 日	首页浏览人数	通过 DWS 层访客页面粒度页面浏览汇总表获得
最近 1/7/30 日	课程详情页浏览人数	通过 DWS 层访客页面粒度页面浏览汇总表获得
最近 1/7/30 日	加购人数	通过 DWS 层用户粒度加购汇总表获得
最近 1/7/30 日	下单人数	通过 DWS 层用户粒度下单汇总表获得
最近 1/7/30 日	支付人数	通过 DWS 层用户粒度支付汇总表获得

（1）建表语句。

```
hive (edu)>
DROP TABLE IF EXISTS ads_user_user_action;
CREATE EXTERNAL TABLE ads_user_user_action
(
    `dt`                 STRING COMMENT '统计日期',
    `recent_days`        BIGINT COMMENT '最近天数,1:最近 1 日,7:最近 7 日,30:最近 30 日',
    `home_count`         BIGINT COMMENT '浏览首页人数',
    `good_detail_count`  BIGINT COMMENT '浏览课程详情页人数',
    `cart_count`         BIGINT COMMENT '加入购物车人数',
    `order_count`        BIGINT COMMENT '下单人数',
    `payment_count`      BIGINT COMMENT '支付人数'
) COMMENT '用户行为漏斗分析'
    ROW FORMAT DELIMITED FIELDS TERMINATED BY '\t'
    LOCATION '/warehouse/edu/ads/ads_user_user_action/';
```

（2）数据装载。

```
hive (edu)>
insert overwrite table edu.ads_user_user_action
select dt, recent_days, home_count, good_detail_count, cart_count, order_count, payment_count
from edu.ads_user_user_action
union
select '2022-02-21' dt,
       t1.recent_days,
       home_count,
       good_detail_count,
       cart_count,
       order_count,
       payment_count
from (select recent_days,
             count(distinct if(page_id = 'home', user_id, null))          home_count,
             count(distinct if(page_id = 'course_detail', user_id, null)) good_detail_count
      from edu.dwd_traffic_page_view_inc
               lateral view explode(array(1, 7, 30)) tmp as recent_days
      where dt >= date_add('2022-02-21', -recent_days + 1)
        and page_id in ('home', 'course_detail')
      group by recent_days) t1
         join
     (select 1        recent_days,
             count(*) payment_count
      from edu.dws_trade_user_payment_1d
```

```
 where dt = '2022-02-21'
 union
 select recent_days,
        case recent_days
            when 7
                then sum(if(payment_count_7d > 0, 1, 0))
            when 30
                then sum(if(payment_count_30d > 0, 1, 0))
            --count(*)
            end payment_count
 from edu.dws_trade_user_payment_nd
        lateral view explode(array(7, 30)) tmp as recent_days
 where dt = '2022-02-21'
 group by recent_days) t2
on t1.recent_days = t2.recent_days
   join
(select recent_days,
        count(distinct user_id) order_count
 from edu.dwd_trade_order_detail_inc
        lateral view explode(array(1, 7, 30)) tmp as recent_days
 where dt >= date_add('2022-02-21', -recent_days + 1)
   and dt <= '2022-02-21'
 group by recent_days
) t3
on t2.recent_days = t3.recent_days
   join
(select 1       recent_days,
        count(*) cart_count
 from edu.dws_trade_user_cart_add_1d
 where dt = '2022-02-21'
 union
 select recent_days,
        case recent_days
            when 7 then sum(if(course_count_7d > 0, 1, 0))
            when 30 then (sum(if(course_count_30d > 0, 1, 0)))
            end cart_count
 from edu.dws_trade_user_cart_add_nd
        lateral view explode(array(7, 30)) tmp as recent_days
 where dt = '2022-02-21'
 group by recent_days) t4
on t3.recent_days = t4.recent_days;
```

5. 新增交易用户统计

交易用户包括两类：下单用户和支付用户。新增交易用户统计指标如表 6-41 所示。

表 6-41 新增交易用户统计指标

统计周期	指标	说明
最近 1/7/30 日	新增下单人数	首次下单日期为最近 n 日的用户
最近 1/7/30 日	新增支付人数	首次支付日期为最近 n 日的用户

（1）建表语句。

```
hive (edu)>
DROP TABLE IF EXISTS ads_user_new_buyer_stats;
CREATE EXTERNAL TABLE ads_user_new_buyer_stats
(
    `dt`                      STRING COMMENT '统计日期',
    `recent_days`             BIGINT COMMENT '最近天数,1:最近 1 日,7:最近 7 日,30:最近 30 日',
    `new_order_user_count`    BIGINT COMMENT '新增下单人数',
    `new_payment_user_count` BIGINT COMMENT '新增支付人数'
) COMMENT '新增交易用户统计'
    ROW FORMAT DELIMITED FIELDS TERMINATED BY '\t'
    LOCATION '/warehouse/edu/ads/ads_user_new_buyer_stats/';
```

（2）数据装载。

```
hive (edu)>
insert overwrite table edu.ads_user_new_buyer_stats
select dt, recent_days, new_order_user_count, new_payment_user_count
from edu.ads_user_new_buyer_stats
union
select '2022-02-21' dt,
       t1.recent_days,
       new_order_user_count,
       new_payment_user_count
from (select recent_days,
             sum(if(order_dt_first >=
                    date_add('2022-02-21', -recent_days + 1), 1, 0)) new_order_user_count
      from edu.dws_trade_user_order_td
               lateral view explode(array(1, 7, 30)) tmp as recent_days
      where dt = '2022-02-21'
      group by recent_days) t1
         join
     (select recent_days,
             sum(if(payment_dt_first >=
                    date_add('2022-02-21', -recent_days + 1), 1, 0)) new_payment_user_count
      from edu.dws_trade_user_payment_td
               lateral view explode(array(1, 7, 30)) tmp as recent_days
      where dt = '2022-02-21'
      group by recent_days) t2
     on t1.recent_days = t2.recent_days;
```

6. 各年龄段下单用户数

在线教育行业需要分析下单用户的年龄段分布，以了解课程的受众人群年龄段分布。该指标主要通过DWD层下单事实表和DIM层用户维度表计算得到。指标计算过程如下。

（1）建表语句。

```
hive (edu)>
DROP TABLE IF EXISTS ads_user_order_user_count_by_age_group;
CREATE EXTERNAL TABLE ads_user_order_user_count_by_age_group
(
    `dt`               STRING COMMENT '统计日期',
    `recent_days`      BIGINT COMMENT '最近天数,1:最近 1 日,7:最近 7 日,30:最近 30 日',
    `age_group`        STRING COMMENT '年龄段,18 岁及以下、19～24 岁、25～29 岁、30～34 岁、35～
39 岁、40～49 岁、50 岁及以上',
```

```
    `order_user_count` BIGINT COMMENT '下单人数'
) COMMENT '各年龄段下单用户数统计'
    ROW FORMAT DELIMITED FIELDS TERMINATED BY '\t'
    LOCATION '/warehouse/edu/ads/ads_user_order_user_count_by_age_group/';
```

（2）数据装载。

```
hive (edu)>
insert overwrite table edu.ads_user_order_user_count_by_age_group
select dt, recent_days, age_group, order_user_count
from edu.ads_user_order_user_count_by_age_group
union
select '2022-02-21'  dt,
      recent_days,
      age_group,
      count(user_id) order_user_count
from (select user_id,
             recent_days,
             case
                 when age <= 18 then '18 岁及以下'
                 when age >= 19 and age <= 24 then '19~24 岁'
                 when age >= 25 and age <= 29 then '25~29 岁'
                 when age >= 30 and age <= 34 then '30~34 岁'
                 when age >= 35 and age <= 39 then '35~39 岁'
                 when age >= 40 and age <= 49 then '40~49 岁'
                 when age >= 50 then '50 岁及以上'
                 else '年龄不详'
                 end age_group
      from (
               select user_id,
                      recent_days
               from edu.dwd_trade_order_detail_inc
                        lateral view explode(array(1, 7, 30)) tmp as recent_days
               where dt >= date_add('2022-02-21', -recent_days + 1)
                 and dt <= '2022-02-21'
               group by user_id,
                        recent_days
           ) t1
               left join
           (
               select id,
                      cast(datediff('2022-02-21', birthday) / 365 as BIGINT) age
               from edu.dim_user_zip
               where dt = '9999-12-31'
           ) age
           on t1.user_id = age.id) age_g
group by recent_days,
         age_group;
```

6.8.3　课程主题指标

在线教育的数据分析最重要的一个主体就是课程。针对课程需要分析的指标很多，如下单类指标、评价类指标、视频观看类指标等。通过分析课程主题指标，可以直观地看到各分类、各学科、各课程的受欢迎程度，可以有利于企业优化课程。课程主题的指标主要有以下几个。

- 最近 1/7/30 日各分类下单数。
- 最近 1/7/30 日各分类下单人数。
- 最近 1/7/30 日各分类下单金额。
- 最近 1/7/30 日各学科下单数。
- 最近 1/7/30 日各学科下单人数。
- 最近 1/7/30 日各学科下单金额。
- 最近 1/7/30 日各课程下单数。
- 最近 1/7/30 日各课程下单人数。
- 最近 1/7/30 日各课程下单金额。
- 最近 1/7/30 日各课程用户平均评分。
- 最近 1/7/30 日各课程评价用户数。
- 最近 1/7/30 日各课程用户好评率。
- 最近 1～7 日各分类试听人数。
- 最近 1～7 日各分类试听留存率。
- 最近 1～7 日各学科试听人数。
- 最近 1～7 日各学科试听留存率。
- 最近 1～7 日各课程试听人数。
- 最近 1～7 日各课程试听留存率。

1. 各分类课程交易统计

各分类课程交易指标如表 6-42 所示。

表 6-42　各分类课程交易指标

统计周期	统计粒度	指　标	关键说明
最近 1/7/30 日	分类	下单数	count(distinct order_id)
最近 1/7/30 日	分类	下单人数	count(distinct user_id)
最近 1/7/30 日	分类	下单金额	sum(final_amount)

（1）建表语句。

```
hive (edu)>
DROP TABLE IF EXISTS ads_course_trade_stats_by_category;
CREATE EXTERNAL TABLE ads_course_trade_stats_by_category
(
    `dt`              STRING COMMENT '统计日期',
    `recent_days`      BIGINT COMMENT '最近天数,1:最近 1 日,7:最近 7 日,30:最近 30 日',
    `category_id`       STRING COMMENT '分类 id',
    `category_name`     STRING COMMENT '分类名称',
    `order_count`       BIGINT COMMENT '下单数',
    `order_user_count` BIGINT COMMENT '下单人数',
    `order_amount`     DECIMAL(16, 2) COMMENT '下单金额'
) COMMENT '各分类课程交易统计'
    ROW FORMAT DELIMITED FIELDS TERMINATED BY '\t'
    LOCATION '/warehouse/edu/ads/ads_course_trade_stats_by_category/';
```

（2）数据装载。

```
hive (edu)>
insert overwrite table edu.ads_course_trade_stats_by_category
select dt,
       recent_days,
       category_id,
       category_name,
       order_count,
       order_user_count,
       order_amount
from edu.ads_course_trade_stats_by_category
union
select '2022-02-21'            dt,
       recent_days,
       category_id,
       category_name,
       count(distinct order_id) order_count,
       count(distinct user_id)  order_user_count,
       sum(final_amount)        order_amount
from edu.dwd_trade_order_detail_inc
         lateral view
             explode(array(1, 7, 30)) tmp as recent_days
where dt >= date_add('2022-02-21', -recent_days + 1)
group by recent_days, category_id, category_name;
```

2. 各学科课程交易统计

各学科课程交易指标如表 6-43 所示。

表 6-43　各学科课程交易指标

统 计 周 期	统 计 粒 度	指　　标	关 键 说 明
最近 1/7/30 日	学科	下单数	count(distinct order_id)
最近 1/7/30 日	学科	下单人数	count(distinct user_id)
最近 1/7/30 日	学科	下单金额	sum(final_amount)

（1）建表语句。

```
hive (edu)>
DROP TABLE IF EXISTS ads_course_trade_stats_by_subject;
CREATE EXTERNAL TABLE ads_course_trade_stats_by_subject
(
    `dt`               STRING COMMENT '统计日期',
    `recent_days`      BIGINT COMMENT '最近天数,1:最近 1 日,7:最近 7 日,30:最近 30 日',
    `subject_id`       STRING COMMENT '学科 id',
    `subject_name`     STRING COMMENT '学科名称',
    `order_count`      BIGINT COMMENT '下单数',
    `order_user_count` BIGINT COMMENT '下单人数',
    `order_amount`     DECIMAL(16, 2) COMMENT '下单金额'
) COMMENT '各学科课程交易统计'
    ROW FORMAT DELIMITED FIELDS TERMINATED BY '\t'
    LOCATION '/warehouse/edu/ads/ads_course_trade_stats_by_subject/';
```

（2）数据装载。

```
hive (edu)>
insert overwrite table edu.ads_course_trade_stats_by_subject
select dt,
       recent_days,
       subject_id,
       subject_name,
       order_count,
       order_user_count,
       order_amount
from edu.ads_course_trade_stats_by_subject
union
select '2022-02-21'            dt,
       recent_days,
       subject_id,
       subject_name,
       count(distinct order_id) order_count,
       count(distinct user_id)  order_user_count,
       sum(final_amount)        order_amount
from edu.dwd_trade_order_detail_inc
         lateral view
            explode(array(1, 7, 30)) tmp as recent_days
where dt >= date_add('2022-02-21', -recent_days + 1)
group by recent_days, subject_id, subject_name;
```

3. 各课程交易统计

各课程交易指标如表 6-44 所示。

表 6-44 各课程交易指标

统计周期	统计粒度	指标	关键说明
最近 1/7/30 日	课程	下单数	count(distinct order_id)
最近 1/7/30 日	课程	下单人数	count(distinct user_id)
最近 1/7/30 日	课程	下单金额	sum(final_amount)

（1）建表语句。

```
hive (edu)>
DROP TABLE IF EXISTS ads_course_trade_stats_by_course;
CREATE EXTERNAL TABLE ads_course_trade_stats_by_course
(
    `dt`               STRING COMMENT '统计日期',
    `recent_days`      BIGINT COMMENT '最近天数,1:最近 1 日,7:最近 7 日,30:最近 30 日',
    `course_id`        STRING COMMENT '课程 id',
    `course_name`      STRING COMMENT '课程名称',
    `order_count`      BIGINT COMMENT '下单数',
    `order_user_count` BIGINT COMMENT '下单人数',
    `order_amount`     DECIMAL(16, 2) COMMENT '下单金额'
) COMMENT '各课程交易统计'
    ROW FORMAT DELIMITED FIELDS TERMINATED BY '\t'
    LOCATION '/warehouse/edu/ads/ads_course_trade_stats_by_course/';
```

（2）数据装载。

```
hive (edu)>
insert overwrite table edu.ads_course_trade_stats_by_course
select dt,
       recent_days,
       course_id,
       course_name,
       order_count,
       order_user_count,
       order_amount
from edu.ads_course_trade_stats_by_course
union
select '2022-02-21'            dt,
       recent_days,
       course_id,
       course_name,
       count(distinct order_id) order_count,
       count(distinct user_id)  order_user_count,
       sum(final_amount)        order_amount
from edu.dwd_trade_order_detail_inc
         lateral view
            explode(array(1, 7, 30)) tmp as recent_days
where dt >= date_add('2022-02-21', -recent_days + 1)
group by recent_days, course_id, course_name;
```

4. 各课程评价统计

各课程评价指标如表6-45所示。

表6-45 各课程评价指标

统计周期	统计粒度	指标	关键说明
最近1/7/30日	课程	用户平均评分	avg(review_stars)
最近1/7/30日	课程	评价用户数	count(*)
最近1/7/30日	课程	好评率（给出5星评价的用户占总评价用户的比率）	sum(if(review_stars = 5, 1, 0)) / count(*)

（1）建表语句。

```
hive (edu)>
DROP TABLE IF EXISTS ads_course_review_stats_by_course;
CREATE EXTERNAL TABLE ads_course_review_stats_by_course
(
    `dt`                STRING COMMENT '统计日期',
    `recent_days`       BIGINT COMMENT '最近天数,1:最近1日,7:最近7日,30:最近30日',
    `course_id`         STRING COMMENT '课程id',
    `course_name`       STRING COMMENT '课程名称',
    `avg_stars`         BIGINT COMMENT '用户平均评分',
    `review_user_count` BIGINT COMMENT '评价用户数',
    `praise_rate`       DECIMAL(16, 2) COMMENT '好评率'
) COMMENT '各课程评价统计'
    ROW FORMAT DELIMITED FIELDS TERMINATED BY '\t'
    LOCATION '/warehouse/edu/ads/ads_course_review_stats_by_course/';
```

（2）数据装载。

```
hive (edu)>
insert overwrite table edu.ads_course_review_stats_by_course
select dt,
       recent_days,
       course_id,
       course_name,
       avg_stars,
       review_user_count,
       praise_rate
from edu.ads_course_review_stats_by_course
union
select '2022-02-21'                              dt,
       recent_days,
       course_id,
       course_name,
       avg(review_stars)                          avg_stars,
       count(*)                                 review_user_count,
       sum(if(review_stars = 5, 1, 0)) / count(*) praise_rate
from (
        select user_id,
               course_id,
               course_name,
               review_stars,
               dwd_review.dt dt
        from (select user_id,
                     course_id,
                     review_stars,
                     dt
              from edu.dwd_interaction_review_inc
              where dt >= date_add('2022-02-21', -29)
             ) dwd_review
                left join
             (select dt,
                     id,
                     course_name
              from edu.dim_course_full
              where dt >= date_add('2022-02-21', -29)
             ) dim_course
             on dwd_review.course_id = dim_course.id
     ) wide_table
        lateral view explode(array(1, 7, 30)) tmp as recent_days
where dt >= date_add('2022-02-21', -recent_days + 1)
group by recent_days,
         course_id,
         course_name;
```

5. 各分类课程试听留存统计

用户在试听课程后完成下单，即视为试听留存用户。用户在试听课程后当天完成下单，即为 1 日试听留存用户。同一天试听课程后完成下单的人次占所有试听人次的比率，即为试听留存率。对于课程的试听留存类指标进行统计分析，有利于企业了解课程的受欢迎程度和运营策略的影响力。

各分类课程试听留存指标如表6-46所示。

表6-46 各分类课程试听留存指标

统计周期	统计粒度	指标	关键说明
最近1~7日	分类	试听人数	count(distinct user_id)
最近1~7日	分类	试听留存率	下单人次/试听人次 sum(if(order_date = '2022-02-21', 1, 0)) /count(*)

（1）建表语句。

```
hive (edu)>
DROP TABLE IF EXISTS ads_sample_retention_stats_by_category;
CREATE EXTERNAL TABLE ads_sample_retention_stats_by_category
(
    `dt`                STRING COMMENT '统计日期',
    `retention_days`    BIGINT COMMENT '留存天数，1~7日',
    `category_id`       STRING COMMENT '分类id',
    `category_name`     STRING COMMENT '分类名称',
    `sample_user_count` BIGINT COMMENT '试听人数',
    `retention_rate`    DECIMAL(16, 2) COMMENT '试听留存率'
) COMMENT '各分类课程试听留存统计'
    ROW FORMAT DELIMITED FIELDS TERMINATED BY '\t'
    LOCATION '/warehouse/edu/ads/ads_sample_retention_stats_by_category/';
```

（2）数据装载。

```
hive (edu)>
insert overwrite table edu.ads_sample_retention_stats_by_category
select dt,
       retention_days,
       category_id,
       category_name,
       sample_user_count,
       retention_rate
from edu.ads_sample_retention_stats_by_category
union
select '2022-02-21'           dt,
       retention_days,
       category_id,
       category_name,
       count(distinct user_id) sample_user_count,
       sum(if(order_date = '2022-02-21', 1, 0)) / count(*)          retention_rate
from edu.dwd_trade_course_order_inc
        lateral view explode(array(1, 2, 3, 4, 5, 6, 7)) tmp as
        retention_days
where dt = '9999-12-31'
  and dt >= date_add('2022-02-21', -6)
  and play_date = date_add('2022-02-21', -retention_days + 1)
group by retention_days,
        category_id,
        category_name;
```

6. 各学科试听留存统计

各学科试听留存指标如表6-47所示。

表 6-47　各学科试听留存指标

统 计 周 期	统 计 粒 度	指　标	关 键 说 明
最近 1～7 日	学科	试听人数	count(distinct user_id)
最近 1～7 日	学科	试听留存率	下单人次/试听人次 sum(if(order_date = '2022-02-21', 1, 0)) /count(*)

（1）建表语句。

```
hive (edu)>
DROP TABLE IF EXISTS ads_sample_retention_stats_by_subject;
CREATE EXTERNAL TABLE ads_sample_retention_stats_by_subject
(
    `dt`                STRING COMMENT '统计日期',
    `retention_days`    BIGINT COMMENT '留存天数，1~7 日',
    `subject_id`        STRING COMMENT '学科 id',
    `subject_name`      STRING COMMENT '学科名称',
    `sample_user_count` BIGINT COMMENT '试听人数',
    `retention_rate`    DECIMAL(16, 2) COMMENT '试听留存率'
) COMMENT '各学科试听留存统计'
    ROW FORMAT DELIMITED FIELDS TERMINATED BY '\t'
    LOCATION '/warehouse/edu/ads/ads_sample_retention_stats_by_subject/';
```

（2）数据装载。

```
hive (edu)>
insert overwrite table edu.ads_sample_retention_stats_by_subject
select dt,
      retention_days,
      subject_id,
      subject_name,
      sample_user_count,
      retention_rate
from edu.ads_sample_retention_stats_by_subject
union
select '2022-02-21'          dt,
      retention_days,
      subject_id,
      subject_name,
      count(distinct user_id) sample_user_count,
      sum(if(order_id is not null and order_date = '2022-02-21', 1,
            0)) /
      count(*)               retention_rate
from edu.dwd_trade_course_order_inc
        lateral view explode(array(1, 2, 3, 4, 5, 6, 7)) tmp as
        retention_days
where dt = '9999-12-31'
  and dt >= date_add('2022-02-21', -6)
  and play_date = date_add('2022-02-21', -retention_days + 1)
group by retention_days,
        subject_id,
        subject_name;
```

7. 各课程试听留存统计

各课程试听留存指标如表 6-48 所示。

表 6-48　各课程试听留存指标

统 计 周 期	统 计 粒 度	指　　标	关 键 说 明
最近 1～7 日	课程	试听人数	count(distinct user_id)
最近 1～7 日	课程	试听留存率	下单人次/试听人次 sum(if(order_date = '2022-02-21', 1, 0)) /count(*)

（1）建表语句。

```
hive (edu)>
DROP TABLE IF EXISTS ads_sample_retention_stats_by_course;
CREATE EXTERNAL TABLE ads_sample_retention_stats_by_course
(
    `dt`                 STRING COMMENT '统计日期',
    `retention_days`    BIGINT COMMENT '留存天数，1～7 日',
    `course_id`         STRING COMMENT '课程 id',
    `course_name`       STRING COMMENT '课程名称',
    `sample_user_count` BIGINT COMMENT '试听人数',
    `retention_rate`    DECIMAL(16, 2) COMMENT '试听留存率'
) COMMENT '各课程试听留存统计'
    ROW FORMAT DELIMITED FIELDS TERMINATED BY '\t'
    LOCATION '/warehouse/edu/ads/ads_sample_retention_stats_by_course/';
```

（2）数据装载。

```
hive (edu)>
insert overwrite table edu.ads_sample_retention_stats_by_course
select dt,
       retention_days,
       course_id,
       course_name,
       sample_user_count,
       retention_rate
from edu.ads_sample_retention_stats_by_course
union
select '2022-02-21'            dt,
       retention_days,
       course_id,
       course_name,
       count(distinct user_id) sample_user_count,
       sum(if(order_id is not null and order_date = '2022-02-21', 1,
           0)) /
       count(*)                retention_rate
from edu.dwd_trade_course_order_inc
         lateral view explode(array(1, 2, 3, 4, 5, 6, 7)) tmp as
         retention_days
where dt = '9999-12-31'
  and dt >= date_add('2022-02-21', -6)
  and play_date = date_add('2022-02-21', -retention_days + 1)
group by retention_days,
         course_id,
         course_name;
```

6.8.4 交易主题指标

交易主题的指标主要包含以下几个：

- 最近 1/7/30 日下单总额。
- 最近 1/7/30 日下单数。
- 最近 1/7/30 日下单人数。
- 最近 1/7/30 日各省份下单数。
- 最近 1/7/30 日各省份下单人数。
- 最近 1/7/30 日各省份下单金额。

1. 交易综合统计

交易综合指标如表 6-49 所示。

表 6-49 交易综合指标

统计周期	指标	关键说明
最近 1/7/30 日	下单总额 GMV	sum(order_amount)
最近 1/7/30 日	下单数	sum(order_count)
最近 1/7/30 日	下单人数	count(distinct user_id)

（1）建表语句。

```
hive (edu)>
DROP TABLE IF EXISTS ads_trade_stats;
CREATE EXTERNAL TABLE ads_trade_stats
(
    `dt`                   STRING COMMENT '统计日期',
    `recent_days`          BIGINT COMMENT '最近天数,1:最近 1 日,7:最近 7 日,30:最近 30 日',
    `order_total_amount` DECIMAL(16, 2) COMMENT '下单总额,GMV',
    `order_count`          BIGINT COMMENT '下单数',
    `order_user_count`     BIGINT COMMENT '下单人数'
) COMMENT '交易综合指标'
    ROW FORMAT DELIMITED FIELDS TERMINATED BY '\t'
    LOCATION '/warehouse/edu/ads/ads_trade_stats/';
```

（2）数据装载。

```
hive (edu)>
insert overwrite table edu.ads_trade_stats
select dt, recent_days, order_total_amount, order_count, order_user_count
from edu.ads_trade_stats
union
select '2022-02-21'            dt,
       recent_days,
       sum(order_amount)       order_total_amount,
       sum(order_count)        order_count,
       count(distinct user_id) order_user_count
from edu.dws_trade_session_order_1d
         lateral view explode(array(1, 7, 30)) tmp as recent_days
where dt >= date_add('2022-02-21', -recent_days + 1)
  and dt <= '2022-02-21'
group by recent_days;
```

2. 各省份交易统计

各省份交易统计指标如表 6-50 所示。

表 6-50　各省份交易统计指标

统计周期	统计粒度	指　标	关键说明
最近 1/7/30 日	省份	下单数	sum(order_count)
最近 1/7/30 日	省份	下单人数	count(distinct user_id)
最近 1/7/30 日	省份	下单金额	sum(order_amount)

（1）建表语句。

```
hive (edu)>
DROP TABLE IF EXISTS ads_trade_order_by_province;
CREATE EXTERNAL TABLE ads_trade_order_by_province
(
    `dt`                 STRING COMMENT '统计日期',
    `recent_days`         BIGINT COMMENT '最近天数,1:最近 1 日,7:最近 7 日,30:最近 30 日',
    `province_id`         STRING COMMENT '省份 id',
    `province_name`       STRING COMMENT '省份名称',
    `region_id`          STRING COMMENT '地区 id',
    `area_code`          STRING COMMENT '地区编码',
    `iso_code`           STRING COMMENT '国际标准地区编码',
    `iso_code_3166_2`     STRING COMMENT '国际标准地区编码',
    `order_count`         BIGINT COMMENT '下单数',
    `order_user_count`    BIGINT COMMENT '下单人数',
    `order_total_amount`  DECIMAL(16, 2) COMMENT '下单金额'
) COMMENT '各省份交易统计'
   ROW FORMAT DELIMITED FIELDS TERMINATED BY '\t'
   LOCATION '/warehouse/edu/ads/ads_trade_order_by_province/';
```

（2）数据装载。

```
hive (edu)>
insert overwrite table edu.ads_trade_order_by_province
select dt,
       recent_days,
       province_id,
       province_name,
       region_id,
       area_code,
       iso_code,
       iso_code_3166_2,
       order_count,
       order_user_count,
       order_total_amount
from edu.ads_trade_order_by_province
union
select '2022-02-21' dt,
       recent_days,
       province_id,
       province_name,
       region_id,
       area_code,
```

```
       iso_code,
       iso_code_3166_2,
       order_count,
       order_user_count,
       order_total_amount
from (select recent_days,
             province_id,
             sum(order_count)  order_count,
             count(distinct user_id) order_user_count,
             sum(order_amount) order_total_amount
      from edu.dws_trade_session_order_1d
               lateral view explode(array(1, 7, 30)) tmp as recent_days
      where dt >= date_add('2022-02-21', -recent_days + 1)
        and dt <= '2022-02-21'
      group by recent_days, province_id) t1
         left join
     (select id,
             name       province_name,
             region_id,
             area_code,
             iso_code,
             iso_3166_2 iso_code_3166_2
      from edu.dim_province_full
      where dt = '2022-02-21') prov
     on t1.province_id = prov.id;
```

6.8.5 考试主题指标

考试主题相关的指标主要包含以下几个：

- 最近 1/7/30 日各试卷平均分。
- 最近 1/7/30 日各试卷平均答题时长。
- 最近 1/7/30 日各试卷答题用户数。
- 最近 1/7/30 日各课程平均分。
- 最近 1/7/30 日各课程平均答题时长。
- 最近 1/7/30 日各课程答题用户数。
- 最近 1/7/30 日各试卷在各个分数区间的用户数。
- 最近 1/7/30 日各题目正确率。

1. 各试卷相关指标统计

各试卷相关指标如表 6-51 所示，表中的指标均可以通过 DWS 层考试域试卷粒度最近 1/*n* 日汇总表计算得到。

表 6-51　各试卷相关指标

统计周期	统计粒度	指　标	关键说明
最近 1/7/30 日	试卷	平均分	完成该试卷的所有用户的平均成绩
最近 1/7/30 日	试卷	平均时长	完成该试卷所有用户答卷的平均时长
最近 1/7/30 日	试卷	用户数	完成该试卷的用户数

（1）建表语句。

```
hive (edu)>
DROP TABLE IF EXISTS ads_examination_paper_avg_stats;
CREATE EXTERNAL TABLE ads_examination_paper_avg_stats
(
    `dt`             STRING COMMENT '统计日期',
    `recent_days`    BIGINT COMMENT '最近天数,1:最近 1 日,7:最近 7 日,30:最近 30 日',
    `paper_id`       STRING COMMENT '试卷 id',
    `paper_title`    STRING COMMENT '试卷名称',
    `avg_score`      DECIMAL(16, 2) COMMENT '平均分',
    `avg_during_sec` BIGINT COMMENT '平均时长',
    `user_count`     BIGINT COMMENT '用户数'
) COMMENT '各试卷相关指标'
    ROW FORMAT DELIMITED FIELDS TERMINATED BY '\t'
    LOCATION '/warehouse/edu/ads/ads_examination_paper_avg_stats/';
```

（2）数据装载。

```
hive (edu)>
insert overwrite table edu.ads_examination_paper_avg_stats
select dt,
      recent_days,
      paper_id,
      paper_title,
      avg_score,
      avg_during_sec,
      user_count
from edu.ads_examination_paper_avg_stats
union
select '2022-02-21' dt,
      1           recent_days,
      paper_id,
      paper_title,
      avg_score,
      avg_during_sec,
      user_count
from edu.dws_examination_paper_exam_1d
where dt = '2022-02-21'
union
select '2022-02-21' dt,
      recent_days,
      paper_id,
      paper_title,
      case recent_days
         when 7 then avg_score_7d
         when 30 then avg_score_30d
         end     avg_score,
      case recent_days
         when 7 then avg_during_sec_7d
         when 30 then avg_during_sec_30d
         end     avg_during_sec,
      case recent_days
         when 7 then user_count_7d
```

```
        when 30 then user_count_30d
        end     user_count
from edu.dws_examination_paper_exam_nd
      lateral view explode(array(7, 30)) tmp as recent_days
where dt = '2022-02-21';
```

2. 各课程考试相关指标统计

各课程考试相关指标如表 6-52 所示。

表 6-52　各课程考试相关指标

统计周期	统计粒度	指　标
最近 1/7/30 日	课程	平均分
最近 1/7/30 日	课程	平均时长
最近 1/7/30 日	课程	用户数

（1）建表语句。

```
hive (edu)>
DROP TABLE IF EXISTS ads_examination_course_avg_stats;
CREATE EXTERNAL TABLE ads_examination_course_avg_stats
(
    `dt`              STRING COMMENT '统计日期',
    `recent_days`     BIGINT COMMENT '最近天数,1:最近 1 日,7:最近 7 日,30:最近 30 日',
    `course_id`       STRING COMMENT '课程 id',
    `course_name`     STRING COMMENT '课程名称',
    `avg_score`       DECIMAL(16, 2) COMMENT '平均分',
    `avg_during_sec`  BIGINT COMMENT '平均时长',
    `user_count`      BIGINT COMMENT '用户数'
) COMMENT '各课程考试相关指标'
    ROW FORMAT DELIMITED FIELDS TERMINATED BY '\t'
    LOCATION '/warehouse/edu/ads/ads_examination_course_avg_stats/';
```

（2）数据装载。

```
hive (edu)>
insert overwrite table edu.ads_examination_course_avg_stats
select dt,
       recent_days,
       course_id,
       course_name,
       avg_score,
       avg_during_sec,
       user_count
from edu.ads_examination_course_avg_stats
union
select '2022-02-21' dt,
       user_ct.recent_days,
       user_ct.course_id,
       course_name,
       avg_score,
       avg_during_sec,
       user_count
from (
         select recent_days,
```

```
          course_id,
          count(distinct user_id) user_count
    from (select course_id,
                 user_id,
                 dt
          from (select paper_id,
                       user_id,
                       dt
                from edu.dwd_examination_test_paper_inc
                where dt >= date_add('2022-02-21', -29)) dwd_exam
                   left join
               (select id,
                       course_id
                from edu.dim_paper_full
                where dt = '2022-02-21'
               ) dim_paper
               on dwd_exam.paper_id = dim_paper.id) wide
             lateral view explode(array(1, 7, 30)) tmp as recent_days
    where dt >= date_add('2022-02-21', -recent_days + 1)
    group by recent_days,
             course_id) user_ct
    join
  (select 1                                     recent_days,
        course_id,
        course_name,
        sum(total_score) / sum(user_count)      avg_score,
        sum(total_during_sec) / sum(user_count) avg_during_sec
   from edu.dws_examination_paper_exam_1d
   where dt = '2022-02-21'
   group by course_id,
         course_name
   union
   select recent_days,
        course_id,
        course_name,
        sum(if(recent_days = 7, total_score_7d, total_score_30d)) /
        sum(if(recent_days = 7, user_count_7d, user_count_30d)) avg_score,
        sum(if(recent_days = 7, total_during_sec_7d, total_during_sec_30d)) /
        sum(if(recent_days = 7, user_count_7d, user_count_30d)) avg_during_sec
   from edu.dws_examination_paper_exam_nd
         lateral view explode(array(7, 30)) tmp as recent_days
   where dt = '2022-02-21'
   group by recent_days,
         course_id,
         course_name) rate_query
  on user_ct.recent_days = rate_query.recent_days
     and user_ct.course_id = rate_query.course_id;
```

3. 各试卷分数分布统计

（1）建表语句。

```
hive (edu)>
DROP TABLE IF EXISTS ads_examination_user_count_by_score_duration;
```

```
CREATE EXTERNAL TABLE ads_examination_user_count_by_score_duration
(
    `dt`            STRING COMMENT '统计日期',
    `recent_days`    BIGINT COMMENT '最近天数,1:最近 1 日,7:最近 7 日,30:最近 30 日',
    `paper_id`       STRING COMMENT '试卷 id',
    `score_duration` STRING COMMENT '分数区间',
    `user_count`     BIGINT COMMENT '各试卷各分数区间用户数'
) COMMENT '各试卷分数分布统计'
    ROW FORMAT DELIMITED FIELDS TERMINATED BY '\t'
    LOCATION '/warehouse/edu/ads/ads_examination_user_count_by_score_duration/';
```

（2）数据装载。

```
hive (edu)>
insert overwrite table edu.ads_examination_user_count_by_score_duration
select dt, recent_days, paper_id, score_duration, user_count
from edu.ads_examination_user_count_by_score_duration
union
select '2022-02-21'  dt,
       1            recent_days,
       paper_id,
       duration_name score_duration,
       user_count
from edu.dws_examination_paper_duration_exam_1d
where dt = '2022-02-21'
union
select '2022-02-21'  dt,
       recent_days,
       paper_id,
       duration_name score_duration,
       case recent_days
           when 7 then user_count_7d
           when 30 then user_count_30d
           end      user_count
from edu.dws_examination_paper_duration_exam_nd
        lateral view explode(array(7, 30)) tmp as recent_days
where dt = '2022-02-21';
```

4. 各题目正确率统计

（1）建表语句。

```
hive (edu)>
DROP TABLE IF EXISTS ads_examination_question_accuracy;
CREATE EXTERNAL TABLE ads_examination_question_accuracy
(
    `dt`          STRING COMMENT '统计日期',
    `recent_days` BIGINT COMMENT '最近天数,1:最近 1 日,7:最近 7 日,30:最近 30 日',
    `question_id` STRING COMMENT '题目 id',
    `accuracy`    DECIMAL(16, 2) COMMENT '正确率'
) COMMENT '各题目正确率'
    ROW FORMAT DELIMITED FIELDS TERMINATED BY '\t'
    LOCATION '/warehouse/edu/ads/ads_examination_question_accuracy/';
```

（2）数据装载。

```
hive (edu)>
insert overwrite table edu.ads_examination_question_accuracy
```

```
select dt, recent_days, question_id, accuracy
from edu.ads_examination_question_accuracy
union
select '2022-02-21'                dt,
      1                          recent_days,
      question_id,
      correct_count / answer_count accuracy
from edu.dws_examination_question_exam_1d
where dt = '2022-02-21'
union
select '2022-02-21' dt,
      recent_days,
      question_id,
      case recent_days
         when 7 then correct_count_7d / answer_count_7d
         when 30 then correct_count_30d / answer_count_30d
         end     accuracy
from edu.dws_examination_question_exam_nd
        lateral view explode(array(7, 30)) tmp as recent_days
where dt = '2022-02-21';
```

6.8.6 播放主题指标

播放主题指标主要包含以下几个：

- 最近 1/7/30 日各章节视频播放次数。
- 最近 1/7/30 日各章节视频人均观看时长。
- 最近 1/7/30 日各章节视频观看人数。
- 最近 1/7/30 日各课程视频播放次数。
- 最近 1/7/30 日各课程人均观看时长。
- 最近 1/7/30 日各课程视频观看人数。

1. 各章节视频播放情况统计

各章节视频播放相关指标如表 6-53 所示。

表 6-53 各章节视频播放相关指标

统计周期	统计粒度	指 标
最近 1/7/30 日	章节	视频播放次数
最近 1/7/30 日	章节	人均观看时长
最近 1/7/30 日	章节	观看人数

（1）建表语句。

```
hive (edu)>
DROP TABLE IF EXISTS ads_learn_play_stats_by_chapter;
CREATE EXTERNAL TABLE ads_learn_play_stats_by_chapter
(
    `dt`            STRING COMMENT '统计日期',
    `recent_days`   BIGINT COMMENT '最近天数,1:最近 1 日,7:最近 7 日,30:最近 30 日',
    `chapter_id`    STRING COMMENT '章节 id',
    `chapter_name`  STRING COMMENT '章节名称',
```

```
    `video_id`      STRING COMMENT '视频 id',
    `video_name`    STRING COMMENT '视频名称',
    `play_count`    BIGINT COMMENT '各章节视频播放次数',
    `avg_play_sec`  BIGINT COMMENT '各章节视频人均观看时长',
    `user_count`    BIGINT COMMENT '各章节观看人数'
) COMMENT '各章节视频播放情况统计'
    ROW FORMAT DELIMITED FIELDS TERMINATED BY '\t'
    LOCATION '/warehouse/edu/ads/ads_learn_play_stats_by_chapter/';
```

（2）数据装载。

```
hive (edu)>
insert overwrite table edu.ads_learn_play_stats_by_chapter
select dt,
       recent_days,
       chapter_id,
       chapter_name,
       video_id,
       video_name,
       play_count,
       avg_play_sec,
       user_count
from edu.ads_learn_play_stats_by_chapter
union
select '2022-02-21'                          dt,
       recent_days,
       chapter_id,
       chapter_name,
       video_id,
       video_name,
       count(*)                              play_count,
       sum(play_sec) / count(distinct user_id) avg_play_sec,
       count(distinct user_id)               user_count
from edu.dwd_learn_play_inc
         lateral view explode(array(1, 7, 30)) tmp
         as recent_days
where dt >= date_add('2022-02-21', -recent_days + 1)
group by recent_days,
         chapter_id,
         chapter_name,
         video_id,
         video_name;
```

2. 各课程视频播放情况统计

各课程视频播放相关指标如表 6-54 所示。

表 6-54　各课程视频播放相关指标

统 计 周 期	统 计 粒 度	指　标
最近 1/7/30 日	课程	视频播放次数
最近 1/7/30 日	课程	人均观看时长
最近 1/7/30 日	课程	观看人数

（1）建表语句。

```
hive (edu)>
DROP TABLE IF EXISTS ads_learn_play_stats_by_course;
CREATE EXTERNAL TABLE ads_learn_play_stats_by_course
(
    `dt`             STRING COMMENT '统计日期',
    `recent_days`    BIGINT COMMENT '最近天数,1:最近 1 日,7:最近 7 日,30:最近 30 日',
    `course_id`      STRING COMMENT '课程 id',
    `course_name`    STRING COMMENT '课程名称',
    `play_count`     BIGINT COMMENT '各课程视频播放次数',
    `avg_play_sec`   BIGINT COMMENT '各课程视频人均观看时长',
    `user_count`     BIGINT COMMENT '各课程观看人数'
) COMMENT '各课程播放情况统计'
    ROW FORMAT DELIMITED FIELDS TERMINATED BY '\t'
    LOCATION '/warehouse/edu/ads/ads_learn_play_stats_by_course/';
```

（2）数据装载。

```
hive (edu)>
insert overwrite table edu.ads_learn_play_stats_by_course
select dt,
       recent_days,
       course_id,
       course_name,
       play_count,
       avg_play_sec,
       user_count
from edu.ads_learn_play_stats_by_course
union
select '2022-02-21'                          dt,
       recent_days,
       course_id,
       course_name,
       count(*)                             play_count,
       sum(play_sec) / count(distinct user_id) avg_play_sec,
       count(distinct user_id)              user_count
from edu.dwd_learn_play_inc
         lateral view explode(array(1, 7, 30)) tmp
         as recent_days
where dt >= date_add('2022-02-21', -recent_days + 1)
group by recent_days,
         course_id,
         course_name;
```

6.8.7 完课主题指标

完课主题相关指标包含以下几个：

- 最近 1/7/30 日各课程完课人数统计。
- 最近 1/7/30 日总完课人数统计。
- 最近 1/7/30 日总完课人次统计。

1. 各课程完课人数统计

在构建DWD层学习域播放周期快照事实表时，曾提到过完播的概念。完播是指，用户播放一个视频的累计播放时长大于等于视频总时长的90%，且当前视频播放进度大于等于视频总时长的90%，累计播放时长达到要求的时间和播放进度达到要求的时间中的最大值时，视为视频的完播时间。完课指的是课程内的所有章节视频均完播，将所有视频的完播时间中的最大值视为该课程的完课时间。课程的完课人数是在线教育行业中的一个重要分析指标，可以体现一门课程的受欢迎程度，以及运营工作人员的工作效果。

（1）建表语句。

```
hive (edu)>
DROP TABLE IF EXISTS ads_complete_complete_user_count_per_course;
CREATE EXTERNAL TABLE ads_complete_complete_user_count_per_course
(
    `dt`           STRING COMMENT '统计日期',
    `recent_days` BIGINT COMMENT '最近天数,1:最近1日,7:最近7日,30:最近30日',
    `course_id`    STRING COMMENT '课程 id',
    `user_count`   BIGINT COMMENT '完课人数'
) COMMENT '各课程完课人数'
    ROW FORMAT DELIMITED FIELDS TERMINATED BY '\t'
    LOCATION '/warehouse/edu/ads/ads_complete_complete_user_count_per_course/';
```

（2）数据装载。

```
hive (edu)>
insert overwrite table edu.ads_complete_complete_user_count_per_course
select dt,
       recent_days,
       course_id,
       user_count
from edu.ads_complete_complete_user_count_per_course
union
select '2022-02-21'  dt,
       recent_days,
       course_id,
       count(user_id) order_count
from (select course_id,
          id,
          user_id,
          max_chapter_complete_date
     from (select course_id,
                  user_id,
                  max(first_complete_date)   max_chapter_complete_date,
                  count(first_complete_date) user_chapter_complete_count
           from edu.dwd_learn_play_stats_full
           where dt = '2022-02-21'
           group by course_id, user_id
          ) chapter_complete
             left join
          (select id,
                  chapter_num
           from edu.dim_course_full
           where dt = '2022-02-21') dim_course
          on chapter_complete.course_id = dim_course.id
```

```
        where user_chapter_complete_count = chapter_num
    ) course_complete
        lateral view explode(array(1, 7, 30)) tmp as recent_days
where max_chapter_complete_date >= date_add('2022-02-21', -recent_days + 1)
group by recent_days, course_id;
```

2. 完课综合指标

完课综合指标如表 6-55 所示，主要统计最近 1/7/30 日的总完课人数和完课人次。

表 6-55　完课综合指标

统计周期	指　标	关键说明
最近 1/7/30 日	总完课人数	count(distinct user_id)
最近 1/7/30 日	总完课人次	count(*)

（1）建表语句。

```
hive (edu)>
DROP TABLE IF EXISTS ads_complete_complete_stats;
CREATE EXTERNAL TABLE ads_complete_complete_stats
(
    `dt`                        STRING COMMENT '统计日期',
    `recent_days`               BIGINT COMMENT '最近天数,1:最近 1 日,7:最近 7 日,30:最近 30 日',
    `user_complete_count`        BIGINT COMMENT '完课人数',
    `user_course_complete_count` BIGINT COMMENT '完课人次'
) COMMENT '完课综合指标'
    ROW FORMAT DELIMITED FIELDS TERMINATED BY '\t'
    LOCATION '/warehouse/edu/ads/ads_complete_complete_stats/';
```

（2）数据装载。

```
hive (edu)>
insert overwrite table edu.ads_complete_complete_stats
select dt,
       recent_days,
       user_complete_count,
       user_course_complete_count
from edu.ads_complete_complete_stats
union
select '2022-02-21'           dt,
       recent_days,
       count(distinct user_id) user_complete_count,
       count(*)               user_course_complete_count
from (select course_id,
             id,
             user_id,
             max_chapter_complete_date
      from (select course_id,
                   user_id,
                   max(first_complete_date)   max_chapter_complete_date,
                   count(first_complete_date) user_chapter_complete_count
            from edu.dwd_learn_play_stats_full
            where dt = '2022-02-21'
            group by course_id, user_id
```

```
        ) chapter_complete
            left join
        (select id,
                chapter_num
         from edu.dim_course_full
         where dt = '2022-02-21') dim_course
        on chapter_complete.course_id = dim_course.id
    where user_chapter_complete_count = chapter_num
   ) course_complete
      lateral view explode(array(1, 7, 30)) tmp as recent_days
where max_chapter_complete_date >= date_add('2022-02-21', -recent_days + 1)
group by recent_days;
```

3. 各课程人均完成章节数统计

本项目视频与章节一一对应，因此各课程人均完成章节数等价于各课程人均完播视频数，是指在一门课程中，所有完播章节视频人次与所有的完播人数之比。

（1）建表语句。

```
hive (edu)>
DROP TABLE IF EXISTS ads_complete_complete_chapter_count_per_course;
CREATE EXTERNAL TABLE ads_complete_complete_chapter_count_per_course
(
    `dt`                      STRING COMMENT '统计日期',
    `recent_days`             BIGINT COMMENT '最近天数,1:最近 1 日,7:最近 7 日,30:最近 30 日',
    `course_id`               STRING COMMENT '课程 id',
    `complete_chapter_count` DECIMAL(16, 2) COMMENT '用户平均完成章节数'
) COMMENT '各课程人均完成章节数'
    ROW FORMAT DELIMITED FIELDS TERMINATED BY '\t'
    LOCATION '/warehouse/edu/ads/ads_complete_complete_chapter_count_per_course/';
```

（2）数据装载。

```
hive (edu)>
insert overwrite table edu.ads_complete_complete_chapter_count_per_course
select dt,
       recent_days,
       course_id,
       complete_chapter_count
from edu.ads_complete_complete_chapter_count_per_course
union
select '2022-02-21'                                                   dt,
       recent_days,
       course_id,
       count(first_complete_date) / count(distinct user_id) complete_chapter_count
from edu.dwd_learn_play_stats_full
         lateral view explode(array(1, 7, 30)) tmp as recent_days
where dt = '2022-02-21'
  and first_complete_date is not null
  and first_complete_date >= date_add('2022-02-21', -recent_days + 1)
group by recent_days,
         course_id;
```

6.8.8 ADS 层数据导入脚本

（1）在/home/atguigu/bin 目录下创建脚本 dws_to_ads.sh。

```
[atguigu@hadoop102 bin]$ vim dws_to_ads.sh
```

在脚本中编写内容。

（2）增加脚本执行权限。

```
[atguigu@hadoop102 bin]$ chmod 777 dws_to_ads.sh
```

（3）执行脚本。

```
[atguigu@hadoop102 bin]$ dws_to_ads.sh all 2022-02-21
```

（4）查看数据是否导入。

6.9 数据模型评价及优化

在数据仓库搭建完成之后，需要对数据仓库的数据模型进行评估，根据评估结果对数据模型做出优化，评估主要从以下几个方面展开。

1. 完善度

- 汇总数据能直接满足多少查询需求，即应用层（ADS 层）访问汇总层（DWS 层）就能直接得出查询结果的查询占所有指标查询的比例。
- 跨层引用率：ODS 层直接被中间数据层引用的表占所有 ODS 层表的比例。
- 是否可快速响应业务方的需求。

对于比较好的模型，使用方可以直接从该模型获取所有想要的数据，若 DWS 层和 ADS 层直接引用 ODS 层的表比例太大，即跨层引用率太高，则该模型不是最优，需要继续优化。

2. 复用度

- 模型引用系数：模型被读取并产出下游模型的平均数量。
- DWD、DWS 层下游直接产出表的数量。

3. 规范度

- 主题域归属是否明确。
- 脚本及指标是否规范。
- 表、字段等命名系统是否规范。

4. 稳定性

能否保证日常任务产出时效的稳定性。

5. 准确性和一致性

输出的指标数据质量是否能够保证，此项评估将会在后续的数据质量章节中展开讲解。

6. 健壮性

业务快速更新迭代的情况下，是否会影响底层模型。

7. 成本

任务运行的时间成本、计算资源成本和存储成本评估。

6.10 本章总结

本章内容是整本书的重中之重，相信读者从篇幅中也能看到，建议读者跟随章节内容亲自执行操作，重点体会数据仓库的建模理论。数据仓库的建模理论并不是一家之言，很多大数据领域专家都有提出非常完备的数据仓库建模理论，但都是为了能够更加高效地处理海量数据。希望读者经过本章的学习，能够对数据仓库建立起更加具象的认识。

第7章

DolphinScheduler 全流程调度

当数据仓库的采集模块和核心需求实现模块全部搭建完成后，开发人员将面临一系列严峻的问题：每项工作的完成都需要手动执行脚本；一个最终需求的实现脚本中，需要顺序调用其他几个脚本，如果其中一个脚本失败，可能导致任务失败，却无法及时得知任务失败警告，且无法快速定位问题脚本。以上这些问题，都可以通过一个完善的工作流调度系统得到解决。

数据仓库的整体调度系统，不仅要将数据流转换任务按照一定的先后顺序调度起来，还应遵循相应的调度规范，完善责任人管理制度，明确任务调度周期和执行时间点，规范任务命名方式，拟定合理的任务优先级，明确任务延迟及报错的处理方式，完善报警机制，制定报警解决值班制度等。规范的管理制度才能使数据仓库的运行更加完善和稳定。

本章将为读者讲解如何使用 DolphinScheduler 实现全流程调度，以及邮件报警。

7.1 DolphinScheduler 概述与安装

7.1.1 DolphinScheduler 概述

Apache DolphinScheduler 是一个分布式、易扩展的可视化 DAG 工作流任务调度平台，致力于解决数据处理流程中错综复杂的依赖关系，使调度系统在数据处理流程中开箱即用。

DolphinScheduler 的主要角色有如下几个，角色间的关系如图 7-1 所示。

- MasterServer：采用分布式无中心设计理念，MasterServer 主要负责 DAG 任务切分、任务提交、任务监控，同时监听其他 MasterServer 和 WorkerServer 的健康状态。
- WorkerServer：采用分布式无中心设计理念，WorkerServer 主要负责任务的执行，以及提供日志服务。
- ZooKeeper 服务：系统中的 MasterServer 和 WorkerServer 节点都通过 ZooKeeper 来进行集群管理和容错。
- Alert 服务：提供报警相关服务。
- API 接口层：主要负责处理前端 UI 层的请求。
- UI：系统的前端页面，提供系统的各种可视化操作界面。

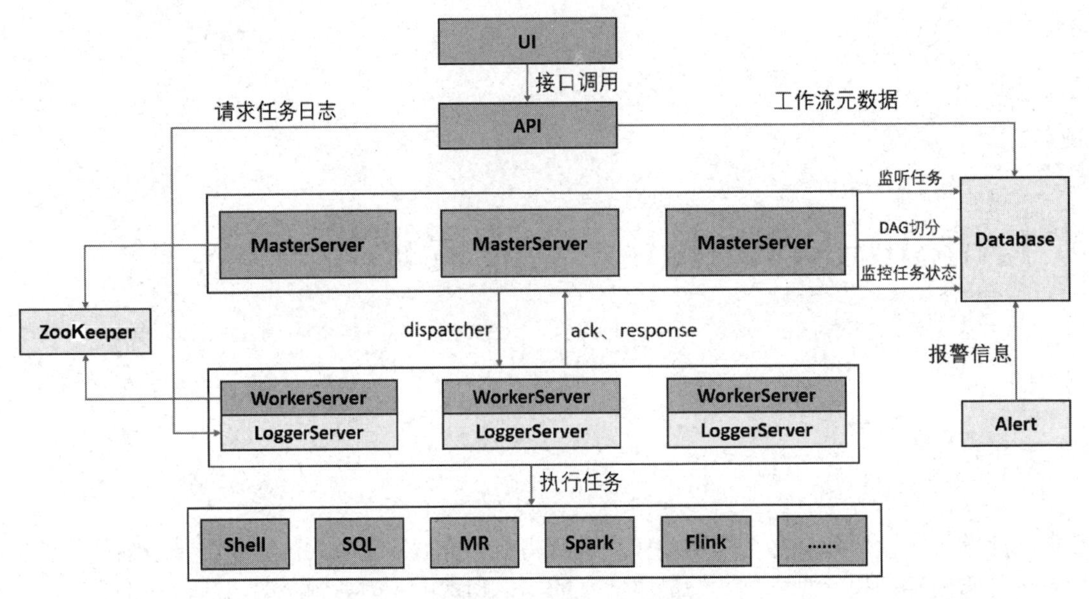

图 7-1　DolphinScheduler 核心架构

安装 DolphinScheduler 对操作系统的要求如表 7-1 所示。

表 7-1　操作系统版本要求

操作系统	版　本
RedHat Enterprise Linux	7.0 及以上
CentOS	7.0 及以上
Oracle Enterprise Linux	7.0 及以上
Ubuntu LTS	16.04 及以上

安装 DolphinScheduler，对服务器的硬件要求是运行内存在 8GB 以上，核数在 4 核以上，网络带宽千兆以上。

DolphinScheduler 支持多种部署模式，包括单机模式（Standalone）、伪集群模式（Pseudo-Cluster）、集群模式（Cluster）等。

单机模式（Standalone）下，所有服务均集中于一个 StandaloneServer 进程中，并且其中内置了注册中心 ZooKeeper 和数据库 H2。只需要配置 JDK 环境，就可以一键启动 DolphinScheduler，快速体验其功能。

伪集群模式（Pseudo-Cluster）是在单台机器部署 DolphinScheduler 各项服务，该模式下 MasterServer、WorkerServer、API 接口层、LoggerServer 等服务都只在同一台机器上。ZooKeeper 和数据库需单独安装并进行相应的配置。

集群模式（Cluster）与伪集群模式的区别就是在多台机器部署 DolphinScheduler 各项服务，并且可以配置多个 MasterServer 及多个 WorkerServer。

7.1.2　DolphinScheduler 安装部署

1. 集群规划

DolphinScheduler 在集群模式下，可以配置多个 MasterServer 和多个 WorkerServer。在生产环境下，通常配置 2~3 个 MasterServer 和若干个 WorkerServer。根据现有的集群资源，配置 1 个 MasterServer、3 个 WorkerServer，每个 Worker 节点下还会同时启动一个 LoggerServer。此外，还需要配置 API 接口层和 Alert

服务所在节点。DolphinScheduler 集群规划如表 7-2 所示。

表 7-2 DolphinScheduler 集群规划

hadoop102	hadoop103	hadoop104
MasterServer		
WorkerServer	WorkerServer	WorkerServer
LoggerServer	LoggerServer	LoggerServer
API 接口层		
Alert 服务		

2. 前置准备工作

（1）3 台节点服务器均需安装部署 JDK 1.8 或以上版本，并配置相关的环境变量。

（2）安装部署数据库，支持 MySQL（5.7+）或者 PostgreSQL（8.2.15+），本项目中使用 MySQL。若使用 MySQL，需要使用的驱动版本为 JDBC 8.0.16.

（3）安装部署 ZooKeeper 3.4.6 或以上版本。

（4）3 台节点服务器均需安装进程管理工具包 psmisc，命令如下。

```
[atguigu@hadoop102 ~]$ sudo yum install -y psmisc
[atguigu@hadoop103 ~]$ sudo yum install -y psmisc
[atguigu@hadoop104 ~]$ sudo yum install -y psmisc
```

3. 解压安装包

（1）上传 DolphinScheduler 安装包和 MySQL 驱动器 jar 包 mysql-connector-java-8.0.16.jar 至 hadoop102 节点服务器的/opt/software 目录下。

（2）解压安装包到当前目录，供后续使用。解压目录并非最终的安装目录。

```
[atguigu@hadoop102 software]$ tar -zxvf apache-dolphinscheduler-2.0.3-bin.tar.gz
```

4. 初始化数据库

DolphinScheduler 的元数据需要存储在 MySQL 中，所以需要创建相应的数据库和用户。

（1）创建 dolphinscheduler 数据库。

```
mysql> CREATE DATABASE dolphinscheduler DEFAULT CHARACTER SET utf8 DEFAULT COLLATE
utf8_general_ci;
```

（2）创建 dolphinscheduler 用户。

```
mysql> CREATE USER 'dolphinscheduler'@'%' IDENTIFIED BY 'dolphinscheduler';
```

若出现以下错误信息，表明新建用户的密码过于简单。

```
ERROR 1819 (HY000): Your password does not satisfy the current policy requirements
```

可提高密码复杂度或执行以下命令降低 MySQL 密码强度级别。

```
mysql> set global validate_password_length=4;
mysql> set global validate_password_policy=0;
```

（3）赋予 dolphinscheduler 用户相应的权限。

```
mysql> GRANT ALL PRIVILEGES ON dolphinscheduler.* TO 'dolphinscheduler'@'%';
mysql> flush privileges;
```

（4）拷贝 MySQL 驱动到 DolphinScheduler 解压目录下的 lib 文件夹中。

```
[atguigu@hadoop102 apache-dolphinscheduler-2.0.3-bin]$ cp /opt/software/mysql-connector-
java-8.0.16-bin.jar lib/
```

（5）执行数据库初始化脚本。

数据库初始化脚本位于 DolphinScheduler 解压目录下的 script 目录中，即/opt/software/ds/apache-dolphinscheduler-2.0.3-bin/script/。

```
[atguigu@hadoop102 apache-dolphinscheduler-2.0.3-bin]$ script/create-dolphinscheduler.sh
```

5. 配置一键部署脚本

修改 DolphinScheduler 解压目录中 conf/config 目录下的 install_config.conf 文件。

```
[atguigu@hadoop102 apache-dolphinscheduler-2.0.3-bin]$ vim conf/config/install_config.conf
```

配置文件中，需要修改的关键内容如下。

```
# 将要部署 DolphinScheduler 服务的服务器主机名或 IP 列表
ips="hadoop102,hadoop103,hadoop104"

# Master 所在主机名，必须是 ips 的子集
masters="hadoop102"

# Worker 主机名列表，此处的主机名必须保存在 ips 列表中
workers="hadoop102:default,hadoop103:default,hadoop104:default"

# AlertServer 所在主机名
alertServer="hadoop102"

# APIServer 所在主机名
apiServers="hadoop102"

# 不需要的配置项，可以保留默认值，也可以用#注释
# pythonGatewayServers="ds1"

# 安装路径，如果不存在会创建
installPath="/opt/module/dolphinscheduler"

# 部署用户，任务执行服务是以 sudo -u {linux-user}切换不同用户的方式来实现多租户运行作业，因此该用
户必须有免密的 sudo 权限
deployUser="atguigu"

# 前文配置的所有节点的本地数据存储路径，需要确保部署用户拥有该目录的读写权限
dataBasedirPath="/tmp/dolphinscheduler"

# JAVA_HOME 路径
javaHome="/opt/module/jdk1.8.0_144"

# APIServer 端口号
apiServerPort="12345"

# 注意：数据库相关配置 value 必须加引号，否则配置无法生效
# 数据库类型
DATABASE_TYPE="mysql"

# 数据库 URL
SPRING_DATASOURCE_URL="jdbc:mysql://hadoop102:3306/dolphinscheduler?useUnicode=true&
characterEncoding=UTF-8"

# 数据库用户名
SPRING_DATASOURCE_USERNAME="dolphinscheduler"
```

```
# 数据库密码
SPRING_DATASOURCE_PASSWORD="dolphinscheduler"

# 注册中心插件名称，DolphinScheduler 通过注册中心来确保集群配置的一致性
registryPluginName="zookeeper"

# 注册中心地址，即 ZooKeeper 集群的地址
registryServers="hadoop102:2181,hadoop103:2181,hadoop104:2181"

# DolphinScheduler 在 ZooKeeper 中的节点名称
registryNamespace="dolphinscheduler"

taskPluginDir="lib/plugin/task"

# 资源存储类型
resourceStorageType="HDFS"

# 资源上传路径
resourceUploadPath="/dolphinscheduler"

# 默认文件系统
defaultFS="hdfs://hadoop102:8020"

# YARN 的 ResourceManager 访问端口
resourceManagerHttpAddressPort="8088"

# YARN 的 ResourceManager 高可用主机名列表，若未开启高可用，则将该值置空
yarnHaIps=

# YARN 的 ResourceManager 主机名，若启用了 HA 或未启用 RM，保留默认值
singleYarnIp="hadoop103"

# 拥有 HDFS 根目录操作权限的用户
hdfsRootUser="atguigu"
```

6. 一键部署 DolphinScheduler

（1）启动 ZooKeeper 集群。

```
[atguigu@hadoop102 apache-dolphinscheduler-2.0.3-bin]$ zk.sh start
```

（2）一键部署并启动 DolphinScheduler。

```
[atguigu@hadoop102 apache-dolphinscheduler-2.0.3-bin]$ ./install.sh
```

（3）查看 DolphinScheduler 进程。

```
[atguigu@hadoop102 apache-dolphinscheduler-2.0.3-bin]$ xcall.sh jps
--------- hadoop102 ----------
29139 ApiApplicationServer
28963 WorkerServer
3332 QuorumPeerMain
2100 DataNode
28902 MasterServer
29081 AlertServer
1978 NameNode
29018 LoggerServer
```

```
2493 NodeManager
29551 Jps
--------- hadoop103 ----------
29568 Jps
29315 WorkerServer
2149 NodeManager
1977 ResourceManager
2969 QuorumPeerMain
29372 LoggerServer
1903 DataNode
--------- hadoop104 ----------
1905 SecondaryNameNode
27074 WorkerServer
2050 NodeManager
2630 QuorumPeerMain
1817 DataNode
27354 Jps
27133 LoggerServer
```

（4）访问 DolphinScheduler 的 Web UI 页面 http://hadoop102:12345/dolphinscheduler，初始用户的用户名为 admin，密码为 dolphinscheduler123，如图 7-2 所示。

图 7-2　管理员用户登录 DolphinScheduler

登录成功后，在安全中心的租户管理模块创建一个 atguigu 租户，如图 7-3 所示。租户对应的是 Linux 的系统用户。

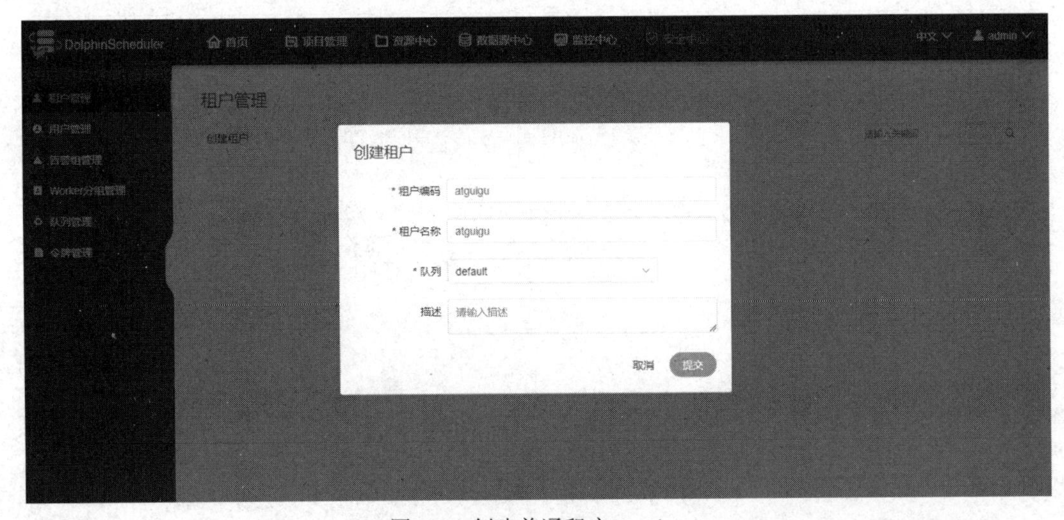

图 7-3　创建普通租户 atguigu

创建一个普通用户 atguigu，如图 7-4 所示。DolphinScheduler 的用户分为管理员用户和普通用户，管理员只有授权和用户管理等权限，而普通用户只有创建项目、定义工作流、执行工作流等权限。

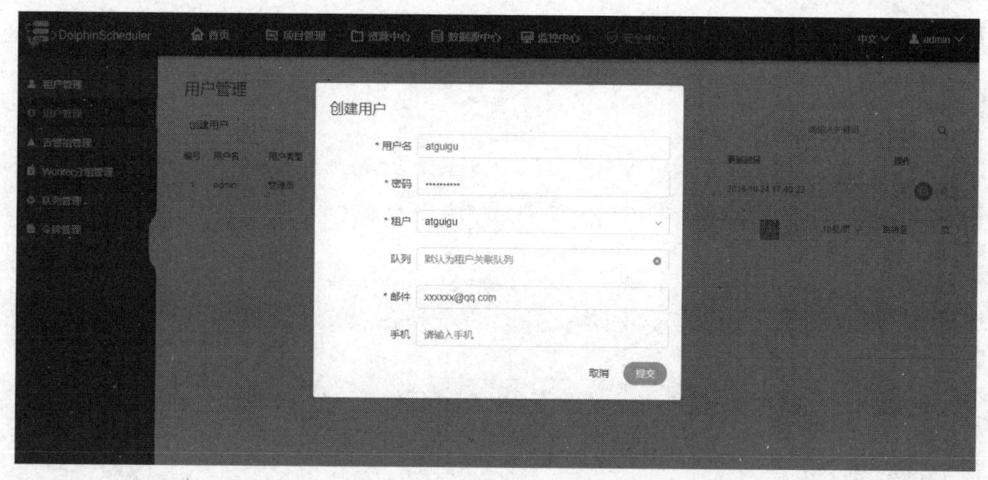

图 7-4　创建普通用户 atguigu

创建完普通用户后，退出管理员用户，如图 7-5 所示。使用普通用户身份登录，如图 7-6 所示，此后所有操作都使用普通用户操作。

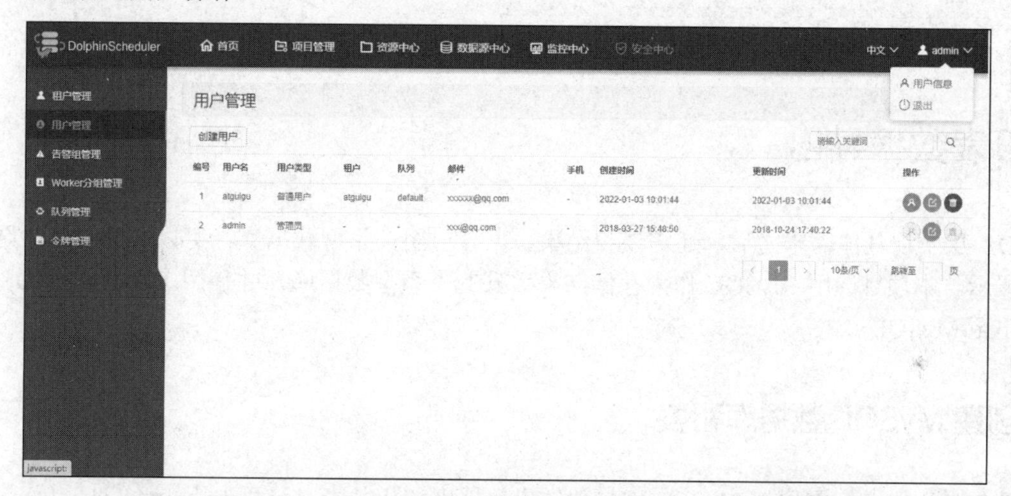

图 7-5　退出管理员用户

图 7-6　使用普通用户身份登录

7. DolphinScheduler 启停命令

DolphinScheduler 的启停命令均位于其安装目录的 bin 目录下。

（1）一键启停所有服务命令，注意与 Hadoop 的进程启停脚本进行区分。

```
./bin/start-all.sh
./bin/stop-all.sh
```

（2）启停 Master 进程命令。

```
./bin/dolphinscheduler-daemon.sh start master-server
./bin/dolphinscheduler-daemon.sh stop master-server
```

（3）启停 Worker 进程命令。

```
./bin/dolphinscheduler-daemon.sh start worker-server
./bin/dolphinscheduler-daemon.sh stop worker-server
```

（4）启停 API 命令。

```
./bin/dolphinscheduler-daemon.sh start api-server
./bin/dolphinscheduler-daemon.sh stop api-server
```

（5）启停 Logger 命令。

```
./bin/dolphinscheduler-daemon.sh start logger-server
./bin/dolphinscheduler-daemon.sh stop logger-server
```

（6）启停 Alert 命令。

```
./bin/dolphinscheduler-daemon.sh start alert-server
./bin/dolphinscheduler-daemon.sh stop alert-server
```

7.2 报表数据导出

在 ADS 层实现具体需求之后，还需要将结果数据导出至关系型数据库，可以方便后期对结果数据进行可视化展示。本项目选用 MySQL 作为存储结果数据的关系型数据库，并使用 DataX 将 ADS 层中的结果数据导出至 MySQL。

7.2.1 创建 MySQL 数据库和表

在将数据导出之前，需要在 MySQL 中创建结果数据库和相关表，过程如下。

1. 创建 edu_report 数据库

```
CREATE DATABASE IF NOT EXISTS edu_report DEFAULT CHARSET utf8 COLLATE utf8_general_ci;
```

2. 创建表

（1）各引流来源流量统计。

```
DROP TABLE IF EXISTS ads_traffic_stats_by_source;
CREATE TABLE ads_traffic_stats_by_source
(
    `dt`               DATETIME COMMENT '统计日期',
    `recent_days`      BIGINT COMMENT '最近天数,1:最近 1 日,7:最近 7 日,30:最近 30 日',
    `source_id`        VARCHAR(1024) COMMENT '引流来源 id',
    `source_site`      VARCHAR(1024) COMMENT '引流来源名称',
    `uv_count`         BIGINT COMMENT '访客人数',
    `avg_duration_sec` BIGINT COMMENT '会话平均停留时长，单位为秒',
    `avg_page_count`   BIGINT COMMENT '会话平均浏览页面数',
```

```
    `sv_count`         BIGINT COMMENT '会话数',
    `bounce_rate`       DECIMAL(16, 2) COMMENT '跳出率'
) COMMENT '各引流来源流量统计';
```

（2）页面浏览路径分析。

```
DROP TABLE IF EXISTS ads_traffic_page_path;
CREATE TABLE ads_traffic_page_path
(
    `dt`          DATETIME COMMENT '统计日期',
    `recent_days` BIGINT COMMENT '最近天数,1:最近 1 日,7:最近 7 日,30:最近 30 日',
    `source`      VARCHAR(1024) COMMENT '跳转起始页面 id',
    `target`      VARCHAR(1024) COMMENT '跳转终到页面 id',
    `path_count`  BIGINT COMMENT '跳转次数'
) COMMENT '页面浏览路径分析';
```

（3）各引流来源销售状况统计。

```
DROP TABLE IF EXISTS ads_traffic_sale_stats_by_source;
CREATE TABLE ads_traffic_sale_stats_by_source
(
    `dt`                 DATETIME COMMENT '统计日期',
    `recent_days`        BIGINT COMMENT '最近天数,1:最近 1 日,7:最近 7 日,30:最近 30 日',
    `source_id`          VARCHAR(1024) COMMENT '引流来源 id',
    `source_site`        VARCHAR(1024) COMMENT '引流来源名称',
    `order_total_amount` DECIMAL(16, 2) COMMENT '销售额',
    `order_user_count`   BIGINT COMMENT '下单用户数',
    `pv_visitor_count`   BIGINT COMMENT '引流用户数',
    `convert_rate`       DECIMAL(16, 2) COMMENT '转化率'
) COMMENT '各引流来源销售状况统计';
```

（4）用户变动统计。

```
DROP TABLE IF EXISTS ads_user_user_change;
CREATE TABLE ads_user_user_change
(
    `dt`               DATETIME COMMENT '统计日期',
    `user_churn_count` BIGINT COMMENT '流失用户数',
    `user_back_count`  BIGINT COMMENT '回流用户数'
) COMMENT '用户变动统计';
```

（5）用户留存率。

```
DROP TABLE IF EXISTS ads_user_user_retention;
CREATE TABLE ads_user_user_retention
(
    `dt`              DATETIME COMMENT '统计日期',
    `create_date`     VARCHAR(1024) COMMENT '用户新增日期',
    `retention_day`   INT COMMENT '截至当前日期留存天数',
    `retention_count` BIGINT COMMENT '留存用户数量',
    `new_user_count`  BIGINT COMMENT '新增用户数量',
    `retention_rate`  DECIMAL(16, 2) COMMENT '留存率'
) COMMENT '用户留存率';
```

（6）用户新增活跃统计。

```
DROP TABLE IF EXISTS ads_user_user_stats;
CREATE TABLE ads_user_user_stats
(
    `dt`                DATETIME COMMENT '统计日期',
```

```
    `recent_days`      BIGINT COMMENT '最近n日,1:最近1日,7:最近7日,30:最近30日',
    `new_user_count`    BIGINT COMMENT '新增用户数',
    `active_user_count` BIGINT COMMENT '活跃用户数'
) COMMENT '用户新增活跃统计';
```

（7）用户行为漏斗分析。

```
DROP TABLE IF EXISTS ads_user_user_action;
CREATE TABLE ads_user_user_action
(
    `dt`                DATETIME COMMENT '统计日期',
    `recent_days`       BIGINT COMMENT '最近天数,1:最近1日,7:最近7日,30:最近30日',
    `home_count`        BIGINT COMMENT '浏览首页人数',
    `good_detail_count` BIGINT COMMENT '浏览商品详情页人数',
    `cart_count`        BIGINT COMMENT '加入购物车人数',
    `order_count`       BIGINT COMMENT '下单人数',
    `payment_count`     BIGINT COMMENT '支付人数'
) COMMENT '用户行为漏斗分析';
```

（8）新增交易用户统计。

```
DROP TABLE IF EXISTS ads_user_new_buyer_stats;
CREATE TABLE ads_user_new_buyer_stats
(
    `dt`                     DATETIME COMMENT '统计日期',
    `recent_days`            BIGINT COMMENT '最近天数,1:最近1日,7:最近7日,30:最近30日',
    `new_order_user_count`   BIGINT COMMENT '新增下单人数',
    `new_payment_user_count` BIGINT COMMENT '新增支付人数'
) COMMENT '新增交易用户统计';
```

（9）各年龄段下单用户数统计。

```
DROP TABLE IF EXISTS ads_user_order_user_count_by_age_group;
CREATE TABLE ads_user_order_user_count_by_age_group
(
    `dt`               DATETIME COMMENT '统计日期',
    `recent_days`      BIGINT COMMENT '最近天数,1:最近1日,7:最近7日,30:最近30日',
    `age_group`        VARCHAR(1024) COMMENT '年龄段,18岁及以下、19~24岁、25~29岁、30~34岁、35~39岁、40~49岁、50岁及以上',
    `order_user_count` BIGINT COMMENT '下单人数'
) COMMENT '各年龄段下单用户数统计';
```

（10）各类别课程交易统计。

```
DROP TABLE IF EXISTS ads_course_trade_stats_by_category;
CREATE TABLE ads_course_trade_stats_by_category
(
    `dt`               DATETIME COMMENT '统计日期',
    `recent_days`      BIGINT COMMENT '最近天数,1:最近1日,7:最近7日,30:最近30日',
    `category_id`      VARCHAR(1024) COMMENT '类别id',
    `category_name`    VARCHAR(1024) COMMENT '类别名称',
    `order_count`      BIGINT COMMENT '订单数',
    `order_user_count` BIGINT COMMENT '订单人数' ,
    `order_amount`     DECIMAL(16, 2) COMMENT '下单金额'
) COMMENT '各类别课程交易统计';
```

（11）各学科课程交易统计。

```
DROP TABLE IF EXISTS ads_course_trade_stats_by_subject;
CREATE TABLE ads_course_trade_stats_by_subject
```

```
(
    `dt`              DATETIME COMMENT '统计日期',
    `recent_days`      BIGINT COMMENT '最近天数,1:最近 1 日,7:最近 7 日,30:最近 30 日',
    `subject_id`       VARCHAR(1024) COMMENT '学科 id',
    `subject_name`     VARCHAR(1024) COMMENT '学科名称',
    `order_count`      BIGINT COMMENT '订单数',
    `order_user_count` BIGINT COMMENT '订单人数' ,
    `order_amount`     DECIMAL(16, 2) COMMENT '下单金额'
) COMMENT '各学科课程交易统计';
```

（12）各课程交易统计。

```
DROP TABLE IF EXISTS ads_course_trade_stats_by_course;
CREATE TABLE ads_course_trade_stats_by_course
(
    `dt`              DATETIME COMMENT '统计日期',
    `recent_days`      BIGINT COMMENT '最近天数,1:最近 1 日,7:最近 7 日,30:最近 30 日',
    `course_id`        VARCHAR(1024) COMMENT '课程 id',
    `course_name`      VARCHAR(1024) COMMENT '课程名称',
    `order_count`      BIGINT COMMENT '下单数',
    `order_user_count` BIGINT COMMENT '下单人数',
    `order_amount`     DECIMAL(16, 2) COMMENT '下单金额'
) COMMENT '各课程交易统计';
```

（13）各课程评价统计。

```
DROP TABLE IF EXISTS ads_course_review_stats_by_course;
CREATE TABLE ads_course_review_stats_by_course
(
    `dt`               DATETIME COMMENT '统计日期',
    `recent_days`       BIGINT COMMENT '最近天数,1:最近 1 日,7:最近 7 日,30:最近 30 日',
    `course_id`         VARCHAR(1024) COMMENT '课程 id',
    `course_name`       VARCHAR(1024) COMMENT '课程名称',
    `avg_stars`         BIGINT COMMENT '用户平均评分',
    `review_user_count` BIGINT COMMENT '评价用户数',
    `praise_rate`       DECIMAL(16, 2) COMMENT '好评率'
) COMMENT '各课程评价统计';
```

（14）各分类课程试听留存统计。

```
DROP TABLE IF EXISTS ads_sample_retention_stats_by_category;
CREATE TABLE ads_sample_retention_stats_by_category
(
    `dt`                DATETIME COMMENT '统计日期',
    `retention_days`     BIGINT COMMENT '留存天数, 1~7 日',
    `category_id`        VARCHAR(1024) COMMENT '分类 id',
    `category_name`      VARCHAR(1024) COMMENT '分类名称',
    `sample_user_count`  BIGINT COMMENT '试听人数',
    `retention_rate`     DECIMAL(16, 2) COMMENT '试听留存率'
) COMMENT '各分类课程试听留存统计';
```

（15）各学科试听留存统计。

```
DROP TABLE IF EXISTS ads_sample_retention_stats_by_subject;
CREATE TABLE ads_sample_retention_stats_by_subject
(
    `dt`                DATETIME COMMENT '统计日期',
```

```
    `retention_days`    BIGINT COMMENT '留存天数，1~7 日',
    `subject_id`        VARCHAR(1024) COMMENT '学科 id',
    `subject_name`      VARCHAR(1024) COMMENT '学科名称',
    `sample_user_count` BIGINT COMMENT '试听人数',
    `retention_rate`    DECIMAL(16, 2) COMMENT '试听留存率'
) COMMENT '各学科试听留存统计';
```

（16）各课程试听留存统计。

```
DROP TABLE IF EXISTS ads_sample_retention_stats_by_course;
CREATE TABLE ads_sample_retention_stats_by_course
(
    `dt`                DATETIME COMMENT '统计日期',
    `retention_days`    BIGINT COMMENT '留存天数，1~7 日',
    `course_id`         VARCHAR(1024) COMMENT '课程 id',
    `course_name`       VARCHAR(1024) COMMENT '课程名称',
    `sample_user_count` BIGINT COMMENT '试听人数',
    `retention_rate`    DECIMAL(16, 2) COMMENT '试听留存率'
) COMMENT '各课程试听留存统计';
```

（17）交易综合指标。

```
DROP TABLE IF EXISTS ads_trade_stats;
CREATE TABLE ads_trade_stats
(
    `dt`                 DATETIME COMMENT '统计日期',
    `recent_days`        BIGINT COMMENT '最近天数,1:最近 1 日,7:最近 7 日,30:最近 30 日',
    `order_total_amount` DECIMAL(16, 2) COMMENT '订单总额,GMV',
    `order_count`        BIGINT COMMENT '订单数',
    `order_user_count`   BIGINT COMMENT '下单人数'
) COMMENT '交易综合指标';
```

（18）各省份交易统计。

```
DROP TABLE IF EXISTS ads_trade_order_by_province;
CREATE TABLE ads_trade_order_by_province
(
    `dt`                 DATETIME COMMENT '统计日期',
    `recent_days`        BIGINT COMMENT '最近天数,1:最近 1 日,7:最近 7 日,30:最近 30 日',
    `province_id`        VARCHAR(1024) COMMENT '省份 id',
    `province_name`      VARCHAR(1024) COMMENT '省份名称',
    `region_id`          VARCHAR(1024) COMMENT '大区 id',
    `area_code`          VARCHAR(1024) COMMENT '地区编码',
    `iso_code`           VARCHAR(1024) COMMENT '国际标准地区编码',
    `iso_code_3166_2`    VARCHAR(1024) COMMENT '国际标准地区编码',
    `order_count`        BIGINT COMMENT '订单数' ,
    `order_user_count`   BIGINT COMMENT '下单人数',
    `order_total_amount` DECIMAL(16, 2) COMMENT '订单金额'
) COMMENT '各省份交易统计';
```

（19）各试卷平均统计。

```
DROP TABLE IF EXISTS ads_examination_paper_avg_stats;
CREATE TABLE ads_examination_paper_avg_stats
(
    `dt`            DATETIME COMMENT '统计日期',
    `recent_days`   BIGINT COMMENT '最近天数,1:最近 1 日,7:最近 7 日,30:最近 30 日',
    `paper_id`      VARCHAR(1024) COMMENT '试卷 id',
    `paper_title`   VARCHAR(1024) COMMENT '试卷名称',
```

```
    `avg_score`      DECIMAL(16, 2) COMMENT '试卷平均分',
    `avg_during_sec` BIGINT COMMENT '试卷平均时长',
    `user_count`     BIGINT COMMENT '试卷用户数'
) COMMENT '各试卷平均统计';
```

（20）最近 1/7/30 日各试卷成绩分布。

```
DROP TABLE IF EXISTS ads_examination_course_avg_stats;
CREATE TABLE ads_examination_course_avg_stats
(
    `dt`             DATETIME COMMENT '统计日期',
    `recent_days`    BIGINT COMMENT '最近天数,1:最近 1 日,7:最近 7 日,30:最近 30 日',
    `course_id`      VARCHAR(1024) COMMENT '课程 id',
    `course_name`    VARCHAR(1024) COMMENT '课程名称',
    `avg_score`      DECIMAL(16, 2) COMMENT '平均分',
    `avg_during_sec` BIGINT COMMENT '平均时长',
    `user_count`     BIGINT COMMENT '用户数'
) COMMENT '各课程考试相关指标';
```

（21）最近 1/7/30 日各试卷分数分布统计。

```
DROP TABLE IF EXISTS ads_examination_user_count_by_score_duration;
CREATE TABLE ads_examination_user_count_by_score_duration
(
    `dt`             DATETIME COMMENT '统计日期',
    `recent_days`    BIGINT COMMENT '最近天数,1:最近 1 日,7:最近 7 日,30:最近 30 日',
    `paper_id`       VARCHAR(1024) COMMENT '试卷 id',
    `score_duration` VARCHAR(1024) COMMENT '分数区间',
    `user_count`     BIGINT COMMENT '各试卷各分数区间用户数'
) COMMENT '各试卷分数分布统计';
```

（22）最近 1/7/30 日各题目正确率。

```
DROP TABLE IF EXISTS ads_examination_question_accuracy;
CREATE TABLE ads_examination_question_accuracy
(
    `dt`          DATETIME COMMENT '统计日期',
    `recent_days` BIGINT COMMENT '最近天数,1:最近 1 日,7:最近 7 日,30:最近 30 日',
    `question_id` VARCHAR(1024) COMMENT '题目 id',
    `accuracy`    DECIMAL(16, 2) COMMENT '题目正确率'
) COMMENT '各题目正确率';
```

（23）单章视频播放情况统计。

```
DROP TABLE IF EXISTS ads_learn_play_stats_by_chapter;
CREATE TABLE ads_learn_play_stats_by_chapter
(
    `dt`           DATETIME COMMENT '统计日期',
    `recent_days`  BIGINT COMMENT '最近天数,1:最近 1 日,7:最近 7 日,30:最近 30 日',
    `chapter_id`   VARCHAR(1024) COMMENT '章节 id',
    `chapter_name` VARCHAR(1024) COMMENT '章节名称',
    `video_id`     VARCHAR(1024) COMMENT '视频 id',
    `video_name`   VARCHAR(1024) COMMENT '视频名称',
    `play_count`   BIGINT COMMENT '各章节视频播放次数',
    `avg_play_sec` BIGINT COMMENT '各章节视频人均观看时长',
    `user_count`   BIGINT COMMENT '各章节观看人数'
) COMMENT '单章视频播放情况统计';
```

（24）各课程视频播放情况统计。

```
DROP TABLE IF EXISTS ads_learn_play_stats_by_course;
CREATE TABLE ads_learn_play_stats_by_course
(
    `dt`           DATETIME COMMENT '统计日期',
    `recent_days`  BIGINT COMMENT '最近天数,1:最近 1 日,7:最近 7 日,30:最近 30 日',
    `course_id`    VARCHAR(1024) COMMENT '课程 id',
    `course_name`  VARCHAR(1024) COMMENT '课程名称',
    `play_count`   BIGINT COMMENT '各课程视频播放次数',
    `avg_play_sec` BIGINT COMMENT '各课程视频人均观看时长',
    `user_count`   BIGINT COMMENT '各课程观看人数'
) COMMENT '各课程视频播放情况统计';
```

（25）各课程完课人数统计。

```
DROP TABLE IF EXISTS ads_complete_complete_user_count_per_course;
CREATE TABLE ads_complete_complete_user_count_per_course
(
    `dt`           DATETIME COMMENT '统计日期',
    `recent_days` BIGINT COMMENT '最近天数,1:最近 1 日,7:最近 7 日,30:最近 30 日',
    `course_id`   VARCHAR(1024) COMMENT '课程 id',
    `user_count`  BIGINT COMMENT '各课程完课人数'
) COMMENT '各课程完课人数统计';
```

（26）完课综合指标。

```
DROP TABLE IF EXISTS ads_complete_complete_stats;
CREATE TABLE ads_complete_complete_stats
(
    `dt`                          DATETIME COMMENT '统计日期',
    `recent_days`                  BIGINT COMMENT '最近天数,1:最近 1 日,7:最近 7 日,30:最近 30 日',
    `user_complete_count`           BIGINT COMMENT '完课人数',
    `user_course_complete_count` BIGINT COMMENT '完课人次'
) COMMENT '完课综合指标';
```

（27）各课程人均完成章节视频数。

```
DROP TABLE IF EXISTS ads_complete_complete_chapter_count_per_course;
CREATE TABLE ads_complete_complete_chapter_count_per_course
(
    `dt`                       DATETIME COMMENT '统计日期',
    `recent_days`               BIGINT COMMENT '最近天数,1:最近 1 日,7:最近 7 日,30:最近 30 日',
    `course_id`                VARCHAR(1024) COMMENT '课程 id',
    `complete_chapter_count` BIGINT COMMENT '各课程用户平均完成章节数'
) COMMENT '各课程人均完成章节视频数';
```

7.2.2 DataX 数据导出

在 MySQL 中做好相关准备工作，创建完结果数据存储数据库和表之后，还需要进行最关键的结果数据导出。结果数据的导出同样采用 DataX，DataX 作为一个数据传输工具，不仅可以将数据从关系型数据库导入至非关系型数据库，也可以进行反向操作。在使用 DataX 进行业务数据全量采集工作时，编写了大量的配置文件，数据的导出工作同样需要编写配置文件，步骤如下。

1. 编写 DataX 配置文件

我们需要为每张 ADS 层结果表编写一个 DataX 配置文件，此处以 ads_traffic_stats_by_source 表为例，配置文件内容如下。使用 hdfsreader 读取 HDFS 中的结果数据，使用 mysqlwriter 将数据写入 MySQL。

```
{
    "job": {
        "content": [
            {
                "reader": {
                    "name": "hdfsreader",
                    "parameter": {
                        "column": [
                            "*"
                        ],
                        "defaultFS": "hdfs://hadoop102:8020",
                        "encoding": "UTF-8",
                        "fieldDelimiter": "\t",
                        "fileType": "text",
                        "nullFormat": "\\N",
                        "path": "${exportdir}"
                    }
                },
                "writer": {
                    "name": "mysqlwriter",
                    "parameter": {
                        "column": [
                            "dt",
                            "recent_days",
                            "channel",
                            "uv_count",
                            "avg_duration_sec",
                            "avg_page_count",
                            "sv_count",
                            "bounce_rate"
                        ],
                        "connection": [
                            {
                                "jdbcUrl":   "jdbc:mysql://hadoop102:3306/edu_report?useUnicode=
true&characterEncoding=utf-8",
                                "table": [
                                    "ads_traffic_stats_by_source"
                                ]
                            }
                        ],
                        "password": "000000",
                        "username": "root",
                        "writeMode": "replace"
                    }
                }
            }
        ],
        "setting": {
            "errorLimit": {
                "percentage": 0.02,
```

```
                "record": 0
            },
            "speed": {
                "channel": 3
            }
        }
    }
}
```

注意：导出路径 path 参数并未写入固定值，可以在提交任务时通过参数动态传入，参数名称为 exportdir。

2. DataX 配置文件生成脚本

为了方便起见，此处提供了 DataX 配置文件批量生成脚本，脚本内容及使用方式如下。

（1）在/home/atguigu/bin 目录下创建 gen_export_config.py 脚本。

```
[atguigu@hadoop102 bin]$ vim ~/bin/gen_export_config.py
```

脚本内容如下。

```
# coding=utf-8
import json
import getopt
import os
import sys
import MySQLdb

#MySQL 相关配置，需根据实际情况做出修改
mysql_host = "hadoop102"
mysql_port = "3306"
mysql_user = "root"
mysql_passwd = "000000"

#HDFS NameNode 相关配置，需根据实际情况做出修改
hdfs_nn_host = "hadoop102"
hdfs_nn_port = "8020"

#生成配置文件的目标路径，可根据实际情况做出修改
output_path = "/opt/module/datax/job/export"


def get_connection():
    return MySQLdb.connect(host=mysql_host, port=int(mysql_port), user=mysql_user, passwd=mysql_passwd)


def get_mysql_meta(database, table):
    connection = get_connection()
    cursor = connection.cursor()
    sql = "SELECT COLUMN_NAME,DATA_TYPE from information_schema.COLUMNS WHERE TABLE_SCHEMA=%s AND TABLE_NAME=%s ORDER BY ORDINAL_POSITION"
    cursor.execute(sql, [database, table])
    fetchall = cursor.fetchall()
    cursor.close()
    connection.close()
    return fetchall
```

```
    def get_mysql_columns(database, table):
        return map(lambda x: x[0], get_mysql_meta(database, table))


    def generate_json(target_database, target_table):
        job = {
            "job": {
                "setting": {
                    "speed": {
                        "channel": 3
                    },
                    "errorLimit": {
                        "record": 0,
                        "percentage": 0.02
                    }
                },
                "content": [{
                    "reader": {
                        "name": "hdfsreader",
                        "parameter": {
                            "path": "${exportdir}",
                            "defaultFS": "hdfs://" + hdfs_nn_host + ":" + hdfs_nn_port,
                            "column": ["*"],
                            "fileType": "text",
                            "encoding": "UTF-8",
                            "fieldDelimiter": "\t",
                            "nullFormat": "\\N"
                        }
                    },
                    "writer": {
                        "name": "mysqlwriter",
                        "parameter": {
                            "writeMode": "replace",
                            "username": mysql_user,
                            "password": mysql_passwd,
                            "column": get_mysql_columns(target_database, target_table),
                            "connection": [
                                {
                                    "jdbcUrl":
                                        "jdbc:mysql://" + mysql_host + ":" + mysql_port + "/" +
target_database + "?useUnicode=true&characterEncoding=utf-8",
                                    "table": [target_table]
                                }
                            ]
                        }
                    }
                }]
            }
        }
```

```
    if not os.path.exists(output_path):
        os.makedirs(output_path)
    with open(os.path.join(output_path, ".".join([target_database, target_table, "json"])),
"w") as f:
        json.dump(job, f)


def main(args):
    target_database = ""
    target_table = ""

    options, arguments = getopt.getopt(args, '-d:-t:', ['targetdb=', 'targettbl='])
    for opt_name, opt_value in options:
        if opt_name in ('-d', '--targetdb'):
            target_database = opt_value
        if opt_name in ('-t', '--targettbl'):
            target_table = opt_value

    generate_json(target_database, target_table)

if __name__ == '__main__':
    main(sys.argv[1:])
```

注意：使用以上脚本需要安装 Python MySQL 驱动，具体参见 5.2.4 节，此处不再赘述。

（2）脚本使用说明。

```
python gen_export_config.py -d database -t table
```

通过-d 传入 MySQL 数据库名，-t 传入 MySQL 表名，执行上述命令即可生成该表的 DataX 同步配置文件。

（3）在/home/atguigu/bin 目录下创建 gen_export_config.sh 脚本，用于调用上述配置文件生成脚本。

```
[atguigu@hadoop102 bin]$ vim ~/bin/gen_export_config.sh
```

脚本内容如下。

```
#!/bin/bash

python ~/bin/gen_export_config.py -d edu_report -t ads_traffic_stats_by_source;
python ~/bin/gen_export_config.py -d edu_report -t ads_traffic_page_path;
python ~/bin/gen_export_config.py -d edu_report -t ads_traffic_sale_stats_by_source;
python ~/bin/gen_export_config.py -d edu_report -t ads_user_user_change;
python ~/bin/gen_export_config.py -d edu_report -t ads_user_user_retention;
python ~/bin/gen_export_config.py -d edu_report -t ads_user_user_stats;
python ~/bin/gen_export_config.py -d edu_report -t ads_user_user_action;
python ~/bin/gen_export_config.py -d edu_report -t ads_user_new_buyer_stats;
python  ~/bin/gen_export_config.py  -d  edu_report  -t  ads_user_order_user_count_by_
age_group;
python ~/bin/gen_export_config.py -d edu_report -t ads_course_trade_stats_by_category;
python ~/bin/gen_export_config.py -d edu_report -t ads_course_trade_stats_by_subject;
python ~/bin/gen_export_config.py -d edu_report -t ads_course_trade_stats_by_course;
python ~/bin/gen_export_config.py -d edu_report -t ads_course_review_stats_by_course;
python  ~/bin/gen_export_config.py  -d  edu_report  -t  ads_sample_retention_stats_by_
category;
python  ~/bin/gen_export_config.py  -d  edu_report  -t  ads_sample_retention_stats_by_
subject;
```

```
    python ~/bin/gen_export_config.py -d edu_report -t ads_sample_retention_stats_by_course;
    python ~/bin/gen_export_config.py -d edu_report -t ads_trade_stats;
    python ~/bin/gen_export_config.py -d edu_report -t ads_trade_order_by_province;
    python ~/bin/gen_export_config.py -d edu_report -t ads_examination_paper_avg_stats;
    python ~/bin/gen_export_config.py -d edu_report -t ads_examination_course_avg_stats;
    python ~/bin/gen_export_config.py -d edu_report -t ads_examination_user_count_by_score_duration;
    python ~/bin/gen_export_config.py -d edu_report -t ads_examination_question_accuracy;
    python ~/bin/gen_export_config.py -d edu_report -t ads_learn_play_stats_by_chapter;
    python ~/bin/gen_export_config.py -d edu_report -t ads_learn_play_stats_by_course;
    python ~/bin/gen_export_config.py -d edu_report -t ads_complete_complete_user_count_per_course;
    python ~/bin/gen_export_config.py -d edu_report -t ads_complete_complete_stats;
    python ~/bin/gen_export_config.py -d edu_report -t ads_complete_complete_chapter_count_per_course;
```

（4）为 gen_export_config.sh 脚本增加执行权限。

```
[atguigu@hadoop102 bin]$ chmod +x ~/bin/gen_export_config.sh
```

（5）执行 gen_export_config.sh 脚本，生成配置文件。

```
[atguigu@hadoop102 bin]$ gen_export_config.sh
```

（6）观察生成的配置文件。

```
[atguigu@hadoop102 bin]$ ls /opt/module/datax/job/export/
edu_report.ads_complete_complete_chapter_count_per_course.json  edu_report.ads_sample_retention_stats_by_course.json
edu_report.ads_complete_complete_stats.json  edu_report.ads_sample_retention_stats_by_subject.json
edu_report.ads_complete_complete_user_count_per_course.json  edu_report.ads_trade_order_by_province.json
edu_report.ads_course_review_stats_by_course.json  edu_report.ads_trade_stats.json
edu_report.ads_course_trade_stats_by_category.json  edu_report.ads_traffic_page_path.json
edu_report.ads_course_trade_stats_by_course.json  edu_report.ads_traffic_sale_stats_by_source.json
edu_report.ads_course_trade_stats_by_subject.json  edu_report.ads_traffic_stats_by_source.json
edu_report.ads_examination_course_avg_stats.json  edu_report.ads_user_new_buyer_stats.json
edu_report.ads_examination_paper_avg_stats.json  edu_report.ads_user_order_user_count_by_age_group.json
edu_report.ads_examination_question_accuracy.json  edu_report.ads_user_user_action.json
edu_report.ads_examination_user_count_by_score_duration.json  edu_report.ads_user_user_change.json
edu_report.ads_learn_play_stats_by_chapter.json  edu_report.ads_user_user_retention.json
edu_report.ads_learn_play_stats_by_course.json  edu_report.ads_user_user_stats.json
edu_report.ads_sample_retention_stats_by_category.json
```

3. 测试生成的 DataX 配置文件

以 ads_traffic_stats_by_source 为例，测试用脚本生成的配置文件是否可用。

（1）执行 DataX 同步命令。

```
[atguigu@hadoop102 bin]$ python /opt/module/datax/bin/datax.py -p"-Dexportdir=/warehouse/edu/ads/ads_traffic_stats_by_source"/opt/module/datax/job/export/edu_report.ads_traffic_stats_by_source.json
```

（2）观察同步结果。

观察 MySQL 目标表是否出现数据。

4. 编写每日导出脚本

（1）在 hadoop102 节点服务器的/home/atguigu/bin 目录下创建 hdfs_to_mysql.sh。

```
[atguigu@hadoop102 bin]$ vim hdfs_to_mysql.sh
```

编写如下内容。

```
#! /bin/bash

DATAX_HOME=/opt/module/datax

#DataX 导出路径不允许存在空文件，该函数的作用是清理空文件
handle_export_path(){
  target_file=$1
  for i in `hadoop fs -ls -R $target_file | awk '{print $8}'`; do
    hadoop fs -test -z $i
    if [[ $? -eq 0 ]]; then
      echo "$i 文件大小为 0，正在删除"
      hadoop fs -rm -r -f $i
    fi
  done

}


#数据导出
export_data() {
  datax_config=$1
  export_dir=$2
  hadoop fs -test -e $export_dir
  if [[ $? -eq 0 ]]
  then
    handle_export_path $export_dir
    file_count=$(hadoop fs -ls $export_dir | wc -l)
    if [ $file_count -gt 0 ]
    then
      set -e;
      $DATAX_HOME/bin/datax.py -p"-Dexportdir=$export_dir" $datax_config
      set +e;
    else
      echo "$export_dir 目录为空，跳过~"
    fi
  else
    echo "路径 $export_dir 不存在，跳过~"
```

```
    fi
  }

  case $1 in
    "ads_complete_complete_chapter_count_per_course")
      export_data  /opt/module/datax/job/export/edu_report.ads_complete_complete_chapter_count_per_course.json /warehouse/edu/ads/ads_complete_complete_chapter_count_per_course
    ;;
    "ads_complete_complete_stats")
      export_data  /opt/module/datax/job/export/edu_report.ads_complete_complete_stats.json /warehouse/edu/ads/ads_complete_complete_stats
    ;;
    "ads_complete_complete_user_count_per_course")
      export_data  /opt/module/datax/job/export/edu_report.ads_complete_complete_user_count_per_course.json /warehouse/edu/ads/ads_complete_complete_user_count_per_course
    ;;
    "ads_course_review_stats_by_course")
      export_data  /opt/module/datax/job/export/edu_report.ads_course_review_stats_by_course.json /warehouse/edu/ads/ads_course_review_stats_by_course
    ;;
    "ads_course_trade_stats_by_category")
      export_data  /opt/module/datax/job/export/edu_report.ads_course_trade_stats_by_category.json /warehouse/edu/ads/ads_course_trade_stats_by_category
    ;;
    "ads_course_trade_stats_by_course")
      export_data  /opt/module/datax/job/export/edu_report.ads_course_trade_stats_by_course.json /warehouse/edu/ads/ads_course_trade_stats_by_course
    ;;
    "ads_course_trade_stats_by_subject")
      export_data  /opt/module/datax/job/export/edu_report.ads_course_trade_stats_by_subject.json /warehouse/edu/ads/ads_course_trade_stats_by_subject
    ;;
    "ads_examination_course_avg_stats")
      export_data  /opt/module/datax/job/export/edu_report.ads_examination_course_avg_stats.json /warehouse/edu/ads/ads_examination_course_avg_stats
    ;;
    "ads_examination_paper_avg_stats")
      export_data  /opt/module/datax/job/export/edu_report.ads_examination_paper_avg_stats.json /warehouse/edu/ads/ads_examination_paper_avg_stats
    ;;
    "ads_examination_question_accuracy")
      export_data  /opt/module/datax/job/export/edu_report.ads_examination_question_accuracy.json /warehouse/edu/ads/ads_examination_question_accuracy
    ;;
    "ads_examination_user_count_by_score_duration")
      export_data  /opt/module/datax/job/export/edu_report.ads_examination_user_count_by_score_duration.json /warehouse/edu/ads/ads_examination_user_count_by_score_duration
    ;;
    "ads_learn_play_stats_by_chapter")
      export_data  /opt/module/datax/job/export/edu_report.ads_learn_play_stats_by_chapter.json /warehouse/edu/ads/ads_learn_play_stats_by_chapter
```

```
    ;;
    "ads_learn_play_stats_by_course")
      export_data   /opt/module/datax/job/export/edu_report.ads_learn_play_stats_by_course.json /warehouse/edu/ads/ads_learn_play_stats_by_course
    ;;
    "ads_sample_retention_stats_by_category")
      export_data  /opt/module/datax/job/export/edu_report.ads_sample_retention_stats_by_category.json /warehouse/edu/ads/ads_sample_retention_stats_by_category
    ;;
    "ads_sample_retention_stats_by_course")
      export_data  /opt/module/datax/job/export/edu_report.ads_sample_retention_stats_by_course.json /warehouse/edu/ads/ads_sample_retention_stats_by_course
    ;;
    "ads_sample_retention_stats_by_subject")
      export_data  /opt/module/datax/job/export/edu_report.ads_sample_retention_stats_by_subject.json /warehouse/edu/ads/ads_sample_retention_stats_by_subject
    ;;
    "ads_trade_order_by_province")
      export_data      /opt/module/datax/job/export/edu_report.ads_trade_order_by_province.json /warehouse/edu/ads/ads_trade_order_by_province
    ;;
    "ads_trade_stats")
      export_data      /opt/module/datax/job/export/edu_report.ads_trade_stats.json /warehouse/edu/ads/ads_trade_stats
    ;;
    "ads_traffic_page_path")
      export_data   /opt/module/datax/job/export/edu_report.ads_traffic_page_path.json /warehouse/edu/ads/ads_traffic_page_path
    ;;
    "ads_traffic_sale_stats_by_source")
      export_data    /opt/module/datax/job/export/edu_report.ads_traffic_sale_stats_by_source.json /warehouse/edu/ads/ads_traffic_sale_stats_by_source
    ;;
    "ads_traffic_stats_by_source")
      export_data     /opt/module/datax/job/export/edu_report.ads_traffic_stats_by_source.json /warehouse/edu/ads/ads_traffic_stats_by_source
    ;;
    "ads_user_new_buyer_stats")
      export_data /opt/module/datax/job/export/edu_report.ads_user_new_buyer_stats.json /warehouse/edu/ads/ads_user_new_buyer_stats
    ;;
    "ads_user_order_user_count_by_age_group")
      export_data   /opt/module/datax/job/export/edu_report.ads_user_order_user_count_by_age_group.json /warehouse/edu/ads/ads_user_order_user_count_by_age_group
    ;;
    "ads_user_user_action")
      export_data   /opt/module/datax/job/export/edu_report.ads_user_user_action.json /warehouse/edu/ads/ads_user_user_action
    ;;
    "ads_user_user_change")
      export_data   /opt/module/datax/job/export/edu_report.ads_user_user_change.json
```

```
/warehouse/edu/ads/ads_user_user_change
      ;;
      "ads_user_user_retention")
       export_data   /opt/module/datax/job/export/edu_report.ads_user_user_retention.json
/warehouse/edu/ads/ads_user_user_retention
      ;;
      "ads_user_user_stats")
       export_data       /opt/module/datax/job/export/edu_report.ads_user_user_stats.json
/warehouse/edu/ads/ads_user_user_stats
      ;;

      "all")
       export_data         /opt/module/datax/job/export/edu_report.ads_complete_complete_
chapter_count_per_course.json
/warehouse/edu/ads/ads_complete_complete_chapter_count_per_course
       export_data         /opt/module/datax/job/export/edu_report.ads_complete_complete_
stats.json /warehouse/edu/ads/ads_complete_complete_stats
       export_data    /opt/module/datax/job/export/edu_report.ads_complete_complete_user_
count_per_course.json /warehouse/edu/ads/ads_complete_complete_user_count_per_course
       export_data       /opt/module/datax/job/export/edu_report.ads_course_review_stats_
by_course.json /warehouse/edu/ads/ads_course_review_stats_by_course
       export_data        /opt/module/datax/job/export/edu_report.ads_course_trade_stats_
by_category.json /warehouse/edu/ads/ads_course_trade_stats_by_category
       export_data        /opt/module/datax/job/export/edu_report.ads_course_trade_stats_
by_course.json /warehouse/edu/ads/ads_course_trade_stats_by_course
       export_data        /opt/module/datax/job/export/edu_report.ads_course_trade_stats_
by_subject.json /warehouse/edu/ads/ads_course_trade_stats_by_subject
       export_data        /opt/module/datax/job/export/edu_report.ads_examination_course_
avg_stats.json /warehouse/edu/ads/ads_examination_course_avg_stats
       export_data         /opt/module/datax/job/export/edu_report.ads_examination_paper_
avg_stats.json /warehouse/edu/ads/ads_examination_paper_avg_stats
       export_data      /opt/module/datax/job/export/edu_report.ads_examination_question_
accuracy.json /warehouse/edu/ads/ads_examination_question_accuracy
       export_data    /opt/module/datax/job/export/edu_report.ads_examination_user_count_
by_score_duration.json /warehouse/edu/ads/ads_examination_user_count_by_score_duration
       export_data           /opt/module/datax/job/export/edu_report.ads_learn_play_stats_
by_chapter.json /warehouse/edu/ads/ads_learn_play_stats_by_chapter
       export_data           /opt/module/datax/job/export/edu_report.ads_learn_play_stats_
by_course.json /warehouse/edu/ads/ads_learn_play_stats_by_course
       export_data           /opt/module/datax/job/export/edu_report.ads_sample_retention_
stats_by_category.json /warehouse/edu/ads/ads_sample_retention_stats_by_category
       export_data           /opt/module/datax/job/export/edu_report.ads_sample_retention_
stats_by_course.json /warehouse/edu/ads/ads_sample_retention_stats_by_course
       export_data           /opt/module/datax/job/export/edu_report.ads_sample_retention_
stats_by_subject.json /warehouse/edu/ads/ads_sample_retention_stats_by_subject
       export_data             /opt/module/datax/job/export/edu_report.ads_trade_order_by_
province.json /warehouse/edu/ads/ads_trade_order_by_province
       export_data            /opt/module/datax/job/export/edu_report.ads_trade_stats.json
/warehouse/edu/ads/ads_trade_stats
       export_data     /opt/module/datax/job/export/edu_report.ads_traffic_page_path.json
/warehouse/edu/ads/ads_traffic_page_path
```

```
	export_data	/opt/module/datax/job/export/edu_report.ads_traffic_sale_stats_by_source.json /warehouse/edu/ads/ads_traffic_sale_stats_by_source
	export_data	/opt/module/datax/job/export/edu_report.ads_traffic_stats_by_source.json /warehouse/edu/ads/ads_traffic_stats_by_source
	export_data /opt/module/datax/job/export/edu_report.ads_user_new_buyer_stats.json /warehouse/edu/ads/ads_user_new_buyer_stats
	export_data /opt/module/datax/job/export/edu_report.ads_user_order_user_count_by_age_group.json /warehouse/edu/ads/ads_user_order_user_count_by_age_group
	export_data	/opt/module/datax/job/export/edu_report.ads_user_user_action.json /warehouse/edu/ads/ads_user_user_action
	export_data	/opt/module/datax/job/export/edu_report.ads_user_user_change.json /warehouse/edu/ads/ads_user_user_change
	export_data	/opt/module/datax/job/export/edu_report.ads_user_user_retention.json /warehouse/edu/ads/ads_user_user_retention
	export_data	/opt/module/datax/job/export/edu_report.ads_user_user_stats.json /warehouse/edu/ads/ads_user_user_stats
    ;;
  esac
```

（2）增加脚本执行权限。

```
[atguigu@hadoop102 bin]$ chmod +x hdfs_to_mysql.sh
```

（3）脚本使用。

```
[atguigu@hadoop102 bin]$ hdfs_to_mysql.sh all
```

7.3 全调度流程

前面已经完成数据仓库项目完整流程的开发，接下来就可以将整个数据仓库流程交给 Azkaban 调度，以实现整个流程的自动化运行。

7.3.1 数据准备

此处需要模拟生成一天的新数据，作为全流程调度的测试数据。

（1）执行集群启动脚本，开启 Hadoop、ZooKeeper、Kafka，以及用户行为数据采集系统。

```
[atguigu@hadoop102 ~]$ cluster.sh start
```

（2）启动 Maxwell。

```
[atguigu@hadoop102 ~]$ mxw.sh restart
```

（3）启动业务数据采集 Flume。

```
[atguigu@hadoop102 ~]$ f3.sh start
```

（4）模拟生成 2022-02-22 的数据。

```
[atguigu@hadoop102 ~]$ mock.sh 2022-02-22
```

7.3.2 全流程调度配置

全部准备工作完成之后，开始使用 DolphinScheduler 进行全流程调度。

（1）执行以下命令，启动 DolphinScheduler。

```
[atguigu@hadoop102 dolphinscheduler]$ bin/start-all.sh
```

（2）使用普通用户登录 DolphinScheduler 的 Web UI 页面，如图 7-7 所示。

图 7-7　普通用户登录

（3）向 DolphinScheduler 资源中心上传工作流所需的脚本，步骤如下。

① 在资源中心下的“文件管理”标签页下创建文件夹 scripts，如图 7-8 所示。

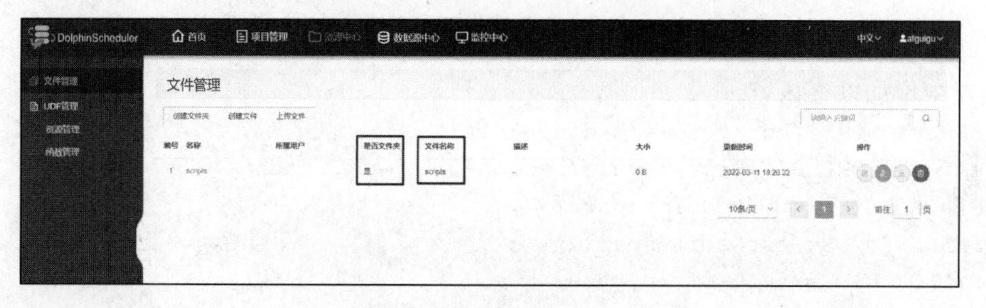

图 7-8　创建文件夹 scripts

② 将工作流所需的所有脚本上传至资源中心的 scripts 文件夹下，如图 7-9 所示。

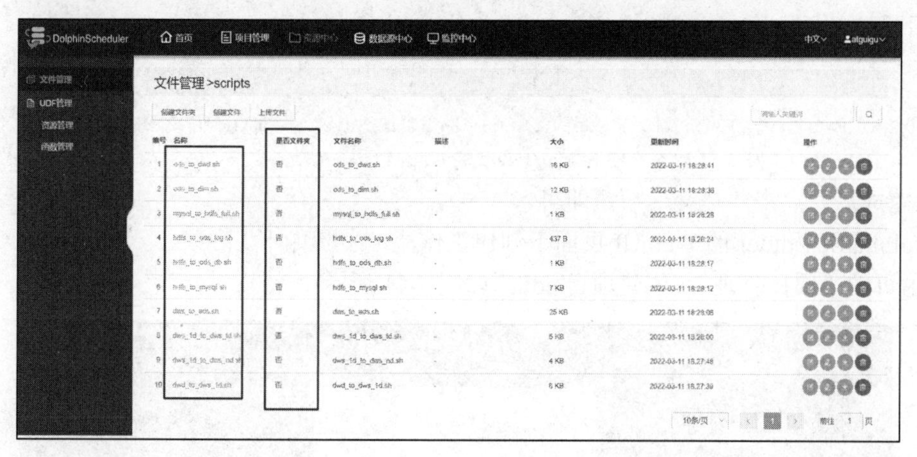

图 7-9　上传所有脚本

（4）由于工作流要执行的脚本需要调用 Hive、DataX 等组件，故在 DolphinScheduler 的集群模式下，需要确保每个 WorkerServer 节点都有脚本所依赖的组件。向 DolphinScheduler 的 WorkerServer 节点分发脚本依赖的组件。

```
[atguigu@hadoop102 ~]$ xsync /opt/module/hive/
[atguigu@hadoop102 ~]$ xsync /opt/module/spark/
[atguigu@hadoop102 ~]$ xsync /opt/module/datax/
```

（5）切换至 admin 用户，在环境管理下点击“创建环境”选项，如图 7-10 所示。

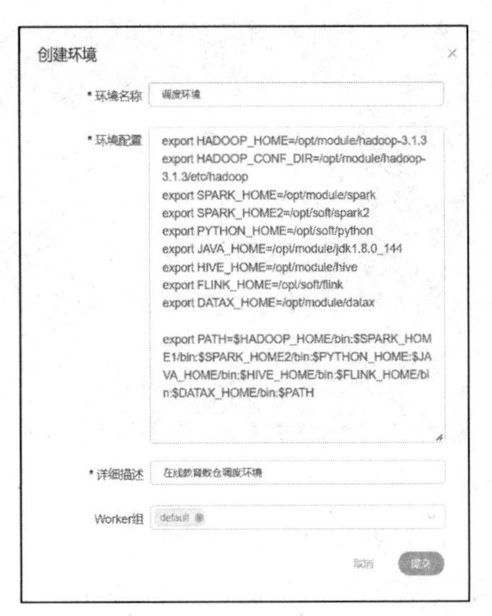

图 7-10　增加环境配置

在环境配置中增加以下内容。

```
export HADOOP_HOME=/opt/module/hadoop-3.1.3
export HADOOP_CONF_DIR=/opt/module/hadoop-3.1.3/etc/hadoop
export SPARK_HOME=/opt/module/spark
export SPARK_HOME2=/opt/soft/spark2
export PYTHON_HOME=/opt/soft/python
export JAVA_HOME=/opt/module/jdk1.8.0_144
export HIVE_HOME=/opt/module/hive
export FLINK_HOME=/opt/soft/flink
export DATAX_HOME=/opt/module/datax

export PATH=$HADOOP_HOME/bin:$SPARK_HOME1/bin:$SPARK_HOME2/bin:$PYTHON_HOME:$JAVA_HOME/bin:$HIVE_HOME/bin:$FLINK_HOME/bin:$DATAX_HOME/bin:$PATH
```

内容添加完成后，点击“提交”按钮即可。

（6）在 DolphinScheduler 的 Web UI 页面下创建工作流，步骤如下。

① 点击主页的“项目管理”，创建项目 edu，如图 7-11 所示。

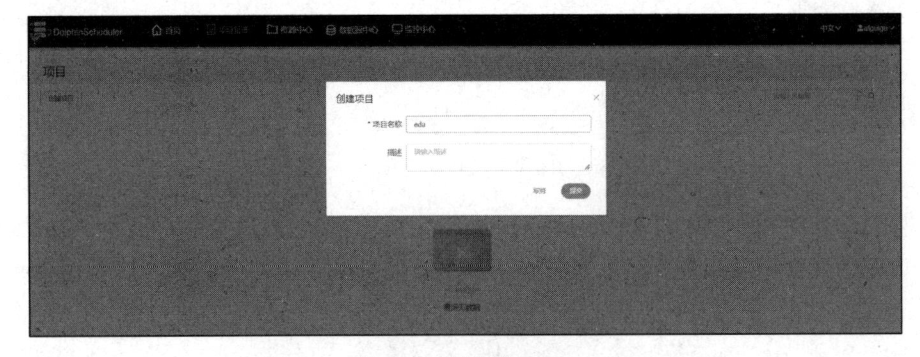

图 7-11　创建项目 edu

② 打开 edu 项目，在项目首页点击“工作流”→“工作流定义”，开始创建工作流，如图 7-12 所示。

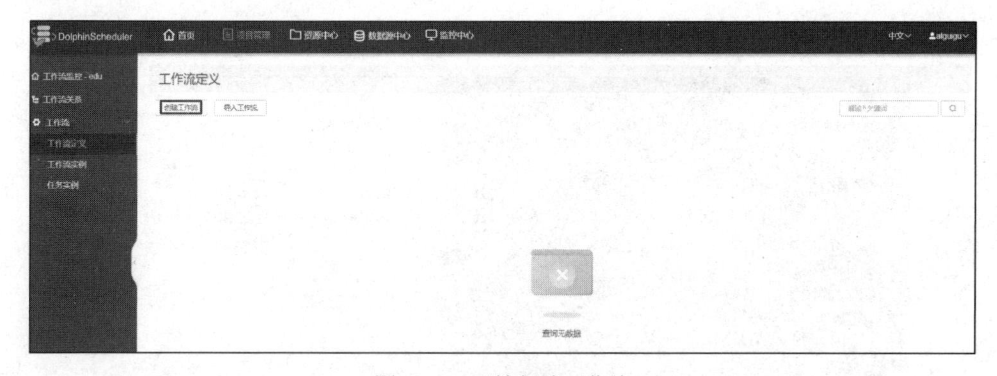

图 7-12 开始创建工作流

③ 在工作流定义画布上，定义任务节点，配置如下。

mysql_to_hdfs_full 节点任务配置如图 7-13 所示。

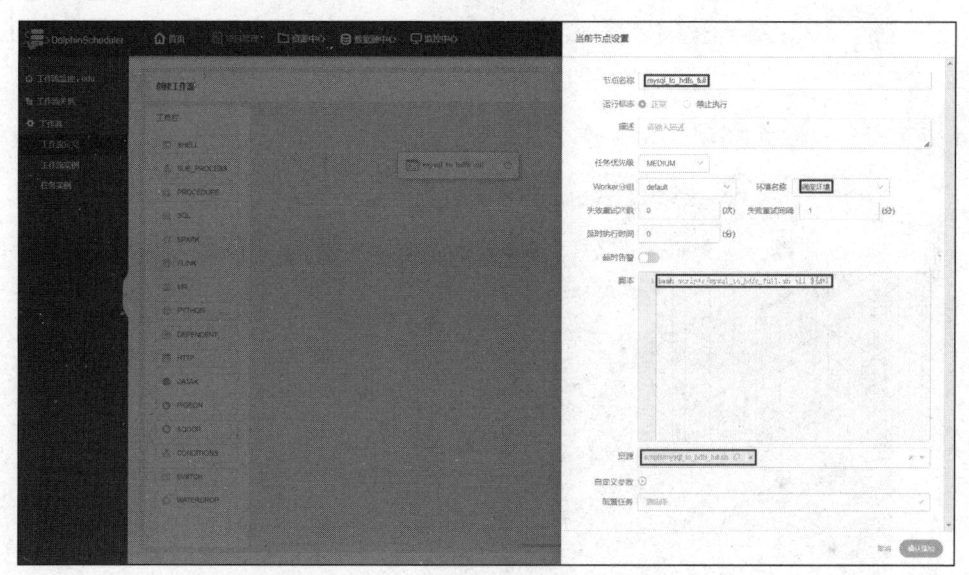

图 7-13 mysql_to_hdfs_full 节点任务配置

hdfs_to_ods_db 节点任务配置如图 7-14 所示。

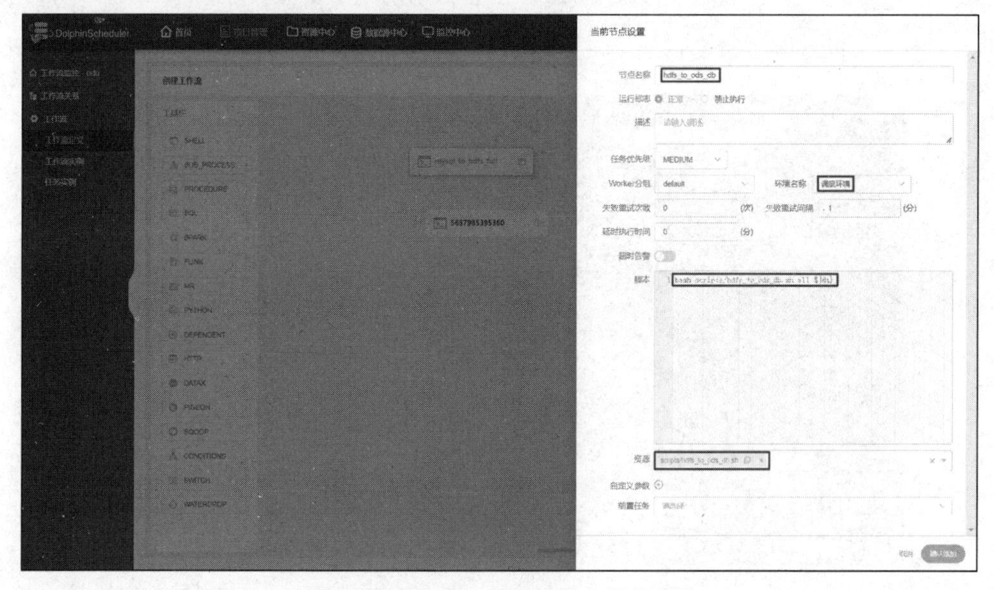

图 7-14 hdfs_to_ods_db 节点任务配置

hdfs_to_ods_log 节点任务配置如图 7-15 所示。

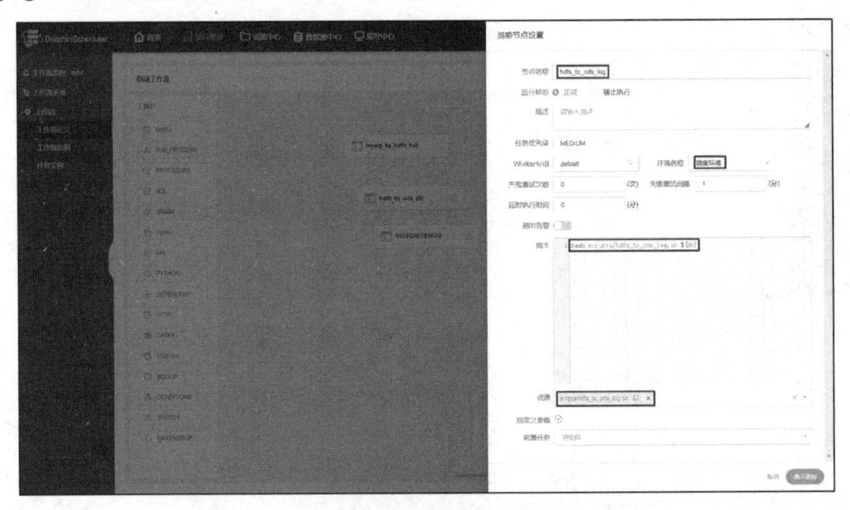

图 7-15　hdfs_to_ods_log 节点任务配置

ods_to_dwd 节点任务配置如图 7-16 所示。

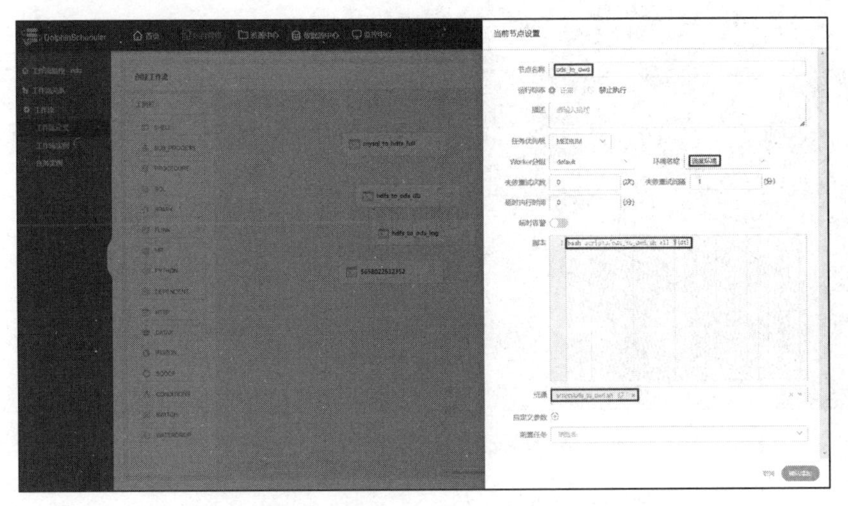

图 7-16　ods_to_dwd 节点任务配置

ods_to_dim 节点任务配置如图 7-17 所示。

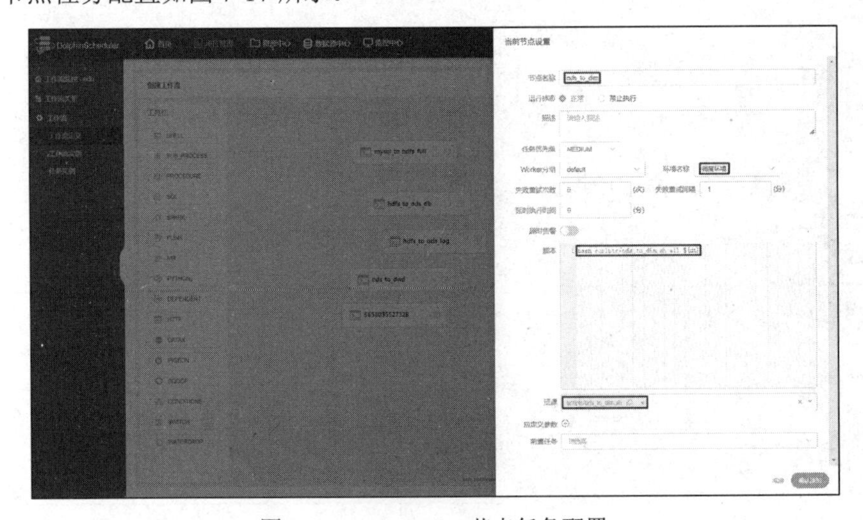

图 7-17　ods_to_dim 节点任务配置

dwd_to_dws_1d 节点任务配置如图 7-18 所示。

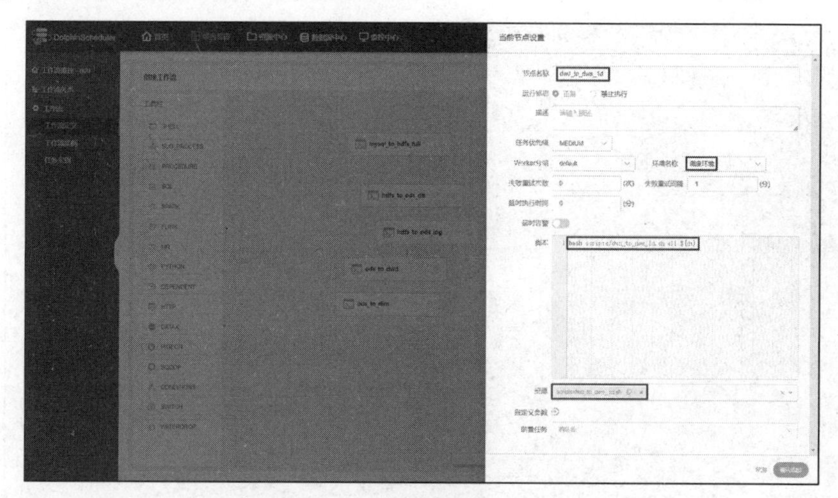

图 7-18　dwd_to_dws_1d 节点任务配置

dws_1d_to_dws_nd 节点任务配置如图 7-19 所示。

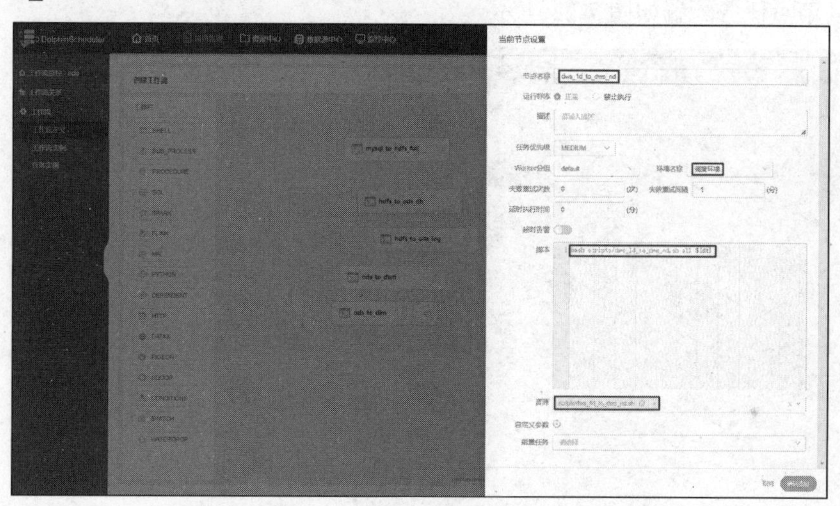

图 7-19　dws_1d_to_dws_nd 节点任务配置

dws_1d_to_dws_td 节点任务配置如图 7-20 所示。

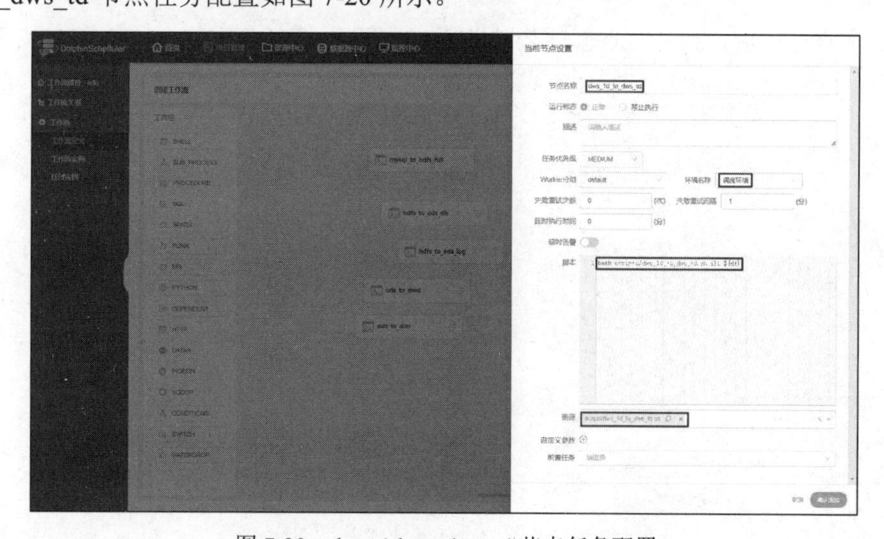

图 7-20　dws_1d_to_dws_td 节点任务配置

dws_to_ads 节点任务配置如图 7-21 所示。

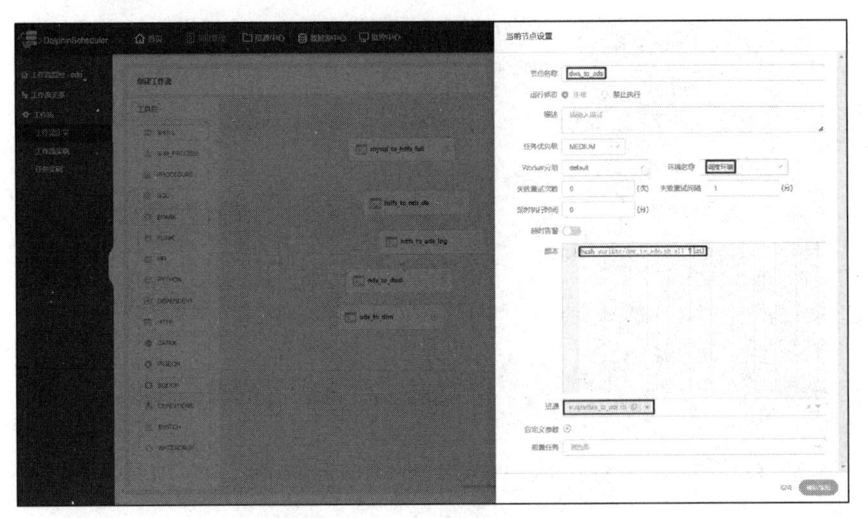

图 7-21　dws_to_ads 节点任务配置

hdfs_to_mysql 节点任务配置如图 7-22 所示。

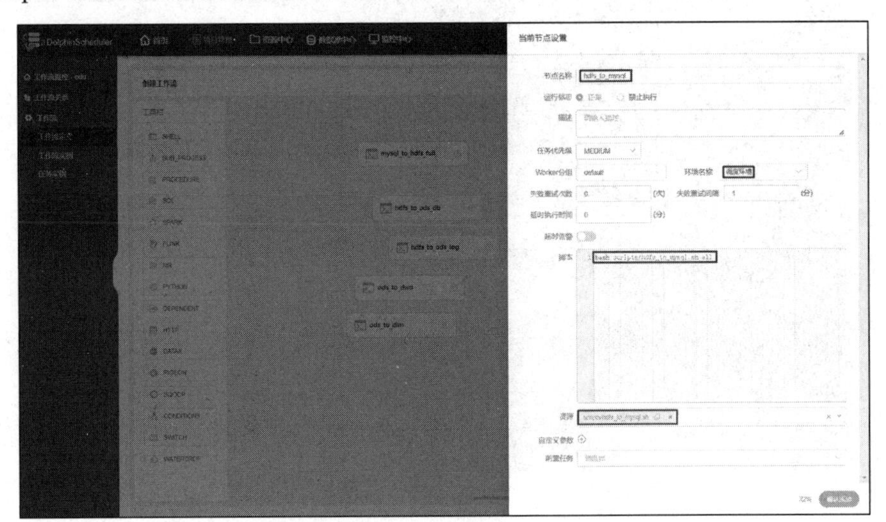

图 7-22　hdfs_to_mysql 节点任务配置

④ 定义完各节点任务后，为各节点创建依赖关系，如图 7-23 所示。

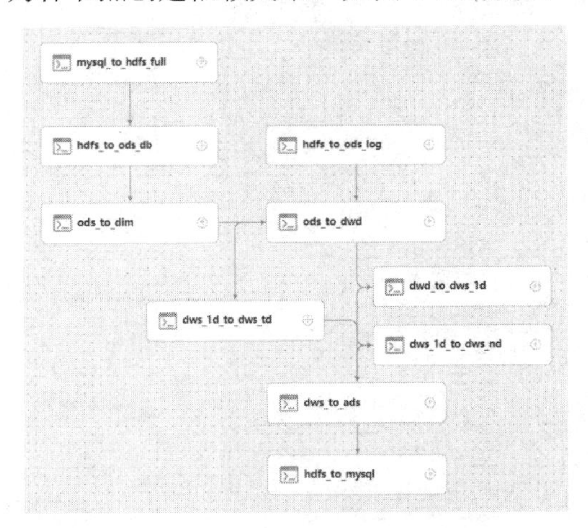

图 7-23　各节点任务依赖关系创建

⑤ 配置完毕后保存工作流，将工作流命名为 edu，如图 7-24 所示。图 7-24 中将调度参数 dt 设置为固定值，在实际生产环境下，应将参数配置为$[yyyy-MM-dd-1]或者空值。

图 7-24 保存工作流并设置全局变量

（7）在工作流列表页面下，点击如图 7-25 所示的按钮，上线工作流。工作流需要先上线，才能执行。工作流上线后不能修改，若修改需要先下线工作流。

图 7-25 上线工作流

（8）点击如图 7-26 所示的“运行”按钮，执行工作流。

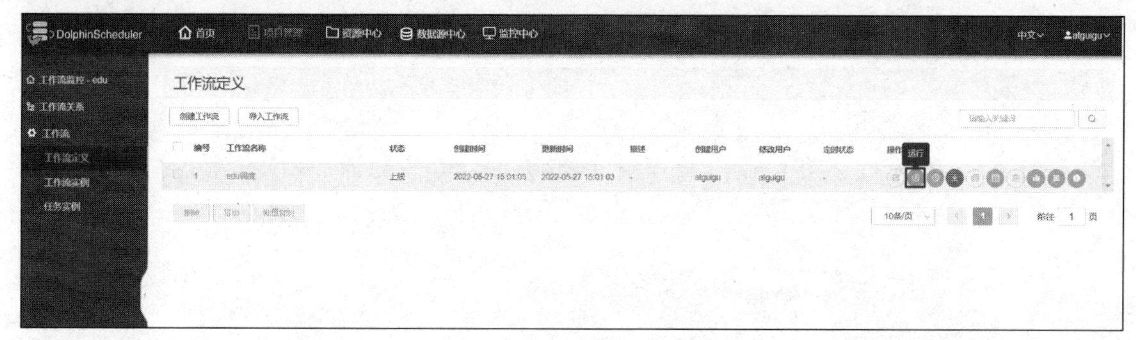

图 7-26 执行工作流

（9）执行工作流后，出现如图 7-27 所示的页面，即表示执行成功。

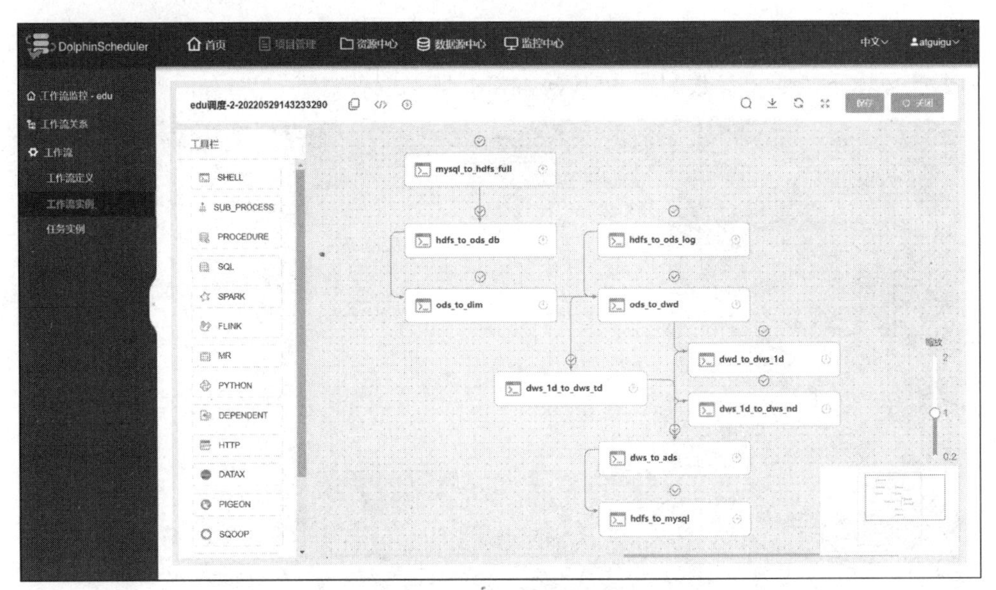

图 7-27　工作流执行成功

7.4　邮件报警

在 DolphinScheduler 对工作流进行调度的过程中，有可能会出现任务失败的情况，DolphinScheduler 针对此种情况为用户提供了邮件报警的功能，让用户可以及时收到任务失败的报警信息。

7.4.1　注册邮箱

在进行邮件报警的配置之前，需要注册一个邮箱，作为报警邮件的发送邮箱。

（1）以 QQ 邮箱为例，登录邮箱后，点击“邮箱设置”，然后点击“账户”，如图 7-28 所示。

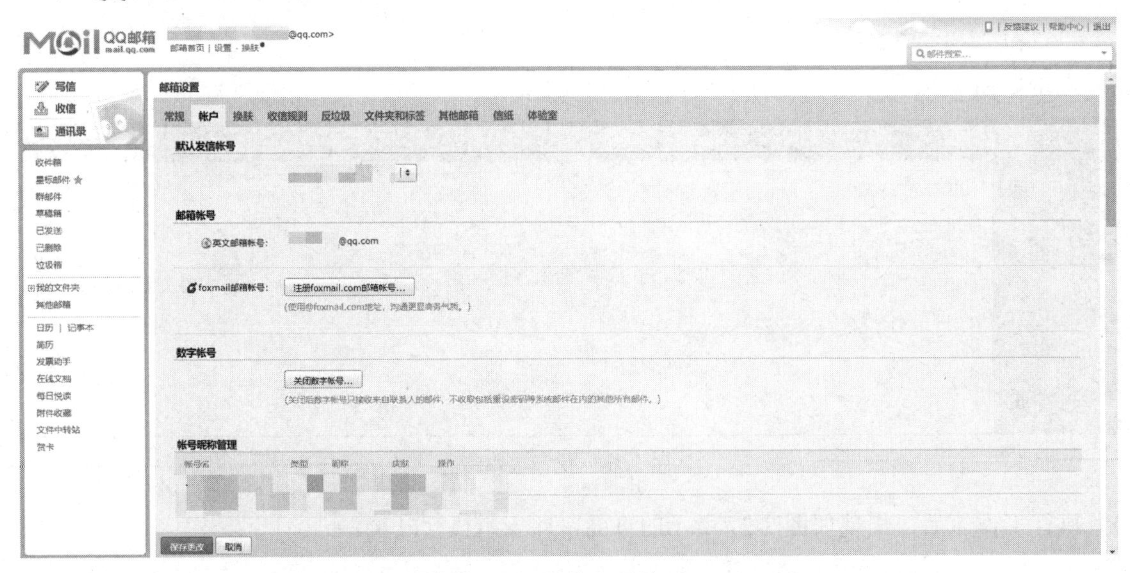

图 7-28　邮箱账号管理

（2）找到 POP3/IMAP/SMTP/Exchange/CardDAV 服务配置，选择开启 SMTP 服务，如图 7-29 所示。

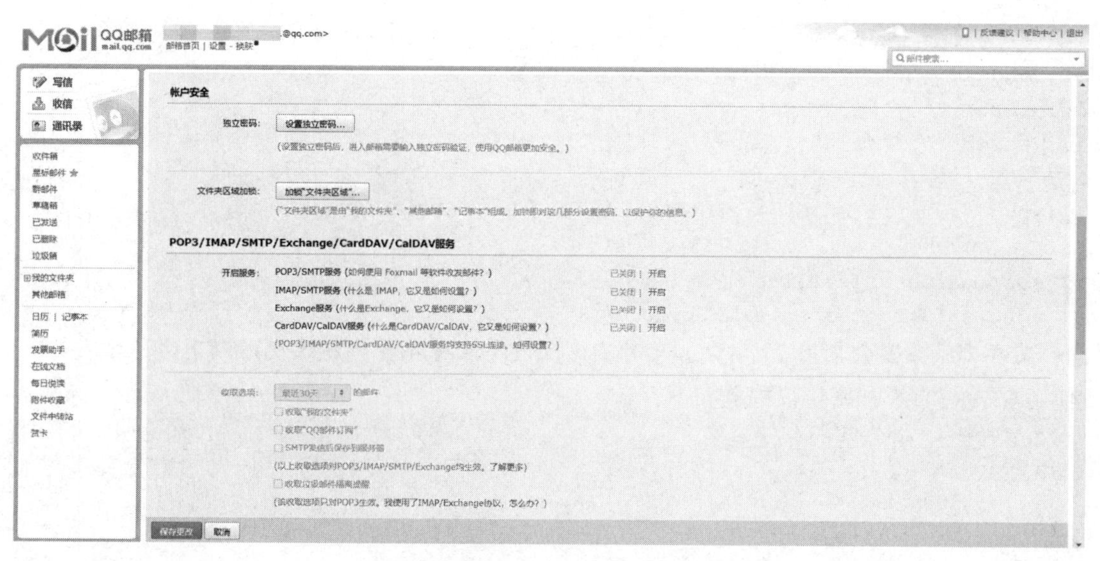

图 7-29　开启 SMTP 服务

（3）成功开启 SMTP 服务后，页面会显示授权码，需要记住授权码，如图 7-30 所示。也可以使用其他邮箱，但是都需要开启 SMTP 服务。

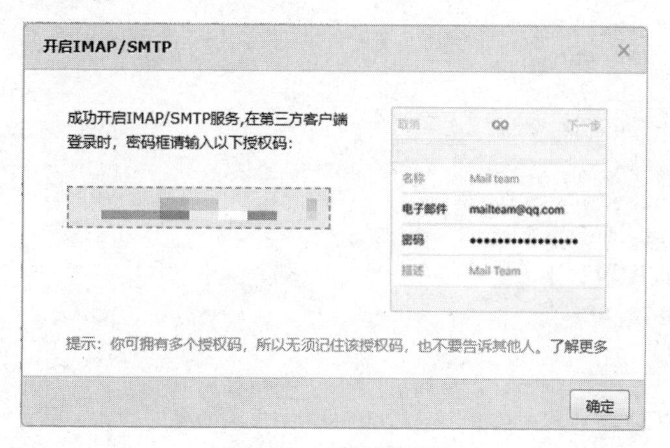

图 7-30　邮箱授权码

7.4.2　配置邮件报警

邮件报警通过 AlertServer 组件完成，配置邮件报警的具体步骤如下。

（1）打开 AlertServer 组件所在节点服务器（本项目中为 hadoop102 节点）的配置文件/opt/module/dolphinscheduler/conf/alert.properties。

```
[atguigu@hadoop102 ~]$ vim /opt/module/dolphinscheduler/conf/alert.properties
```

在配置文件中配置报警邮箱和加密协议，加密协议的配置有以下三种情况。根据使用邮箱的不同，可以配置不同的加密协议。

① 不使用加密协议配置如下。

```
#alert type is EMAIL/SMS
alert.type=EMAIL

# mail server configuration
mail.protocol=SMTP
mail.server.host=smtp.qq.com
```

```
mail.server.port=25
mail.sender=*********@qq.com
mail.user=*********@qq.com
mail.passwd=*************
# TLS
mail.smtp.starttls.enable=false
# SSL
mail.smtp.ssl.enable=false
mail.smtp.ssl.trust=smtp.exmail.qq.com
```

注意：某些云服务器会禁用25端口，此时不建议使用此种配置，建议使用以下两种方式。

② 使用STARTTLS加密协议配置如下。

```
#alert type is EMAIL/SMS
alert.type=EMAIL

# mail server configuration
mail.protocol=SMTP
mail.server.host=smtp.qq.com
mail.server.port=587
mail.sender=*********@qq.com
mail.user=*********@qq.com
mail.passwd=*************
# TLS
mail.smtp.starttls.enable=true
# SSL
mail.smtp.ssl.enable=false
mail.smtp.ssl.trust=smtp.qq.com
```

③ 使用SSL加密协议配置如下。

```
#alert type is EMAIL/SMS
alert.type=EMAIL

# mail server configuration
mail.protocol=SMTP
mail.server.host=smtp.qq.com
mail.server.port=465
mail.sender=*********@qq.com
mail.user=*********@qq.com
mail.passwd=*************
# TLS
mail.smtp.starttls.enable=false
# SSL
mail.smtp.ssl.enable=true
mail.smtp.ssl.trust=smtp.qq.com
```

修改完配置文件后，需要重启AlertServer。

```
[atguigu@hadoop102 dolphinscheduler]$ ./bin/dolphinscheduler-daemon.sh stop alert-server
[atguigu@hadoop102 dolphinscheduler]$ ./bin/dolphinscheduler-daemon.sh start alert-server
```

（2）在工作流列表页面，点击如图7-31所示的“运行”按钮，运行工作流。

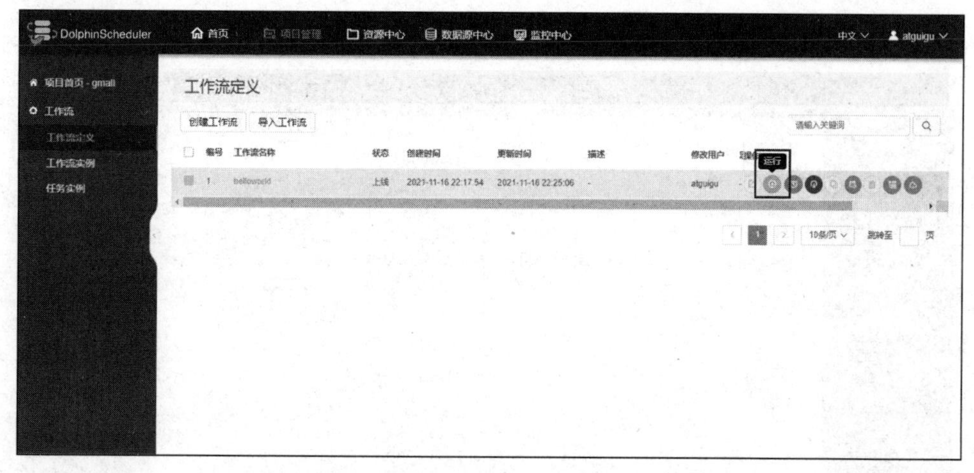

图 7-31　运行工作流

（3）运行工作流后，会出现如图 7-32 所示的页面，配置通知策略，选择“成功或失败都发”，并配置收件人邮箱或者通知组，配置完毕后点击“运行”按钮。

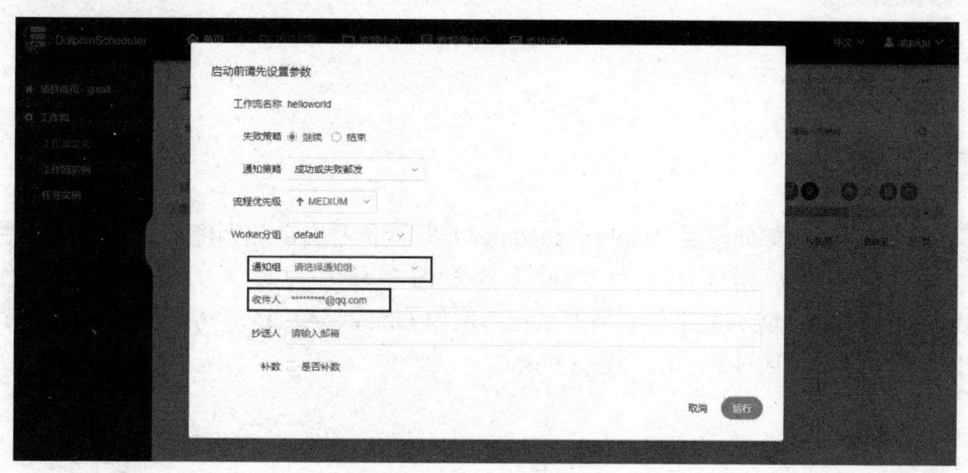

图 7-32　配置通知策略

（4）运行工作流后，等待邮箱的报警通知，如图 7-33 所示。

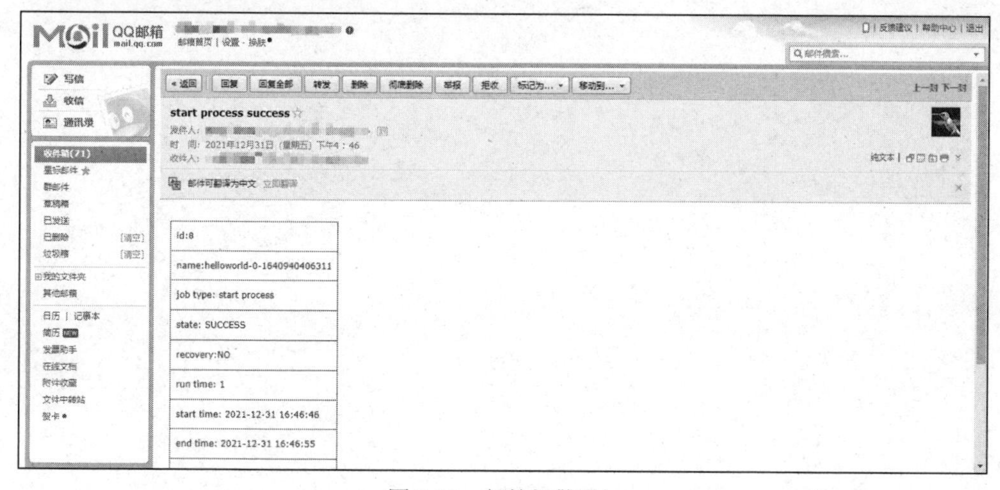

图 7-33　邮箱报警通知

（5）工作流开始运行后，点击“工作流实例”，可以看到曾经运行过的所有工作流，如图 7-34 所示。工作流状态处为“⊗”图标即为运行失败工作流，此时，点击“◉”按钮即可从起点处重新运行工作流，点击“◎”按钮即可从失败断点处重新运行工作流。

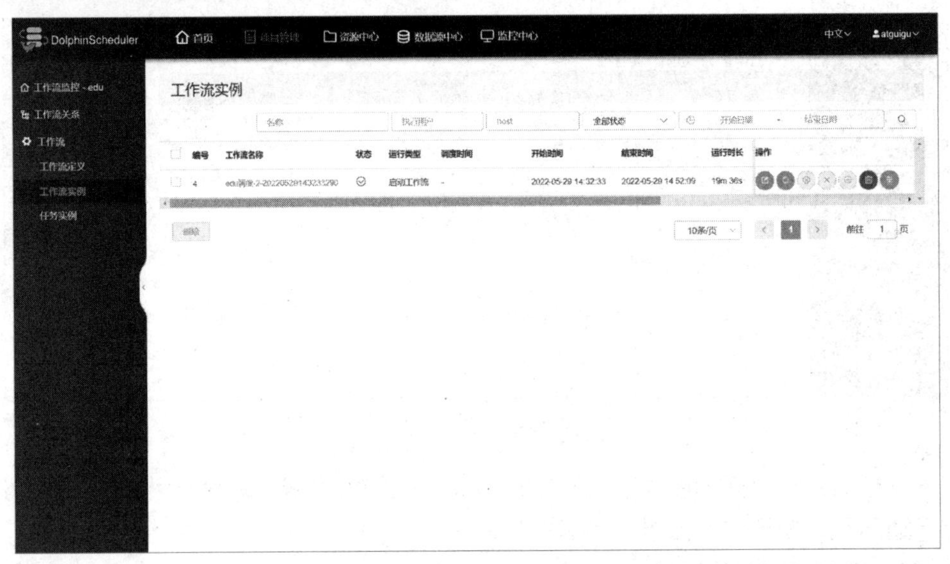

图 7-34　工作流实例列表

7.5　本章总结

本章为读者详细介绍了如何使用 DolphinScheduler 部署全流程自动化调度，以及故障邮件报警。工作流的自动化调度是整个数据仓库项目中非常重要的一环，可以大大降低冗余工作量。除了 DolphinScheduler，还有许多优秀的工作流调度系统，例如 Oozie、Azkaban 等，感兴趣的读者可以自行探索，甚至可以开发适合自己项目的工作流调度系统。

第8章

数据可视化模块

将需求实现，获取到最终的结果数据之后，仅仅让结果数据存放于数据仓库中是远远不够的，还需要将数据进行可视化。通常，可视化的思路是将数据从大数据的存储系统中导出到关系型数据库中，再使用可视化工具进行展示。在第7章中，我们已经完成了将结果数据导出至关系型数据库，本章将为读者展示如何使用可视化工具对结果数据进行图表展示。

8.1 Superset 部署

Apache Superset 是一个开源的、现代的、轻量级的 BI 分析工具，能够对接多种数据源，拥有丰富的图标展示形式，支持自定义仪表盘，且拥有友好的用户界面，十分易用。

由于 Superset 能够对接常用的大数据分析工具，如 Hive、Kylin、Druid 等，且支持自定义仪表盘，所以可作为数据仓库的可视化工具。

8.1.1 环境准备

Superset 是由 Python 编写的 Web 应用，要求使用 Python 3.6 及以上版本的环境，但是 CentOS 系统自带的 Python 环境是 Python 2.x 版本的，所以我们需要先安装 Python 3 环境。

1. 安装 Miniconda

Conda 是一个开源的包和环境管理器，可以用于在同一台机器上安装不同版本的 Python 软件包和依赖，并能在不同的 Python 环境之间切换。Anaconda 和 Miniconda 都集成了 Conda，而 Anaconda 包括更多的工具包，如 NumPy、Pandas，Miniconda 则只包括 Conda 和 Python。

此处，我们不需要太多的工具包，所以选择 Miniconda。

（1）下载 Miniconda（Python 3 版本），读者可自行下载。

（2）安装 Miniconda，具体步骤如下。

① 将下载得到的 Miniconda3-latest-Linux-x86_64.sh 文件上传到/opt/software/路径。

② 执行以下命令，安装 Miniconda，并按照提示进行操作，直到安装完成。

```
[atguigu@hadoop102 lib]$ bash Miniconda3-latest-Linux-x86_64.sh
```

③ 一直按回车键，直到出现 Please answer 'yes' or 'no':'。

```
Please answer 'yes' or 'no':'
>>> yes
```

④ 指定安装路径（根据用户需求指定）：/opt/module/miniconda3。

```
[/home/atguigu/miniconda3] >>> /opt/module/miniconda3
```

⑤ 是否初始化 Miniconda3，输入 yes。

```
Do you wish the installer to initialize Miniconda3
by running conda init? [yes|no]
[no] >>> yes
```

⑥ 出现以下字样，即为安装完成。

```
Thank you for installing Miniconda3!
```

（3）加载环境变量配置文件，使之生效。

```
[atguigu@hadoop102 miniconda3]$ source ~/.bashrc
```

（4）禁止激活默认的 base 环境。

Miniconda 安装完成后，每次打开终端都会激活其默认的 base 环境，我们可以通过以下命令，禁止激活默认的 base 环境。

```
(base) [atguigu@hadoop102 ~]$ conda config --set auto_activate_base false
```

2. 创建 Python 3.7 环境

（1）配置 Conda 国内镜像。

```
(base) [atguigu@hadoop102 ~]$ conda config --add channels https://mirrors.tuna.tsinghua.edu.cn/anaconda/pkgs/free
(base) [atguigu@hadoop102 ~]$ conda config --add channels https://mirrors.tuna.tsinghua.edu.cn/anaconda/pkgs/main
(base) [atguigu@hadoop102 ~]$ conda config --set show_channel_urls yes
```

（2）创建 Python 3.7 环境。

```
(base) [atguigu@hadoop102 ~]$ conda create --name superset python=3.7
```

Conda 环境管理器常用命令如下。

- 创建环境：conda create -n env_name。
- 查看所有环境：conda info --envs。
- 删除一个环境：conda remove -n env_name --all。

（3）激活 Superset 环境。

```
(base) [atguigu@hadoop102 ~]$ conda activate superset
```

Superset 环境激活后的效果如图 8-1 所示。

```
(superset) [atguigu@hadoop102 ~]$ 
```

图 8-1　Superset 环境激活后的效果

（4）执行 python 命令，查看 Python 版本，如图 8-2 所示。

```
(superset) [atguigu@hadoop102 ~]$ python
Python 3.7.10 (default, Feb 26 2021, 18:47:35)
[GCC 7.3.0] :: Anaconda, Inc. on linux
Type "help", "copyright", "credits" or "license" for more information.
>>> 
```

图 8-2　查看 Python 版本

（5）如需退出当前环境，可执行以下命令。

```
(superset) [atguigu@hadoop102 ~]$ conda deactivate
```

8.1.2　Superset 安装

安装完毕 Miniconda，并在服务器中创建完成 Python 3.7 后，即可进行 Superset 的安装，具体安装步骤如下。

1. 安装依赖

在安装 Superset 之前，需要执行以下命令安装所需依赖。

```
(superset) [atguigu@hadoop102 ~]$ sudo yum install -y gcc gcc-c++ libffi-devel python-devel python-pip python-wheel python-setuptools openssl-devel cyrus-sasl-devel openldap-devel
```

2. 安装 Superset

（1）执行以下命令，安装（更新）setuptools 和 pip。

```
(superset) [atguigu@hadoop102 ~]$ pip install --upgrade setuptools pip -i https://pypi.douban.com/simple/
```

说明： pip 是 Python 的包管理工具，与 CentOS 中的 yum 类似。

（2）执行以下命令，安装 Superset。在安装时需要指定版本号为 1.3.2。

```
(superset) [atguigu@hadoop102 ~]$ pip install apache-superset==1.3.2 -i https://pypi.douban.com/simple/
```

说明： -i 的作用是指定镜像，这里选择国内镜像。

（3）执行以下命令，初始化 superset 数据库。

```
(superset) [atguigu@hadoop102 ~]$ superset db upgrade
```

如果初始化数据库过程中报错，会出现如图 8-3 所示的初始化数据库报错。

```
(superset) [atguigu@hadoop102 software]$ superset db upgrade
Traceback (most recent call last):
  File "/opt/software/opt/module/miniconda3/envs/superset/bin/superset", line 5, in <module>
    from superset.cli import superset
  File "/opt/software/opt/module/miniconda3/envs/superset/lib/python3.7/site-packages/superset/__init__.py", line 18, in <module>
    from flask import current_app, Flask
  File "/opt/software/opt/module/miniconda3/envs/superset/lib/python3.7/site-packages/flask/__init__.py", line 14, in <module>
    from jinja2 import escape
  File "/opt/software/opt/module/miniconda3/envs/superset/lib/python3.7/site-packages/jinja2/__init__.py", line 12, in <module>
    from .environment import Environment
  File "/opt/software/opt/module/miniconda3/envs/superset/lib/python3.7/site-packages/jinja2/environment.py", line 25, in <module>
    from .defaults import BLOCK_END_STRING
  File "/opt/software/opt/module/miniconda3/envs/superset/lib/python3.7/site-packages/jinja2/defaults.py", line 3, in <module>
    from .filters import FILTERS as DEFAULT_FILTERS  # noqa: F401
  File "/opt/software/opt/module/miniconda3/envs/superset/lib/python3.7/site-packages/jinja2/filters.py", line 13, in <module>
    from markupsafe import soft_unicode
ImportError: cannot import name 'soft_unicode' from 'markupsafe' (/opt/software/opt/module/miniconda3/envs/superset/lib/python3.7/site-packages/markupsafe/__init__.py)
(superset) [atguigu@hadoop102 software]$
```

图 8-3 初始化数据库报错

执行如下命令，将 markupsafe 依赖的版本回退到 2.0.1。

```
(superset) [atguigu@hadoop102 ~]$ pip install --force-reinstall MarkupSafe==2.0.1
```

重新执行初始化 superset 数据库命令。

```
(superset) [atguigu@hadoop102 ~]$ superset db upgrade
```

（4）执行以下命令，创建管理员用户。

```
(superset) [atguigu@hadoop102 ~]$ export FLASK_APP=superset
(superset) [atguigu@hadoop102 ~]$ flask fab create-admin
```

此时，会出现如下提示，提醒用户输入管理员账号和密码，括号中内容 admin 为默认用户名。记住用户名和密码，用于此后登录 Superset 的 Web 页面。

```
Username [admin]:
User first name [admin]:
User last name [user]:
Email [admin@fab.org]:
Password:
Repeat for confirmation:
```

说明： Flask 是一个 Python Web 框架，Superset 使用的就是 Flask。

（5）初始化 Superset。

```
(superset) [atguigu@hadoop102 ~]$ superset init
```

3. 操作 Superset

（1）安装 Gunicorn。

```
(superset) [atguigu@hadoop102 ~]$ pip install gunicorn -i https://pypi.douban.com/simple/
```

说明：Gunicorn 是一个 Python Web Server，与 Java 中的 Tomcat 类似。

（2）启动 Superset。

① 确保当前 Conda 的环境为 Superset。

② 启动。

```
(superset) [atguigu@hadoop102 ~]$ gunicorn --workers 5 --timeout 120 --bind hadoop102:8787 --daemon "superset.app:create_app()"
```

参数说明如下。

- --workers：指定进程个数。
- --timeout：Worker 进程超时时间，超时会自动重启。
- --bind：绑定本机地址，即 Superset 的访问地址。
- --daemon：后台运行。

（3）停止运行 Superset。

① 停掉 Gunicorn 进程。

```
(superset) [atguigu@hadoop102 ~]$ ps -ef | awk '/gunicorn/ && !/awk/{print $2}' | xargs kill -9
```

② 退出 Superset 环境。

```
(superset) [atguigu@hadoop102 ~]$ conda deactivate
```

4. Superset 启停脚本

（1）创建 superset.sh 文件。

```
[atguigu@hadoop102 bin]$ vim superset.sh
```

内容如下。

```
#!/bin/bash

superset_status(){
    result=`ps -ef | awk '/gunicorn/ && !/awk/{print $2}' | wc -l`
    if [[ $result -eq 0 ]]; then
        return 0
    else
        return 1
    fi
}
superset_start(){
        # 该段内容取自~/.bashrc，作用是进行 Conda 初始化
        # >>> conda initialize >>>
        # !! Contents within this block are managed by 'conda init' !!
        __conda_setup="$('/opt/module/miniconda3/bin/conda' 'shell.bash' 'hook' 2> /dev/null)"
        if [ $? -eq 0 ]; then
            eval "$__conda_setup"
        else
            if [ -f "/opt/module/miniconda3/etc/profile.d/conda.sh" ]; then
                . "/opt/module/miniconda3/etc/profile.d/conda.sh"
            else
                export PATH="/opt/module/miniconda3/bin:$PATH"
            fi
```

```
        fi
        unset __conda_setup
        # <<< conda initialize <<<
        superset_status >/dev/null 2>&1
        if [[ $? -eq 0 ]]; then
            conda activate superset ; gunicorn --workers 5 --timeout 120 --bind hadoop102:8787
--daemon 'superset.app:create_app()'
        else
            echo "Superset 正在运行"
        fi

}

superset_stop(){
    superset_status >/dev/null 2>&1
    if [[ $? -eq 0 ]]; then
        echo "Superset 未在运行"
    else
        ps -ef | awk '/gunicorn/ && !/awk/{print $2}' | xargs kill -9
    fi
}


case $1 in
    start )
        echo "启动 Superset"
        superset_start
    ;;
    stop )
        echo "停止 Superset"
        superset_stop
    ;;
    restart )
        echo "重启 Superset"
        superset_stop
        superset_start
    ;;
    status )
        superset_status >/dev/null 2>&1
        if [[ $? -eq 0 ]]; then
            echo "Superset 未在运行"
        else
            echo "Superset 正在运行"
        fi
esac
```

（2）给脚本增加执行权限。

```
[atguigu@hadoop102 bin]$ chmod +x superset.sh
```

（3）测试。

启动 Superset。

```
[atguigu@hadoop102 bin]$ superset.sh start
```

停止 Superset。

```
[atguigu@hadoop102 bin]$ superset.sh stop
```

（4）启动后登录 Superset

访问 http://hadoop102:8787，进入 Superset 登录页面，如图 8-4 所示，并使用前面创建的管理员账号进行登录。

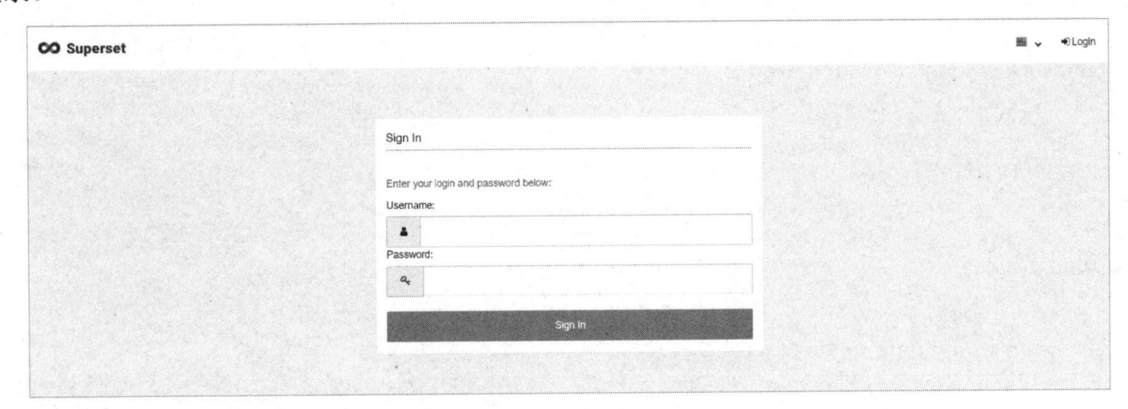

图 8-4　Superset 登录页面

8.2　Superset 使用

Superset 安装完成之后，接下来使用 Superset 对接关系型数据库的数据源，创建仪表盘，为下一步制作图表做准备。

8.2.1　对接 MySQL 数据源

1. 安装依赖

```
(superset) [atguigu@hadoop102 ~]$ conda install mysqlclient
```

说明：对接不同的数据源，需要安装不同的依赖。

2. 重启 Superset

```
(superset) [atguigu@hadoop102 ~]$ superset.sh restart
```

3. 数据源配置

（1）Database 配置。

第一步：选择“Data”→“Databases”选项，如图 8-5 所示。

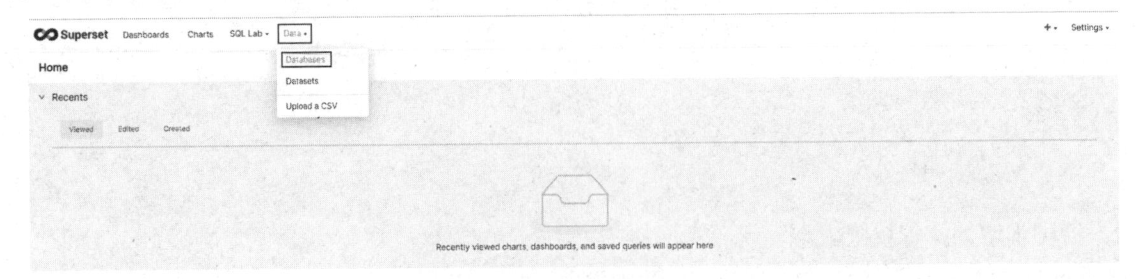

图 8-5　添加 Database 配置入口

第二步：点击添加数据库图标“+ DATABASE”，如图 8-6 所示。

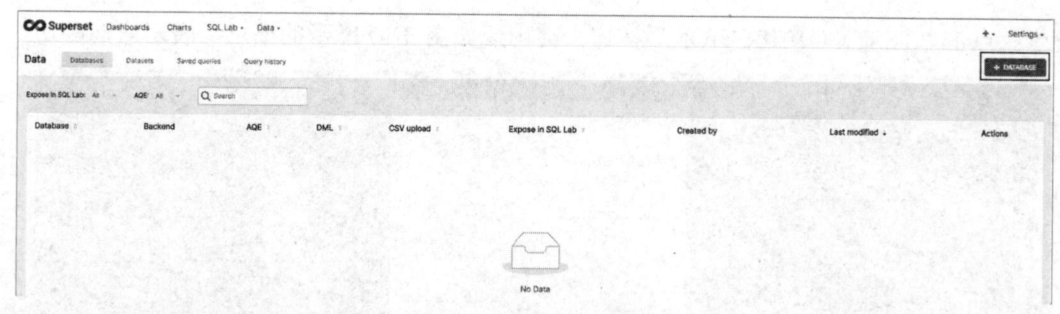

图 8-6　添加数据库操作

第三步：点击 MySQL 数据库图标，如图 8-7 所示，在出现的页面中点击如图 8-8 所示的选项，使用 URI 方式配置 MySQL 数据库。

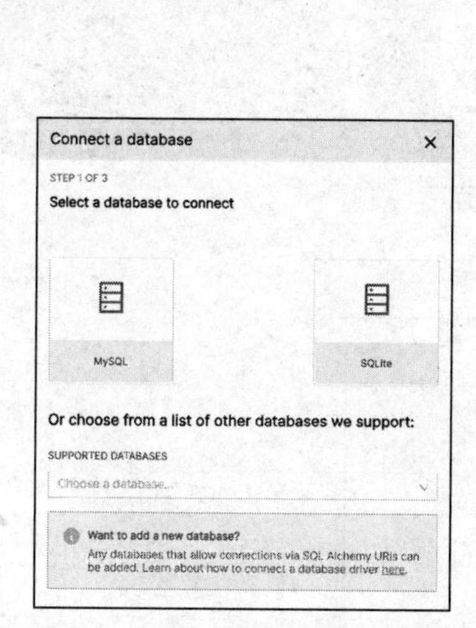

图 8-7　创建 MySQL 数据库连接

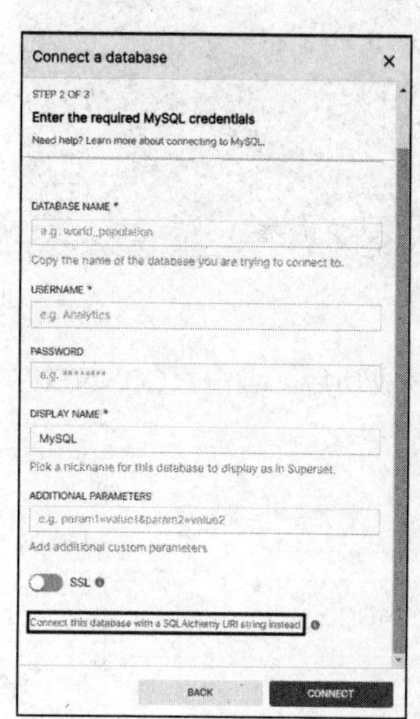

图 8-8　选择 URI 方式连接 MySQL 数据库

第四步：输入连接 MySQL 数据库的 URI，如图 8-9 所示。

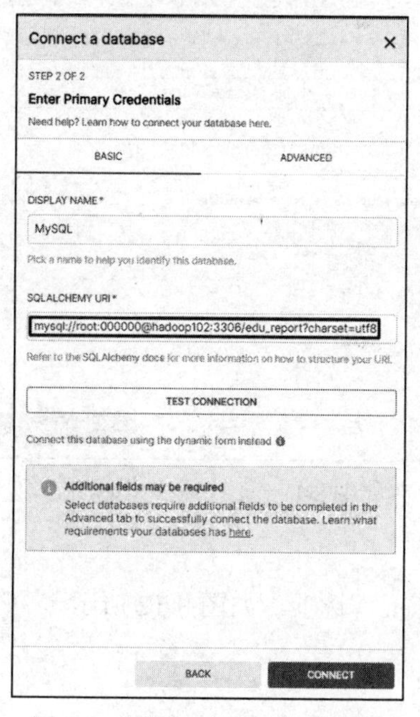

图 8-9　编辑 Database 相关配置

第五步：点击“TEST CONNECTION”按钮，会出现如图 8-10 所示的提示，表示连接成功。

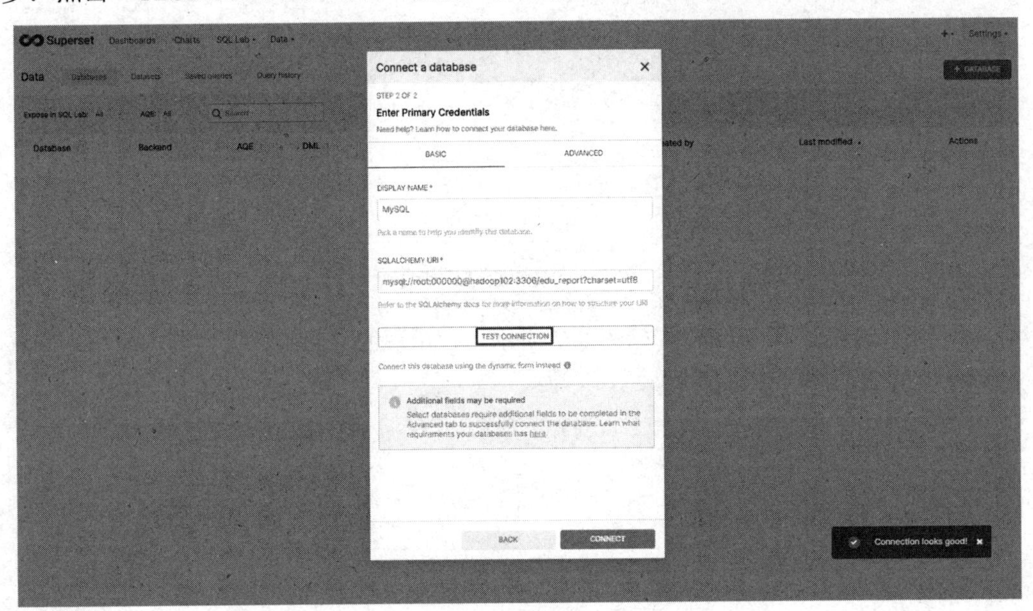

图 8-10　测试连接成功页面

测试连接成功后，点击“CONNECT”按钮，如图 8-11 所示。

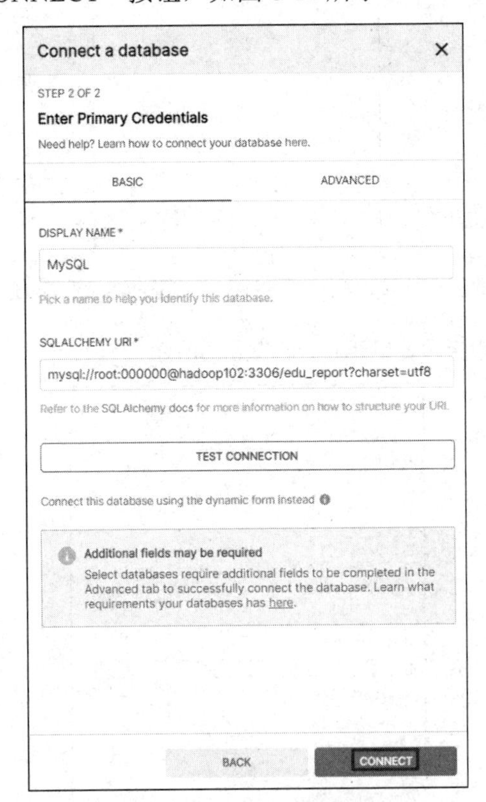

图 8-11　正式连接 MySQL

（2）Table 配置。

第一步：选择“Data”→“Datasets”选项，如图 8-12 所示。

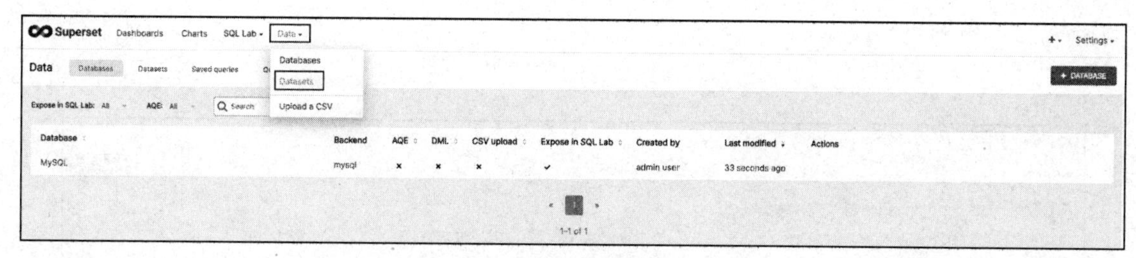

图 8-12　添加 Table 配置入口

第二步：点击“+DATASET”图标，如图 8-13 所示。

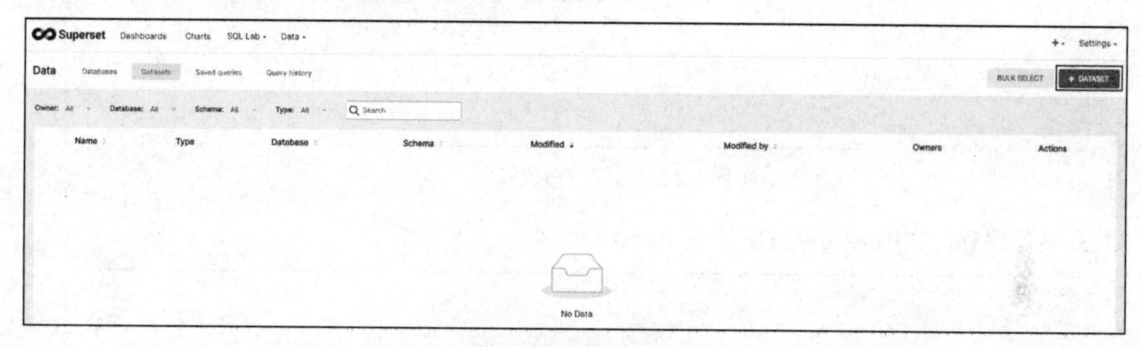

图 8-13　添加表操作

第三步：配置 Table，如图 8-14 所示。

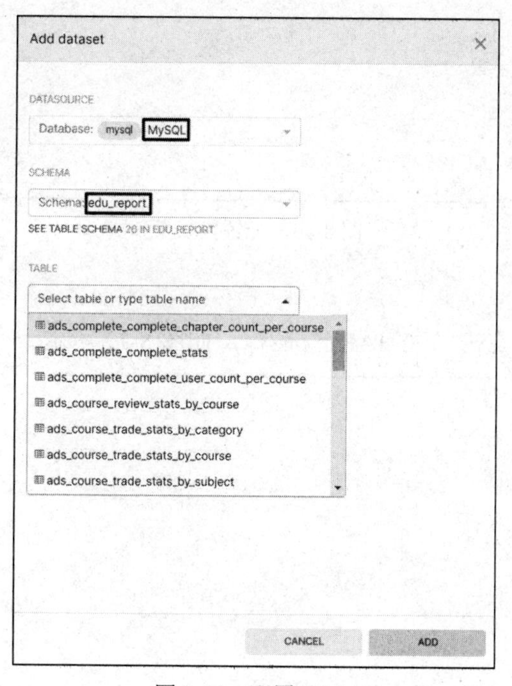

图 8-14　配置 Table

8.2.2　制作仪表盘

1. 创建空白仪表盘

（1）选择“Dashboards”选项，点击“+DASHBOARD”图标，如图 8-15 所示。

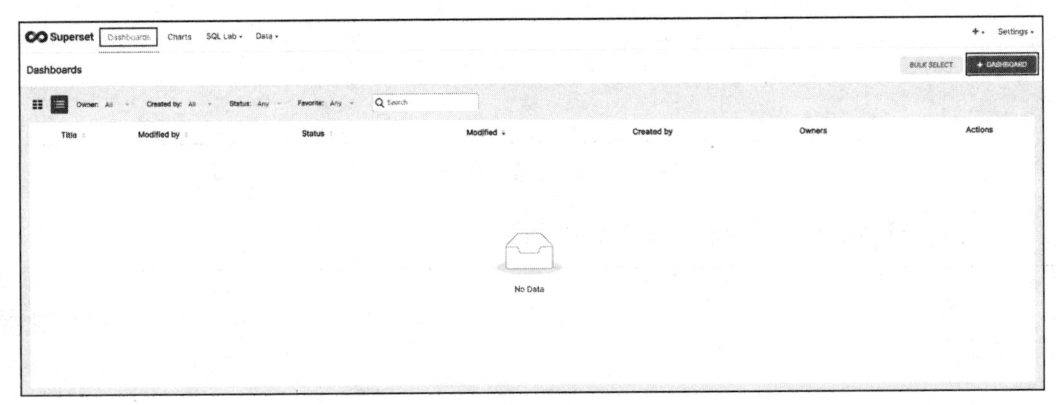

图 8-15　创建空白仪表盘入口

（2）命名后保存，如图 8-16 所示。

图 8-16　配置仪表盘

2. 创建图表

（1）选择“Charts”选项，点击“+CHART”图标，如图 8-17 所示。

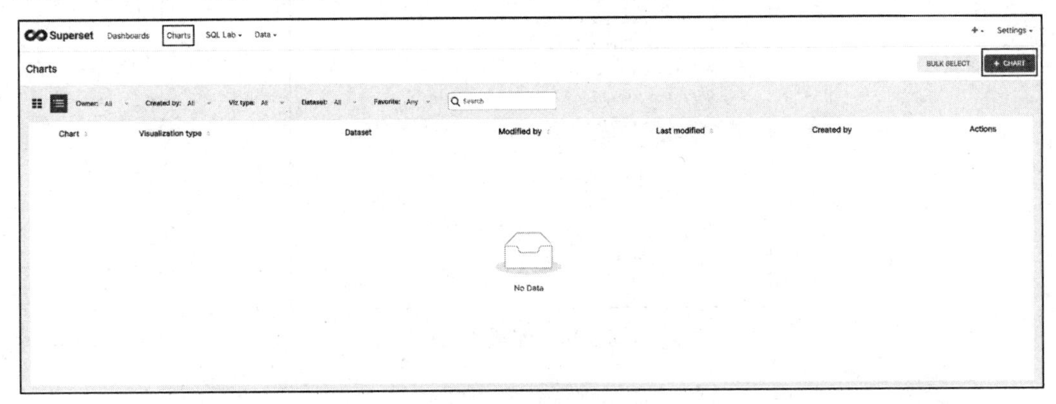

图 8-17　创建图表入口

（2）选择数据源及图表类型，如图 8-18 所示。

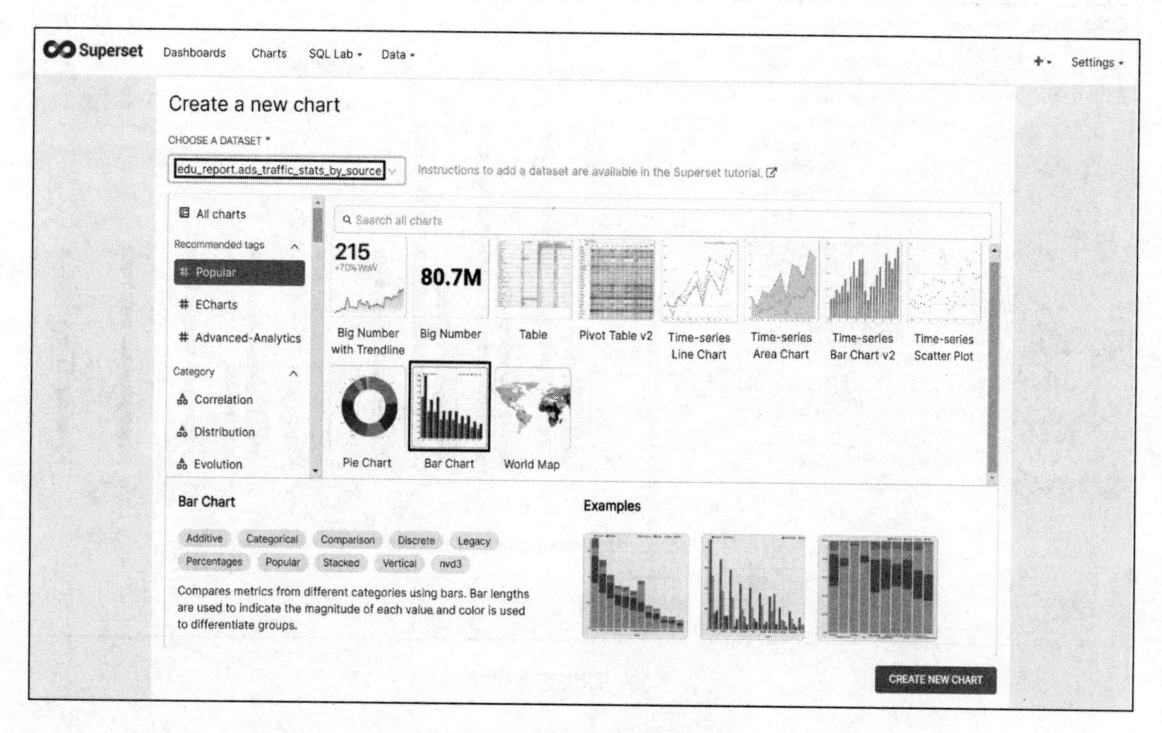

图 8-18　选择合适的图表样式

（3）按照说明配置图表，配置完成后点击“Run Query”按钮，如图 8-19 所示。

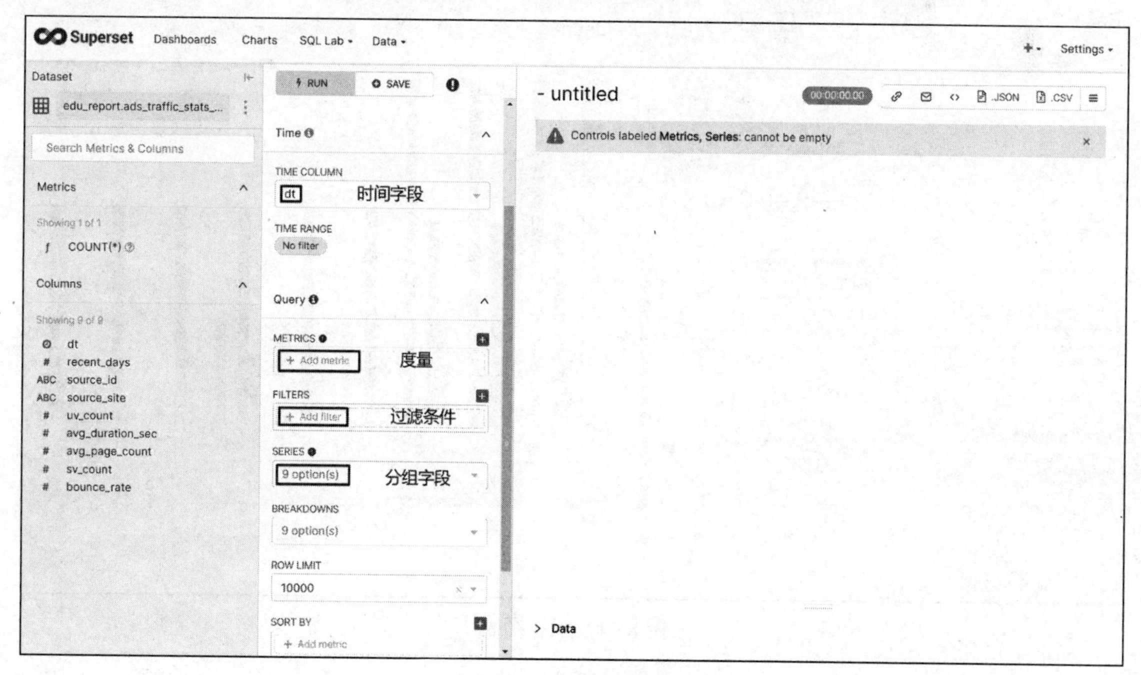

图 8-19　执行查询入口

（4）如配置无误将出现如图 8-20 所示页面。

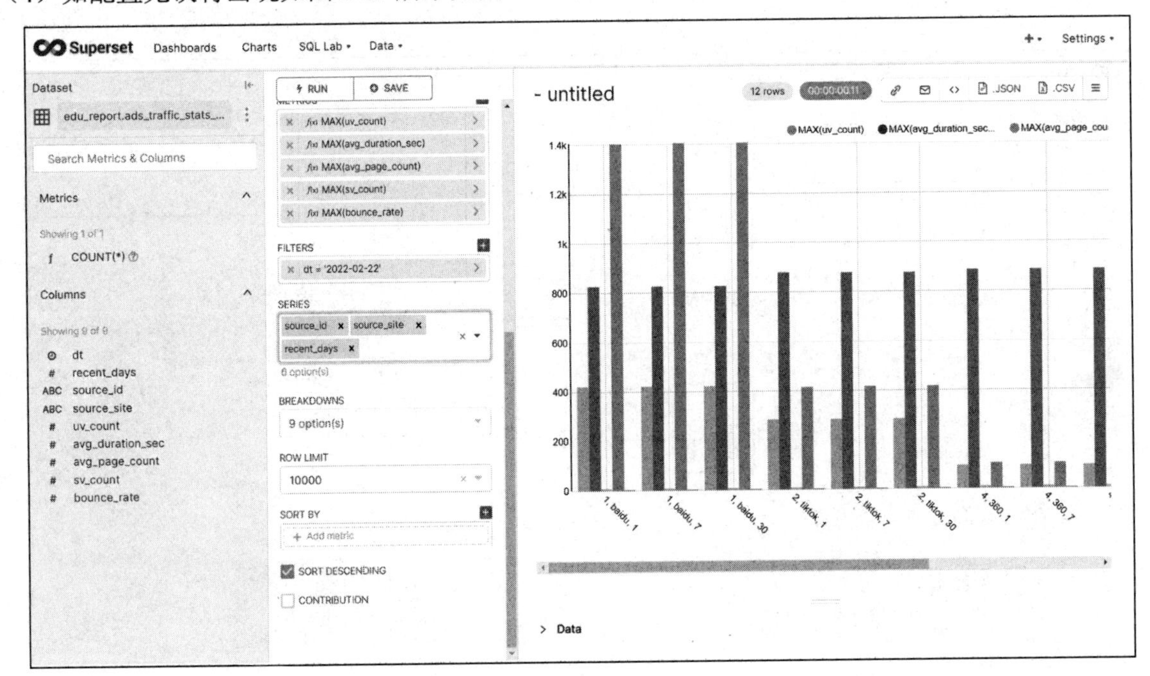

图 8-20　图表运行结果

（5）保存图表并将其添加到仪表盘中，如图 8-21 和图 8-22 所示。

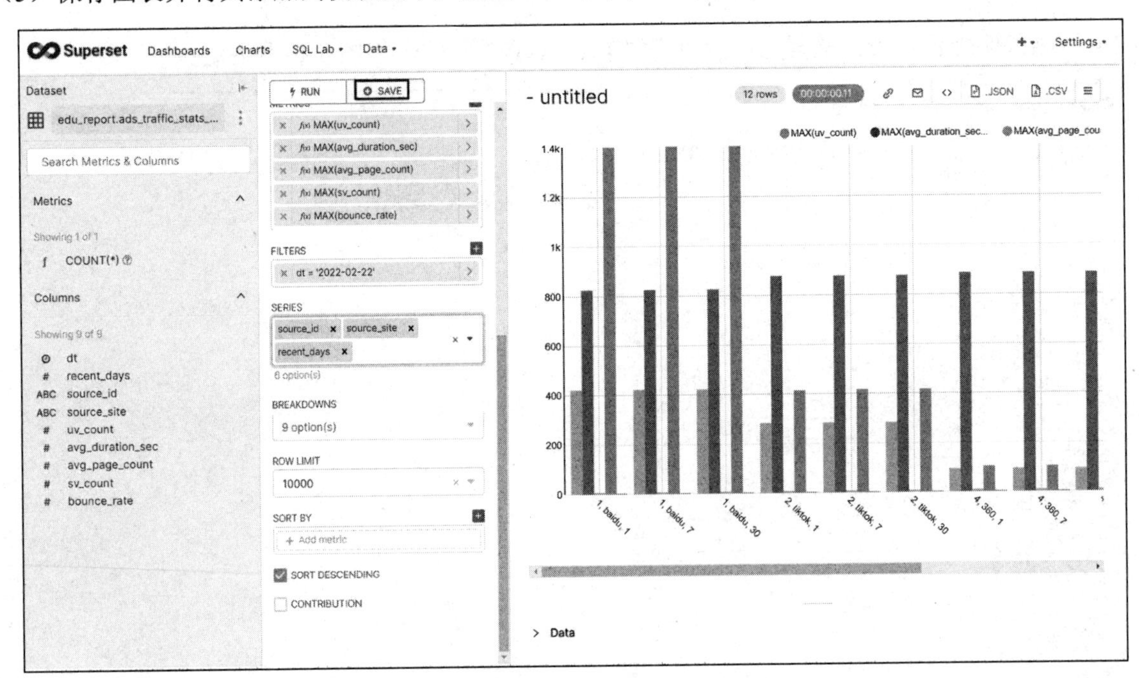

图 8-21　保存图表

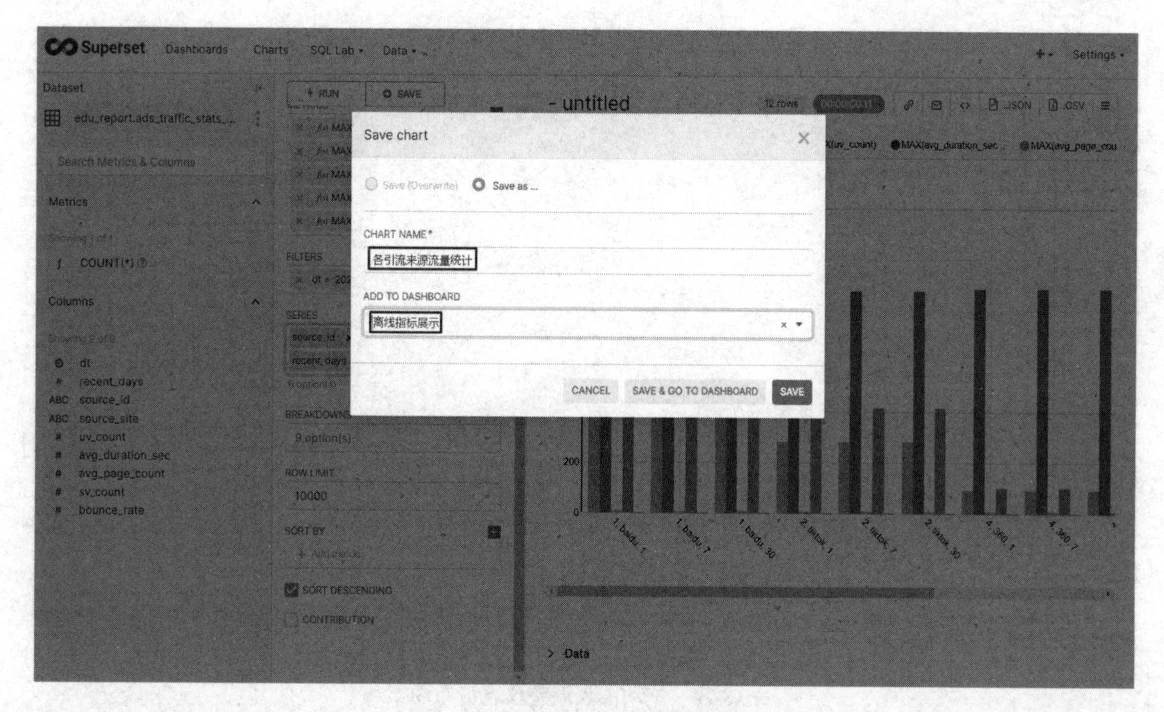

图 8-22　将图表添加到仪表盘中

3. 编辑仪表盘

（1）点击“编辑”按钮，如图 8-23 所示。

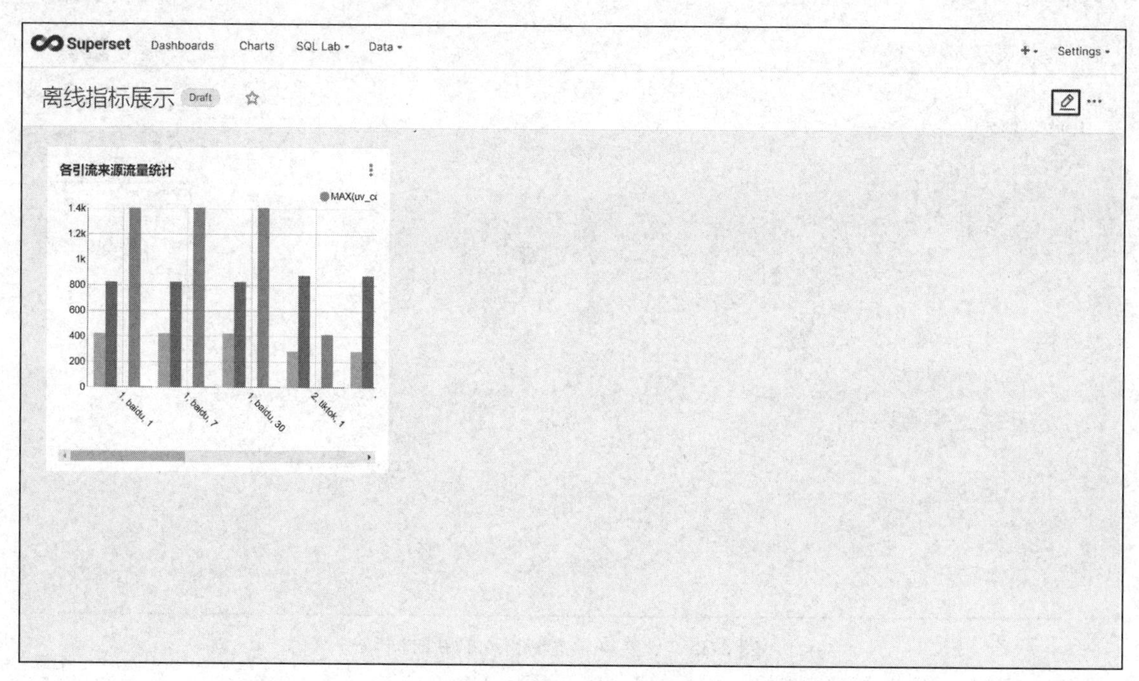

图 8-23　编辑仪表盘入口

（2）拖动图表可以调整仪表盘布局，如图 8-24 所示。

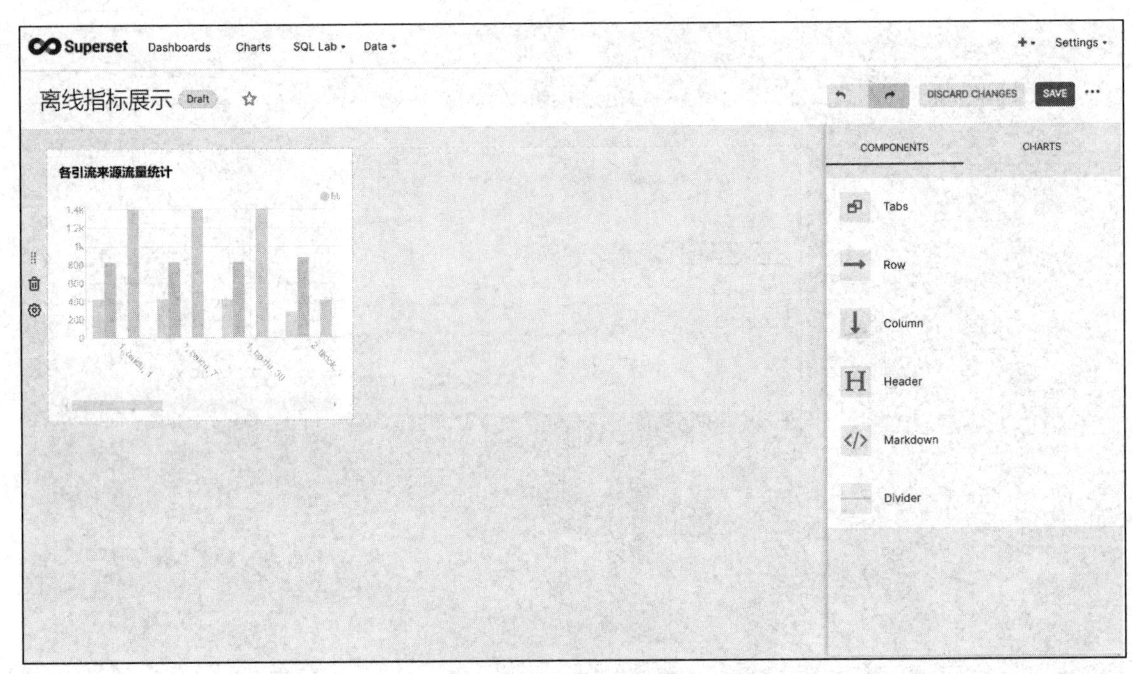

图 8-24　拖动图表调整仪表盘布局

（3）如图 8-25 所示，在弹出的下拉列表中选择“Set auto-refresh interval”选项，可调整仪表盘自动刷新时间。

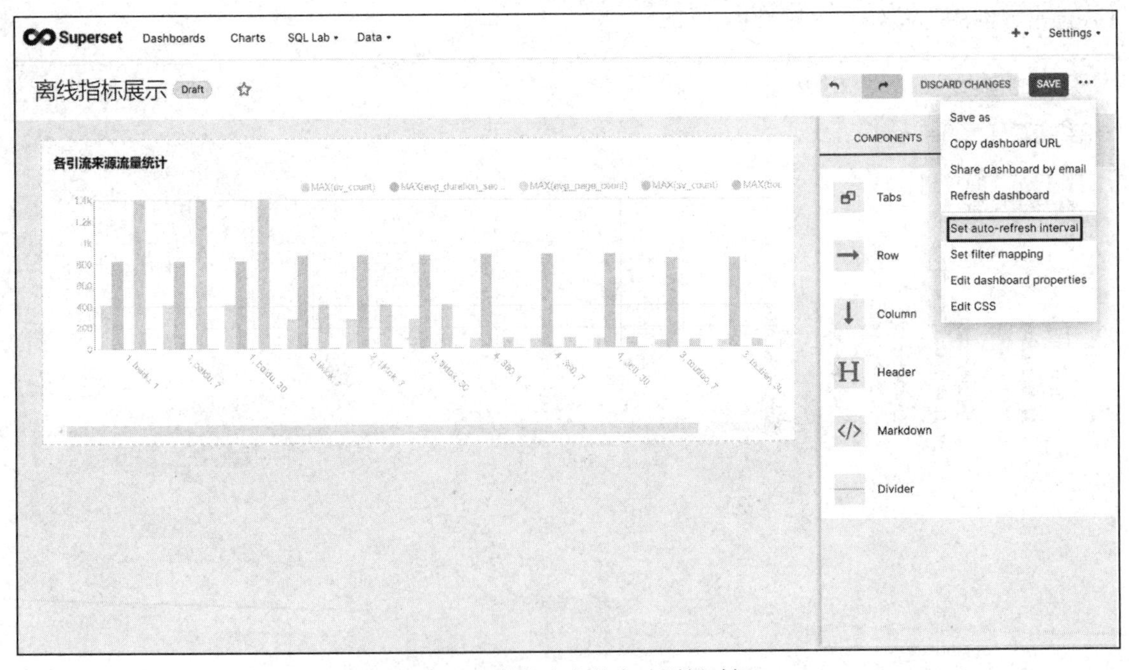

图 8-25　调整仪表盘的自动刷新时间

8.3　Superset 实战

在上一节中，我们进行了仪表盘配置，向读者展示了如何初步实现使用 Superset 可视化指标参数。本节将会配置几个相对复杂的图表，丰富我们刚刚创建的仪表盘页面。

8.3.1　制作饼状图

（1）配置本次图表展示的结果数据表，如图 8-26 所示。

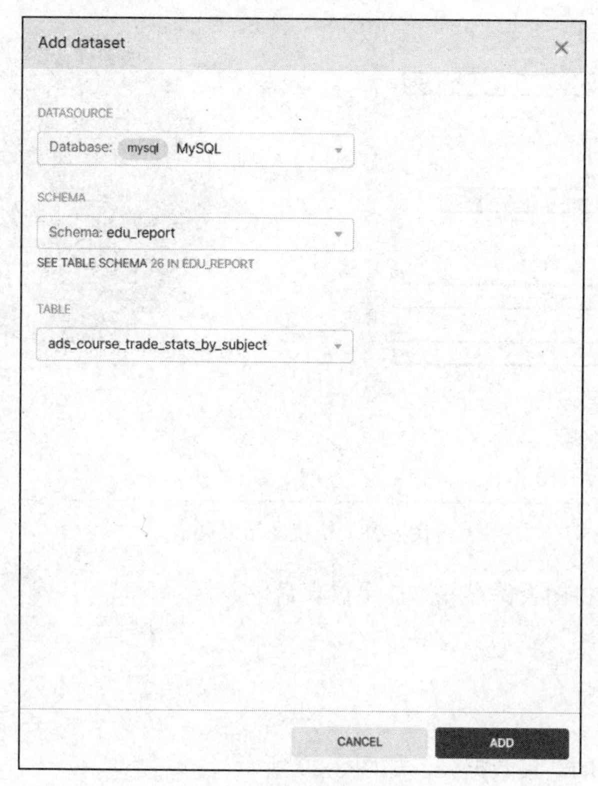

图 8-26　配置结果数据表

（2）配置本次图表展示的图表类型为“Pie Chart”，并为图表配置关键字段，如图 8-27 和图 8-28 所示。

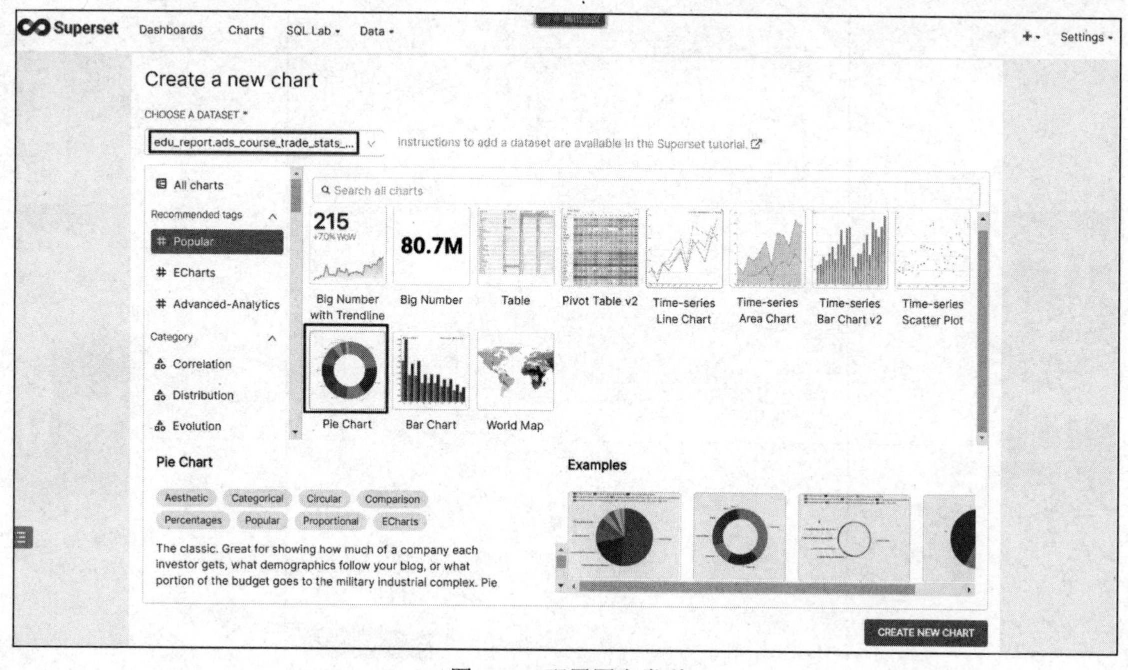

图 8-27　配置图表类型

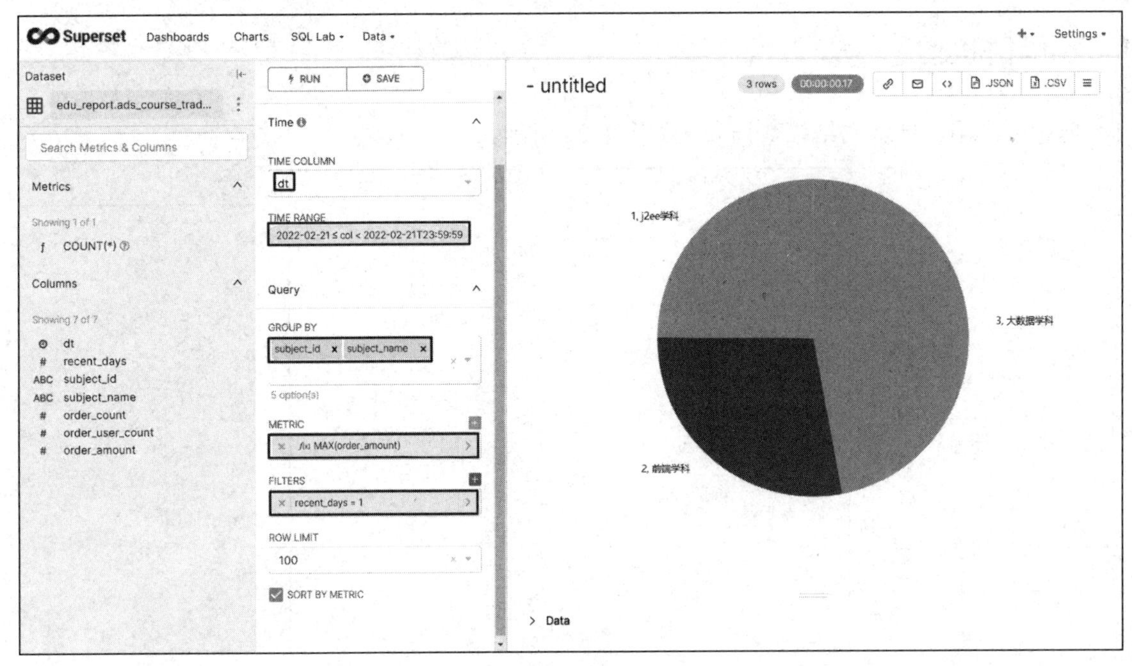

图 8-28　饼状图结果展示

（3）图表配置完成后，将图表保存并添加至仪表盘中。

8.3.2　制作折线图

（1）配置本次图表展示的结果数据表，如图 8-29 所示。

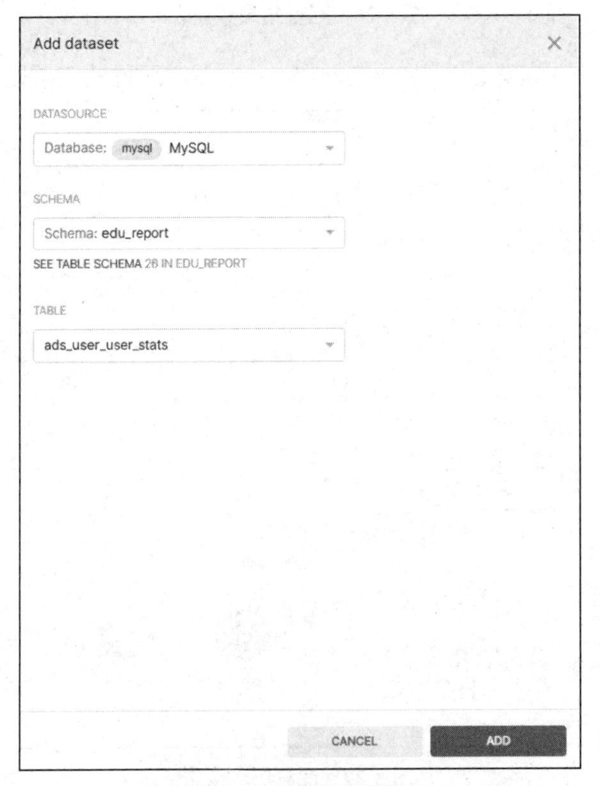

图 8-29　配置结果数据表

（2）选择本次图表展示类型为“Time-series Line Chart”，并配置关键字段，如图 8-30 和图 8-31 所示。

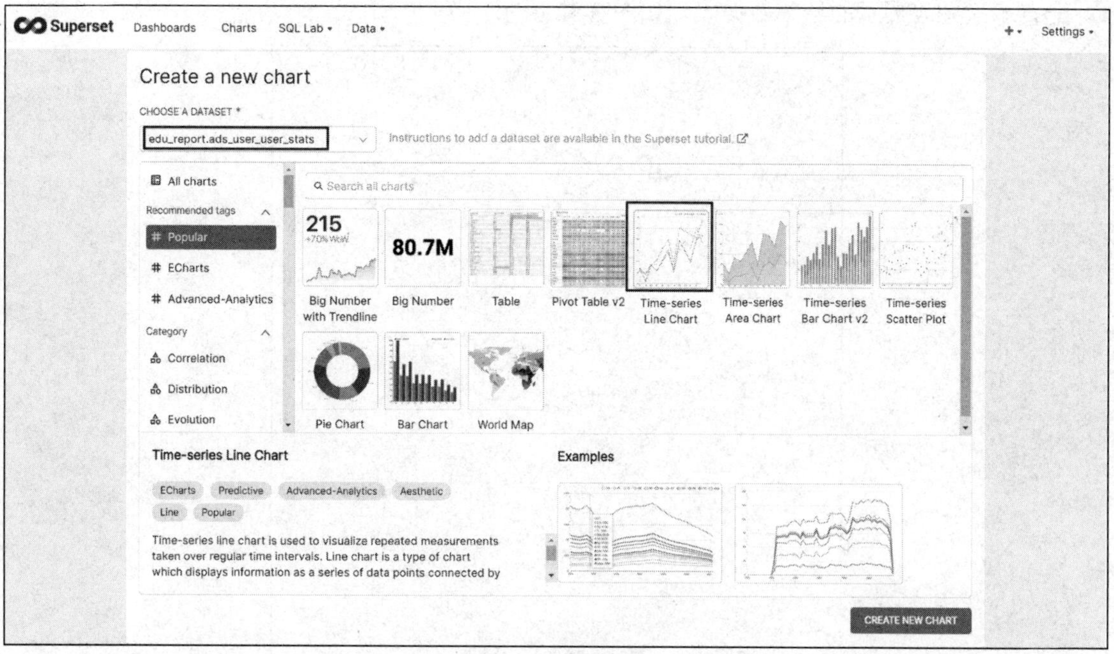

图 8-30 选定图表类型

图 8-31 配置关键字段

（3）图表配置完成后，将图表保存并添加至仪表盘中。

8.3.3 制作桑基图

桑基图，即桑基能量分流图，也叫桑基能量平衡图。它是一种特定类型的流程图，通过分支的宽度对应数据流量的大小，在能源、材料成分、金融等数据的可视化分析领域具有广泛应用。在本项目中，我们用桑基图来进行用户路径分析。通过分支宽度来代表每个页面的访问人次，可以清楚地看到用户流量是如何流动变化的。

（1）配置本次图表展示的结果数据表，如图 8-32 所示。

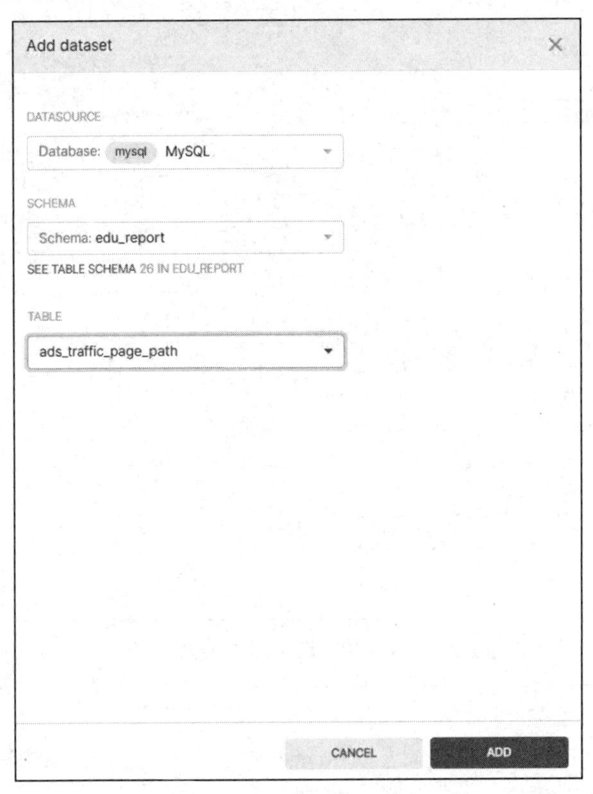

图 8-32　配置结果数据表

（2）选择本次图表展示类型为“Sankey Diagram”，并配置关键字段，如图 8-33 和图 8-34 所示。

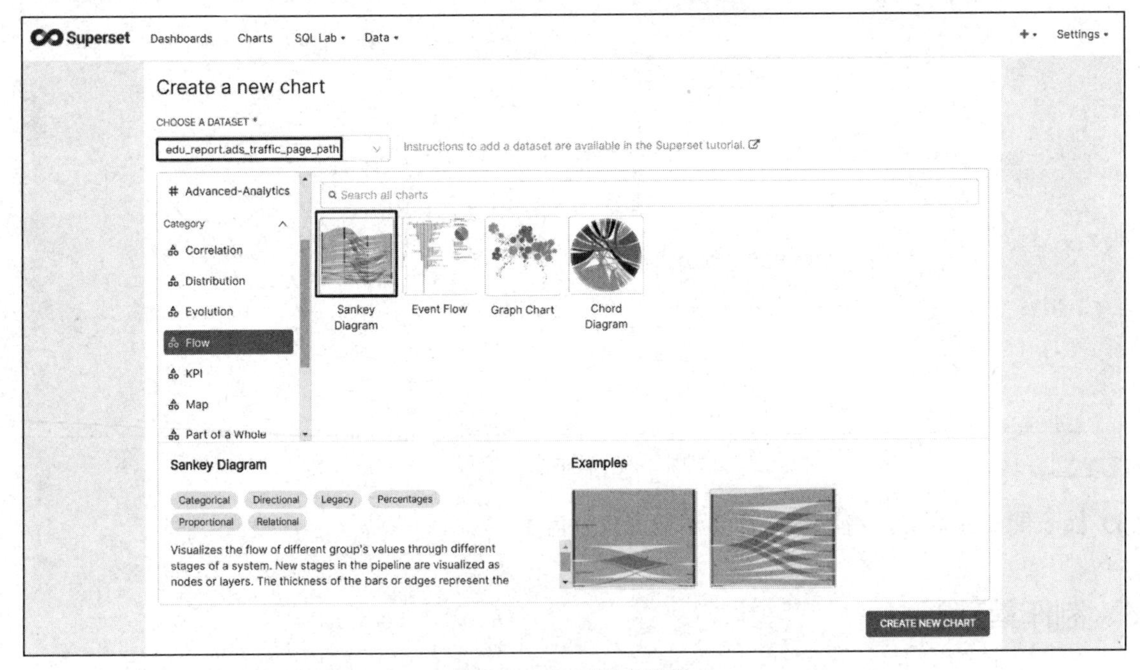

图 8-33　选择图表类型

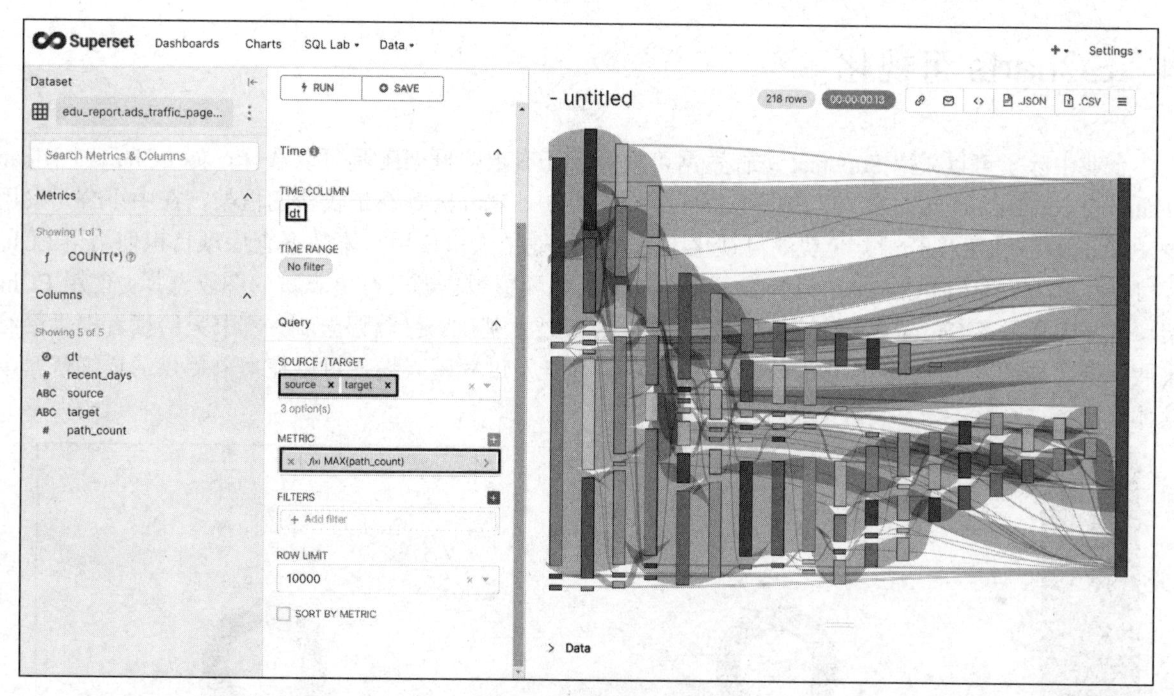

图 8-34　配置关键字段

（3）图表配置完成后，将图表保存并添加至仪表盘中。

8.3.4　合成仪表盘页面

将所有图表制作完成并添加至仪表盘后，即可得到如图 8-35 所示的仪表盘页面，用户可通过拖动图表来调整布局。

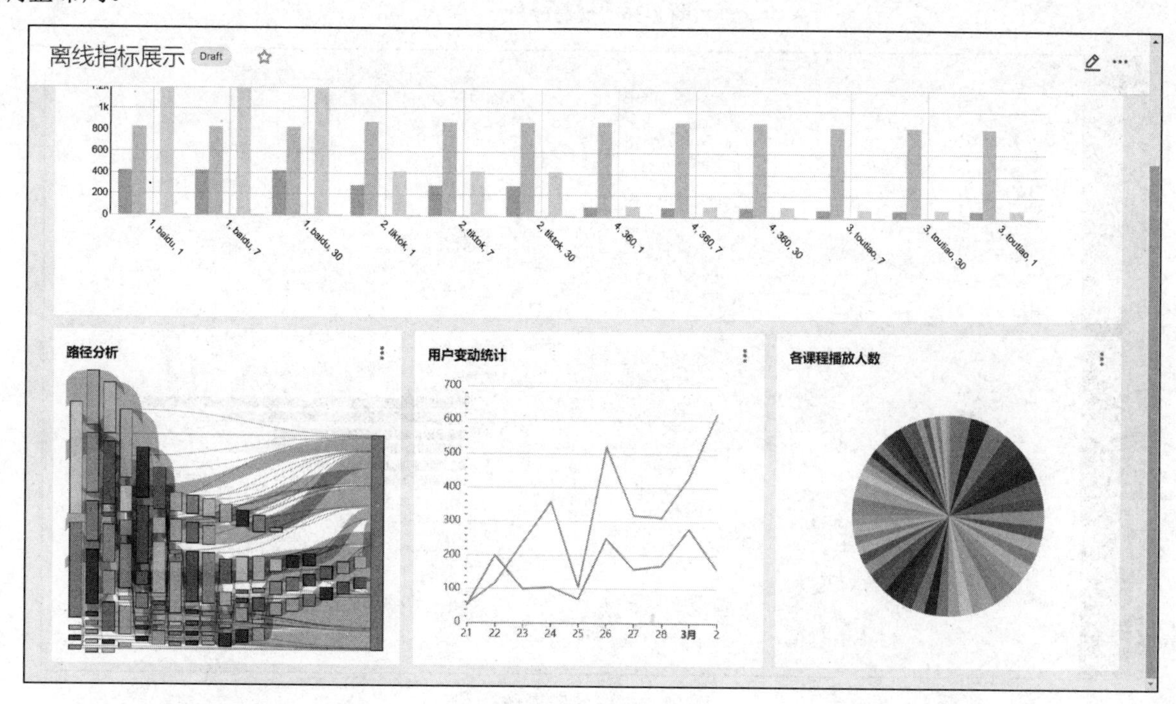

图 8-35　仪表盘展示

8.4 ECharts 可视化

在企业中除了可以采用 Superset 进行数据可视化，还有很多框架工具可以选择，如 ECharts、Kibana、Tableau、Quick BI、DataV 等。但是像 Tableau、Quick BI、DataV 等都是收费的框架，在中小公司采用得较少。ECharts 作为百度开源、免费的可视化工具，在企业中大量使用。本数据仓库项目也使用了 ECharts 进行可视化开发，使用 ECharts 进行开发可以更加灵活地配置数据源，有更丰富的图表选择。使用 ECharts 框架，需要读者具备 Spring Boot、Vue、HTML、CSS 等技术基础。受篇幅限制，本书只给读者提供最终的效果展示图，如图 8-36 至图 8-39 所示。若读者对实际开发过程感兴趣，可以在本书提供的详细资料中查看具体代码。

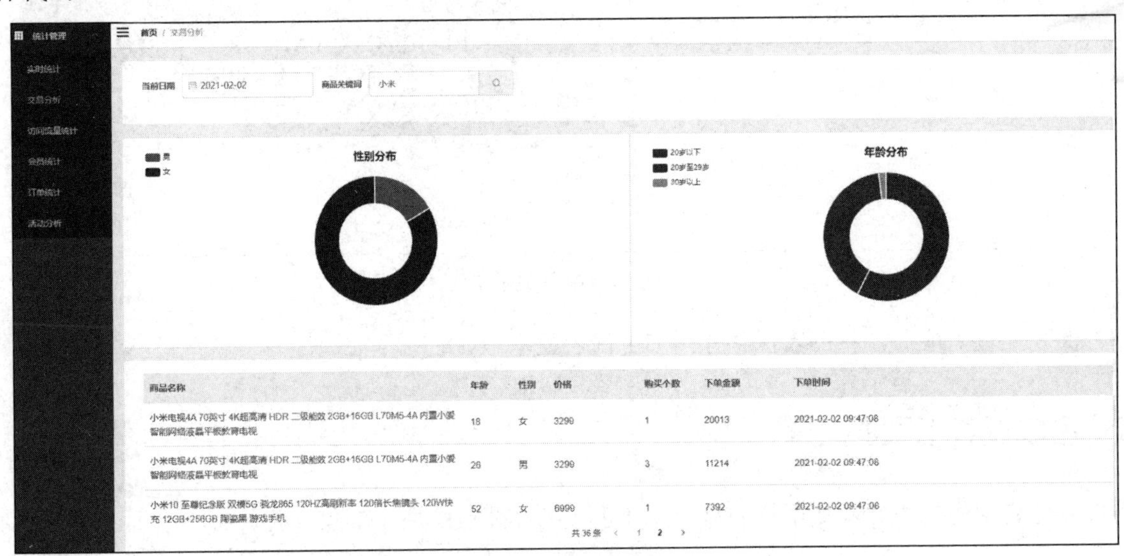

图 8-36　交易分析

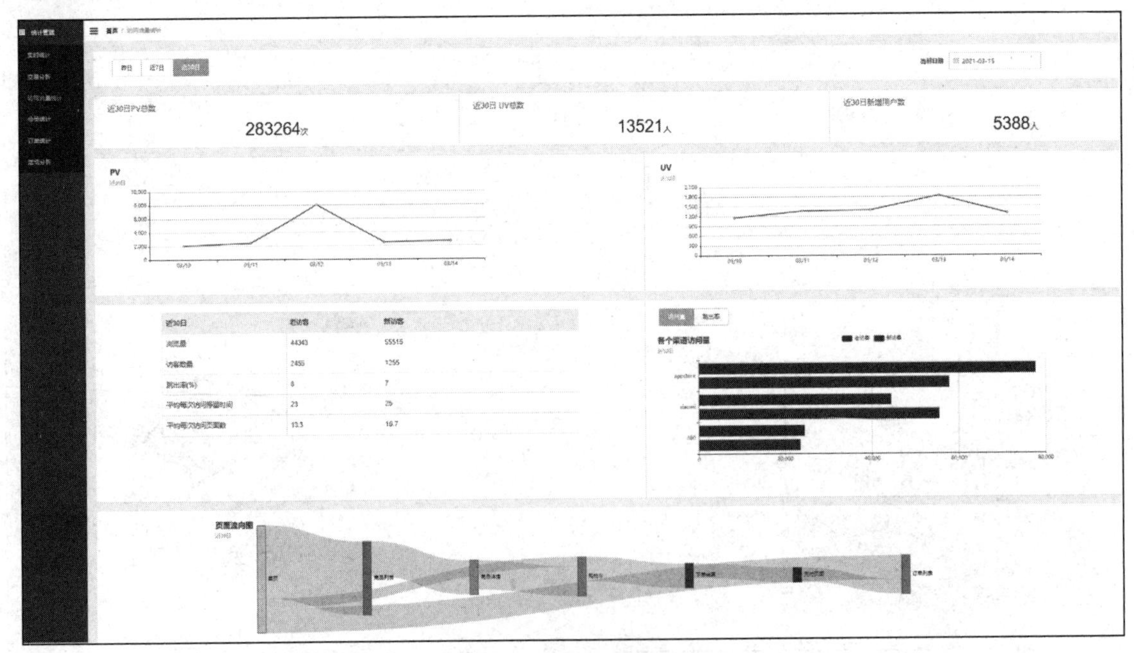

图 8-37　访问流量统计

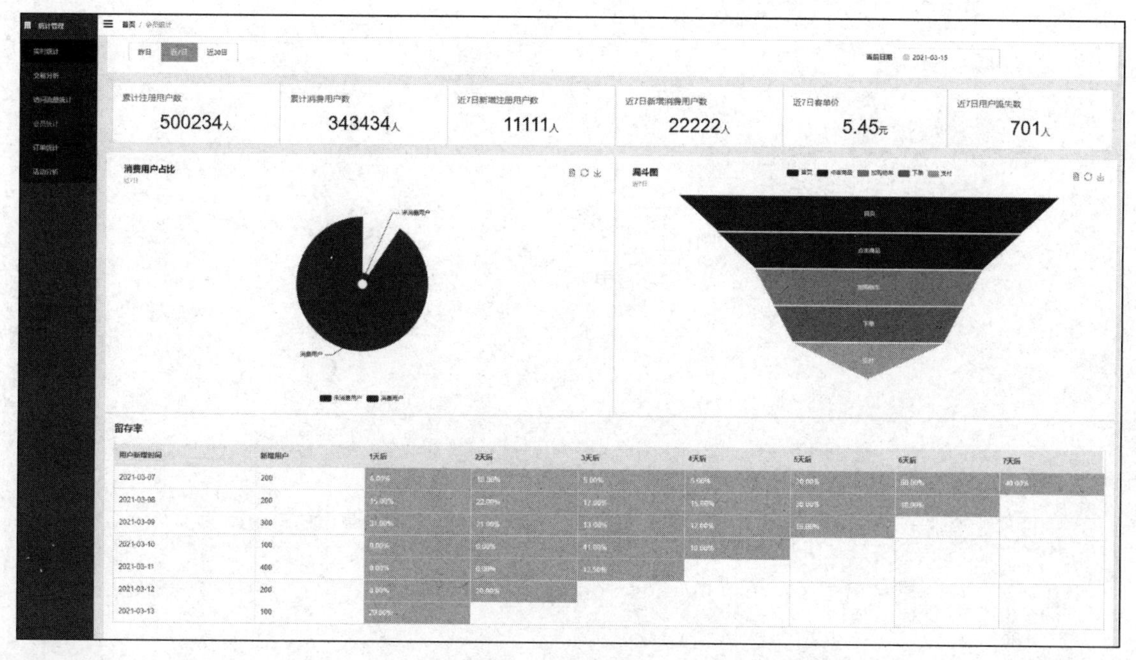

图 8-38　会员统计

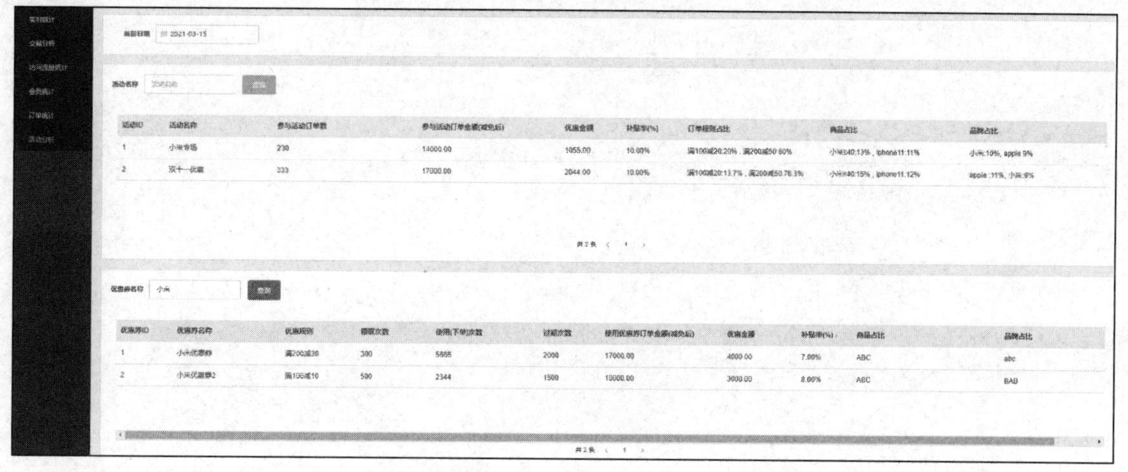

图 8-39　活动分析

8.5　本章总结

本章使用 Superset 对本数据仓库项目的几个重要需求做了可视化展示，相信通过讲解，读者完全可以做到对其他的结果数据可视化。目前，市面上有很多大数据的可视化工具，使用起来都非常便捷，可以满足不同的数据可视化需求，感兴趣的读者可以继续探索学习。